国家中等职业教育改革发展示范学校建设计划项目教材

电力拖动控制线路

主　编　邓玉英　易观来

副主编　张武军　陈　海　范　骏

参　编　钟锡汉　黄诚壬　刘荣章

　　　　刘　伟　刘文利　刘自甫

主　审　冯为远

电子工业出版社
Publishing House of Electronics Industry
北京 · BEIJING

内 容 简 介

本书是根据"校企双制，工学结合"的人才培养模式的要求，以岗位技能要求为标准，选取典型工作任务为教学内容而编写的。本书主要内容包括：常用低压电器及其拆装与维修，电动机的基本控制线路及其安装、调试与维修，常用生产机械的电气控制线路及其安装、调试与维修，电动机的自动调速系统。本书突出职业教育的特点，强调实用性和先进性。全书概念清晰，通俗易懂，既便于组织课堂教学和实践，也便于学生自学。

本书可作为中等职业技术（技工）学校电工类专业理论与实习一体化教材，也可作为职工培训教材或自学用书。

未经许可，不得以任何方式复制或抄袭本书之部分或全部内容。

版权所有，侵权必究。

图书在版编目（CIP）数据

电力拖动控制线路/邓玉英，易观来主编 . —北京：电子工业出版社，2013.8
国家中等职业教育改革发展示范学校建设计划项目教材
ISBN 978-7-121-21096-9

Ⅰ．①电… Ⅱ．①邓… ②易… Ⅲ．①电力传动－自动控制系统－中等专业学校－教材
Ⅳ．①TM921.5

中国版本图书馆 CIP 数据核字（2013）第 172463 号

策划编辑：张　凌
责任编辑：夏平飞　　特约编辑：高月敏
印　　刷：北京捷迅佳彩印刷有限公司
装　　订：北京捷迅佳彩印刷有限公司
出版发行：电子工业出版社
　　　　　北京市海淀区万寿路 173 信箱　邮编：100036
开　　本：787×980　1/16　印张：28.5　字数：571 千字
版　　次：2013 年 8 月第 1 版
印　　次：2024 年 12 月第 15 次印刷
定　　价：57.00 元

凡所购买电子工业出版社图书有缺损问题，请向购买书店调换。若书店售缺，请与本社发行部联系，联系及邮购电话：（010）88254888，88258888。

质量投诉请发邮件至 zlts@phei.com.cn，盗版侵权举报请发邮件至 dbqq@phei.com.cn。

本书咨询联系方式：（010）88254583，zling@phei.com.cn。

编审委员会

序

　　中等职业教育是我国教育体系的重要组成部分，是全面提高国民素质、增强民族产业发展实力、提升国家核心竞争力、构建和谐社会及建设人力资源强国的基础性工程。

　　广东省机械高级技工学校是国家级重点技工院校，是广东省人民政府主办、省人力资源和社会保障厅直属的事业单位，是首批国家中等职业院校改革发展示范项目建设院校，也是国家高技能人才培训基地、首批全国技工院校师资培训基地、第42届世界技能大赛模具制造项目全国集训基地、一体化教学改革试点学校。多年来，该校锐意进取、与时俱进，坚持深化改革、提高质量、办出特色，为国家培养了大批生产、服务和管理一线的高素质劳动者和技能型人才，为广东省经济发展和产业结构调整升级付出了巨大努力，为我国经济社会持续快速发展做出了重要贡献。

　　为进一步发挥学校在中等职业教育改革发展中的引领、骨干和辐射作用，成为全国中等职业教育改革创新的示范、提高质量的示范和办出特色的示范，学校精心策划了"国家中等职业教育改革发展示范学校建设计划项目教材"。本系列教材以"基于工作过程的一体化教学"为特色，通过设计典型工作任务，创设实际工作场景，让学生扮演工作中的不同角色，在老师的引导下完成不同的工作任务，并进行适度的岗位训练，达到培养提高学生的综合职业能力、为学生的可持续发展奠定基础的目标。

　　此外，本系列教材还体现了学校**"养习惯、重思维、教方法、厚基础"**的教育理念，不但使学习者能更深切地体会一体化课程理念和掌握一体化教学内容，还能为教育工作者、教育管理者提供不错的一体化教学参考。

前　　言

　　本书是根据"国家中等职业教育改革发展示范学校建设计划"的要求，在上海西门子自动化有限公司、东风日产乘用车公司、博创机械股份有限公司、广州市万世德包装机械有限公司、广州广重分离机械有限公司、东莞市塑拓机械有限公司的帮助与指导下，结合作者多年的专业教学和企业技术人员提供的典型工作任务和案例，编写而成的一体化教材。本书展现了基于工作过程开展一体化教学的特色，体现"养习惯、重思维、教方法、厚基拙"的教育理念。本书主要内容包括：常用低压电器及其拆装与维修，电动机的基本控制线路及其安装、调试与维修，常用生产机械的电气控制线路及其安装、调试与维修，电动机的自动调速系统。本书可作为中等职业学校及技工学校电工类专业理论与实习一体化教材，也可作为职工培训教材或自学用书。

　　本书的编写通过工作任务的适度拓展，使不同层次、不同类型的学生都能找到合适的主题，满足不同层次学生的需要，体现了分层教学、因材施教的思想。

　　本教材由邓玉英、易观来主编，张武军、陈海、范骏副主编，钟锡汉、黄诚壬、刘荣章、刘伟、刘文利、刘自甫参编。本书本着"做中学，学中做"，以学生为主体，教师为引导的教学原则，将电力拖动的理论知识与生产实践融合在一起，以来自企业生产实际的典型工作任务为驱动，实现在工作中学习，在学习中工作的目标，特别在评价方式上突破传统，更加注重学生学习过程，突显学生关键能力。

　　在本书的编写过程中，各位参编老师付出了艰辛的劳动，谨向为编写本书付出艰辛劳动的全体人员表示衷心的感谢！限于作者的水平，难免有错误和不妥之处，敬请各位老师和读者批评指正。

编　者
2013 年 5 月

目 录

绪论

一、电力拖动及其组成

电力拖动是指用电动机拖动生产机械的工作机构使之运转的一种方法。由于电力在生产、传输、分配、使用和控制等方面的优越性，使电力拖动获得了广泛应用。目前在生产中大量使用的各式各样的生产机械，如车床、钻床、铣床、造纸机、轧钢机等，都采用电力拖动。

1. 电力拖动系统的组成

电力拖动系统作为机械设备的一部分，一般由四个子系统组成，如 0.1 所示。

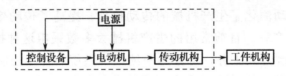

图 0.1　电子拖动系统组成

（1）电源。电源是电动机和控制设备的能源，分为交流电源和直流电源。

（2）电动机。电动机是生产机械的原动机，其作用是将电能转换成机械能。电动机可分为交流电动机和直流电动机。

（3）控制设备。控制设备用来控制电动机的运转，由各种控制电动机、电器、自动化元件及工业控制计算机等组成。

（4）传动机构。传动机构是在电动机与生产机械的工作机构之间传递动力的装置，如减速箱、传动带、联轴器等。

2. 电力拖动的特点

（1）方便经济。电能的生产、变换、传输都比较经济，分配、检测和使用比较方便。

（2）效率高。电力拖动比蒸汽、压缩空气的拖动效率要高，且传动机构简单。

（3）调节性能好。电动机的类型很多，具有各种运行特性，可适应不同生产机械的需要，且电力拖动系统的启动、制动、调速、反转等控制简便、迅速，能实现较理想的控制目的。

（4）易于实现生产过程的自动化。由于电力拖动可以实现远距离控制与自动调节，且各种非电量（如位移、速度、温度等）都可以通过传感器转变为电量作用于拖动系统，因而能实现生产过程的自动化。

3. 电力拖动的发展过程

按电力拖动系统中电动机的组合数量来分，电力拖动的发展过程经历了成组拖动、单电动机拖动和多电动机拖动三个阶段。

19 世纪末电动机逐步取代蒸汽机以后，最初采用成组拖动，即由一台电动机拖动传动轴，再由传动轴通过传动带分别拖动多台生产机械。这种拖动方式能量损耗大，效率低，不安全，且不能利用电动机的调速性能，不能实现自动控制，因此已被淘汰。

20 世纪 20 年代开始采用单电动机拖动，即由一台电动机拖动一台生产机械，从而简化了中间传动机构，提高了效率，同时可充分利用电动机的调速性能，易于实现自动控制。

20 世纪 30 年代，随着现代工业生产的迅速发展，生产机械越来越复杂，一台生产机械上往往有许多运动部件，如果仍用一台电动机拖动，传动机构将十分复杂，因此出现了一台生产机械中由多台电动机分别拖动不同的运动部件的拖动方式，称为多电动机拖动。这种拖动简化了生产机械的传动机构，提高了传动效率，且容易实现自动控制，提高劳动生产率。目前常用的生产机械大多数采用这种拖动方式。

从电力拖动的控制方式来分，可分为断续控制系统和连续控制系统两种。在电力拖动发展的不同阶段两种拖动方式占有不同的地位，且呈现交替发展的趋势。

随着电力拖动的出现，最早产生的是由手动控制电器控制电动机运转的手动断续控制方式。随后逐步发展为由继电器、接触器和主令电器等部件组成的继电接触式有触点断续控制方式。这种控制方式结构简单、工作稳定、成本低、维护方便，不仅可以方便地实现生产过程的自动化，而且可实现集中控制和远距离控制，所以目前生产机械中仍广泛采用。但这种控制只有通和断两种状态，其控制作用是断续的，即只能控制信号的有无，而不能连续地控制信号的变化。为了适应控制信号连续变化的场合，又出现了直流电动机连续控制方式。这种控制方式可充分利用直流电动机调速性能好的特点，得到高精度、宽范围的平滑调速系统。属于这种连续控制的系统有：20 世纪 30 年代出现的直流发电机-电动机组调速系统；40、50 年代的交磁电机扩大机-直流发电机-电动机调速系统以及 60 年代出现的晶闸管-直流电动机调速系统。

近年来，随着电子技术和控制理论的不断发展，相继出现了顺序控制、可编程无触点断续控制、采样控制等多种控制方式。在电动机的调速方面，已形成了电子功率器件与自动控制相结合的领域。不但晶闸管-直流电动机调速系统得到了广泛应用，而且交流变频调速技术发展迅速，在许多领域交流电动机变频调速系统有取代晶闸管-直流电动机调速系统的趋势。

二、本课程的性质、内容、任务和要求

本课程是中等职业技术学校电气维修专业的一门集专业理论与技能训练于一体的课程。主要内容包括：常用低压电器及其拆装与维修；电动机的基本控制线路及其安装、调试与维修；常用生产机械的电气控制线路及其安装、调试与维修；电动机的自动调速系统。

学生通过本课程的学习，掌握与电力拖动有关的专业理论知识和操作技能，具备理论联系实际和分析解决一般技术问题的能力，达到国家规定的中高级维修电工技术等级标准的要求。其基本要求是：掌握常用低压电器的功能、结构、工作原理、选用原则及其拆装维修方法；掌握电动机基本控制线路的构成、工作原理、分析方法及其安装、调试与维修；掌握常用生产机械电气控制线路的分析方法及其安装、调试与维修；熟悉电动机的调速系统及变频调速系统的工作原理、分析方法及其调试与维修。

三、学习中应注意的问题

在学习本课程的过程中，应注意以下几点：

（1）正确处理理论学习与技能训练的关系，在认真学习理论知识的基础上，注意加强技能训练。

（2）密切联系生产实际，在教师的指导下，勤学苦练，注意积累经验，总结规律，逐步培养独立分析和解决实际问题的能力。

（3）学习中注意及时复习相关课程的有关内容。

（4）在技能训练过程中，要注意爱护工具和设备，节约原材料，严格执行电工安全操作规程，做到安全、文明生产。

想一想

1．电力拖动系统由哪几部分组成？各部分的作用是什么？

2．电力拖动的优点有哪些？

3．按电动机的组合数量来分电力拖动的发展经历了哪几个阶段？

项目 一 常用低压电器及其拆装与维修

概 述

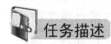

任务描述

在实际生产中，我们经常会遇到各种各样的机电设备，它们的运作都是由各种接触器、继电器、按钮、行程开关等电器构成的控制线路来进行控制的。那么我们在生产中可以怎样对它们进行分类，它们又有哪些常用术语呢？

学习目标

1．熟悉低压电器的分类方法。
2．熟悉低压电器常用术语的含义和其产品标准。

知识平台

凡是根据外界特定的信号或要求，自动或手动接通和断开电路，断续或连续地改变电路参数，实现对电路或非电现象的切换、控制、保护、检测和调节的电气设备均称为电器。根据工作电压的高低，电器可分为高压电器和低压电器。工作在交流额定电压 1 200 V 及以下、直流额定电压 1 500 V 及以下的电器称为低压电器。低压电器作为基本器件，广泛应用于输配电系统和电力拖动系统中，在工农业生产、交通运输和国防工业中起着极其重要的作用。

随着科学技术的迅猛发展，工业自动化程度不断提高，供电系统的容量不断扩大，低压电器的使用范围也日益扩大，其品种规格不断增加，产品的更新换代速度加快。同时，低压电器的额定电压等级有相应提高的趋势，电子技术也广泛应用于低压电器中，无触点电器的应用逐步推广。

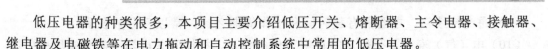

低压电器的种类很多，本项目主要介绍低压开关、熔断器、主令电器、接触器、继电器及电磁铁等在电力拖动和自动控制系统中常用的低压电器。

1. 低压电器的分类

按低压电器的用途和所控制的对象不同，可分为低压配电电器和低压控制电器两类。

（1）低压配电电器。低压配电电器包括刀开关、组合开关、熔断器和断路器等，主要用于低压配电系统及动力设备中。

（2）低压控制电器。低压控制电器包括接触器、继电器、电磁铁等，主要用于电力拖动与自动控制系统中。

按低压电器的动作方式，可分为自动切换电器和非自动切换电器两类。

（1）自动切换电器。自动切换电器是依靠电器本身参数的变化或外来信号的作用来自动完成接通或分断等动作，如接触器、继电器等。

（2）非自动切换电器。非自动切换电器主要依靠外力（如手控）直接操作来进行切换，如按钮、刀开关等。

按低压电器的执行机构不同，可分为有触点电器和无触点电器两类。

（1）有触点电器。有触点电器具有可分离的动触点和静触点，利用触点的接触和分离来实现电路的通断控制。

（2）无触点电器。无触点电器没有可分离的触点，主要利用半导体元器件的开关效应来实现电路的通断控制。

2. 常用术语

（1）通断时间。从电流开始在开关电器一个极流过瞬间起到所有极的电弧最终熄灭瞬间为止的时间间隔。

（2）燃弧时间。电器分断过程中，从触头断开（或熔体熔断）出现电弧的瞬间开始，至电弧完全熄灭为止的时间间隔。

（3）分断能力。电器在规定的条件下，能在给定的电压下分断的预期分断电流值。

（4）接通能力。开关电器在规定的条件下，能在给定的电压下接通的预期接通电流值。

（5）通断能力。开关电器在规定的条件下，能在给定电压下接通和分断的预期电流值。

（6）短路接通能力。在规定条件下，包括开关电器的出线端短路在内的接通能力。

（7）短路分断能力。在规定条件下，包括电器的出线端短路在内的分断能力。

（8）操作频率。开关电器在每小时内可能实现的最高循环操作次数。

（9）通电持续率。电器的有载时间和工作周期之比，常以百分数表示。

（10）电（气）寿命。在规定的正常工作条件下，机械开关电器不需要修理或更换零件的负载操作循环次数。

3. 低压电器的产品标准

低压电器产品标准的内容通常包括产品的用途、适用范围、环境条件、技术性能要求、试验项目和方法、包装运输的要求等，它是厂家和用户制造和验收的依据。

低压电器标准按内容性质可分为基础标准、专业标准和产品标准三大类。按批准的级别则分为国家标准（GB）、专业（部）标准（JB）和局批企业标准（JB/DQ）三级。

1．什么是电器？什么是低压电器？举出几种你所知道的电器。

2．低压电器是怎样进行分类的？

3．低压电器常用的术语有哪些？它们的含义是什么？

低压电器型号组成形式

我国编制的低压电器产品型号适用于下列 12 大类产品：刀开关和转换开关、熔断器、断路器、控制器、接触器、启动器、控制继电器、主令电器、电阻器、变阻器、调整器、电磁铁。

1．低压电器产品型号组成形式及含义

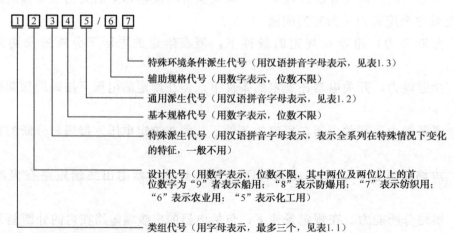

特殊环境条件派生代号（用汉语拼音字母表示，见表1.3）

辅助规格代号（用数字表示，位数不限）

通用派生代号（用汉语拼音字母表示，见表1.2）

基本规格代号（用数字表示，位数不限）

特殊派生代号（用汉语拼音字母表示，表示全系列在特殊情况下变化的特征，一般不用）

设计代号（用数字表示，位数不限，其中两位及两位以上的首位数字为"9"者表示船用；"8"表示防爆用；"7"表示纺织用；"6"表示农业用；"5"表示化工用）

类组代号（用字母表示，最多三个，见表1.1）

2．低压电器产品型号类组代号（表 1.1）

表 1.1　低压电器产品型号类组代号表

代号	名称	A	B	C	D	G	H	J	K	L	M	P	Q	R	S	T	U	W	X	Y	Z
H	刀开关和转换开关				刀开关		封闭式负荷开关		开启式负荷开关					熔断器式刀开关	刀形转换开关						其他	组合开关
R	熔断器			插入式			汇流排式			螺旋式	密闭管式				快速	有填料管式				限流	其他	
D	断路器					高压				照明	灭磁				快速			框架式①	限流	其他	塑料外壳式②
K	控制器					鼓形						平面				凸轮					
C	接触器							交流				中频								其他	直流
Q	启动器	按钮式		磁力				减压							手动		油浸		星三角	其他	综合
J	控制继电器									电流				热	时间	通用		温度		其他	中间
L	主令电器	按钮							主令控制器						主令开关	足踏开关	旋钮	万能转换开关	行程开关	其他	
Z	电阻器		板形元件	冲片元件		管形元件				励磁					烧结元件	铸铁元件			电阻器		
B	变阻器			旋臂式								频敏	启动		石墨	启动调速	油浸启动	液体启动	滑线式		
T	调整器				电压																
M	电磁铁												牵引					起重			制动
A	其他	保护器		插销	灯	接线盒				铃											

注：①原称万能式；②原称装置式。

3. 低压电器产品型号通用派生代号（表1.2）

表1.2 通用派生代号

派 生 字 母	代 表 意 义
A、B、C、D…	结构设计稍有改进或变化
J	交流、防溅式
Z	直流、自动复位、防振、重任务
W	无灭弧装置
N	可逆
S	有锁住机构、手动复位、防水式、三相、三个电源、双线圈
P	电磁复位、防滴式、单相、两个电源、电压
K	开启式
H	保护式、带缓冲装置
M	密封式、灭磁
Q	防尘式、手牵式
L	电流的
F	高返回、带分励脱扣

4. 特殊环境条件派生代号（表1.3）

表1.3 特殊环境条件派生代号

派 生 字 母	说 明	备 注
T	按湿热带临时措施制造	
TH	湿热带	
TA	干热带	
G	高原	此项派生代号加注在产品全型号后
H	船用	
Y	化工防腐用	

对于从国外引进的产品，则仍按其原型号并参考有关说明进行理解。

任务一 低压开关

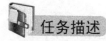 **任务描述**

在接到一项工程时，作为一名合格的工程参与者，要能从相关的工程资料中了解整个工程的施工步骤和操作，能看懂一般的施工图纸，在一个项目工程中需要选择相适应的元器件，正确进行安装与一般的维护与故障检修。

学习目标

1. 能正确识别、选用、安装、使用低压断路器、负荷开关、组合开关。
2. 熟悉低压开关的功能、基本结构、工作原理及型号含义。
3. 熟记低压开关的图形符号和文字符号。

知识平台

低压开关主要作隔离、转换及接通和分断电路用，多数用作机床电路的电源开关和局部照明电路的控制开关，有时也可用来直接控制小容量电动机的启动、停止和正反转。

低压开关一般为非自动切换电器，常用的主要类型有刀开关、组合开关和低压断路器。

一、刀开关

刀开关的种类很多，在电力拖动控制线路中最常用的是由刀开关和熔断器组合而成的负荷开关。负荷开关分为开启式负荷开关和封闭式负荷开关两种。

1. **开启式负荷开关**

开启式负荷开关又称为瓷底胶盖刀开关，简称闸刀开关。生产中常用的是 HK 系列开启式负荷开关，适用于照明、电热设备及小容量电动机控制线路中，供手动不频繁地接通和分断电路，并起短路保护。

（1）型号及含义。

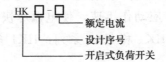

（2）结构。HK 系列负荷开关由刀开关和熔断器组合而成，结构如图 1.1a 所示。开关的瓷底座上装有进线座、静触头、熔体、出线座和带瓷质手柄的刀式动触头，上面盖有胶盖以防止操作时触及带电体或分断时产生的电弧飞出伤人。

开启式负荷开关在电路图中的符号如图 1.1b 所示。

（3）选用开启式负荷开关的结构简单，价格便宜，在一般的照明电路和功率小于 5.5kW 的电动机控制线路中被广泛采用。但这种开关没有专门的灭弧装置，其刀式动触头和静夹座易被电弧灼伤引起接触不良，因此不宜用于操作频繁的电路。具体选用方法如下：

① 用于照明和电热负载时，选用额定电压 220 V 或 250 V，额定电流不小于电路所有负载额定电流之和的两极开关；

② 用于控制电动机的直接启动和停止时，选用额定电压 380 V 或 500 V，额定电流不小于电动机额定电流三倍的三极开关。

（4）安装与使用。

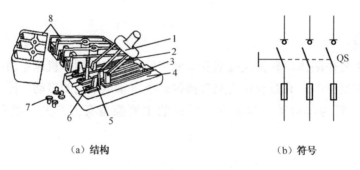

（a）结构　　　　　　　　　　（b）符号

图 1.1　HK 系列开启式负荷开关

1-瓷质手柄；2-动触头；3-出线座；4-瓷底座；5-静触头；6-进线座；7-胶盖紧固螺钉；8-胶盖

① 开启式负荷开关必须垂直安装在控制屏或开关板上，且合闸状态时手柄应朝上。不允许倒装或平装，以防发生误合闸事故。

② 开启式负荷开关控制照明和电热负载使用时，要装接熔断器作短路和过载保护。接线时应把电源进线接在静触头一边的进线座，负载接在动触头一边的出线座，这样在开关断开后，闸刀和熔体上都不会带电。开启式负荷开关用作电动机的控制开关时，应将开关的熔体部分用铜导线直连，并在出线端另外加装熔断器作短路保护。

③ 更换熔体时，必须在闸刀断开的情况下按原规格更换。

④ 在分闸和合闸操作时，应动作迅速，使电弧尽快熄灭。

常用的开启式负荷开关有 HK1 和 HK2 系列，HK1 系列为全国统一设计产品，其主要技术数据见表 1.4。

表 1.4　HK1 系列开启式负荷开关基本技术参数

型　号	极　数	额定电流值(A)	额定电压值(V)	可控制电动机最大容量值（kW）		配用熔丝规格			
				220 V	380 V	熔丝成分（%）			熔丝线径（mm）
						铅	锡	锑	
HK1-15	2	15	220	—					1.45~1.59
HK1-30	2	30	220	—					2.30~2.52
HK1-60	2	60	220	—					3.36~4.00
HK1-15	3	15	380	1.5	2.2	98	1	1	1.45~1.59
HK1-30	3	30	380	3.0	4.0				2.30~2.52
HK1-60	3	60	380	4.5	5.5				3.36~4.00

⑤ 常见故障及处理方法。开启式负荷开关的常见故障及处理方法见表 1.5。

表 1.5　开启式负荷开关常见故障及处理

故　障　现　象	可　能　的　原　因	处　理　方　法
合闸后，开关一相或两相开路	（1）静触头弹性消失，开口过大，造成动、静触头接触不良 （2）熔丝熔断或虚连 （3）动、静触头氧化或有尘污 （4）开关进线或出线线头接触不良	（1）修整或更换静触头 （2）更换熔丝或紧固 （3）清洁触头 （4）重新连接
合闸后，熔丝熔断	（1）外接负载短路 （2）熔体规格偏小	（1）排除负载短路故障 （2）按要求更换熔体
触头烧坏	（1）开关容量大小 （2）拉、合闸动作过慢，造成电弧过大，烧坏触头	（1）更换开关 （2）修整或更换触头，并改善操作方法

2. 封闭式负荷开关

封闭式负荷开关是在开启式负荷开关的基础上改进设计的一种开关。其灭弧性能、操作性能、通断能力和安全防护性能都优于开启式负荷开关。因其外壳多为铸铁或用薄钢板冲压而成，故俗称铁壳开关。可用于手动不频繁的接通和断开带负载的电路以及作为线路末端的短路保护，也可用于控制 15 kW 以下的交流电动机不频繁的直接启动和停止。

（1）型号及含义

（2）结构

常用的封闭式负荷开关有 HH3、HH4 系列，其中 HH4 系列为全国统一设计产品，它的结构如图 1.2 所示。它主要由刀开关、熔断器、操作机构和外壳组成。这种开关的操作机构具有以下两个特点：一是采用了储能分合闸方式，使触头的分合速度与手柄操作速度无关，有利于迅速熄灭电弧，从而提高开关的通断能力，延长其使用寿命；二是设置了联锁装置，保证开关在合闸状态下开关盖不能开启，而当开关盖开启时又不能合闸，确保操作安全。

封闭式负荷开关在电路图中的符号与开启式负荷开关相同。

（3）选用

① 封闭式负荷开关的额定电压应不小于线路工作电压；

② 封闭式负荷开关用于控制照明、电热负载时，开关的额定电流应不小于所有负载额定电流之和；用于控制电动机时，开关的额定电流应不小于电动机额定电流的三倍，或根据表 1.6 选择。

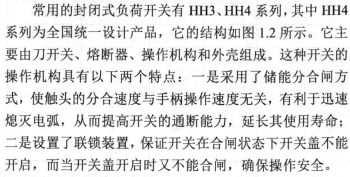

图 1.2 HH 系列封闭式负荷开关

1-动触刀；2-静夹座；3-熔断器；

4-进线孔；5-出线孔；6-速断弹簧；

7-转轴；8-手柄；9-开关盖；

10-开关盖锁紧螺栓

表 1.6 HH4 封闭式负荷开关技术数据

型 号	额定电流（A）	刀开关极限通断能力（在 110%额定电压时）			熔断器极限分断能力			控制电动机最大功率（kW）	熔体额定电流（A）	熔体（紫铜丝）直径（mm）
		通断电流（A）	功率因数	通断次数（次）	分断电流（A）	功率因数	分断次数（次）			
HH4-15/3Z	15	60	0.5	10	750	0.8	2	3.0	6	0.26
									10	0.35
									15	0.46
HH4-30/3Z	30	120			1 500	0.7		7.5	20	0.65
									25	0.71
									30	0.81
HH4-60/3Z	60	240	0.4		3 000	0.6		13	40	0.92
									50	1.07
									60	1.20

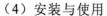

（4）安装与使用

① 封闭式负荷开关必须垂直安装，安装高度一般离地不低于 1.3～1.5m，并以操作方便和安全为原则。

② 开关外壳的接地螺钉必须可靠接地。

③ 接线时，应将电源、进线接在静夹座一边的接线端子上，负载引线接在熔断器一边的接线端子上，且进出线都必须穿过开关的进出线孔。

④ 分合闸操作时，要站在开关的手柄侧，不准面对开关，以免因意外故障电流使开关爆炸，铁壳飞出伤人。

⑤ 一般不用额定电流 100 A 及以上的封闭式负荷开关控制较大容量的电动机，以免发生飞弧灼伤手事故。

（5）常见故障及处理方法（表 1.7）

表 1.7　封闭式负荷开关常见故障及处理方法

故 障 现 象	可 能 原 因	处 理 方 法
操作手柄带电	（1）外壳未接地或接地线松脱 （2）电源进出线绝缘损坏碰壳	（1）检查后，加固接地导线 （2）更换导线或恢复绝缘
夹座（静触头）过热或烧坏	（1）夹座表面烧毛 （2）闸刀与夹座压力不足 （3）负载过大	（1）用细锉修整夹座 （2）调整夹座压力 （3）减轻负载或更换大容量开关

二、组合开关

组合开关又叫转换开关，它体积小，触头对数多，接线方式灵活，操作方便，常用于交流 50 Hz、380 V 以下及直流 220 V 以下的电气线路中，供手动不频繁的接通和断开电路、换接电源和负载以及控制 5 kW 以下小容量异步电动机的启动、停止和正反转。

1. 组合开关的型号及含义

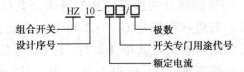

2. 组合开关的结构

HZ 系列组合开关有 HZ1、HZ2、HZ3、HZ4、HZ5 以及 HZ10 等系列产品，其中 HZI0 系列是全国统一设计产品，具有性能可靠、结构简单、组合性强、寿命长等优点，目前在生产中得到广泛应用。

HZ10-10/3型组合开关的外形与结构如图1.3所示。开关的三对静触头分别装在三层绝缘垫板上，并附有接线柱，用于与电源及用电设备相接。动触头是由磷铜片（或硬紫铜片）和具有良好灭弧性能的绝缘钢纸板组合而成，并和绝缘垫板一起套在附有手柄的方形绝缘转轴上。手柄和转轴能在平行于安装面的平面内沿顺时针或逆时针方向每次转动90°，带动三个动触头分别与三对静触头接触或分离，实现接通或分断电路的目的。开关的顶盖部分是由滑板、凸轮、扭簧和手柄等构成的操作机构。由于采用了扭簧储能，可使触头快速闭合或分断，从而提高了开关的通断能力。

组合开关的绝缘垫板可以一层层组合起来，最多可达六层。按不同方式配置动触头和静触头，可得到不同类型的组合开关，以满足不同的控制要求。

组合开关在电路图中的符号如图1.3c所示。

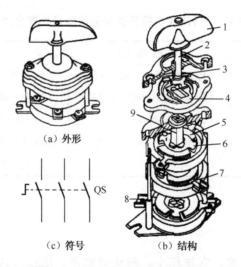

（a）外形

（c）符号　　　　（b）结构

图1.3　HZ10-10/3型组合开关

1-手柄；2-转轴；3-弹簧；4-凸轮；5-绝缘垫板；6-动触头；7-静触头；8-接线端子；9-绝缘杆

组合开关中，有一类是专为控制小容量三相异步电动机的正反转而设计生产的，如HZ3-132型组合开关，俗称倒顺开关或可逆转换开关，其结构如图1.4所示。开关的两边各装有三副静触头，右边标有符号L1、L2和W，左边标有符号U、V和L3。转轴上固定着六副不同形状的动触头，其中 I_1、I_2、I_3 和 II_1 是同一形状，而 II_2、II_3 为另一形状，六副动触头分成两组，I_1、I_2 和 I_3 为一组，II_1、II_2 和 II_3 为另一组。开关的手柄有"倒"、"停"、"顺"三个位置，手柄只能从"停"位置左转45°或右转45°。当手柄位于"停"位置时，两组动触头都不与静触头接触；手柄位于"顺"

位置时，动触头 I_1、I_2、I_3 与静触头接通；而手柄处于"倒"位置时，动触头 II_1、II_2、II_3 与静触头接通，如图 1.4c 所示。触头的通断情况见表 1.8。表中"×"表示触头接通，空白处表示触头断开。

倒顺开关在电路图中的符号如图 1.4d 所示。

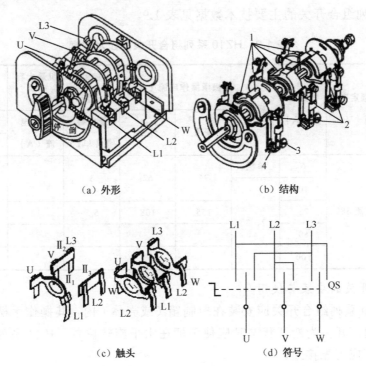

（a）外形　　　　　　　　　　（b）结构

（c）触头　　　　　　　　　　（d）符号

图 1.4　HZ3-132 型组合开关

1-动触头；2-静触头；3-调节螺钉；4-触头压力弹簧

表 1.8　倒顺开关触头分合表

触　头	手 柄 位 置		
	倒	停	顺
L1—U	×		×
L2—W	×		
L3—V	×		
L2—V			×
L3—W			×

3. 组合开关的选用

组合开关应根据电源种类、电压等级、所需触头数、接线方式和负载容量进行选用。用于直接控制异步电动机的启动和正反转时，开关的额定电流一般取电动机额定电流的 1.5～2.5 倍。

HZ10 系列组合开关的主要技术数据见表 1.9。

表 1.9　HZ10 系列组合开关的技术数据

型　　号	额定电压（V）	额定电流（A）	极数	极限操作电流（A）		可控制电动机最大容量和额定电流		在额定电压、电流下通断次数	
				接通	分断	最大容量（kW）	额定电流（A）	交流（A）	
								≥0.8	≥0.3
HZ10-10	交流 380	6	单极	94	62	3	7	20 000	1 000
		10							
HZ10-25		25	2、3	155	108	5.5	12		
HZ10-60		60							
HZ10-100		100						10 000	5 000

4. 组合开关的安装与使用

（1）HZ10 系列组合开关应安装在控制箱（或壳体）内，其操作手柄最好在控制箱的前面或侧面。开关为断开状态时应使手柄在水平旋转位置。HZ3 系列组合开关外壳上的接地螺钉应可靠接地。

（2）若需在箱内操作，开关最好装在箱内右上方，并且在它的上方不安装其他电器，否则应采取隔离或绝缘措施。

（3）组合开关的通断能力较低，不能用来分断故障电流。用于控制异步电动机的正反转时，必须在电动机完全停止转动后才能反向启动，且每小时的接通次数不能超过 15～20 次。

（4）当操作频率过高或负载功率因数较低时，应降低开关的容量使用，以延长其使用寿命。

（5）倒顺开关接线时，应将开关两侧进出线中的一相互换，并看清开关接线端标记，切忌接错，以免产生电源两相短路故障。

5. 组合开关的常见故障及处理方法

组合开关常见故障及处理方法见表 1.10。

表 1.10　组合开关常见故障及处理方法

故 障 现 象	可能的原因	处 理 方 法
手柄转动后，内部触头未动	（1）手柄上的轴孔磨损变形 （2）绝缘杆变形（由方形磨为圆形） （3）手柄与方轴，或轴与绝缘杆配合松动 （4）操作机构损坏	（1）调换手柄 （2）更换绝缘杆 （3）紧固松动部件 （4）修理更换
手柄转动后，动、静触头不能按要求动作	（1）组合开关型号选用不正确 （2）触头角度装配不正确 （3）触头失去弹性或接触不良	（1）更换开关 （2）重新装配 （3）更换触头或消除氧化层或尘污
接线柱间短路	因铁屑或油污附着在接线柱间，形成导电层，将胶木烧焦，绝缘损坏而形成短路	更换开关

三、低压断路器

低压断路器又叫自动空气开关或自动空气断路器，可简称断路器。它是低压配电网络和电力拖动系统中常用的一种配电电器，它集控制和多种保护功能于一体，在正常情况下可用于不频繁地接通和断开电路以及控制电动机的运行。当电路中发生短路、过载和失压等故障时，能自动切断故障电路、保护线路和电气设备。低压断路器具有操作安全、安装使用方便、工作可靠、动作值可调、分断能力较高、兼顾多种保护、动作后不需要更换元件等优点，因此得到广泛应用。

低压断路器按结构形式可分为塑壳式（又称装置式）、框架式（又称万能式）、限流式、直流快速式、灭磁式和漏电保护式等六类。

在电力拖动控制系统中常用的低压断路器是 DZ 系列塑壳式断路器，如 DZ5 系列和 DZ10 系列。其中，DZ5 为小电流系列，额定电流为 10～50A。DZ10 为大电流系列，额定电流有 100A、250A、600A 三种。下面以 DZ5-20 型断路器为例介绍低压断路器。

1．低压断路器的型号及含义

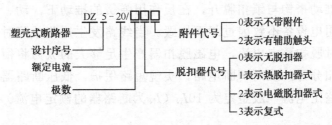

2．低压断路器的结构及工作原理

DZ5-20 型低压断路器的外形和结构如图 1.5 所示。断路器主要由动触头、静触头、灭弧装置、操作机构、热脱扣器、电磁脱扣器及外壳等部分组成。其结构采用立体布置，操作机构在中间，上面是由加热元件和双金属片等构成的热脱扣器，作过载保护，配有电流调节装置，调节整定电流；下面是由线圈和铁芯组成的电磁脱扣器，作短路保护，它也有一个电流调节装置，调节瞬时脱扣整定电流。主触头在操作机构后面，由动触头和静触头组成，配有栅片灭弧装置，用以接通和分断主回路的大电流。另外还有常开和常闭辅助触头各一对。主、辅触头的接线柱均伸出壳外，以便于接线。在外壳顶部还伸出接通（绿色）和分断（红色）按钮，通过储能弹簧和杠杆机构实现断路器的手动接通和分断操作。

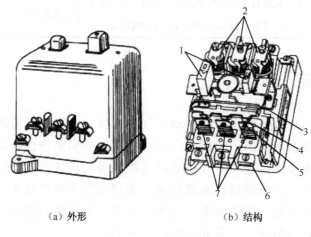

（a）外形　　　　　　　（b）结构

图 1.5　DZ5-20 型低压断路器

1-按钮；2-电磁脱扣器；3-自由脱扣器；4-动触头；5-静触头；6-接线柱；7-热脱扣器

断路器的工作原理如图 1.6 所示。使用时断路器的三副主触头串联在被控制的三相电路中，按下接通按钮时，外力使锁扣克服反作用弹簧的反力，将固定在锁扣上面的动触头与静触头闭合，并由锁扣锁住搭钩使动静触头保持闭合，开关处于接通状态。

当线路发生过载时，过载电流流过热元件产生一定的热量，使双金属片受热向上弯曲，通过杠杆推动搭钩与锁扣脱开，在反作用弹簧的推动下，动、静触头分开，从而切断电路，使用电设备不致因过载而烧毁。当线路发生短路故障时，短路电流超过电磁脱扣器的瞬时脱扣整定电流，电磁脱扣器产生足够大的吸力将衔铁吸合，通过杠杆推动搭钩与锁扣分开，从而切断电路，实现短路保护。低压断路器出厂时，电磁脱扣器的瞬时脱扣整定电流一般整定为 $10I_N$（I_N 为断路器的额定电流）。

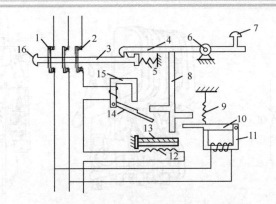

图 1.6   低压断路器工作原理示意图

1-动触头；2-静触头；3-锁扣；4-搭钩；5-反作用弹簧；6-转轴座；7-分断按钮；8-杠杆；9-拉力弹簧；

10-欠压脱扣器衔铁；11-欠压脱扣器；12-热元件；13-双金属片；14-电磁脱扣器衔铁；15-电磁脱扣器；16-接通按钮

欠压脱扣器的动作过程与电磁脱扣器恰好相反。当线路电压正常时，欠压脱扣器的衔铁被吸合，衔铁与杠杆脱离，断路器的主触头能够闭合；当线路上的电压消失或下降到某一数值时，欠压脱扣器的吸力消失或减小到不足以克服拉力弹簧的拉力时，衔铁在拉力弹簧的作用下撞击杠杆，将搭钩顶开，使触头分断。由此也可看出，具有欠压脱扣器的断路器在欠压脱扣器两端无电压或电压过低时，不能接通电路。需手动分断电路时，按下分断按钮即可。

低压断路器在电路图中的符号如图 1.7 所示。

在需要手动不频繁地接通和断开容量较大的低压网络或控制较大容量电动机（40～100 kW）的场合，经常采用框架式低压断路器。这种断路器有一个钢制或压塑的框架，断路器的所有部件都装在框架内，导电部分加以绝缘。它具有过电流脱扣器和欠电压脱扣器，可对电路和设备实现过载、短路、失压等保护。它的操作方式有手柄直接操作、杠杆操作、电磁铁操作和电动机操作四种。其代表产品有 DW10 和 DW16系列，外形如图 1.8 所示。

3．低压断路器的一般选用原则

（1）低压断路器的额定电压和额定电流应不小于线路的正常工作电压和计算负载电流。

（2）热脱扣器的整定电流应等于所控制负载的额定电流。

（3）电磁脱扣器的瞬时脱扣整定电流应大于负载正常工作时可能出现的峰值电流。用于控制电动机的断路器，其瞬时脱扣整定电流可按下式选取：

$$I_z \geqslant KI_{st}$$

式中 K——安全系数，可取 1.5～1.7；

　　　I_{st}——电动机的启动电流。

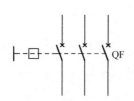

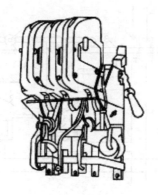

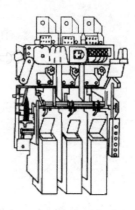

（a）DW10系列　　　　　　（b）DW16系列

图1.7　低压断路器的符号　　　　　图1.8　框架式低压断路器外形图

（4）欠压脱扣器的额定电压应等于线路的额定电压。

（5）断路器的极限通断能力应不小于电路最大短路电流。

DZ5-20型低压断路器的技术数据见表1.11。

表1.11　DZ5-20型低压断路器技术数据

型　　号	额定电压（V）	主触头额定电流（A）	极数	脱扣器形式	热脱扣器额定电流（括号内为整定电流调节范围）（A）	电磁脱扣器瞬时动作整定值（A）
DZ5-20/330			3	复式	0.15（0.10～0.15）	
					0.20（0.15～0.20）	
DZ5-20/230			2		0.30（0.20～0.30）	
					0.45（0.30～0.45）	
					0.65（0.45～0.65）	
DZ5-20/320			3		1（0.65～1）	为电磁脱扣器额定电流的8～12倍（出厂时整定于10倍）
				电磁式	1.5（1～1.5）	
DZ5-20/220	AC380 DC220	20	2		2（1.5～2）	
					3（2～3）	
					4.5（3～4.5）	
DZ5-20/310			3		6.5（4.5～6.5）	
				热脱扣器式	10（6.5～10）	
DZ5-20/210			2		15（10～15）	
					20（15～20）	
DZ5-20/300			3	无脱扣器式		
DZ5-20/200			2			

4. 低压断路器的安装与使用

（1）低压断路器应垂直于配电板安装，电源引线应接到上端，负载引线接到下端。

（2）低压断路器用作电源总开关或电动机的控制开关时，在电源进线侧必须加装刀开关或熔断器等，以形成明显的断开点。

（3）低压断路器在使用前应将脱扣器工作面的防锈油脂擦干净；各脱扣器动作值一经调整好，不允许随意变动，以免影响其动作值。

（4）使用过程中若遇分断短路电流，应及时检查触头系统，若发现电灼烧痕，应及时修理或更换。

（5）断路器上的积尘应定期清除，并定期检查各脱扣器动作值，给操作机构添加润滑剂。

5. 低压断路器的常见故障及处理

低压断路器的常见故障及处理方法见表 1.12。

表 1.12 低压断路器的常见故障及处理方法

故 障 现 象	故 障 原 因	处 理 方 法
不能合闸	（1）欠压脱扣器无电压或线圈损坏 （2）储能弹簧变形 （3）反作用弹簧力过大 （4）机构不能复位再扣	（1）检查施加电压或更换线圈 （2）更换储能弹簧 （3）重新调整 （4）调整再扣接触面至规定值
电流达到整定值，断路器不动作	（1）热脱扣器双金属片损坏 （2）电磁脱扣器的衔铁与铁芯距离太大或电磁钱圈损坏 （3）主触头熔焊	（1）更换双金属片 （2）调整衔铁与铁芯的距离或更换断路器 （3）检查原因并更换主触头
启动电动机时断路器立即分断	（1）电磁脱扣器瞬动整定值过小 （2）电磁脱扣器某些零件损坏	（1）调高整定值至规定值 （2）更换脱扣器
断路器闭合后经一定时间自行分断	热脱扣器整定值过小	调高整定值至规定值
断路器温升过高	（1）触头压力过小 （2）触头表面过分磨损或接触不良 （3）两个导电零件连接螺钉松动	（1）调整触头压力或更换弹簧 （2）更换触头或修整接触面 （3）重新拧紧

例 1-1 用低压断路器控制一型号为 Y132S4 的三相异步电动机，电动机的额定功率为 5.5 kW，额定电压 380 V，额定电流 11.6 A，启动电流为额定电流的 7 倍，试选择断路器的型号和规格。

解：（1）确定断路器的种类：根据电动机的额定电流、额定电压及对保护的要求，初步确定选用 DZS-20 型低压断路器。

（2）确定热脱扣器额定电流：根据电动机的额定电流查表 1.11，选择热脱扣器的额定电流为 15 A，相应的电流整定范围为 10～15 A。

（3）校验电磁脱扣器的瞬时脱扣整定电流，电磁脱扣器的瞬时脱扣整定电流为：I_g=10×15=150 A，而 KI_{st}=1.7×7×11.6=138 A，满足 $I_z \geqslant KI_{st}$，符合要求。

（4）确定低压断路器的型号规格，根据以上分析计算，应选用 DZ5-20 /330 型低压断路器。

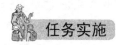 **任务实施**

低压开关

一、准备工作

1．安全文明

在项目实施过程中要求同学们穿戴好劳保用品，确认实习操作场地的安全。

2．工具与仪表

（1）工具：尖嘴钳、螺钉旋具、活络扳手、镊子等。

（2）仪表：MF30 型万用表、5050 型兆欧表。

3．元件器

开启式负荷开关一只（HK1）、封闭式负荷开关一只（HH4）、组合开关（HZ10-25、HZ3-132 型各一只）和低压断路器（DZ5-20、DW10 各一只）。以上电器未注明规格的，可根据实际情况在规定系列内选择。

二、实施过程

1．电器元件识别

将所给电器元件的铭牌用胶布盖住并编号，根据电器元件实物写出其名称与型号，填入表 1.13 中。

表 1.13　电器元件识别

序　号	1	2	3	4	5	6
名称						
型号						

2．封闭式负荷开关的基本结构与测量

将封闭式负荷开关的手柄扳到合闸位置，用万用表的电阻挡测量各对触头之间的接触情况。再用兆欧表测量每两相触头之间的绝缘电阻。打开开关盖，仔细观察其结构，将主要部件的名称和作用填入表 1.14 中。

表 1.14　封闭式负荷开关的主要结构与测量

型　号		极　数	主　要　部　件	
			名　　称	作　　用
触头间接触情况（良好打"√"号，不良打"×"号）				
L1 相	L2 相	L3 相		
相间绝缘电阻（MΩ）				
L1—L2	L2—L3	L1—L3		

3．低压断路器的结构

将一只 DZ5-20 型塑壳式低压断路器的外壳拆开，认真观察其结构，将主要部件的作用和有关参数填入表 1.15 中。

表 1.15　低压断路器的结构

主要部件名称	作　　用	参　　数
电磁脱扣器		
热脱扣器		
触头		
按钮		
储能弹簧		

4．HZ10-25/3 型组合开关的改装、维修及校验

将组合开关原分、合状态为三常开（或三常闭）的三对触头，改装为二常开一常闭（或二常闭一常开），如图 1.9a、b 所示，并整修触头，再按如图 1.9c 所示进行通电校验。

5．训练步骤及工艺要求

（1）卸下手柄紧固螺钉，取下手柄。

（2）卸下支架上紧固螺母，取下顶盖、转轴弹簧和凸轮等操作机构。

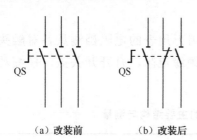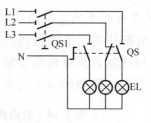

(a) 改装前　　　　(b) 改装后　　　　(c) 校验电路（灯箱220V、25W、Y接法）

图 1.9　组合开关改装和校验

（3）抽出绝缘杆，取下绝缘垫板上盖。

（4）拆卸三对动、静触头。

（5）检查触头有无烧毛、损坏，视损坏程度进行修理或更换。

（6）检查转轴弹簧是否松脱和消弧垫是否有严重磨损，根据实际情况确定是否调换。

（7）将任一相的动触头旋转90°，然后按拆卸的逆序进行装配。

（8）装配时，应注意动、静触头的相互位置是否符合改装要求及叠片连接是否紧密。

（9）装配结束后，先用万用表测量各对触头的通断情况，如果符合要求，按图1.9c所示连接线路进行通电校验。

（10）通电校验必须在1 min时间内，连续进行5次分合试验，如5次试验全部成功为合格，否则须重新拆装。

6. 注意事项

（1）拆卸时，应备有盛放零件的容器，以防零件丢失。

（2）拆卸过程中，不允许硬撬，以防损坏电器。

（3）通电校验时，必须将组合开关紧固在校验板（台）上，并有教师监护，以确保用电安全。

7. 评分标准（表1.16）

表 1.16　评分标准

项　目	配　分	评分标准		扣　分
元件识别	20	（1）写错或漏写名称，每只	扣4分	—
		（2）写错或漏写型号，每只	扣2分	
封闭式负荷开关的结构	20	（1）仪表使用方法错误	扣5分	—
		（2）不会测量或测量结果错误	扣5分	
		（3）主要零部件名称写错，每只	扣4分	
		（4）主要零部件作用写错，每只	扣4分	

续表

项　目	配　分	评 分 标 准		扣　分
低压断路器的结构	20	（1）主要部件的作用写错，每只	扣 4 分	
		（2）参数漏写或写错，每次	扣 4 分	
组合开关的改装与维修	40	（1）损坏电器元件或不能装配	扣 20 分	
		（2）丢失或漏装零件，每只	扣 10 分	
		（3）拆装方法、步骤不正确，每次	扣 5 分	
		（4）拆装后未进行改装	扣 20 分	
		（5）装配后手柄转动不灵活	扣 8 分	
		（6）不能进行通电校验	扣 20 分	
		（7）通电试验不成功，每次	扣 10 分	
安全文明生产		违反安全文明生产规程	扣 5～40 分	
定额时间：2 h		每超过 5 min 以内以扣 5 分计算		
备注		除定额时间外，各项目的最高扣分不应超过配分	成绩	
开始时间		结束时间	实际时间	

 想一想

1．如何选用开启式负荷开关？

2．封闭式负荷开关的操作机构有什么特点？

3．在安装和使用封闭式负荷开关时，应注意哪些问题？

4．组合开关的用途有哪些？如何选用？

5．组合开关能否用来分断故障电流？

6．低压断路器具有哪些优点？

7．DZ5-20 型低压断路器主要由哪几部分组成？

8．低压断路器有哪些保护功能，分别由低压断路器的哪些部件完成？

9．简述低压断路器的选用原则。

10．如果低压断路器不能合闸，可能的故障原因有哪些？

11．画出负荷开关、组合开关及低压断路器的图形符号，并注明文字符号。

知识拓展

通过网络收集，或走访低压电器生产厂家、专卖店和使用单位，你会认识更多的开关。比一比，看看谁收集和认识得更多，分组讨论整理后，作为资料备用。

任务二 低压熔断器

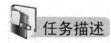

任务描述

通过正确识别、选择、安装、使用低压熔断器，能处理常用低压熔断器的故障。

学习目标

1. 能正确识别、选择、安装、使用低压熔断器。
2. 熟悉其功能、基本结构、工作原理及型号含义。
3. 熟记其图形符号和文字符号。

知识平台

熔断器是低压配电网络和电力拖动系统中主要用作短路保护的电器。使用时串联在被保护的电路中，当电路发生短路故障，通过熔断器的电流达到或超过某一规定值时，以其自身产生的热量使熔体熔断，从而自动分断电路，起到保护作用。它具有结构简单、价格便宜、动作可靠、使用维护方便等优点，因此得到广泛应用。

一、熔断器的结构与主要技术参数

1. 熔断器的结构

熔断器主要由熔体、安装熔体的熔管和熔座三部分组成。

熔体是熔断器的核心部分，常做成丝状、片状或栅状。熔体的材料一般由铅锡合金等低熔点材料制成，多用于小电流电路；另一种是由银、铜等较高熔点的金属制成，多用于大电流电路。

熔管是熔体的保护外壳，用耐热绝缘材料制成，在熔体熔断时兼有灭弧作用。

熔座是熔断器的底座，作用是固定熔管和外接引线。

2. 熔断器的主要技术参数

（1）额定电压。熔断器的额定电压是指能保证熔断器长期正常工作的电压。若熔断器的实际工作电压大于其额定电压，熔体熔断时可能会发生电弧不能熄灭的危险。

（2）额定电流。熔断器的额定电流是指保证熔断器能长期正常工作的电流，是由熔断器各部分长期工作时的允许温升决定的。它与熔体的额定电流是两个不同的概念。

熔体的额定电流是指在规定的工作条件下，长时间通过熔体而熔体不熔断的最大电流值。通常，一个额定电流等级的熔断器可以配用若干个额定电流等级的熔体，但熔体的额定电流不能大于熔断器的额定电流值。

（3）分断能力。在规定的使用和性能条件下，熔断器在规定电压下能分断的预期分断电流值。常用极限分断电流值来表示。

（4）时间-电流特性。在规定工作条件下，表征流过熔体的电流与熔体熔断时间关系的函数曲线，也称保护特性或熔断特性，如图 1.10 所示。

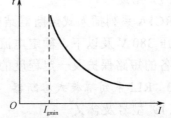

图 1.10　熔断器的时间-电流特性

从特性上可看出，熔断器的熔断时间随着电流的增大而减小，即熔断器通过的电流越大，熔断时间越短。一般熔断器的熔断时间与熔断电流的关系见表 1.17。

表 1.17　熔断器的熔断电流与熔断时间的关系

熔断电流 I_S（A）	$1.25I_N$	$1.6I_N$	$2.0I_N$	$2.5I_N$	$3.0I_N$	$4.0I_N$	$8.0I_N$	$10.0I_N$
熔断时间 t（s）	∞	3 600	40	8	4.5	2.5	1	0.4

可见，熔断器对过载反应很不灵敏，当电气设备发生轻度过载时，熔断器将持续很长时间才熔断，有时甚至不熔断。因此，除在照明电路中使用之外，熔断器一般不宜用作过载保护，而是主要用作短路保护。

二、常用的低压熔断器

熔断器按结构形式分为半封闭插入式、无填料封闭管式、有填料封闭管式和自复式四类。

1. RC1A 系列插入式熔断器（瓷插式熔断器）

（1）型号及含义

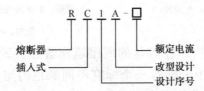

（2）结构

RC1A 系列插入式熔断器是在 RC1 系列的基础上改进设计的，可取代 RC1 系列老产品，属半封闭插入式，它由瓷座、瓷盖、动触头、静触头及熔丝五部分组成，其结构如图 1.11 所示。

RC1A 系列插入式熔断器的主要技术参数见表 1.18。

（3）用途

RC1A 系列插入式熔断器结构简单，更换方便，价格低廉，一般在交流 50Hz、额定电压 380 V 及以下、额定电流 200 A 及以下的低压线路末端或分支电路中，作为电气设备的短路保护及一定程度的过载保护。

2. RL1 系列螺旋式熔断器

（1）型号及含义

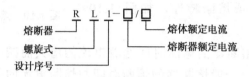

（2）结构

RL1 系列螺旋式熔断器属于有填料封闭管式，其外形和结构如图 1.12 所示。它主要由瓷帽、熔断管、瓷套、上接线座、下接线座及瓷座等部分组成。

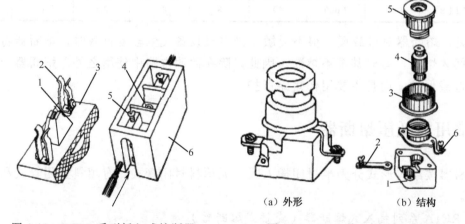

（a）外形　　　　（b）结构

图 1.11　RC1A 系列插入式熔断器　　　　图 1.12　RL1 系列螺旋式熔断器

1-熔丝；2-动触头；3-瓷盖；4-空腔；　　　　1-瓷座；2-下接线座；3-瓷套；4-熔断管；

5-静触头；6-瓷座　　　　　　　　　　　5-瓷帽；6-上接线座

该系列熔断器的熔断管内，在熔丝的周围填充着石英砂以增强灭弧性能。熔丝焊在瓷管两端的金属盖上，其中一端有一个标有不同颜色的熔断指示器，当熔丝熔断时，熔断指示器自动脱落，此时只需更换同规格的熔断管即可。额定电压 380 V 及以下、额定电流 200 A 及以下的低压线路末端或分支电路中，作为电气设备的短路保护及一定程度的过载保护。

RL1 系列螺旋式熔断器的主要技术参数见表 1.18。

表 1.18　常见熔断器的主要技术参数

类别	型号	额定电压（V）	额定电流（A）	熔体额定电流等级（A）	极限分断能力（kA）	功率因数
插入式熔断器	RC1A	380	5	2、5	0.25	0.8
			10	2、4、6、10	0.5	
			15	6、10、15		
			30	20、25、30	1.5	0.7
			60	40、50、60		0.6
			100	80、100	3	
			200	120、150、200		
螺旋式熔断器	RL1	500	15	2、4、6、10、15	2	≥0.3
			60	20、25、30、35、40、50、60	3.5	
			100	60、80、100	20	
			200	100、125、150、200	50	
	RL2	500	25	2、4、6、10、15、20、25	1	
			60	25、35、50、60	2	
			100	80、100	3.5	
无填料封闭管式熔断器	RM10	380	15	6、10、15	1.2	0.8
			60	15、20、25、35、45、60	3.5	0.7
			100	60、80、100	10	0.35
			200	100、125、160、200		
			350	200、225、260、300、350		
			600	350、430、500、600	12	0.35
有填料封闭管式熔断器	RT0	交流 380 直流 440	100	30、40、50、60、100	交流 50 直流 25	>0.3
			200	120、150、200、250		
			400	300、350、400、450		
			600	500、550、600		
快速熔断器	RLS2	500	30	16、20、25、30	50	0.1～0.2
			63	35、（45）、50、63		
			100	（75）、80、（90）、100		

（3）用途

RL1 系列螺旋式熔断器的分断能力较高、结构紧凑、体积小、安装面积小、更换熔体方便，工作安全可靠，并且熔丝熔断后有明显指示，因此广泛应用于控制箱、配电屏、机床设备及振动较大的场合，在交流额定电压 500 V、额定电流 200 A 及以下的电路中，作为短路保护器件。

3．RM10 系列无填料封闭管式熔断器

（1）型号及含义

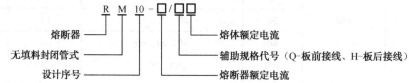

（2）结构

RM10 系列无填料封闭管式熔断器主要由熔断管、熔体、夹头及夹座等部分组成。RM10-100 型熔断器的外形与结构如图 1.13 所示。

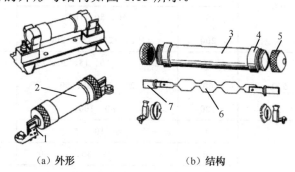

（a）外形　　　　　（b）结构

图 1.13　RM10 系列无填料封闭管式熔断器

1-夹座；2-熔断管；3-钢纸管；4-黄铜套管；5-黄铜帽；6-熔体；7-刀型夹头

这种结构的熔断器具有以下两个特点：一是采用钢纸管作熔管，当熔体熔断时，钢纸管内壁在电弧热量的作用下产生高压气体，使电弧迅速熄灭；二是采用变截面锌片作熔体，当电路发生短路故障时，锌片几处狭窄部位同时熔断，形成较大空隙，因此灭弧容易。

RM10 系列无填料封闭管式熔断器的主要技术参数见表 1.18

（3）用途

RM10 系列无填料封闭管式熔断器适用于交流 50 Hz，额定电压 380 V 或直流额定电压 440 V 及以下电压等级的动力网络和成套配电设备中，作为导线、电缆及较大容量电气设备的短路和连续过载保护。

4．RT0系列有填料封闭管式熔断器

（1）型号及含义

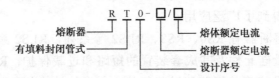

```
        R T 0 - □/□
熔断器              熔体额定电流
有填料封闭管式        熔断器额定电流
                  设计序号
```

（2）结构

RT0系列有填料封闭管式熔断器主要由熔管、底座、夹头、夹座等部分组成，其外形与结构如图1.14所示。

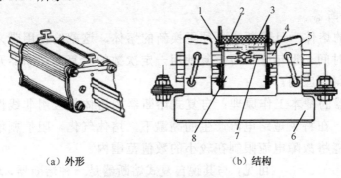

（a）外形   （b）结构

（c）锡桥

图1.14　RT0系列有填料封闭管式熔断器

1-熔断指示器；2-石英砂填料；3-指示器熔丝；4-夹头；5-夹座；6-底座；7-熔体；8-熔管；9-锡桥

RT0的熔管用高频电工瓷制成。熔体是两片网状紫铜片，中间用锡桥连接。熔体周围填满石英砂，在熔体熔断时起灭弧作用。该系列熔断器配有熔断指示装置，熔体熔断后，显示出醒目的红色熔断信号。当熔体熔断后，可使用配备的专用绝缘手柄在带电的情况下更换熔管，装取方便，安全可靠。

RT0系列有填料封闭管式熔断器的主要技术参数见表1.18。

（3）用途

RT0系列有填料封闭管式熔断器是一种大分断能力的熔断器，广泛用于短路电流较大的电力输配电系统中，作为电缆、导线和电气设备的短路保护及导线、电缆的过载保护。

5．快速熔断器

快速熔断器又叫半导体器件保护用熔断器，主要用于半导体功率元件的过电流保护。由于半导体元件承受过电流的能力很差，只允许在较短的时间内承受一定的过载

电流（如 70 A 的晶闸管能承受 6 倍额定电流的时间仅为 10 ms），因此要求短路保护元件应具有快速动作的特征。快速熔断器能满足这一要求，且结构简单，使用方便，动作灵敏可靠，因而得到了广泛应用。

目前常用的快速熔断器有 RS0、RS3、RLS2 等系列，RLS2 系列的结构与 RL1 系列相似，适用于小容量硅元件及其成套装置的短路和过载保护；RS0 和 RS3 系列适用于半导体整流元件和晶闸管的短路和过载保护，它们的结构相同，但 RS3 系列的动作更快，分断能力更高。

RLS2 系列快速熔断器的技术数据见表 1.18。

6. 自复式熔断器

常用熔断器的熔体一旦熔断，必须更换新的熔体，这就给使用带来一些不方便，而且延缓了供电时间。近年来，可重复使用一定次数的自复式熔断器开始在电力网络的输配电线路中得到应用。

自复式熔断器的基本工作原理：自复式熔断器的熔体是应用非线性电阻元件（如金属钠等）制成，在特大短路电流产生的高温下，熔体气化，阻值剧增，即瞬间呈现高阻状态，从而能将故障电流限制在较小的数值范围内。

图 1.15 熔断器的符号

可见，与其说自复式熔断器是一种熔断器，还不如说它是一个非线性电阻，因为它熔而不断，不能真正分断电路，但由于它具有限流作用显著、动作时间短、动作后不需更换熔体等优点，在生产中的应用范围不断扩大，常与断路器配合使用，以提高组合分断性能。目前自复式熔断器的工业产品有 RZ1 系列熔断器，它适用于交流 380 V 的电路中与断路器配合使用。熔断器的额定电流有 100 A、200 A、400 A、600 A 四个等级，在功率因数 λ≤0.3 时的分断能力为 100 kA。

熔断器在电路图中的符号如图 1.15 所示。

三、熔断器的选择

熔断器和熔体只有经过正确的选择，才能起到应有的保护作用。

1. 熔断器类型的选择

根据使用环境和负载性质选择适当类型的熔断器。例如，用于容量较小的照明线路，可选用 RC1A 系列插入式熔断器；在开关柜或配电屏中可选用 RM10 系列无填料封闭管式熔断器；对于短路电流相当大或有易燃气体的环境，应选用 RT0 系列有填料封闭管式熔断器；在机床控制线路中，多选用 RL 系列螺旋式熔断器；用于半导体功率元件及晶闸管保护时，则应选用 RLS 或 RS 系列快速熔断器等。

2. 熔体额定电流的选择

（1）对照明、电热等电流较平稳、无冲击电流的负载短路保护，熔体的额定电流应等于或稍大于负载的额定电流。

（2）对一台不经常启动且启动时间不长的电动机的短路保护，熔体的额定电流 I_{RN} 大于或等于 1.5～2.5 倍电动机额定电流 I_N，即

$$I_{RN} \geqslant （1.5～2.5）I_N$$

对于频繁启动或启动时间较长的电动机，上式的系数应增加到 3～3.5。

（3）对多台电动机的短路保护，熔体的额定电流应大于或等于其中最大容量电动机的额定电流 I_{Nmax} 的 1.5～2.5 倍加上其余电动机额定电流的总和 $\sum I_N$，即

$$I_{RN} \geqslant （1.5～2.5）I_{Nmax} + \sum I_N$$

在电动机的功率较大而实际负载较小时，熔体额定电流可适当小些，小到电动机启动时熔体不熔断为准。

3. 熔断器额定电压和额定电流的选择

熔断器的额定电压必须等于或大于线路的额定电压；熔断器的额定电流必须等于或大于所装熔体的额定电流。熔断器的分断能力应大于电路中可能出现的最大短路电流。

四、熔断器的安装与使用

（1）熔断器应完整无损，安装时应保证熔体和夹头以及夹头和夹座接触良好，并具有额定电压、额定电流值标志。

（2）插入式熔断器应垂直安装，螺旋式熔断器的电源线应接在瓷底座的下接线座上，负载线应接在螺纹壳的上接线座上。这样在更换熔断管时，旋出螺帽后螺纹壳上不带电，保证了操作者的安全。

（3）熔断器内要安装合格的熔体，不能用多根小规格熔体并联代替一根大规格熔体。

（4）安装熔断器时，在多级保护的场合，各级熔体应相互配合，上级熔断器的额定电流等级以大于下级熔断器的额定电流等级两级为宜。即做到下一级熔体规格比上一级规格小。

（5）安装熔丝时，熔丝应在螺栓上沿顺时针方向缠绕，压在垫圈下，拧紧螺钉的力应适当，以保证接触良好，同时注意不能损伤熔丝，以免减小熔体的截面积，产生局部发热而产生误动作。

（6）更换熔体或熔管时，必须切断电源。尤其不允许带负荷操作，以免发生电弧灼伤。管式熔断器的熔体应用专用的绝缘插拔器进行更换。

（7）对 RM10 系列熔断器，在切断过三次相当于分断能力的电流后，必须更换熔

断管，以保证能可靠地切断所规定分断能力的电流。

（8）熔断器兼做隔离器件使用时应安装在控制开关的电源进线端；若仅做短路保护用，应装在控制开关的出线端。

五、熔断器的常见故障及处理

熔断器的常见故障及处理见表1.19。

表1.19　熔断器的常见故障及处理方法

故 障 现 象	可 能 原 因	处 理 方 法
电路接通瞬间，熔体熔断	（1）熔体电流等级选择过小	（1）更换熔体
	（2）负载侧短路或接地	（2）排除负载故障
	（3）熔体安装时受机械损伤	（3）更换熔体
熔体未见熔断，但电路不通	熔体或接线座接触不良	重新选择

例 1-2　某机床电动机的型号为 Y112M-4，额定功率为 4 kW，额定电压为 380 V，额定电流为 8.8 A；该电动机正常工作时不需频繁启动。若用熔断器为该电动机提供短路保护，试确定熔断器的型号规格。

解：（1）选择熔断器的类型：该电动机是在机床中使用的，所以熔断器可选用 RL1 系列螺旋式熔断器。

（2）选择熔体额定电流：由于所保护的电动机不需经常启动，则熔体额定电流

$$I_{RN}=（1.5\sim2.5）\times8.8=13.2\sim22 \text{ A}$$

查表 1.18 得熔体额定电流为：$I_{RN}=20$ A。

（3）选择熔断器的额定电流和电压：查表 1.18，可选取 RL1-60/20 型熔断器，其额定电流为 60 A，额定电压为 500 V。

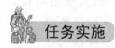 **任务实施**

低压熔断器

1. 目的要求

熟悉常用低压熔断器的外形、结构，掌握常用低压熔断器的故障处理方法。

2. 准备工作

（1）安全文明

在项目实施过程中要求同学们穿戴好劳保用品，确认实习操作场地的安全。

（2）工具、仪表及器材

① 工具：尖嘴钳、螺钉旋具。

② 仪表：MF30 型万用表一只。

（3）元件器

器材：在 RC1A、RL1、RT0、RM10 及 RS0 而各系列中，每个系列选取不少于两种规格的熔断器。具体规格可由指导教师根据实际情况给出。

3．实施过程

（1）熔断器识别

① 在教师指导下，仔细观察各种不同类型、规格的熔断器的外形和结构特点。

② 由指导教师从所给熔断器中任选五只，用胶布盖住其型号并编号，由学生根据实物写出其名称、型号规格及主要组成部分，填入表 1.20 中。

表 1.20　熔断器识别

序　号	1	2	3	4	5
名称					
型号规格					
结构					

（2）更换 RC1A 系列或 RL1 系列熔断器的熔体

① 检查所给熔断器的熔体是否完好，对 RC1A 型，可拔下瓷盖进行检查；对 RL1 型，应首先查看其熔断指示器。

② 若熔体已熔断，按原规格选配熔体。

③ 更换熔体，对 RC1A 系列熔断器，安装熔丝时熔丝缠绕方向要正确，安装过程中不得损伤熔丝。对 RL1 系列熔断器，熔断管不能倒装。

④ 用万用表检查更换熔体后的熔断器各部分接触是否良好。

4．评分标准（表 1.21）

表 1.21　评分标准

项　目	配　分	评分标准		扣　分
熔断器识别	50	（1）写错或漏写名称，每只	扣 5 分	
		（2）写错或漏写型号，每只	扣 5 分	
		（3）漏写每个主要部件	扣 4 分	
更换熔体	50	（1）检查方法不正确	扣 10 分	
		（2）不能正确选配熔体	扣 10 分	
		（3）更换熔体方法不正确	扣 10 分	
		（4）损伤熔体	扣 20 分	
		（5）更换熔体后熔断器断路	扣 25 分	

续表

项　　目	配　　分	评 分 标 准		扣　　分
安全文明生产	违反安全文明生产规程		扣 5～40 分	
定额时间：60 min	每超时 5 min 以内以扣 5 分计算			
备注	除定额时间外，各项内容的最高扣分不应超过配分数		成绩	
开始时间		结束时间	实际时间	

 想一想

1．熔断器主要由哪几个部分组成？各部分的作用是什么？

2．什么是熔体的额定电流？它与熔断器的额定电流是否相同？

3．熔断器为什么一般不能作过载保护，而主要用作短路保护？

4．常用的熔断器有哪几种类型？

5．RL1 系列螺旋式熔断器有何特点？适用于哪些场合？

6．RM10 系列无填料封闭管式熔断器的结构有何特点？

7．自复式熔断器的基本工作原理是什么？它有哪些优点和缺点？

8．如何正确选用熔断器？

9．在安装和使用熔断器时，应注意哪些问题？

10．生产车间的电源开关和机床电气设备应分别选择哪一系列的熔断器作短路保护？

任务三　主令电器

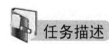 任务描述

在生活及生产当中，我们会遇到各种各样的电器元件，你能熟练地根据自身需要选择和使用它们吗？比如新建设的居民楼或办公楼需要配备和安装什么规格的何种控制开关。

学习目标

1．能正确识别、选择、安装、使用按钮、行程开关、万能转换开关、主令控制器等常用的主令电器。

2．熟悉主令电器的功能、基本结构、工作原理及型号含义。

3．熟记主令电器的图形符号和文字符号。

知识平台

主令电器用作接通或断开控制电路，以发出指令或作程序控制的开关电器。常用的主令电器有按钮、位置开关、万能转换开关和主令控制器等。

一、按钮

按钮是一种具有用人体某一部分（一般为手指或手掌）所施加力而操作的操动器，并具有储能（弹簧）复位的一种控制开关。按钮的触头允许通过的电流较小，一般不超过5A，因此一般情况下它不直接控制主电路的通断，而是在控制电路中发出指令或信号去控制接触器、继电器等电器，再由它们去控制主电路的通断、功能转换或电气联锁。

1. 按钮的型号及含义

其中结构形式代号的含义为：

K——开启式，适用于嵌装在操作面板上；H——保护式，带保护外壳，可防止内部零件受机械损伤或人偶然触及带电部分；S——防腐式，能防止腐蚀性气体进入；J——防水式，具有密封外壳，可防止雨水侵入；F——紧急式，带有红色大蘑菇钮头（突出在外），作紧急切断电源用；X——旋钮式，用旋钮旋转进行操作，有通和断两个位置；Y——钥匙操作式，用钥匙插入进行操作，可防止误操作或供专人操作；D——光标按钮，按钮内装有信号灯，兼作信号指示。

2. 按钮的外形及结构

部分常见按钮的外形如图 1.16 所示。

按钮一般由按钮帽、复位弹簧、桥式动触头、静触头、支柱连杆及外壳等部分组成，如图 1.17 所示。

按钮按静态（不受外力作用）时触头的分合状态，可分为常开按钮（启动按钮）、常闭按钮（停止按钮）和复合按钮（常开、常闭组合为一体的按钮）。

常开按钮：未按下时，触头是断开的；按下时触头闭合；当松开后，按钮自动复位。

常闭按钮：与常开按钮相反，未按下时，触头是闭合的；按下时触头断开；当松开后，按钮自动复位。

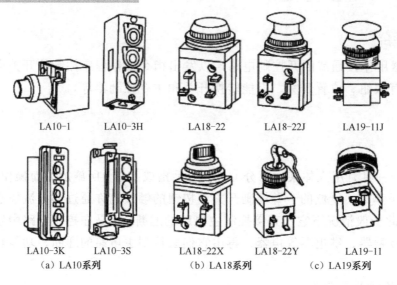

图 1.16 部分按钮的外形

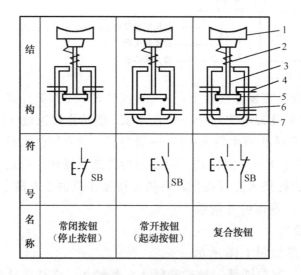

图 1.17 按钮的结构与符号

1-按钮帽；2-复位弹簧；3-支柱连杆；4-常闭静触头；5-桥式动触头；6-常开静触头；7-外壳

复合按钮：将常开和常闭按钮组合为一体。按下复合按钮时，其常闭触头先断开，然后常开触头再闭合；而松开时，常开触头先断开，然后常闭触头再闭合。

目前在生产机械中常用的按钮有 LA18、LA19 和 LA20 等系列。其中，LA18 系列采用积木式拼接装配基座，触头数目可按需要拼装，一般装成两常开、两常闭，也可装成四常开、四常闭或六常开、六常闭。结构形式有旋钮式、紧急式和钥匙式。LA19系列的结构与 LA18 相似，但只有一对常开和一对常闭触头。该系列中有在按钮内装有信号灯的光标按钮，其按钮帽用透明塑料制成，兼做信号灯罩。LA20 系列与 LA18、LA19 系列相似，也是组合式的，它除了有光标式外，还有由两个或三个元件组合为一体的开启式和保护式产品。它具有一常开、一常闭，两常开、两常闭和三常开、三常闭三种。

为了便于操作人员识别，避免发生误操作，生产中用不同的颜色和符号标志来区分按钮的功能及作用。按钮颜色的含义见表 1.22。

表 1.22 按钮颜色的含义

颜 色	含 义	说 明	应 用 示 例
红	紧急	危险或紧急情况时操作	急停
黄	异常	异常情况时操作	干预、制止异常情况 干预、重新启动中断了的自动循环
绿	安全	安全情况或为正常情况准备时操作	启动/接通
蓝	强制性的	要求强制动作情况下的操作	复位功能
白	未赋予特定含义	除急停以外的一般功能的启动（见注）	启动/接通（优先） 停止/断开
灰			启动/接通 停止/断开
黑			启动/接通 停止/断开（优先）

注：如果用代码的辅助手段（如标记、形状、位置）来识别按钮操作件，则白、灰或黑同一颜色可用于标注各种不同功能（如白色用于标注启动/接通和停止/断开）。

光标按钮的颜色应符合表 1.22 及指示灯颜色含义的要求（见附表 B.2），当难以选定适当的颜色时，应使用白色。急停操作件的红色不应依赖于其灯光的照度。

按钮的符号如图 1.17 所示。

但不同类型和用途的按钮在电路图中的符号不完全相同，如图 1.18 所示。

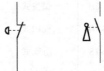

(a) 急停按钮　(b) 钥匙操作式按钮

图 1.18 部分按钮的符号

3．按钮的选择

（1）根据使用场合和具体用途选择按钮的种类。

例如：嵌装在操作面板上的按钮可选用开启式；需显示工作状态的选用光标式；在非常重要处，为防止无关人员误操作宜用钥匙操作式；在有腐蚀性气体处要用防腐式。

（2）根据工作状态指示和工作情况要求，选择按钮或指示灯的颜色。

例如：启动按钮可选用白、灰或黑色，优先选用白色，也允许选用绿色。急停按钮应选用红色。停止按钮可选用黑、灰或白色，优先用黑色，也允许选用红色。

（3）根据控制回路的需要选择按钮的数量，如单联钮、双联钮和三联钮等。

4．按钮的安装与使用

（1）按钮安装在面板上时，应布置整齐，排列合理，如根据电动机启动的先后顺序，从上到下或从左到右排列。

（2）同一机床运动部件有几种不同的工作状态时（如上、下，前、后，松、紧等），应使每一对相反状态的按钮安装在一组。

（3）按钮的安装应牢固，安装按钮的金属板或金属按钮盒必须可靠接地。

（4）由于按钮的触头间距较小，如有油污等极易发生短路故障，所以应注意保持触头间的清洁。

（5）光标按钮一般不宜用于需长期通电显示处，以免塑料外壳过度受热而变形，使更换灯泡困难。

常用按钮的主要技术数据见表 1.23。

表 1.23　常用按钮的主要技术数据

型　　号	形　　式	触头数量		信　号　灯		额定电压、电流和控制容量	按　　钮	
		常开	常闭	电压（V）	功率（W）		钮数	颜　　色
LA10-1	元件	1	1				1	黑、绿、红
LA10-1K	开启式	1	1				1	黑、绿、红
LA10-2K	开启式	2	2			电压：	2	黑、红或绿、红
LA10-3K	开启式	3	3			AC380V	3	黑、绿、红
LA10-1H	保护式	1	1			DC220V	1	黑、绿或红
LA10-2H	保护式	2	2			电流：5A	2	黑、红或绿、红
LA10-3H	保护式	3	3			容量：	3	黑、绿、红
LA10-1S	防水式	1	1			AC300VA	1	黑、绿或红
LA10-2S	防水式	2	2			DC60W	2	黑、红或绿、红
LA10-3S	防水式	3	3				3	黑、绿、红
LA10-2F	防腐式	2	2					黑、红或绿、红

续表

型　号	形　式	触头数量		信　号　灯		额定电压、电流和控制容量	按　钮	
		常开	常闭	电压（V）	功率（W）		钮数	颜　色
LA18-22	一般式	2	2				1	红、绿、黄、白、黑
LA18-44	一般式	4	4				1	红、绿、黄、白、黑
LA18-66	一般式	6	6				1	红、绿、黄、白、黑
LA18-22J	紧急式	2	2				1	红
LA18-44J	紧急式	4	4				1	红
LA18-66J	紧急式	6	6				1	红
LA18-22X$_2$	旋钮式	2	2				1	黑
LA18-22X$_3$	旋钮式	2	2				1	黑
LA18-44X	旋钮式	4	4				1	黑
LA18-66X	旋钮式	6	6				1	黑
LA18-22Y	钥匙式	2	2			电压： AC380V DC220V 电流：5A 容量： AC300VA DC60W	1	锁芯本色
LA18-44Y	钥匙式	4	4				1	锁芯本色
LA18-66Y	钥匙式	6	6				1	锁芯本色
LA19-11A	一般式	1	1				1	红、绿、蓝、黄、白、黑
LA19-11J	紧急式	1	1		<1		1	红
LA19-11D	带指示灯式	1	1	6	<1		1	红、绿、蓝、白、黑
LA19-11DJ	紧急带指示灯式	1	1	6			1	红
LA20-11	一般式	1	1				1	红、绿、黄、蓝、白
LA20-11J	紧急式	1	1				1	红
LA20-11D	带指示灯式	1	1	6	<1		1	红、绿、黄、蓝、白
LA20-11DJ	带灯紧急式	1	1	6	<1		1	红
LA20-22	一般式	2	2				1	红、绿、黄、蓝、白
LA20-22J	紧急式	2	2				1	红
LA20-22D	带指示灯式			6	<1		1	红、黄、绿、蓝、白
LA20-2K	开启式	2	2				2	折、红或绿、红
LA20-3K	开启式	3	3				3	白、绿、红
LA20-2H	保护式	2	2				2	白、红或绿、红
LA20-3H	保护式	3	3				3	白、绿、红

5. 按钮的常见故障及处理方法

按钮的常见故障及处理方法见表 1.24 。

表 1.24　按钮的常见故障及处理方法

故 障 现 象	可 能 的 原 因	处 理 方 法
触头接触不良	（1）触头烧损 （2）触头表面有尘垢 （3）触头弹簧失效	（1）修整触头或更换产品 （2）清洁触头表面 （3）重绕弹簧或更换产品
触头间短路	（1）塑料受热变形，导致接线螺钉相碰短路 （2）杂物或油污在触头间形成通路	（1）更换产品，并查明发热原因，如灯泡发热所致，可降低电压 （2）清洁按钮内部

二、位置开关

位置开关是操动机构在机器的运动部件到达一个预定位置时操作的一种指示开关。它包括行程开关（限位开关）、接近开关等。这里着重介绍在生产中应用较广泛的行程开关，并简单介绍接近开关的作用及工作原理。

1. 行程开关

行程开关是用以反映工作机械的行程，发出命令以控制其运动方向和行程大小的开关。其作用原理与按钮相同，区别在于它不是靠手指的按压而是利用生产机械运动部件的碰压使其触头动作，从而将机械信号转变为电信号，用以控制机械动作或用作程序控制。通常，行程开关被用来限制机械运动的位置或行程，使运动机械按一定的位置或行程实现自动停止、反向运动、变速运动或自动往返运动等。

（1）型号及含义

目前机床中常用的行程开关有 **LX19** 和 **JLXK1** 等系列，其型号及含义如下：

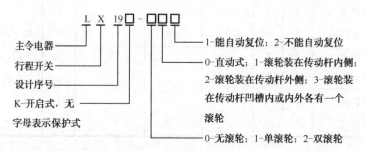

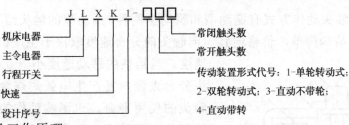

- 机床电器
- 主令电器
- 行程开关
- 快速
- 设计序号
- 常闭触头数
- 常开触头数
- 传动装置形式代号：1-单轮转动式；
  2-双轮转动式；3-直动不带轮；
  4-直动带转

（2）结构及工作原理

各系列行程开关的基本结构大体相同，都由触头系统、操作机构和外壳组成。以某种行程开关元件为基础，装置不同的操作机构，可得到各种不同形式的行程开关，常见的有按钮式（直动式）和旋转式（滚轮式）。JLXK1 系列行程开关的外形如图 1.19 所示。

JLXK1 系列行程开关的动作原理如图 1.20 所示。当运动部件的挡铁碰压行程开关的滚轮 1 时，杠杆 2 连同转轴 3 一起转动，使凸轮 7 推动撞块 5，当撞块被压到一定位置时，推动微动开关 6 快速动作，使其常闭触头断开，常开触头闭合。

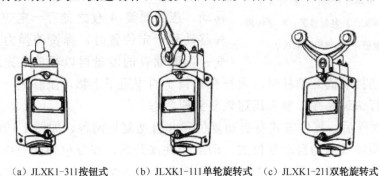

（a）JLXK1-311按钮式　（b）JLXK1-111单轮旋转式　（c）JLXK1-211双轮旋转式

图 1.19　JLXK1 系列行程开关

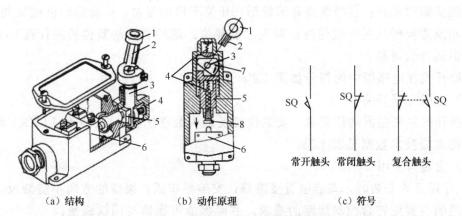

（a）结构　　　　（b）动作原理　　　　（c）符号

图 1.20　JLXK1-111 型行程开关的结构和动作原理

1-滚轮；2-杠杆；3-转轴；4-复位弹簧；5-撞块；6-微动开关；7-凸轮；8-调节螺钉

行程开关的触头动作方式有蠕动型和瞬动型两种。蠕动型的触头结构与按钮相似，这种行程开关的结构简单，价格便宜，但触头的分合速度取决于生产机械挡铁的移动速度。当挡铁的移动速度小于 0.007 m/s 时，触头分合太慢，易产生电弧灼烧触头，从而减少触头的使用寿命，也影响动作的可靠性及行程控制的位置精度。为克服这些缺点，行程开关一般都采用具有快速换接动作机构的瞬动型触头。瞬动型行程开关的触头动作速度与挡铁的移动速度无关，性能显然优于蠕动型。LX19K 型行程开关即是瞬动型，其工作原理如图 1.21 所示。

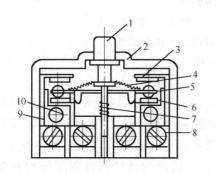

图 1.21　LX19K 型行程开关的动作原理

1-顶杆；2-外壳；3-常开触头；4-触头弹簧；

5-接触桥；6-常闭触头；7-复位弹簧；8-接线座；

9-常开静触桥；10-常闭静触桥

当运动部件的挡铁碰压顶杆 1 时，顶杆向下移动，压缩弹簧 4 使之储存一定的能量。当顶杆移动到一定位置时，弹簧的弹力方向发生改变，同时储存的能量得以释放，完成跳跃式快速换接动作。当挡铁离开顶杆时，顶杆在弹簧 7 的作用下上移，上移到一定位置，接触桥 5 瞬时进行快速换接，触头迅速恢复到原状态。

行程开关动作后，复位方式有自动复位和非自动复位两种。如图 1.19a、b 所示的按钮式和单轮旋转式均为自动复位式，即当挡铁移开后，在复位弹簧的作用下，行程开关的各部分能自动恢复原始状态。但有的行程开关动作后不能自动复位，如图 1.19c 所示的双轮旋转式行程开关。当挡铁碰压这种行程开关的一个滚轮时，杠杆转动一定角度后触头瞬时动作；当挡铁离开滚轮后，开关不自动复位。只有运动机械反向移动，挡铁从相反方向碰压另一滚轮时，触头才能复位。这种非自动复位式的行程开关价格较贵，但运行较可靠。

行程开关在电路图中的符号如图 1.20c 所示。

（3）选用行程开关

行程开关主要根据动作要求、安装位置及触头数量选择。LX19 和 J LXK1 系列行程开关的主要技术数据见表 1.25。

（4）安装与使用

① 行程开关安装时，安装位置要准确，安装要牢固；滚轮的方向不能装反，挡铁与其碰撞的位置应符合控制线路的要求，并确保能可靠地与挡铁碰撞。

② 行程开关在使用中，要定期检查和保养，除去油垢及粉尘，清理触头，经常检查其动作是否灵活、可靠，及时排除故障。防止因行程开关触头接触不良或接线松脱

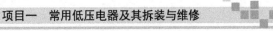

产生误动作而导致设备和人身安全事故。

（5）常见故障及处理方法

行程开关的常见故障及处理方法见表 1.26

表 1.25　LX19 和 JLXKI 系列行程开关的技术数据

型　　号	额定电压，额定电流	结 构 特 点	触头对数		工作行程	超行程	触头转换时间
			常开	常闭			
LX19		元件	1	1	3 mm	1 mm	
LX19-111		单轮，滚轮装在传动杆内侧，能自动复位	1	1	约 30°	约 20°	
LX19-121		单轮，滚轮装在传动杆外侧，能自动复位	1	1	约 30°	约 20°	
LX19-131	380 V 5 A	单轮，滚轮装在传动杆凹槽内，能自动复位	1	1	约 30°	约 20°	
LX19-212		双轮，滚轮装在 U 形传动杆内侧，不能自动复位	1	1	约 30°	约 15°	≤0.04 s
LX19-222		双轮，滚轮装在 U 形传动杆外侧，不能自动复位	1	1	约 30°	约 15°	
LX19-232		双轮，滚轮装在 U 形传动杆内外侧各一个，不能自动复位	1	1	约 30°	约 15°	
LX19-001		无滚轮，仅有径向传动杆，能自动复位	1	1	<4 mm	3 mm	
JLXK1-111		单轮防护式	1	1	12～15°	≤30°	
JLXK1-211	500 V 5 A	双轮防护式	1	1	约 45°	≤45°	≤0.04 s
JLXK1-311		直动防护式	1	1	1～3 mm	2～4 mm	
JLXK1-411		直动滚动防护式	1	1	1～3 mm	2～4 mm	

表 1.26　行程开关的常见故障及处理方法

故 障 现 象	可 能 的 原 因	处 理 方 法
挡铁碰撞位置开关后，触头不动作	（1）安装位置不准确 （2）触头接触不良或接线松脱 （3）触头弹簧失效	（1）调整安装位置 （2）清刷触头或紧固接线 （3）更换弹簧
杠杆已经偏转，或无外界机械力作用，但触头不复位	（1）复位弹簧失效 （2）内部撞块卡阻 （3）调节螺钉太长，顶住开关按钮	（1）更换弹簧 （2）清扫内部杂物 （3）检查调节螺钉

2. 接近开关

接近开关又称为无触点位置开关，是一种与运动部件无机械接触而能操作的位置开关。当运动的物体靠近开关到一定位置时，开关发出信号，达到行程控制、计数及自动控制的作用。除了进行行程控制和限位保护外，还可作为检测金属体的存在、高速计数、测速、定位、变换运动方向、检测零件尺寸、液面控制及用作无触点按钮等。与行程开关相比，接近开关具有定位精度高、工作可靠、寿命长、操作频率高以及能适应恶劣工作环境等优点。但接近开关在使用时，一般需要有触点继电器作为输出器。

按工作原理来分，接近开关有高频振荡型、感应电桥型、霍尔效应型、光电型、永磁及磁敏元件型、电容型和超声波型等多种类型，其中以高频振荡型最为常用。其电路结构可以归纳为如图 1.22 所示的几个组成部分。

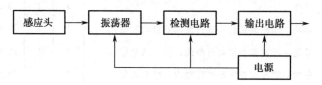

图 1.22　接近开关原理方框图

高频振荡型接近开关的工作原理为：当有金属物体靠近一个以一定频率稳定振荡的高频振荡器的感应头附近时，由于感应作用，该物体内部会产生涡流及磁滞损耗，以致振荡回路因电阻增大、能耗增加而使振荡减弱，直至停止振荡。检测电路根据振荡器的工作状态控制输出电路的工作，输出信号去控制继电器或其他电器，以达到控制目的。

目前在工业生产中，LJ1、LJ2 等系列晶体管接近开关已逐步被 LJ、LXT10 等系列集成电路接近开关所取代。LJ 系列集成电路接近开关由德国西门子公司元器件组装而成。其性能可靠，安装使用方便，产品品种规格齐全，应用广泛。

LJ 系列集成电路接近开关的型号及含义如下：

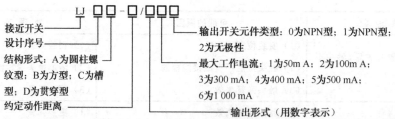

LJ 系列接近开关分交流和直流两种类型，交流型为两线制，有常开式和常闭式两种。直流型分为两线制、三线制和四线制。除四线制为双触头输出（含有一个常开和一个常闭输出触头）外，其余均为单触头输出（含有一个常开或一个常闭触头）。交流两线接近开关的外形和接线方式如图 1.23a、b 所示。接近开关在电路图中的符号如图 1.23c 所示。

LJ 系列交流两线接近开关的技术数据见表 1.27。

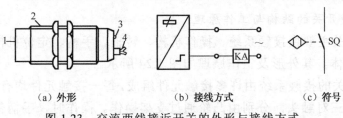

（a）外形　　　　　　　　（b）接线方式　　　　　　　（c）符号

图 1.23　交流两线接近开关的外形与接线方式

1-感应面；2-圆柱螺纹型外壳；3-LED 指示；4-电缆

表 1.27　LJ 系列交流两线接近开关的技术数据

型　　号	输出方式	额定工作电压 AC（V）	输出电流（A）	断开漏电流（mA）	导通压降（V）	动作距离（mm）	回差（mm）	重复定位精度（mm）	开关频率（Hz）	动作指示 LED	引线长度（m）
LJ18A-5/232	常开	220	200	≤3	≤9	5±0.5	≤1.0	0.05	20	有	2
LJ22A-6/232	常开	220	200	≤3	≤9	6±0.6	≤1.2	0.05	20	有	2
LJ26A-8/232	常开	220	200	≤3	≤9	8±0.8	≤1.6	0.10	20	有	2
LJ30A-10/232	常开	220	200	≤3	≤9	10±1.0	≤2.0	0.15	20	有	2
LJ36A-12/232	常开	220	200	≤3	≤9	12±2.0	≤2.4	0.15	20	有	2
LJ42A-15/232	常开	220	200	≤3	≤9	15±1.5	≤3.0	0.15	20	有	2
LJ48A-18/232	常开	220	200	≤3	≤9	18±1.8	≤3.6	0.15	20	有	2
LJ55A-20/232	常开	220	200	≤3	≤9	20±2.0	≤4.0	0.15	20	有	2
LJ24B-9/232	常开	220	200	≤3	≤9	9±0.9	≤1.8	0.10	20	有	2

三、万能转换开关

　　万能转换开关是由多组相同结构的触头组件叠装而成的多回路控制电器，主要用作控制线路的转换及电气测量仪表的转换，也可用于控制小容量异步电动机的启动、换向及变速。由于触头挡数多、换接线路多、用途广泛，故称为万能转换开关。

　　1. 万能转换开关的型号及含义

　　常用的万能转换开关有 LW5、LW6、LW15 等系列，不同系列的万能转换开关的型号组成及含义有较大差别，LW5 系列的型号及含义如下：

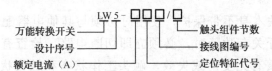

2. 万能转换开关的结构与工作原理

万能转换开关主要由接触系统、操作机构、转轴、手柄、定位机构等部件组成，用螺栓组装成整体。其外形及工作原理如图 1.24 所示。

万能转换开关的接触系统由许多接触元件组成，每一接触元件均有一胶木触头座，中间装有一对或三对触头，分别由凸轮通过支架操作。操作时，手柄带动转轴和凸轮一起旋转，则凸轮即可推动触头接通或断开，如图 1.24b 所示。由于凸轮的形状不同，当手柄处于不同的操作位置时，触头的分合情况也不同，从而达到换接电路的目的。

万能转换开关在电路图中的符号如图 1.25a 所示。图中"—•—•—"代表一路触头，竖的虚线表示手柄位置。当手柄置于某一个位置上时，就在处于接通状态的触头下方的虚线上标注黑点"·"表示。触头的通断也可用如图 1.25b 所示的触头分合表来表示。表中"×"号表示触头闭合，空白表示触头分断。

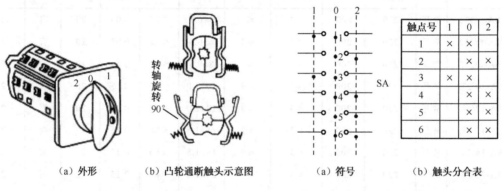

|（a）外形　（b）凸轮通断触头示意图|（a）符号　（b）触头分合表|

图 1.24　LWS 系列万能转换开关　　　　图 1.25　万能转换开关的符号

3. 万能转换开关的选用

万能转换开关主要根据用途、接线方式、所需触头挡数和额定电流来选择。

4. 万能转换开关的安装与使用

（1）万能转换开关的安装位置应与其他电器元件或机床的金属部件有一定间隙，以免在通断过程中因电弧喷出而发生对地短路故障。

（2）万能转换开关一般应水平安装在屏板上，但也可以倾斜或垂直安装。

（3）万能转换开关的通断能力不高，当用来控制电动机时，LW5 系列只能控制 5.5 kW 以下的小容量电动机。若用于控制电动机的正反转，则只有在电动机停止后才能反向启动。

（4）万能转换开关本身不带保护，使用时必须与其他电器配合。

（5）当万能转换开关有故障时，必须立即切断电路，检查有无妨碍可动部分正常转动的故障，检查弹簧有无变形或失效，触头工作状态和触头状况是否正常等。

四、主令控制器

主令控制器是按照预定程序换接控制电路接线的主令电器，主要用于电力拖动系统中，按照预定的程序分合触头，向控制系统发出指令，通过接触器以达到控制电动机的启动、制动、调速及反转的目的，同时也可实现控制线路的联锁作用。

1. 主令控制器的型号及含义

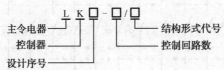

主令电器　　L K □ － □／□　　结构形式代号
控制器　　　　　　　　　　控制回路数
设计序号

2. 主令控制器的结构与工作原理

主令控制器按结构形式分为凸轮调整式和凸轮非调整式两种。所谓非调整式主令控制器是指其触头系统的分合顺序只能按指定的触头分合表要求进行，在使用中用户不能自行调整，若需调整必须更换凸轮片。调整式主令控制器是指其触头系统的分合程序可随时按控制系统的要求进行编制及调整，调整时不必更换凸轮片。

目前生产中常用的主令控制器有 LK1、LK4、LK5 和 LK16 等系列，其中 LK1、LK5、LK16 系列属于非调整式主令控制器，LK4 系列属于调整式主令控制器。

LK1 系列主令控制器主要由基座、转动轴、动触头、静触头、凸轮鼓、操作手柄、面板支架及外护罩组成。其外形及结构如图 1.26 所示。

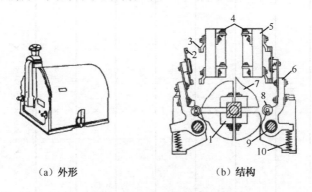

（a）外形　　　　　　　（b）结构

图 1.26　主令控制器

1-方形转轴；2-动触头；3-静触头；4-接线柱；5-绝缘板；6-支架；7-凸轮块；8-小轮；9-转动轴；10-复位弹簧

主令控制器所有的静触头都安装在绝缘板 5 上，动触头固定在能绕轴 9 转动的支架 6 上；凸轮鼓由多个凸轮块 7 嵌装而成，凸轮块根据触头系统的开闭顺序制成不同角度的凸出轮缘，每个凸轮块控制两副触头。当转动手柄时，方形转动轴带动凸轮块转动，凸轮块的凸出部分压动小轮 8，使动触头 2 离开静触头 3，分断电路；当转动手柄使小轮 8 位于凸轮块 7 的凹处时，在复位弹簧的作用下使动触头和静触头闭合，接通电路。可见触头的闭合和分断顺序是由凸轮块的形状决定的。

LKl-12/90 型主令控制器在电路图中的符号如图 1.27 所示。

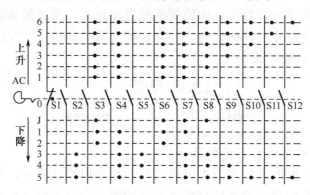

图 1.27　主令控制器的符号

其触头分合表见表 1.28

表 1.28　LKl-12/90 型主令控制器触头分合表

触头	下　降						零位	上　升					
	5	4	3	2	1	J	0	1	2	3	4	5	6
S1							×						
S2	×	×	×										
S3				×	×	×		×	×	×	×	×	×
S4	×	×	×	×	×			×	×	×	×	×	×
S5	×	×	×										
S6				×	×	×		×	×	×	×	×	×
S7	×	×	×					×	×	×	×	×	×
S8	×	×	×			×			×	×	×	×	×
S9	×	×								×	×	×	×
S10	×										×	×	×
S11	×											×	×
S12	×												×

3．主令控制器的选用

主令控制器主要根据使用环境、所需控制的电路数、触头闭合顺序等进行选择。

常用的 LK1 和 LK14 系列主令控制器的主要技术参数见表 1.29。

表 1.29　LK1 和 LK14 系列主令控制器技术数据

型　号	额定电压（V）	额定电流（A）	控制电路数	接通与分断能力（A）	
				接　通	分　断
LK1-12/90 LK1-12/96 LK1-12/97	380	15	12	100	15
LK14-12/90 LK14-12/96 LK14-12/97	380	15	12	100	15

4．主令控制器的安装与使用

（1）安装前应操作手柄不少于 5 次，检查动、静触头接触是否良好，有无卡轧现象，触头的分合顺序是否符合分合表的要求；

（2）主令控制器投入运行前，应使用 500~1 000 V 的兆欧表测量其绝缘电阻，绝缘电阻一般应大于 0.5 MΩ，同时根据接线图检查接线是否正确；

（3）主令控制器外壳上的接地螺栓应与接地网可靠地连接；

（4）应注意定期清除控制器内的灰尘，所有活动部分应定期加润滑油；

（5）不使用时手柄应停在零位。

5．主令控制器的常见故障及处理方法

主令控制器的常见故障及处理方法见表 1.30。

表 1.30　主令控制器的常见故障及处理方法

故障现象	可能的原因	处理方法
操作不灵活或有噪声	（1）滚动轴承损坏或卡死 （2）凸轮鼓或触头嵌入异物	（1）更换或修理轴承 （2）取出异物，修复或更换产品
触头过热或烧毁	（1）控制器容量过小 （2）触头压力过小 （3）触头表面烧毛或有油污	（1）选用较大容量的主令控制器 （2）调整或更换触头弹簧 （3）修理或清洗触头
定位不准或分合顺序不对	凸轮片碎裂脱落或凸轮角度磨损变化	更换凸轮片

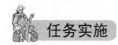

任务实施

主令电器

1．目的要求

（1）主令电器的识别。

（2）检测按钮和行程开关。

（3）万能转换开关、主令控制器和凸轮控制器的检测。

2．准备工作

（1）安全文明

在项目实施过程中要求同学们首先穿戴好劳保用品，确认实习操作场地的安全，放置好项目实施所需的工具和仪器。在操作过程中严格按要求操作。

（2）工具、仪表及器材

① 工具：尖嘴钳、螺钉旋具、活络扳手。

② 仪表：MF30 型万用表、500 型兆欧表。

③ 器材：按钮（LA18-22、LA18-22J、LA18-22X、LA18-22Y、LA19-11D、LA19-11DJ、LA20-22D 各一只）、行程开关（JLXKl-311、JLXKl-111、JLXKl-211 各一只）、万能转换开关（LW5-15/5.5 N）和主令控制器（LK1-12/90）。

3．实施过程

（1）主令电器的识别

① 在教师指导下，仔细观察各种不同种类、不同结构形式的主令电器的外形和结构特点；

② 由指导教师从所给主令电器中任选五种，用胶布盖住型号并编号，由学生根据实物写出其名称、型号及结构形式，填入表 1.31 中。

表 1.31　主令电器的识别

序　　号	1	2	3	4	5
名　　称					
型　　号					
结 构 形 式					

（2）主令控制器的基本结构与测量

① 用兆欧表测量主令控制器的各触头部分的对地电阻，其值应不小于 0.5 MΩ；

② 用万用表依次测量手柄置于不同位置时各对触头的通断情况，根据测量结果作出主令控制器的触头分合表；

③ 打开主令控制器的外壳，仔细观察其结构和动作过程，写出各主要零部件的名称并叙述主令控制器的动作原理，填入表 1.32 中。

表 1.32　主令控制器的结构及动作原理

主要零部件名称	动 作 原 理

4．评分标准（表 1.33）

表 1.33　评分标准

项　目	配　分	评 分 标 准		扣　分
元件识别	40	（1）写错或漏写名称，每只	扣 4 分	
		（2）写错或漏写型号，每只	扣 3 分	
		（3）写错或漏写结构形式，每只	扣 3 分	
主令控制器的测量	30	（1）仪表使用方法错误	扣 10 分	
		（2）测量结果错误，每次	扣 5 分	
		（3）作不出触头分合表	扣 20 分	
		（4）触头分合表错误，每处	扣 4 分	
主令控制器的动作原理	30	（1）主要零部件的名称写错或漏写，每只	扣 2 分	
		（2）写不出动作原理	扣 20 分	
		（3）动作原理叙述不正确	扣 5～20 分	
安全文明生产		违反安全、文明生产规程	扣 5～40 分	
定额时间：90 min		每超时 5 min 以内以扣 5 分计算		
备注		除定额时间外，各项目的最高扣分不得超过配分数	成绩	
开始时间		结束时间	实际时间	

 想—想

1．主令电器的作用是什么？

2．常用的主令电器有哪几种类型？

3．如何正确选用按钮？

4．行程开关的触头动作方式有哪几种？各有什么特点？

5．什么是接近开关？它有什么特点？

6．什么是主令控制器？它有哪些作用？

7．如何选用位置开关？

知识拓展

通过网络收集或走访低压电器生产厂家、专卖店和使用单位，你会认识更多的主令电器。比一比，看看谁收集和认识得更多，分组讨论整理后，作为资料备用。

任务四　接触器

任务描述

接触器是一种自动的电磁式开关，适用于远距离频繁地接通或断开交直流主电路及大容量控制电路。其主要控制对象是电动机，也可用于控制其他负载，如电热设备、电焊机以及电容器组等。它不仅能实现远距离自动操作和欠电压释放保护功能，而且具有控制容量大、工作可靠、操作频率高、使用寿命长等优点，如何正确选用接触器。

学习目标

1．能正确识别、选择、安装、使用、拆装、检修、校验交流接触器。

2．熟知接触器的分类、功能、基本结构、工作原理及型号含义。

3．熟记接触器的图形符号和文字符号。

知识平台

由于接触器的众多优点，因而在电力拖动系统中得到了广泛应用。

接触器按主触头通过的电流种类，分为交流接触器和直流接触器两种。

一、交流接触器

交流接触器的种类很多，目前常用的有我国自行设计生产的 CJ0、CJ10 和 CJ20等系列以及引进国外先进技术生产的 B 系列、3TB 系列等。另外，各种新型接触器，如真空接触器、固体接触器等在电力拖动系统中也逐步得到推广和应用。本课题以 CJ10 系列为例介绍交流接触器。

1. 交流接触器的型号及含义

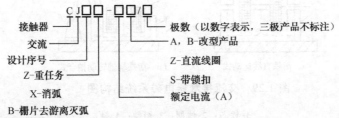

2. 交流接触器的结构

交流接触器主要由电磁系统、触头系统、灭弧装置及辅助部件等组成。CJ10-20 型交流接触器的结构如图 1.28a 所示。

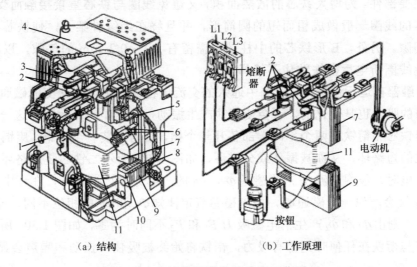

图 1.28　交流接触器的结构和工作原理

1-反作用弹簧；2-主触头；3-触头压力弹簧；4-灭弧罩；5-辅助常闭触头；6-辅助常开触头；

7-动铁芯；8-缓冲弹簧；9-静铁芯；10-短路环；11-线圈

（1）电磁系统

交流接触器的电磁系统主要由线圈、铁芯（静铁芯）和衔铁（动铁芯）三部分组成。其作用是利用电磁线圈的通电或断电，使衔铁和铁芯吸合或释放，从而带动动触头与静触头闭合或分断，实现接通或断开电路的目的。

CJ10 系列交流接触器的衔铁运动方式有两种，对于额定电流为 40 A 及以下的接触器，采用如图 1.29a 所示的衔铁直线运动的螺管式；对于额定电流为 60 A 及以上的接触器，采用如图 1.29b 所示的衔铁绕轴转动的拍合式。

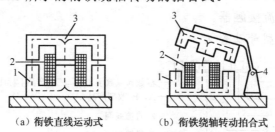

（a）衔铁直线运动式　　　　（b）衔铁绕轴转动拍合式

图 1.29　交流接触器电磁系统结构图

1-铁芯；2-线圈；3-衔铁；4-轴

为了减少工作过程中交变磁场在铁芯中产生的涡流及磁滞损耗，避免铁芯过热，交流接触器的铁芯和衔铁一般用 E 形硅钢片叠压铆成。尽管如此，铁芯仍是交流接触器发热的主要部件。为增大铁芯的散热面积，又避免线圈与铁芯直接接触而受热烧毁，交流接触器的线圈一般做成粗而短的圆筒形，并且绕在绝缘骨架上，使铁芯与线圈之间有一定间隙。另外，E 形铁芯的中柱端面需留有 0.1~0.2 mm 的气隙，以减小剩磁影响，避免线圈断电后衔铁粘住不能释放。

交流接触器在运行过程中，线圈中通入的交流电在铁芯中产生交变的磁通，因而铁芯与衔铁间的吸力也是变化的。这会使衔铁产生振动，发出噪声。为消除这一现象，在交流接触器铁芯和衔铁的两个不同端部各开一个槽，槽内嵌装一个用铜、康铜或镍铬合金材料制成的短路环，又称减振环或分磁环，如图 1.30a 所示二铁芯装短路环后，当线圈通以交流电时，线圈电流 I_1 产生磁通 Φ_1，Φ_1 的一部分穿过短路环，在环中产生感生电流 I_2，I_2 又会产生一个磁通 Φ_2，由电磁感应定律知 Φ_1 和 Φ_2 的相位不同，即 Φ_1 和 Φ_2 不同时为零，则由 Φ_1 和 Φ_2 产生的电磁吸力 F_1 和 F_2 不同时为零，如图 1.30b 所示。这就保证了铁芯与衔铁在任何时刻都有吸力，衔铁将始终被吸住，振动和噪声会显著减小。

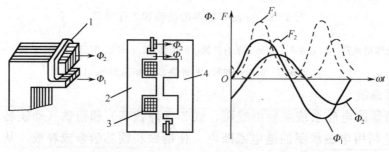

（a）磁通示意图　　　　　　（b）电磁吸力图

图 1.30　加短路环后的磁通和电磁吸力图

1-短路环；2-铁芯；3-线圈；4-衔铁

（2）触头系统

交流接触器的触头按接触情况可分为点接触式、线接触式和面接触式三种，分别如图1.31a、b 和 c 所示。按触头的结构形式划分，有桥式触头和指形触头两种，如图1.32 所示。

CJ10 系列交流接触器的触头一般采用双断点桥式触头。其动触头桥用紫铜片冲压而成。由于铜的表面易氧化并形成一层导电性能很差的氧化铜，而银的接触电阻小且其黑色氧化物对接触电阻的影响不大，所以在触头桥的两端镶有银基合金制成的触头块。静触头一般用黄铜板冲压而成，一端镶焊触头块，另一端为接线座。在触头上装有压力弹簧以减小接触电阻并消除开始接触时产生的有害振动。

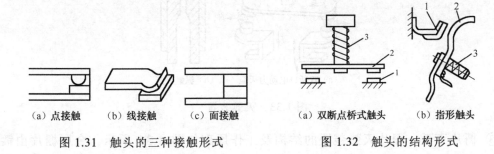

（a）点接触　　（b）线接触　　（c）面接触　　　　（a）双断点桥式触头　　（b）指形触头

图 1.31　触头的三种接触形式　　　　　图 1.32　触头的结构形式

1-静触头；2-动触头；3-触头压力弹簧

按通断能力划分，交流接触器的触头分为主触头和辅助触头。主触头用以通断电流较大的主电路，一般由三对接触面较大的常开触头组成。辅助触头用以通断电流较小的控制电路，一般由两对常开和两对常闭触头组成。所谓触头的常开和常闭，是指电磁系统未通电动作时触头的状态。常开触头和常闭触头是联动的。当线圈通电时，常闭触头先断开，常开触头随后闭合。而线圈断电时，常开触头首先恢复断开，随后常闭触头恢复闭合。两种触头在改变工作状态时，先后有个时间差，尽管这个时间差很短，但对分析线路的控制原理却很重要。

（3）灭弧装置

交流接触器在断开大电流或高电压电路时，在动、静触头之间会产生很强的电弧。电弧是触头间气体在强电场作用下产生的放电现象，电弧的产生，一方面会灼伤触头，减少触头的使用寿命；另一方面会使电路切断时间延长，甚至造成弧光短路或引起火灾事故。因此我们希望触头间的电弧能尽快熄灭。实验证明，触头开合过程中的电压越高、电流越大、弧区温度越高，电弧就越强。低压电器中通常采用拉长电弧、冷却电弧或将电弧分成多段等措施，促使电弧尽快熄灭。在交流接触器中常用的灭弧方法有以下几种：

① 双断口电动力灭弧。双断口结构的电动力灭弧装置如图1.33a 所示。这种灭弧方法是将整个电弧分割成两段，同时利用触头回路本身的电动力 F 把电弧向两侧拉长，

使电弧热量在拉长的过程中散发、冷却而熄灭。容量较小的交流接触器，如 CJ10-10 型等，多采用这种方法灭弧。

② 纵缝灭弧。纵缝灭弧装置如图 1.33b 所示。由耐弧陶土、石棉水泥等材料制成的灭弧罩内每相有一个或多个纵缝，缝的下部较宽以便放置触头；缝的上部较窄，以便压缩电弧，使电弧与灭弧室壁有很好的接触。当触头分断时，电弧被外磁场或电动力吹入缝内，其热量传递给室壁，电弧被迅速冷却熄灭。CJ10 系列交流接触器额定电流在 20 A 及以上的，均采用这种方法灭弧。

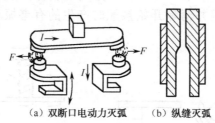

（a）双断口电动力灭弧　　（b）纵缝灭弧

图 1.33　灭弧装置

③ 栅片灭弧。栅片灭弧装置的结构及工作原理如图 1.34 所示。金属栅片由镀铜或镀锌铁片制成，形状一般为人字形，栅片插在灭弧罩内，各片之间相互绝缘。当动触头与静触头分断时，在触头间产生电弧，电弧电流在其周围产生磁场。由于金属栅片的磁阻远小于空气的磁阻，因此电弧上部的磁通容易通过金属栅片而形成闭合磁路，这就造成了电弧周围空气中的磁场上疏下密。这一磁场对电弧产生向上的作用力，将电弧拉到栅片间隙中，栅片将电弧分割成若干个串联的短电弧。每个栅片成为短电弧的电极，将总电弧压降分成几段，栅片间的电弧电压都低于燃弧电压，同时栅片将电弧的热量吸收散发，使电弧迅速冷却，促使电弧尽快熄灭。容量较大的交流接触器多采用这种方法灭弧，如 CJ0-40 型交流接触器。

（4）辅助部件

交流接触器的辅助部件有反作用弹簧、缓冲弹簧、触头压力弹簧、传动机构及底座、接线柱等。反作用弹簧安装在动铁芯和线圈之间，其作用是线圈断电后，推动衔铁释放，使各触头恢复原状态。缓冲弹簧安装在静铁芯与线圈之间，其作用是缓冲衔铁在吸合时对静铁芯和外壳的冲击力，保护外壳。触头压力弹簧安装在动触头上面，其作用是增加动、静触头间的压力，从而增大接触面积，以减小接触电阻，防止触头过热灼伤。传动机构的作用是在衔铁或反作用弹簧的作用下，带动动触头实现与静触头的接通或分断。

3. 交流接触器的工作原理

交流接触器的工作原理如图 1.28b 所示。当接触器的线圈通电后，线圈中流过的电流产生磁场，使铁芯产生足够大的吸力，克服反作用弹簧的反作用力，将衔铁吸合，通过传动机构带动三对主触头和辅助常开触头闭合，辅助常闭触头断开。当接触器线圈断电或电压显著下降时，由于电磁吸力消失或过小，衔铁在反作用弹簧力的作用下复位，带动各触头恢复到原始状态。

常用的 CJ0、CJ10 等系列的交流接触器在 0.85～1.05 倍的额定电压下，能保证可靠吸合。电压过高，磁路趋于饱合，线圈电流会显著增大。电压过低，电磁吸力不足，衔铁吸合不上，线圈电流会达到额定电流的十几倍，因此，电压过高或过低都会造成线圈过热而烧毁。

交流接触器在电路图中的符号如图 1.35 所示。

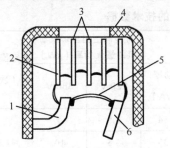

图 1.34 栅片灭弧装置

1-静触头；2-短电弧；3-灭弧栅片；

4-灭弧罩；5-电弧；6-动触头

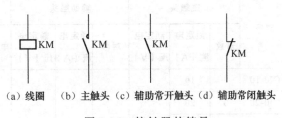

(a) 线圈 (b) 主触头 (c) 辅助常开触头 (d) 辅助常闭触头

图 1.35 接触器的符号

4. 交流接触器的选用

电力拖动系统中，交流接触器可按下列方法选用：

（1）选择接触器主触头的额定电压

接触器主触头的额定电压应大于或等于控制线的额定电压。

（2）选择接触器主触头的额定电流

接触器控制电阻性负载时，主触头的额定电流应等于负载的额定电流；控制电动机时，主触头的额定电流应大于或稍大于电动机的额定电流或按下列经验公式计算（仅适用于 CJ0、CJ10 系列）：

$$I_C = \frac{P_N \times 10^3}{K U_N}$$

式中 K ——经验系数，一般取 1～1.4；

P_N ——被控制电动机的额定功率（kW）；

U_N ——被控制电动机的额定电压（V）；

I_C ——接触器主触头电流（A）。

接触器若使用在频繁启动、制动及正反转的场合，应将接触器主触头的额定电流降低一个等级使用。

（3）选择接触器吸引线圈的电压

当控制线路简单，使用电器较少时，为节省变压器，可直接选用 380 V 或 220 V 的电压。当线路复杂，使用电器超过 5 个时，从人身和设备安全角度考虑，吸引线圈电压要选低一些，可用 36 V 或 110 V 电压的线圈。

（4）选择接触器的触头数量及类型

接触器的触头数量、类型应满足控制线路的要求。常用交流接触器的技术数据见表 1.34。

表 1.34　CJ0 和 CJ10 系列交流接触器的技术数据

| 型号 | 主触头 | | | 辅助触头 | | | 线圈 | | 可控制三相异步电动机的最大功率（kW） | | 额定操作频率（次/h） |
	对数	额定电流（A）	额定电压（V）	对数	额定电流（A）	额定电压（V）	电压（V）	功率（VA）	220 V	380 V	
CJ0-10	3	10						14	2.5	4	
CJ0-20	3	20					可为	33	5.5	10	≤1 200
CJ0-40	3	40					36	33	11	20	
CJ0-75	3	75		均为2常开，2常闭	5	380	110	55	22	40	
CJ10-10	3	10					（127）	11	2.2	4	
CJ10-20	3	20					220	22	5.5	10	≤600
CJ10-40	3	40					380	32	11	20	
CJ10-60	3	60						70	17	30	

5. 交流接触器的安装与使用

（1）安装前的检查

① 检查接触器铭牌与线圈的技术数据（如额定电压、电流、操作频率等）是否符合实际使用要求；

② 检查接触器外观，应无机械损伤；用手推动接触器可动部分时，接触器应动作灵活，无卡阻现象；灭弧罩应完整无损，固定牢固；

③ 将铁芯极面上的防锈油脂或粘在极面上的铁垢用煤油擦净，以免多次使用后衔铁被粘住，造成断电后不能释放；

④ 测量接触器的线圈电阻和绝缘电阻。

（2）交流接触器的安装

① 交流接触器一般应安装在垂直面上，倾斜度不得超过 5°；若有散热孔，则应

将有孔的一面放在垂直方向上，以利散热，并按规定留有适当的飞弧空间，以免飞弧烧坏相邻电器；

②　安装和接线时，注意不要将零件失落或掉入接触器内部；安装孔的螺钉应装有弹簧垫圈和平垫圈，并拧紧螺钉以防振动松脱；

③　安装完毕，检查接线正确无误后，在主触头不带电的情况下操作几次，然后测量产品的动作值和释放值，所测数值应符合产品的规定要求。

（3）日常维护

①　应对接触器作定期检查，观察螺钉有无松动，可动部分是否灵活等；

②　接触器的触头应定期清扫，保持清洁，但不允许涂油，当触头表面因电灼作用形成金属小颗粒时，应及时清除；

③　拆装时注意不要损坏灭弧罩；带灭弧罩的交流接触器绝不允许不带灭弧罩或带破损的灭弧罩运行，以免发生电弧短路故障。

6.　交流接触器的常见故障及处理方法

交流接触器在长期使用过程中，由于自然磨损或使用维护不当，会产生故障而影响正常工作。下面对交流接触器常见的故障进行分析，由于交流接触器是一种典型的电磁式电器，它的某些组成部分，如电磁系统、触头系统，是电磁式电器所共有的。因此，这里讨论的内容，也适用于其他电磁式电器，如中间继电器、电流继电器等。

（1）触头的故障及维修

交流接触器在工作时往往需要频繁地接通和断开大电流电路，因此它的主触头是较容易损坏的部件。交流接触器触头的常见故障一般有触头过热、触头磨损和主触头熔焊等情况。

①　触头过热。动、静触头间存在着接触电阻，有电流通过时便会发热，正常情况下触头的温升不会超过允许值。但当动、静触头间的接触电阻过大或通过的电流过大时，触头发热严重，使触头温度超过允许值，造成触头特性变坏，甚至产生触头熔焊。导致触头过热的主要原因有：

a．通过动、静触头间的电流过大。交流接触器在运行过程中，触头通过的电流必须小于其额定电流。否则会造成触头过热。触头电流过大的原因主要有系统电压过高或过低；用电设备超负荷运行；触头容量选择不当和带故障运行。

b．动、静触头间接触电阻过大。接触电阻是触头的一个重要参数，其大小关系到触头的发热程度。造成触头间接触电阻增大的原因有：一是触头压力不足。不同规格和结构形式的接触器，其触头压力的值不同。对同一规格的接触器而言，一般是触头压力越大，接触电阻越小。触头压力弹簧受到机械损伤或电弧高温的影响而失去弹性，触头长期磨损变薄等都会导致触头压力减小，接触电阻增大。遇此情况，首先应调整压力弹簧，若经调整后压力仍达不到标准要求，则应更换新触头。二是触头表面接触不良。造成触头表面接触不良的原因主要有：油污和灰尘在触头表面形成一层电阻层；铜质触头表面氧化；触头表面被电弧灼伤、烧毛，使接触面积减小等。对触头表面的油污，可用煤油或四氯化碳清洗；铜质触头表面的氧化膜应用小刀轻轻刮去。但对银或银基合金触头表面的氧化层可不做处理，因为银氧化膜的导电性能与纯银相差不大，不影响触头的接触性能。对电弧灼伤的触头，应用刮刀或细锉修整。对用于大、中电流的触头表面，不要求修整的过分光滑，过分光滑会使接触面减小，接触电阻反而增大。

维修人员在修整触头时，不应刮削或锉削太严重，以免影响触头的使用寿命。更不允许用砂布或砂轮修磨，因为在修磨触头时砂布或砂轮会使砂粒嵌在触头表面上，反而导致接触电阻增大。

② 触头磨损。触头在使用过程中，其厚度会越用越薄，这就是触头磨损。触头磨损有两种：一种是电磨损，是由于触头间电弧或电火花的高温使触头金属气化所造成的；另一种是机械磨损，是由于触头闭合时的撞击及触头接触面的相对滑动摩擦等所造成的。

一般当触头磨损至超过原有厚度的 1/2 时，应更换新触头。若触头磨损过快，应查明原因，排除故障。

③ 触头熔焊。动、静触头接触而熔化后焊在一起不能分断的现象，称为触头熔焊。当触头闭合时，由于撞击和产生振动，在动、静触头间的小间隙中产生短电弧，电弧产生的高温（可达 $3\,000 \sim 6\,0000℃$）使触头表面被灼伤甚至烧熔，熔化的金属冷却后便将动、静触头焊在一起。发生触头熔焊的常见原因有：接触器容量选择不当，使负载电流超过触头容量；触头压力弹簧损坏使触头压力过小；因线路过载使触头闭合时通过的电流过大等。实验证明，当触头通过的电流大于其额定电流 10 倍以上时，将使触头熔焊。触头熔焊后，只有更换新触头，才能消除故障。如果因为触头容量不够而产生熔焊，则应选用容量较大的接触器。

（2）触头的调整

① 接触器触头初压力、终压力的测定及调整。触头的初压力是指动、静触头刚接触时触头承受的压力。初压力来源于触头弹簧的预压缩量，它可使触头减小振动，避免触头熔焊及减轻烧蚀程度。触头的终压力是指触头完全闭合后作用于触头上的压力。终压力由触头弹簧的最终压缩量决定，它可使触头处于闭合状态时的接触电阻保持较低值。

接触器经长期使用以后，由于触头弹簧弹力减小或触头磨损等原因，会引起触头压力减小，接触电阻增大。此时应调整触头弹簧的压力，使初压力和终压力达到规定的值。

触头的结构参数可通过专业技术手册或产品说明书查找，CJ10 系列接触器的触头技术数据见表 1.35。

表 1.35　CJ10 系列交流接触器的触头技术数据

型号	主触头				辅助触头					
	开距（mm）	超程（mm）	初压力（N）	终压力（N）	开距（mm）		超程（mm）		初压力（N）	终压力（N）
					常开	常闭	常开	常闭		
CJ10-5	3～3.3	1.6～2.2	1.1～1.3	1.35～1.6	3～3.3		1.6～2.2		1.1～1.3	1.35～1.6
CJ10-10	3.4～4.1	1.8～2.2	1.6～2.0	2.0～2.4	3.9～4.6	3.0～4.6	1.3～1.7	1.8～2.6		1.17～1.43
CJ10-20	3.9～4.6	2.0～2.4	3.6～4.4	4.5～5.5	4.4～5.1	3.7～4.4	1.5～1.9	2.0～2.8		1.08～1.4
CJ10-40	4.4～5.1	2.3～2.7	7.2～8.8	8.55～10.45	4.9～5.6	4.3～5.0	1.72～2.3	2.2～3.0		1.08～1.32
CJ10-60	4.5～5.0	2.8～3.3	13～16	16～20						
CJ10-100	5.0～5.5	2.7～3.3	20～24	24～30	3.0～3.6		1.8～2.6		1.04～1.28	1.44～1.76
CJ10-150	5.5～6.0	3.2～3.8	27～33	30～38						

用弹簧秤可准确地测定触头的初压力和终压力，其方法如图 1.36 所示。将纸条或单纱线放在触头间或触头与支架间，一手拉弹簧秤，另一手轻轻拉纸条或单纱线，纸条或单纱线刚可以拉出时弹簧秤上的力即为所测的力。如果测得的值与计算值不符，或超出产品目录上所规定范围，可调整触头弹簧。若触头弹簧损坏，可更换新弹簧或按原尺寸自制弹簧。

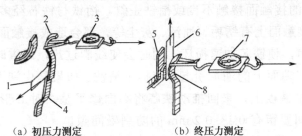

（a）初压力测定　　　　　　（b）终压力测定

图 1.36　触头初压力和终压力的测定

1、6-纸条；2、8-动触头；3、7-弹簧秤；4-支架；5-静触头

在调整时如没有弹簧秤，对于触头压力的测试可用纸条凭经验来测定。将一条比触头略宽的纸条夹在动、静触头之间，并使触头处于闭合状态，然后用手拉纸条，一般小容量接触器稍用力即可拉出，对于较大容量的接触器，纸条拉出后有撕裂现象，出现这种现象时，一般认为触头压力较合适。若纸条很容易被拉出，说明触头压力不够。若纸条被拉断，则说明触头压力太大。

② 接触器触头开距和超程的调整。触头开距 e 是指触头处于完全断开位置时，动、静触头间的最短距离，如图 1.37a 所示，其作用是保证触头断开之后有必要的安全绝缘间隔。超程 c 是指接触器触头完全闭合后，假设将静（或动）触头移开时，动（或

静）触头能继续移动的距离，如图 1.37c 所示。其作用是保证触头磨损后仍能可靠地接触，即保证触头压力的最小值。当超程不符合规定时，应更换新触头。

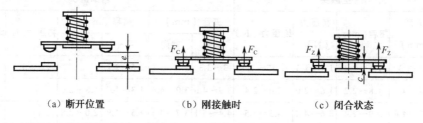

（a）断开位置   （b）刚接触时   （c）闭合状态

图 1.37　触头的结构参数

接触器经拆卸或更换零部件后，应对触头的开距和超程等进行调整，使其符合要求。如图 1.37 所示的直动式交流接触器，其触头的开距 e 与超程 c 之和等于铁芯的行程 s。对这种接触器，只需卸下底板，增减铁芯底端的衬垫即可改变铁芯的行程，从而改变触头的超程。

（3）电磁系统的故障及维修

① 铁芯噪声大。电磁系统在运行中发出轻微的嗡嗡声是正常的，若声音过大或异常，可判定电磁系统发生故障。其原因有：

a．衔铁与铁芯的接触面接触不良或衔铁歪斜。衔铁与铁芯经多次碰撞后，使接触面磨损或变形，或接触面上有锈垢、油污、灰尘等，都会造成接触面接触不良，导致吸合时产生振动和噪声，使铁芯加速损坏，同时会使线圈过热，严重时甚至会烧毁线圈。

如果振动由铁芯端面上的油垢引起，应拆下清洗。如果是由端面变形或磨损引起，可用细砂布平铺在平铁板上，来回推动铁芯将端面修平整。对 E 形铁芯，维修中应注意铁芯中柱接触面间要留有 0.1～0.2 mm 的防剩磁间隙。

b．短路环损坏。交流接触器在运行过程中，铁芯经多次碰撞后，嵌装在铁芯端面内的短路环有可能断裂或脱落，此时铁芯产生强烈的振动，发出较大噪声。短路环断裂多发生在槽外的转角和槽口部分，维修时可将断裂处焊牢或照原样重新更换一个，并用环氧树脂加固。

c．机械方面的原因。如果触头压力过大或因活动部分受到卡阻，使衔铁和铁芯不能完全吸合，都会产生较强的振动和噪声。

② 衔铁吸不上。当交流接触器的线圈接通电源后，衔铁不能被铁芯吸合，应立即断开电源，以免线圈被烧毁。衔铁吸不上的原因主要有：一是线圈引出线的连接处脱落，线圈断线或烧毁，二是电源电压过低或活动部分卡阻。若线圈通电后衔铁没有振动和发出噪声，多属第一种原因；若衔铁有振动和发出噪声，多属于第二种原因；应根据实际情况排除故障。

③ 衔铁不释放。当线圈断电后，衔铁不释放，此时应立即断开电源开关，以免发生意外事故。衔铁不能释放的原因主要有：触头熔焊；机械部分卡阻；反作用弹簧损坏；铁芯端面有油垢；E 形铁芯的防剩磁间隙过小导致剩磁增大等。

④ 线圈的故障及其修理。线圈的主要故障是由于所通过的电流过大—导致线圈过热甚至烧毁。线圈电流过大的原因主要有：

a. 线圈匝间短路。由于线圈绝缘损坏或受机械损伤，形成匝间短路或局部对地短路，在线圈中会产生很大的短路电流，产生热量将线圈烧毁。

b. 铁芯与衔铁闭合时有间隙。交流接触器线圈两端电压一定时，它的阻抗越大，通过的电流越小。当衔铁在分开位置时，线圈阻抗最小，通过的电流最大。铁芯吸合过程中，衔铁与铁芯的间隙逐渐减小，线圈的阻抗逐渐增大，当衔铁完全吸合后，线圈阻抗最大，电流最小。因此，如果衔铁与铁芯间不能完全吸合或接触不紧密，会使线圈电流增大，导致线圈过热以致烧毁。

从上面的分析可知，对交流接触器而言，衔铁每闭合一次，线圈要受一次大电流冲击，如果操作频率过高，线圈会在大电流的连续冲击下造成过热，甚至烧毁。

c. 线圈两端电压过高或过低。线圈电压过高，会使电流增大，甚至超过额定值；线圈电压过低，会造成衔铁吸合不紧密而产生振动，严重时衔铁不能吸合，电流剧增使线圈烧毁。

线圈烧毁后，一般应重新绕制。如果短路的匝数不多，短路又在靠近线圈的端部，而其余部分尚完好无损，则可拆去已损坏的几圈，其余的可继续使用。

线圈需重绕时，可从铭牌或手册上查出线圈的匝数和线径，也可从烧毁线圈中测得匝数和线径。线圈绕好后，先放入 105～1 100℃的烘箱中预烘 3 h，冷却至 60~70℃；后，浸绝缘漆滴尽余漆后放入 110～1 200℃的烘箱中烘干，冷却至常温即可使用。

二、直流接触器

直流接触器是用于远距离接通和分断直流电路及频繁地操作和控制直流电动机的一种自动控制电器。其结构及工作原理与交流接触器基本相同，但也有一些区别。目前生产中常用的直流接触器有 CZ0、CZ17、CZ18、CZ21 等多个系列，其中 CZ0 系列具有结构紧凑、体积小、重量轻、维护检修方便和零部件通用性强等优点，得到了广泛应用。

1. 直流接触器的型号及含义

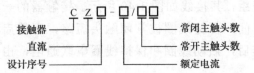

2. 直流接触器的结构

直流接触器主要由电磁系统、触头系统和灭弧装置三部分组成，其结构如图 1.38 所示。

（1）电磁系统

直流接触器的电磁系统由线圈、铁芯和衔铁组成。其电磁系统采用衔铁绕棱角转动的拍合式。由于线圈通过的是直流电，铁芯中不会因产生涡流和磁滞损耗而发热，因此铁芯可用整块铸钢或铸铁制成，铁芯端面也不需嵌装短路环。为保证线圈断电后衔铁能可靠释放，在磁路中常垫有非磁性垫片，以减少剩磁影响。

直流接触器线圈的匝数比交流接触器多，电阻值大，铜损大，是接触器中发热的主要部件。为使线圈散热良好，通常把线圈做成长而薄的圆筒形，且不设骨架，使线圈与铁芯间距很小，以借助铁芯来散发部分热量。

（2）触头系统

直流接触器的触头也有主、辅之分。由于主触头接通和断开的电流较大，多采用滚动接触的指形触头，以延长触头的使用寿命。其结构如图 1.39 所示，在触头闭合过程中，动触头与静触头先在 A 点接触，然后经 B 点滑动过渡到 C 点。辅助触头的通断电流小，多采用双断点桥式触头，可有若干对。

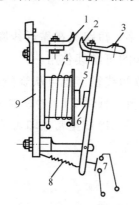

图 1.38　直流接触器的结构图

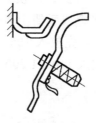
（a）外形结构

（b）触头接触过程示意图

图 1.39　滚动接触的指形触头

1-静触头；2-动触头；3-接线柱；4-线圈；5-铁芯；

6-衔铁；7-辅助触头；8-反作用弹簧；9-底板

为了减小运行时的线圈功耗及延长吸引线圈的使用寿命，容量较大的直流接触器线圈往往采用串联双绕组，其接线如图 1.40 所示。接触器的一个常闭触头与保持线圈并联。在电路刚接通瞬间，保持线圈被常闭触头短路，可使启动线圈获得较大的电流和吸力。当接触器动作后，启动线圈和保持线圈串联通电，由于电压不变，所以电流

较小，但仍可保持衔铁被吸合，从而达到省电的目的。

（3）灭弧装置

直流接触器的主触头在分断较大直流电流时，会产生强烈的电弧，必须设置灭弧装置以迅速熄灭电弧。

对开关电器而言，采用何种灭弧装置取决于电弧的性质。交流接触器触头间产生的电弧在电流过零时能自然熄灭，而直流电弧不存在这个自然过零点，只能靠拉长电弧和冷却电弧来灭弧。因此在同样的电气参数下，熄灭直流电弧比熄灭交流电弧要困难，直流灭弧装置一般比交流灭弧装置复杂。

直流接触器一般采用磁吹式灭弧装置结合其他灭弧方法灭弧。磁吹式灭弧装置主要由磁吹线圈、铁芯、两块导磁夹板、灭弧罩和引弧角等部分组成，其结构如图 1.41 所示。

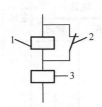

图 1.40 直流接触器双绕组线圈接线图

1-保持线圈；2-常闭辅助触头；3-启动线圈

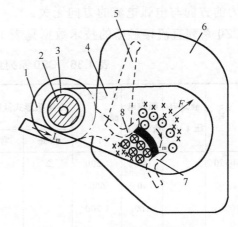

图 1.41 磁吹式灭弧装置

1-磁吹线圈；2-铁芯；3-绝缘套筒；4-导磁夹板；

5-引弧角；6-灭弧罩；7-动触头；8-静触头

磁吹式灭弧装置的工作原理：当接触器的动、静触头分断时，在触头间产生电弧，短时间内电弧通过自身仍维持负载电流 I 继续存在，此时该电流便在电弧未熄灭之前形成两个磁场。一个是该电流在电弧周围形成的磁场，其方向可用安培定则确定，如图 1.41 所示，在电弧的上方是引出纸面的，用"⊙"表示；在电弧的下方是进入纸面的，用"⊗"表示。另外，在电弧周围同时还存在一个由该电流流过磁吹线圈在两导磁夹板间形成的磁场，该磁场经过铁芯，从一块导磁夹板穿过夹板间的空气隙进入另一块导磁夹板，形成闭合磁路，磁场的方向可由安培定则确定，如图 1.41 所示，显然外面一块导磁夹板上的磁场方向是进入纸面的。可见，在电弧的上方，导磁夹板间的磁场与电弧周围的磁场方向相反，磁场强度削弱；在电弧下方两个磁场方向相同，磁场强度增强。因此，电弧将从磁场强的一边被拉向弱的一边，于是电弧向上运动。电弧在向上运动的过程中被迅速拉长并和空气发生相对运动，使电弧温度降低。同时电弧被吹进灭弧罩上部时，电弧的热量又被传递给灭弧罩，进一步降低了电弧温度，促使电弧迅速熄灭。另外，电弧在向上运动的过程中，在静触头上的弧根将逐渐转移到引弧角上，从而减轻了触头的灼伤。引弧角引导弧根向上移动又使电弧被继续拉长，当电源电压不足以维持电弧燃烧时，电弧就熄灭。由此可见，磁吹式灭弧装置的灭弧靠磁吹力的作用使电弧拉长，并在空气和灭弧罩中快速冷却，从而使电弧迅速熄灭。这种串联式磁吹灭弧装置，其磁吹线圈与主电路是串联的，且利用电弧电流本身灭弧，所以磁吹力的大小决定于电弧电流的大小.电弧电流越大，吹灭电弧的能力越强。而当电流的方向改变时，由于磁吹线圈产生的磁场方向同时改变，磁吹力的方向不变，即磁吹力的方向与电弧电流的方向无关。

CZ0 系列直流接触器的技术数据见表 1.36。

表 1.36　CZ0 系列直流接触器技术数据

型　　号	额定电压（V）	额定电流（A）	额定操作频率（次/h）	主触头形式及数目		分断电流（A）	辅助触头形式及数目		吸引线圈电压（V）	吸引线圈消耗功率（W）
				常开	常闭		常开	常闭		
CZ0-40/20		40	1 200	2	—	160	2	2		22
CZ0-40/02		40	600	—	2	100	2	2		24
CZ0-100/10		100	1 200	1	—	400	2	2		24
CZ0-100/01		100	600	—	1	250	2	1		180/24
CZ0-100/20		100	1 200	2	—	400	2	2		30
CZ0-150/10		150	1 200	1	—	600	2	2	24，48	
CZ0-150/01	440	150	600	—	1	375	2	1	110，220	300/25
CZ0-150/20		150	1 200	2	—	600	2	2	440	40
CZ0-250/10		250	600	1	—	1 000				230/31
CZ0-250/20		250	600	2	—	1 000	可以在 5 常开、1 常闭与 5 常闭、1 常开之间任意组合			290/40
CZ0-400/10		400	600	1	—	1 600				350/28
CZ0-400/20		400	600	2	—	1 600				430/43
CZ0-600/10		600	600	1	—	2 400				320/50

直流接触器在电路图中的符号与交流接触器相同。

3．直流接触器的选择

直流接触器的选择方法与交流接触器相同。但须指出的是，选择接触器时，应首先选择接触器的类型，即根据所控制的电动机或负载电流类型来选择接触器的类型。通常交流负载选用交流接触器，直流负载选用直流接触器。如果控制系统中主要是交流负载，而直流负载容量较小时，也可用交流接触器控制直流负载，但交流接触器的额定电流应适当选大一些。

直流接触器的常见故障及处理方法与交流接触器基本相同，这里不再赘述。

三、几种常见接触器简介

1．CJ20 系列交流接触器

CJ20 系列交流接触器是我国在 20 世纪 80 年代初统一设计的产品，该系列产品的结构合理，体积小，重量轻，易于维修保养，具有较高的机械寿命。主要适用于交流 50 Hz，电压 660 V 及以下（部分产品可用于 1 140 V），电流在 630 A 及以下的电力线路中，供远距离接通和分断电路以及频繁地启动和控制电动机之用。全系列产品均采用直动式立体布置结构，主触头采用双断点桥式触头，触头材料选用银基合金，具有较高的抗熔焊和耐电磨性能。辅助触头可全系列通用，额定电流在 160 A 及以下的为两常开、两常闭，250 A 及以下为四常开、两常闭，但可根据需要变换成三常开、三常闭或两常开、四常闭，并且还备有供直流操作专用的大超程常闭辅助触头。灭弧罩按其额定电压和电流不同分为栅片式和纵缝式两种；其电磁系统有两种结构形式，CJZ0-40 及以下的采用 E 形铁芯，CJ20-63 及以上的采用双线圈的 U 形铁芯。吸引线圈的电压：交流 50 Hz 有 36 V、127 V、220 V 和 380 V，直流有 24 V、48 V、110V 和 220 V 等多种。

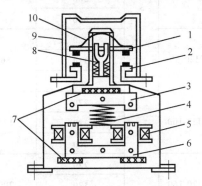

图 1.42　CJ20-63 交流接触器的结构

1-动触头桥；2-静触头；3-衔铁；4--缓冲弹簧；

5-线圈；6-铁芯；7-热毡；8-触头弹簧；

9-灭弧罩；10-触头压力簧片

CJ 20-63 型交流接触器的结构如图 1.42 所示。

常用的 CJ20 系列交流接触器的主要技术数据见表 1-37。

2．B 系列交流接触器

B 系列交流接触器是通过引进德国 BBC 公司的生产技术和生产线生产的新型接触器，可取代我国现生产的 CJ0、CJ8 及 CJ 10 等系列产品，是很有推广和应用价值的更新换代产品。

表 1.37　CJ20 系列交流接触器的技术数据

型　　号	极数	额定工作电压 U_N（V）	约定发热电流 I_{th}（A）	额定工作电流 I_N（A）	额定操作频率（AC-3）（次/h）	机械寿命（万次）	辅助触头 约定发热电流 I_{th}（A）	辅助触头 触头组合
CJ20-10		220	10	10	1 200			
		380		10	1 200			
		660		5.8	600			
CJ20-16		220	16	16	1 200			
		380		16	1 200			
		660		13	600			
CJ20-25		220	32	25	1 200			
		380		25	1 200			
		660		16	600			
CJ20-40	3	220	55	40	1 200	1 000	10	2 常开、2 常闭
		380		40	1 200			
		660		25	600			
CJ20-63		220	80	63	1 200			
		380		63	1 200			
		660		40	600			
CJ20-100		220	125	100	1 200			
		380		100	1 200			
		660		63	600			
CJ20-160		220	200	160	1 200			
		380		160	1 200			
		660		100	600			
CJ20-160/11		1 140	200	80	300			

　　B 系列交流接触器有交流操作的 B 型和直流操作的 BE/BC 型两种，主要适用于交流 50 Hz 或 60 Hz，电压 660 V 及以下，电流 475 A 及以下的电力线路中，供远距离接通或分断电路及频繁地启动和控制三相异步电动机之用。其工作原理与前面讨论的 CJ10 系列基本相同，但由于采用了合理的结构设计，各零部件按其功能选取较合适的材料和先进的加工工艺，故产品有较高的经济技术指标。

　　B 系列交流接触器在结构上有以下特点：

（1）有"正装式"和"倒装式"两种结构布置形式。

① 正装式结构即触头系统在上面，磁系统在下面。

② 倒装式结构即触头系统在下面，磁系统在上面。由于这种结构的磁系统在上面，更换线圈很方便，而主接线板靠近安装面，使接线距离缩短，接线方便。另外，便于安装多种附件，扩大使用功能。

（2）通用件多，这是 B 系列接触器的一个显著特点。许多不同规格的产品，除触头系统外，其余零部件基本通用。各零部件和组件的连接多采用卡装或螺钉连接，给制造和使用维护提供了方便。

（3）配有多种附件供用户按用途选用，且附件的安装简便。例如可根据需要选配不同组合形式的辅助触头。

此外，B 系列交流接触器有多种安装方式，可安装在卡规上，也可用螺钉固定。

3．真空接触器

真空交流接触器的特点是主触头封闭在真空灭弧室内。因而具有体积小，通断能力强、可靠性高、寿命长和维修工作量小等优点。缺点是目前价格较高，限制了其推广应用。

常用的交流真空接触器有 CJ K 系列产品，适用于交流 50 Hz、额定电压至 660 V 或 1 140 V、额定电流至 600 A 的电力线路中，供远距离接通或断开电路及启动和控制交流电动机之用，并适宜与各种保护装置配合使用，组成防爆型电磁启动器。

4．固体接触器

固体接触器又叫半导体接触器，是利用半导体开关电器来完成接触功能的电器。目前生产的固体接触器多数由晶闸管构成。如 CJW 1-200 A/N 型晶闸管交流接触器柜是由五台晶闸管交流接触器组装而成。固体接触器在生产中的应用才刚刚开始，必将随着电力电子技术的发展获得逐步推广。

任务实施

交流接触器

1．目的要求

（1）熟悉交流接触器的拆卸与装配工艺，并能对常见故障进行正确的检修。

（2）掌握交流接触器的校验和调整方法。

2．准备工作

（1）安全文明

在项目实施过程中要求同学们首先穿戴好劳保用品，确认实习操作场地的安全，放置好项目实施所需要的工具和仪器。在操作过程中严格按要求操作。

（2）工具、仪表及器材

① 工具：螺钉旋具、电工刀、尖嘴钳、线钳、镊子等。

② 仪表：电流表 T10-A（5 A）、电压表 T10-V（600 V），MF30 型万用表、500 型兆欧表。

③ 器材（表 1.38）。

表 1.38　元件明细表

代　号	名　称	型 号 规 格	数　量
T	调压变压器	TDGC2-10/0.5	1
KM	交流接触器	CJ10-20	1
QS1	三极开关	HK1-15/3	1
QS2	二极开关	HK1-15/2	1
EL	指示灯	220 V、25 W	3
	控制板	500 mm×400 mm×30 mm	1
	连接导线	BVR-1.0	若干

3．实施过程

（1）交流接触器的拆卸、装配与检修

① 拆卸。

● 卸下灭弧罩紧固螺钉，取下灭弧罩。

● 拉紧主触头定位弹簧夹，取下主触头及主触头压力弹簧片。拆卸主触头时必须将主触头侧转 45°后取下。

● 松开辅助常开静触头的线桩螺钉，取下常开静触头。

● 松开接触器底部的盖板螺钉，取下盖板。在松盖板螺钉时要用手按住螺钉并慢慢放松。

● 取下静铁芯缓冲绝缘纸片及静铁芯。

● 取下静铁芯支架及缓冲弹簧。

● 拔出线圈接线端的弹簧夹片，取下线圈。

● 取下反作用弹簧。

● 取下衔铁和支架。

● 从支架上取下动铁芯定位销，取下动铁芯及缓冲绝缘纸片。

② 检修。

● 检查灭弧罩有无破裂或烧损，清除灭弧罩内的金属飞溅物和颗粒。

- 检查触头的磨损程度，磨损严重时应更换触头。若不需更换，则清除触头表面上烧毛的颗粒。
- 清除铁芯端面的油垢，检查铁芯有无变形及端面接触是否平整。
- 检查触头压力弹簧及反作用弹簧是否变形或弹力不足，如有需要则更换弹簧。
- 检查电磁线圈是否有短路、断路及发热变色现象。

③ 装配按拆卸的逆顺序进行装配。

④ 自检。用万用表欧姆挡检查线圈及各触头是否良好；用兆欧表测量各触头间及主触头对地电阻是否符合要求；用手按动主触头检查运动部分是否灵活，以防产生接触不良、振动和噪声。

（2）交流接触器的校验及触头压力的调整

1）交流接触器的校验

- 将装配好的接触器按如图 1.43 所示接入校验电路。
- 选好电流表、电压表量程并调零；将调压变压器输出置于零位。
- 合上 QS1 和 QS2，均匀调节调压变压器，使电压上升到接触器铁芯吸合为止，此时电压表的指示值即为接触器的动作电压值。该电压应小于或等于 $85\%U_N$(U_N 吸引线圈的额定电压)。

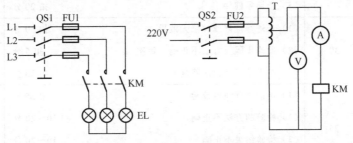

图 1.43　接触器动作值校验电路

- 保持吸合电压值，分合开关 QS2，做两次冲击合闸试验，以校验动作的可靠性。
- 均匀地降低调压变压器的输出电压直至衔铁分离，此时电压表的指示值即为接触器的释放电压，释放电压值应大于 $50\%U_N$。
- 将调压变压器的输出电压调至接触器线圈的额定电压，观察铁芯有无振动及噪声，从指示灯的明暗可判断主触头的接触情况。

2）触头压力的测量与调整

用纸条凭经验判断触头压力是否合适。将一张厚约 0.1 mm、比触头稍宽的纸条夹在 CJ 10-20 型接触器的触头间，使触头处于闭合位置，用手拉动纸条，若触头压力合适，稍用力纸条即可拉出。若纸条很容易被拉出，说明触头压力不够。若纸条被拉断，说明触头压力太大。可调整触头弹簧或更换弹簧，直至符合要求。

4. 注意事项

（1）拆卸过程中，应备有盛放零件的容器，以免丢失零件。

（2）拆装过程中不允许硬撬，以免损坏电器。装配辅助静触头时，要防止卡住动触头。

（3）通电校验时，接触器应固定在控制板上，并有教师监护，以确保用电安全。

（4）通电校验过程中，要均匀、缓慢地改变调压变压器的输出电压，以使测量结果尽量准确。

（5）调整触头压力时注意不得损坏接触器的主触头。

5. 评分标准（表 1.39）

表 1.39 评分标准

项　目	配　分	评　分　标　准		扣　分
拆卸和装配	20	（1）拆卸步骤及方法不正确，每次	扣 5 分	
		（2）拆装不熟练	扣 5～10 分	
		（3）丢失零部件，每件	扣 10 分	
		（4）拆卸后不能组装	扣 15 分	
		（5）损坏零部件	扣 20 分	
检修	30	（1）未进行检修或检修无效果	扣 30 分	
		（2）检修步骤及方法不正确，每次	扣 5 分	
		（3）扩大故障（无法修复）	扣 30 分	
校验	25	（1）不能进行通电校验	扣 25 分	
		（2）检验的方法不正确	扣 10～20 分	
		（3）检验结果不正确	扣 10～20 分	
		（4）通电时有振动或噪声	扣 10 分	
调整触头压力	25	（1）不能凭经验判断触头压力大小	扣 10 分	
		（2）不会测量触头压力	扣 10 分	
		（3）触头压力测量不准确	扣 10 分	
		（4）触头压力的调整方法不正确	扣 15 分	
安全文明生产	违反安全文明生产规程		扣 5～40 分	
定额时间：60 min	每超时 5 min 以内以扣 5 分计算			
备注	除定额时间外，各项扣分不得超过该项配分		成绩	
开始时间		结束时间	实际时间	

 **想一想**

1. 交流接触器主要由哪几部分组成?

2. 交流接触器的铁芯结构有什么特点?

3. 为什么交流接触器的铁芯加装短路环后,其振动和噪声会显著减小?

4. 交流接触器在动作时,常开和常闭触头的动作顺序是怎样的?

5. 什么是电弧?它有哪些危害?

6. 交流接触器常用的灭弧方法有哪几种?

7. 简述交流接触器的工作原理。

8. 交流接触器的铁芯噪声过大的原因主要有哪些?

9. 为什么电压过高或过低都会造成交流接触器的线圈烧毁?

10. 如何选择交流接触器?

11. 触头的常见故障有哪几种?原因分别是什么?

12. 直流接触器与交流接触器相比,在结构上有哪些主要区别?

13. 磁吹式灭弧装置中,线圈电流的方向改变时,磁吹力的方向是否改变?为什么?

14. B系列接触器在结构上有什么特点?

15. 交流接触器为什么不允许操作频率过高?

16. 什么是触头的初压力?什么是触头的终压力?

 **知识拓展**

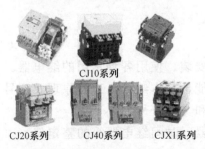

各种接触器

接触器是一种自动的电磁式开关。触头的通断
不是由手来控制,而是由电动操作。

CJ10系列

CJ20系列　　CJ40系列　　CJX1系列

　　交流接触器制作为一个整体,外形和性能也在不断提高,但是功能始终不变。无论技术的发展到什么程度,普通的交流接触器还是有其重要的地位。

1. 空气式电磁接触器

电磁接触器（英文：Magnetic Contactor）主要由接点系统、电磁操动系统、支架、辅助接点和外壳（或底架）组成。

因为交流电磁接触器的线圈一般采用交流电源供电，在接触器激磁之后，通常会有一声高分贝的"咯"的噪声，这也是电磁式接触器的特色。

20 世纪 80 年代以后，各国研究交流接触器电磁铁的无声和节电，基本的可行方案之一是将交流电源用变压器降压后，再经内部整流器转变成直流电源后供电，但此复杂控制方式并不多见。

2. 真空接触器

真空接触器是接点系统采用真空消磁室的接触器。

3. 半导体接触器

半导体接触器是一种通过改变电路回路的导通状态和断路状态而完成电流操作的接触器。

4. 永磁接触器

永磁交流接触器是利用磁极的同性相斥、异性相吸的原理，用永磁驱动机构取代传统的电磁铁驱动机构而形成的一种微功耗接触器。

任务五　继电器

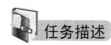
任务描述

在电气控制中，我们会遇到各种各样的继电器，这就要求我们要能够熟记热继电器、时间继电器等的图形符号和文字符号；会调整、校验热继电器、时间继电器等的整定值；掌握它们的控制功能。

学习目标

1. 能正确识别、选择、安装、使用各种常用的继电器。
2. 熟知它们的分类、功能、基本结构、工作原理及型号含义。
3. 熟记它们的图形符号和文字符号。
4. 会调整、校验热继电器、时间继电器等的整定值。

知识平台

继电器是一种根据输入信号（电量或非电量）的变化，接通或断开小电流电路，

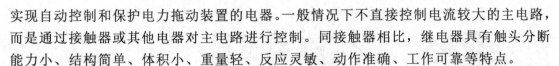

实现自动控制和保护电力拖动装置的电器。一般情况下不直接控制电流较大的主电路，而是通过接触器或其他电器对主电路进行控制。同接触器相比，继电器具有触头分断能力小、结构简单、体积小、重量轻、反应灵敏、动作准确、工作可靠等特点。

继电器主要由感测机构、中间机构和执行机构三部分组成。感测机构把感测到的电量或非电量传递给中间机构，并将它与预定值（整定值）相比较，当达到预定值（过量或欠量）时，中间机构便使执行机构动作，从而接通或断开电路。

继电器的分类方法有多种，按输入信号的性质可分为：电压继电器、电流继电器、速度继电器、压力继电器等；按工作原理可分为：电磁式继电器、电动式继电器、感应式继电器、晶体管式继电器和热继电器等；按输出方式可分为：有触点式和无触点式。下面介绍几种在电力拖动系统中常用的继电器。

一、热继电器

热继电器是利用流过继电器的电流所产生的热效应而反时限动作的继电器。所谓反时限动作，是指电器的延时动作时间随通过电路电流的增加而缩短。热继电器主要用于电动机的过载保护、断相保护、电流不平衡运行的保护及其他电气设备发热状态的控制。

热继电器的形式有多种，其中双金属片式应用最多。按极数划分热继电器可分为单极、两极和三极三种，其中三极的又包括带断相保护装置的和不带断相保护装置的；按复位方式分，有启动复位式（触头动作后能自动返回原来位置）和手动复位式。

1. 热继电器的型号及含义

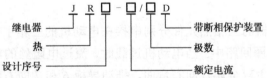

2. 热继电器的结构及工作原理

目前我国在生产中常用的热继电器有国产的 JR16、JR20 等系列以及引进的 T 系列、3UA 等系列产品，均为双金属片式。下面以 JR16 系列为例，介绍热继电器的结构及工作原理。

（1）结构

JR16 系列热继电器的外形和结构如图 1.44 所示。它主要由热元件、动作机构、触头系统、电流整定装置、复位机构和温度补偿元件等部分组成。

① 热元件。热元件是热继电器的主要组成部分，由主双金属片和绕在外面的电阻丝组成。主双金属片由两种热膨胀系数不同的金属片复合而成，金属片的材料多为铁镍铬合金和铁镍合金。电阻丝一般用康铜或镍铬合金等材料制成。

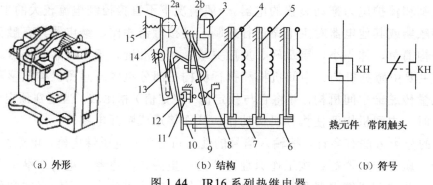

（a）外形　　　　　　（b）结构　　　　　　（b）符号

图 1.44　JR16 系列热继电器

1-电流调节凸轮；2-片簧；3-手动复位按钮；4-弓簧；5-主双金属；6-外导板；7-内导板；8-静触头

9-动触头；10-杠杆；11-复位调节螺钉；12-补偿双金属片；13-推杆；14-连杆；15-压簧

② 动作机构和触头系统。动作机构利用杠杆传递及弓簧式瞬跳机构来保证触头动作的迅速、可靠。触头为单断点弓簧跳跃式动作，一般为一个常开触头、一个常闭触头。

③ 电流整定装置。通过旋钮和电流调节凸轮调节推杆间隙，改变推杆移动距离，从而调节整定电流值。

④ 温度补偿元件。温度补偿元件也为双金属片，其受热弯曲的方向与主双金属片一致，它能保证热继电器的动作特性在 $-30\sim+400\,℃$ 的环境温度范围内基本上不受周围介质温度的影响。

⑤ 复位机构。复位机构有手动和自动两种形式，可根据使用要求通过复位调节螺钉来自由调整选择。一般自动复位的时间不大于 5 min，手动复位时间不大于 2 min。

（2）工作原理

使用时，将热继电器的三相热元件分别串接在电动机的三相主电路中，常闭触头串接在控制电路的接触器线圈回路中。当电动机过载时，流过电阻丝的电流超过热继电器的整定电流，电阻丝发热，主双金属片向右弯曲，推动导板 6 和 7 向右移动，通过温度补偿双金属片 12 推动推杆 13 绕轴转动，从而推动触头系统动作，动触头 9 与常闭静触头 8 分开，使接触器线圈断电，接触器触头断开，将电源切除起保护作用。电源切除后，主双金属片逐渐冷却恢复原位，于是动触头在失去作用力的情况下，靠弓簧 4 的弹性自动复位。

这种热继电器也可采用手动复位，以防止故障排除前设备带故障再次投入运行。将复位调节螺钉 11 向外调节到一定位置，使动触头弓簧的转动超过一定角度失去反弹性，此时即使主双金属片冷却复原，动触头也不能自动复位，必须采用手动复位。按下复位按钮 3，动触头弓簧恢复到具有弹性的角度，推动动触头与静触头恢复闭合。

当环境温度变化时，主双金属片会发生零点漂移，即热元件未通过电流时主双金属片即产生变形，使热继电器的动作性能受环境温度影响，导致热继电器的动作产生

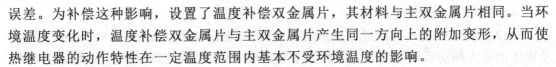

误差。为补偿这种影响，设置了温度补偿双金属片，其材料与主双金属片相同。当环境温度变化时，温度补偿双金属片与主双金属片产生同一方向上的附加变形，从而使热继电器的动作特性在一定温度范围内基本不受环境温度的影响。

热继电器整定电流的大小可通过旋转电流整定旋钮来调节，旋钮上刻有整定电流值标尺。所谓热继电器的整定电流，是指热继电器连续工作而不动作的最大电流，超过整定电流，热继电器将在负载未达到其允许的过载极限之前动作。

（3）带断相保护装置的热继电器

JR16 系列热继电器有带断相保护装置的和不带断相保护装置的两种类型；三相异步电动机的电源或绕组断相是导致电动机过热烧毁的主要原因之一，普通结构的热继电器能否对电动机进行断相保护，取决于电动机绕组的连接方式。

对定子绕组采用Y形连接的电动机而言，若运行中发生断相，通过另外两相的电流会增大，而流过热继电器的电流（即线电流）就是流过电动机绕组的电流（即相电流），普通结构的热继电器都可以对此做出反应。而绕组接成△形的电动机若运行中发生断相，流过热继电器的电流（线电流）与流过电动机非故障绕组的电流（相电流）的增加比例不相同，在这种情况下，电动机非故障相流过的电流可能超过其额定电流，而流过热继电器的电流却未超过热继电器的整定值，热继电器不动作，但电动机的绕组可能会因过载而烧毁。

为了对定子绕组采用△接法的电动机实行断相保护，必须采用三相结构带断相保护装置的热继电器。JR16 系列中部分热继电器带有差动式断相保护装置，其结构及工作原理如图 1.45 所示。图 1.45a 所示为未通电时的位置；图 1.45b 所示为三相均通有额定电流时的情况，此时三相主双金属片均匀受热，同时向左弯曲，内、外导板一齐平行左移一段距离但未超过临界位置，触头不动作；图 1.45c 所示为三相均过载时，三相主双金属片均受热向左弯曲，推动外导板并带动内导板一齐左移，超过临界位置，通过动作机构使常闭触头断开，从而切断控制回路，达到保护电动机的目的；图 1.45d 所示是电动机在运行中发生一相（如 W 相）断线故障时的情况，此时该相主双金属片逐渐冷却，向右移动，并带动内导板同时右移，这样内导板和外导板产生了差动放大作用，通过杠杆的放大作用使继电器迅速动作，切断控制电路，使电动机得到保护。

由于热继电器主双金属片受热膨胀的热惯性及动作机构传递信号的惰性原因，热继电器从电动机过载到触头动作需要一定的时间，也就是说，即使电动机严重过载甚至短路，热继电器也不会瞬时动作，因此热继电器不能作短路保护。但也正是这个热惯性和机械惰性，保证了热继电器在电动机启动或短时过载时不会动作，从而满足了电动机的运行要求。

热继电器在电路图中的符号如图 1.44c 所示。

（4）JR20 系列热继电器

JR20 系列双金属片式热继电器适用于交流 50 Hz、额定电压 660 V、电流 630 A 及以下的电力拖动系统中，作为三相笼型异步电动机的过载和断相保护之用，并可与 CJ20 系列交流接触器配套组成电磁启动器。

该系列产品采用三相立体布置式结构，如图 1.46 所示。其动作机构采用拉簧式跳跃动作机构，且全系列通用。当发生过载时，热元件受热使双金属片向左弯曲，并通过导板和动杆推动杠杆绕 O_1 点沿顺时针方向转动，顶动拉力弹簧使之带动触头动作。同时动作指示件弹出，显示热继电器已动作。

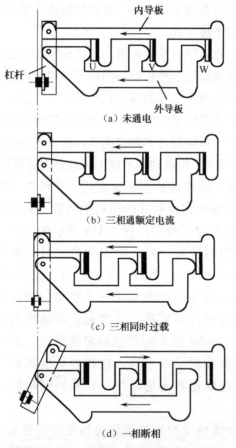

图 1.45　差动式断相保护装置动作原理

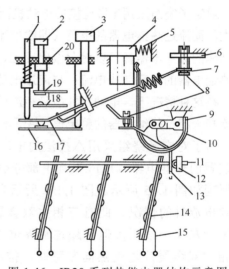

图 1.46　JR20 系列热继电器结构示意图

1-动作指示件；2-复位按钮；3-断开/校验按钮；

4-电流调节按钮；5-弹簧；6-支撑件；7-拉簧；

8-调整螺钉；9-支持件；10-补偿双金属片；11-导板；

12-动杆；13-杠杆；14-主双金属片；15-发热元件；

16、19-静触头；17、18-动触头；20-外壳

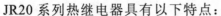

JR20 系列热继电器具有以下特点：

① 除具有过载保护、断相保护、温度补偿以及手动和自动复位功能外，还具有动作脱扣灵活性检查、动作指示及断开检验等功能。动作灵活检查可实现不打开盖板、不通电就能方便地检查热继电器内部的动作情况；动作指示器可清晰地显示出热继电器动作与否；按动检验按钮，断开常闭触头，可检查控制电路的动作情况。

② 通过专用的导电板可安装在相应电流等级的交流接触器上。由于设计时充分考虑了 CJ20 系列交流接触器各电流等级的相间距离、接线高度及外形尺寸，因此可与 CJ20 很方便地配套安装。

③ 电流调节旋钮采用"三点定位"固定方式，消除了在旋动电流调节旋钮时所引起的热继电器动作性能多变的弊端。

3．热继电器的选用

选择热继电器主要根据所保护电动机的额定电流来确定热继电器的规格和热元件的电流等级。

（1）根据电动机的额定电流选择热继电器的规格。一般应使热继电器的额定电流略大于电动机的额定电流。

（2）根据需要的整定电流值选择热元件的编号和电流等级。一般情况下，热元件的整定电流为电动机额定电流的 0.95～1.05 倍。但如果电动机拖动的是冲击性负载或启动时间较长及拖动的设备不允许停电的场合，热继电器的整定电流值可取电动机额定电流的 1.1～1.5 倍。如果电动机的过载能力较差，热继电器的整定电流可取电动机额定电流的 0.6～0.8 倍。同时，整定电流应留有一定的上下限调整范围。

（3）根据电动机定子绕组的连接方式选择热继电器的结构形式，即定子绕组作丫形连接的电动机选用普通三相结构的热继电器，而作△形连接的电动机应选用三相结构带断相保护装置的热继电器。常用热继电器的主要技术规格见表 1.40。

表 1.40　常用热继电器的主要技术规格

型号	额定电压（V）	额定电流（A）	相数	热元件			断相保护	温度补偿	复位方式	动作灵活性检查装置	动作后的指示	触头数量
				最小规格（A）	最大规格（A）	挡数						
JR16（JR0）	380	20	3	0.25～0.35	14～22	12	有	有	手动或自动	无	无	1 常闭、1 常开
		60	3	14～22	10～63	4						
		150	3	40～63	100～160	4						
JR15		10	2	0.25～0.35	6.8～11	10	无					
		40	2	6.8～11	30～45	5						
		100	2	32～50	60～100	3						
		150	2	68～110	100～150	2						

续表

型号	额定电压（V）	额定电流（A）	相数	热元件			断相保护	温度补偿	复位方式	动作灵活性检查装置	动作后的指示	触头数量
				最小规格（A）	最大规格（A）	挡数						
JR20	660	6.3	3	0.1～0.15	5～7.4	14	无	有	手动或自动	有	有	1常闭、1常开
		16		3.5～5.3	14～18	6	有					
		32		8～12	28～36	6						
		63		16～24	55～71	6						
		160		33～47	144～170	9						
		250		83～125	167～250	4						
		400		130～195	267～400	4						
		630		200～300	420～630	4						

JR16（JR0）系列热继电器热元件的等级见表 1.41。

表 1.41　JR16 系列热继电器热元件的等级

型　号	额定电流（A）	热元件等级	
		额定电流（A）	刻度电流调节范围（A）
JR0-20/3 JR0-20/3D JR16-20/3 JR16-20/3D	20	0.35	0.25～0.3～0.35
		0.5	0.32～0.4～0.5
		0.72	0.45～0.6～0.72
		1.1	0.68～0.9～1.1
		1.6	1.0～1.3～1.6
		2.4	1.5～2.0～2.4
		3.5	2.2～2.8～3.5
		5.0	3.2～4.0～5.0
		7.2	4.5～6.0～7.2
		11	6.8～9.0～11.0
		16	10.0～13.0～16.0
		22	14.0～18.0～22.0
JR0-40/3 JR16-40/3D	40	0.64	0.4～0.64
		1.0	0.64～1.0
		1.6	1～1.6

续表

型　　号	额定电流（A）	热元件等级	
		额定电流（A）	刻度电流调节范围（A）
JR0-40/3 JR16-40/3D	40	2.5	1.6～2.5
		4.0	2.5～4.0
		6.4	4.0～6.4
		10	6.4～10
		16	10～16
		25	16～25
		40	25～40

例 1-3 某机床电动机的型号为 Y132M1-6,定子绕组为△形接法,额定功率 4 kW,额定电流 9.4 A,额定电压 380V,要对该电动机进行过载保护,试选择热继电器的型号、规格。

解：根据电动机的额定电流值 9.4 A,查表 1.41 可知,应选择额定电流为 20 A 的热继电器,其整定电流可取电动机的额定电流,即 9.4A,则应选用电流等级为 11 A 的热元件,其调节范围为 6.8～9～11 A;由于电动机的定子绕组采用△形连接,应选择带断相保护装置的热继电器。据此,应选用型号为 JR16-20/3D 的热继电器,热元件电流等级选用 11 A。

4. 热继电器的安装与使用

（1）热继电器必须按照产品说明书中规定的方式安装。安装处的环境温度应与电动机所处环境温度基本相同。当与其他电器安装在一起时,应注意将热继电器安装在其他电器的下方,以免其动作特性受到其他电器发热的影响。

（2）热继电器安装时应清除触头表面尘污,以免因接触电阻过大或电路不通而影响热继电器的动作性能。

（3）热继电器出线端的连接导线,应按表 1.42 的规定选用。这是因为导线的粗细和材料将影响到热元件端接点传导到外部热量的多少。导线过细,轴向导热性差,热继电器可能提前动作;反之,导线过粗,轴向导热快,热继电器可能滞后动作。

表 1.42　热继电器连接导线先用表

热继电器额定电流（A）	连接导线截面积（mm²）	连接导线种类
10	2.5	单股铜芯塑料线
20	4	单股铜芯塑料线
60	16	多股铜芯橡皮线

（4）使用中的热继电器应定期通电校验。此外，当发生短路事故后，应检查热元件是否已发生永久变形。若已变形，则需通电校验。因热元件变形或其他原因致使动作不准确时，只能调整其可调部件，而绝不能弯折热元件。

（5）热继电器在出厂时均调整为手动复位方式，如果需要自动复位，只要将复位螺钉顺时针方向旋转3～4圈，并稍微拧紧即可。

（6）热继电器在使用中应定期用布擦净尘埃和污垢，若发现双金属片上有锈斑，应用清洁棉布蘸汽油轻轻擦除，切忌用砂纸打磨。

5. 热继电器的常见故障及处理方法

热继电器的常见故障及处理方法见表1.43。

表 1.43　热继电器的常见故障及处理方法

故 障 现 象	故 障 原 因	维 修 方 法
热元件烧断	（1）负载侧短路，电流过大 （2）操作频率过高	（1）排除故障，更换热继电器 （2）更换合适参数的热继电器
热继电器不动作	（1）热继电器的额定电流值选用不合适 （2）整定值偏大 （3）动作触头接触不良 （4）热元件烧断或脱焊 （5）动作机构卡阻 （6）导板脱出	（1）按保护容量合理选用 （2）合理调整整定值 （3）消除触头接触不良因素 （4）更换热继电器 （5）消除卡阻因素 （6）重新放入并测试
热继电器动作不稳定，时快时慢	（1）热继电器内部机构某些部件松动 （2）在检修中弯折了双金属片 （3）通电电流波动太大，或接线螺钉松动	（1）将这些部件加以紧固 （2）用两倍电流预试几次或将双金属片拆下来热处理（一般约240℃）以去除内应力 （3）检查电源电压或拧紧接线螺钉
热继电器动作太快	（1）整定值偏小 （2）电动机启动时间过长 （3）连接导线太细 （4）操作频率过高 （5）使用场合有强烈冲击和振动	（1）合理调整整定值 （2）按启动时间要求，选择具有合适的可返回时间的热继电器或在启动过程中将热继电器短接 （3）选用标准导线 （4）更换合适的型号 （5）选用带防振动冲击的或采取防振动措施

续表

故障现象	故障原因	维修方法
热继电器动作太快	（6）可逆转换频繁 （7）安装热继电器处与电动机处环境温差太大	（6）改用其他保护方式 （7）按两地温差情况配置适当的热继电器
主电路不通	（1）热元件烧断 （2）接线螺钉松动或脱落	（1）更换热元件或热继电器 （2）紧固接线螺钉
控制电路不通	（1）触头烧坏或动触头簧片弹性消失 （2）可调整式旋钮转到不合适的位置 （3）热继电器动作后未复位	（1）更换触头或簧片 （2）调整旋钮或螺钉 （3）按动复位按钮

二、时间继电器

自得到动作信号起至触头动作或输出电路产生跳跃式改变有一定延时时间，该延时时间又符合其准确度要求的继电器称为时间继电器。它广泛用于需要按时间顺序进行控制的电气控制线路中。

常用的时间继电器主要有电磁式、电动式、空气阻尼式、晶体管式等。其中，电磁式时间继电器的结构简单，价格低廉，但体积和重量较大，延时较短（如JT3型只有0.3～5.5 s），且只能用于直流断电延时；电动式时间继电器的延时精度高，延时可调范围大（由几分钟到几小时），但结构复杂，价格贵。目前在电力拖动线路中应用较多的是空气阻尼式时间继电器。随着电子技术的发展，近年来晶体管式时间继电器的应用日益广泛。

1. JS7-A 系列空气阻尼式时间继电器

空气阻尼式时间继电器又称气囊式时间继电器，是利用气囊中的空气通过小孔节流的原理来获得延时动作的。根据触头延时的特点，可分为通电延时动作型和断电延时复位型两种。

（1）型号及含义

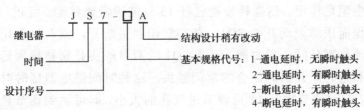

（2）结构

JS7-A 系列时间继电器的外形和结构如图 1.47 所示，它主要由以下几部分组成：

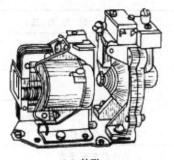
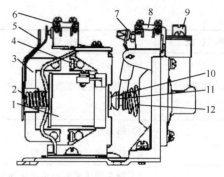

（a）外形　　　　　　　　　　（b）结构

图 1.47　JS7-A 系列时间继电器的外形与结构

1-线圈；2-反力弹簧；3-衔铁；4-铁芯；5-弹簧片；6-瞬时触头；7-杠杆；8-延时触头

9-调节螺钉；10-推杆；11-活塞杆；12-宝塔形弹簧

① 电磁系统。由线圈、铁芯和衔铁组成。

② 触头系统。包括两对瞬时触头（一常开、一常闭）和两对延时触头（一常开、一常闭），瞬时触头和延时触头分别是两个微动开关的触头。

③ 空气室。空气室为一空腔，由橡皮膜、活塞等组成。橡皮膜可随空气的增减而移动，顶部的调节螺钉可调节延时时间。

④ 传动机构。由推杆、活塞杆、杠杆及各种类型的弹簧等组成。

⑤ 基座。用金属板制成，用以固定电磁机构和气室。

（3）工作原理

JS7-A 系列时间继电器的工作原理示意图如图 1.48 所示。其中图 1.48a 所示为通电延时型，图 1.48b 所示为断电延时型。

① 通电延时型时间继电器的工作原理。当线圈 2 通电后，铁芯 1 产生吸力，衔铁 3 克服反力弹簧 4 的阻力与铁芯吸合，带动推板 5 立即动作，压合微动开关 SQ2，使其常闭触头瞬时断开，常开触头瞬时闭合。同时活塞杆 6 在宝塔形弹簧 7 的作用下向上移动，带动与活塞 13 相连的橡皮膜 9 向上运动，运动的速度受进气孔 12 进气速度的限制。这时橡皮膜下面形成空气较稀薄的空间，与橡皮膜上面的空气形成压力差，对活塞的移动产生阻尼作用。活塞杆带动杠杆 15 只能缓慢地移动。经过一段时间，活塞才完成全部行程而压动微动开关 SQ1，使其常闭触头断开，常开触头闭合。由于从线圈通电到触头动作需延时一段时间，因此 SQ1 的两对触头分别被称为延时闭合瞬时断开的常开触头和延时断开瞬时闭合的常闭触头。这种时间继电器延时时间的长短取决于进气的快慢，旋动调节螺钉 11 可调节进气孔的大小，即可达到调节延时时间长短的目的。JS7-A 系列时间继电器的延时范围有 0.4～60 s 和 0.4～180 s 两种。

当线圈 2 断电时，衔铁 3 在反力弹簧 4 的作用下，通过活塞杆 6 将活塞推向下端，这时橡皮膜 9 下方腔内的空气通过橡皮膜 9、弱弹簧 8 和活塞 13 局部所形成的单向阀迅速从橡皮膜上方的气室缝隙中排掉，使微动开关 SQ1、SQ2 的各对触头均瞬时复位。

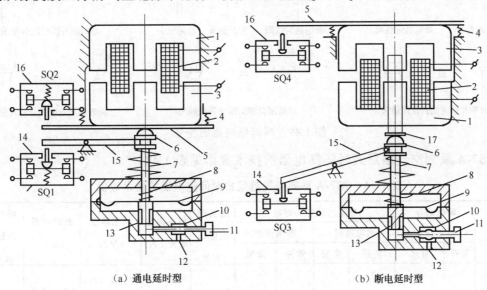

图 1.48　空气阻尼式时间继电器的结构

1-铁芯；2-线圈；3-衔铁；4-反力弹簧；5-推板；6-活塞杆；7-宝塔形弹簧；8-弱弹簧；9-橡皮膜；

10-螺旋；11-调节螺钉 12-进气口；13-活塞；14、16-微动开关；15-杠杆；17-推杆

② 断电延时型时间继电器。JS7-A 系列断电延时型和通电延时型时间继电器的组成元件是通用的。如果将通电延时型时间继电器的电磁机构翻转 180° 安装即成为断电延时型时间继电器。其工作原理读者可自行分析。

空气阻尼式时间继电器的优点：延时范围较大（0.4～180 s），且不受电压和频率波动的影响；可以做成通电和断电两种延时形式；结构简单、寿命长、价格低。其缺点是：延时误差大，难以精确地整定延时值，且延时值易受周围环境温度、尘埃等的影响。因此，对延时精度要求较高的场合不宜采用。

时间继电器在电路图中的符号如图 1.49 所示。

（4）选用

① 根据系统的延时范围和精度选择时间继电器的类型和系列。在延时精度要求不高的场合，一般可选用价格较低的 JS7-A 系列空气阻尼式时间继电器；反之，对精度要求较高的场合，可选用晶体管式时间继电器。

② 根据控制线路的要求选择时间继电器的延时方式（通电延时或断电延时）。同时，还必须考虑线路对瞬时动作触头的要求。

③ 根据控制线路电压选择时间继电器吸引线圈的电压。

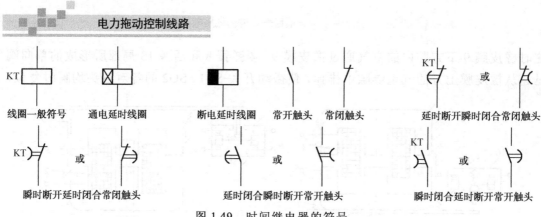

图 1.49　时间继电器的符号

JS7-A 系列空气阻尼式时间继电器的技术数据见表 1.44。

表 1.44　JS7-A 系列空气阻尼式时间继电器的技术数据

型号	瞬时动作触头对数		有延时的触头对数				触头额定电压（V）	触头额定电流（A）	线圈电压（V）	延时范围（s）	额定操作频率（次/h）
			通电延时		断电延时						
	常开	常闭	常开	常闭	常开	常闭					
JS7-1A	—	—	1	1	—	—	380	5	24、36、110、127、220、380、420	0.4～60 及 0.4～180	600
JS7-2A	1	1	1	1	—	—					
JS7-3A	—	—	—	—	1	1					
JS7-4A	1	1	—	—	1	1					

（5）安装与使用

① 时间继电器应按说明书规定的方向安装。无论是通电延时型还是断电延时型，都必须使继电器在断电后，释放时衔铁的运动方向垂直向下，其倾斜度不得超过 5°。

② 时间继电器的整定值，应预先在不通电时整定好，并在试车时校正。

③ 时间继电器金属底板上的接地螺钉必须与接地线可靠连接。

④ 通电延时型和断电延时型可在整定时间内自行调换。

⑤ 使用时，应经常清除灰尘及油污，否则延时误差将更大。

（6）常见故障及处理方法

JS7-A 系列空气阻尼式时间继电器的触头系统和电磁系统的故障及处理方法可参看课题四有关内容。其他常见故障及处理方法见表 1.45。

表 1.45　JS7-A 系列时间继电器常见故障及处理方法

故障现象	可能的原因	处理方法
延时触头不动作	（1）电磁线圈断线	（1）更换线圈
	（2）电源电压过低	（2）调高电源电压
	（3）传动机构卡住或损坏	（3）排除卡住故障或更换部件

续表

故 障 现 象	可 能 的 原 因	处 理 方 法
延时时间缩短	（1）气室装配不严，漏气 （2）橡皮膜损坏	（1）修理或更换气室 （2）更换橡皮膜
延时时间变长	气室内有灰尘，使气道阻塞	清除气室内灰尘，使气道畅通

2．晶体管时间继电器

晶体管时间继电器也称为半导体时间继电器或电子式时间继电器，具有机械结构简单、延时范围广、精度高、消耗功率小、调整方便及寿命长等优点，所以发展迅速，应用越来越广泛。晶体管时间继电器按结构分为阻容式和数字式两类；按延时方式分为通电延时型、断电延时型及带瞬动触点的通电延时型。常用的 JS20 系列晶体管时间继电器是全国推广的统一设计产品，适用于交流 50 Hz、电压 380V 及以下或直流 110 V 及以下的控制电路，作为时间控制元件，按预定的时间延时，周期性地接通或分断电路。

（1）型号及含义

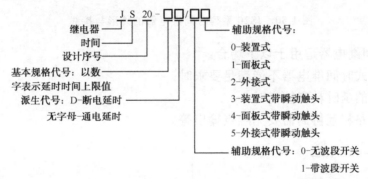

（2）结构

JS20 系列时间继电器的外形如图 1.50a 所示。继电器具有保护外壳，其内部结构采用印刷电路组件。安装和接线采用专用的插接座，并配有带插脚标记的下标牌作接线指示，上标盘上还带有发光二极管作为动作指示。结构形式有外接式、装置式和面板式三种。外接式的整定电位器可通过插座用导线接到所需的控制板上；装置式具有带接线端子的胶木底座；面板式采用通用八大脚插座，可直接安装在控制台的面板上，另外还带有延时刻度和延时旋钮供整定延时时间用。JS20 系列通电延时型时间继电器的接线示意图如图 1.50b 所示。

（3）工作原理

JS20 系列通电延时型时间继电器的电路如图 1.51 所示。它由电源、电容充放电电路、电压鉴别电路、输出和指示电路五部分组成。电源接通后，经整流滤波和稳压后的直流电经过 RP1 和 R2 向电容 C2 充电。当场效应管 V6 的栅源电压 U_{gs} 低于夹断电

压 U_p 时，V6 截止，因而 V7、V8 也处于截止状态。随着充电的不断进行，电容 C2 的电位按指数规律上升，当满足 U_{gs} 高于 U_p 时，V6 导通，V7、V8 也导通，继电器 KA 吸合，输出延时信号。同时电容 C2 通过 R8 和 KA 的常开触头放电，为下次动作作好准备。当切断电源时，继电器 KA 释放，电路恢复原始状态，等待下次动作。调节 RP1 和 RP2 即可调整延时时间。

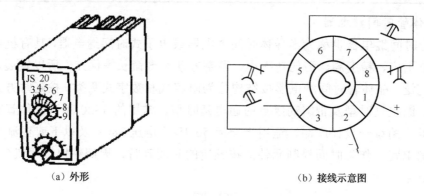

（a）外形　　　　　　　　　　　　　　　（b）接线示意图

图 1.50　JS20 系列时间继电器的外形与接线

晶体管时间继电器适用于以下场合：

① 当电磁式时间继电器不能满足要求时；

② 当要求的延时精度较高时；

③ 控制回路相互协调需要无触点输出等。

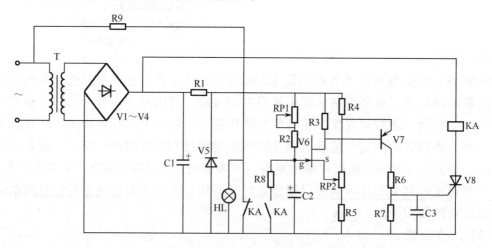

图 1.51　JS20 系列通电延时型继电器的电路图

JS20 系列晶体管时间继电器的主要技术参数见表 1.46。

表 1.46　JS20 系列晶体管时间继电器的主要技术参数

型号	结构形式	延时整定元件位置	延时范围（s）	延时触头对数				不延时触头对数		误差（%）		环境温度（℃）	工作电压（V）		功率消耗（W）	机械寿命（万次）
				通电延时		断电延时										
				常开	常闭	常开	常闭	常开	常闭	重复	综合		交流	直流		
JS20-□/00	装置式	内接	0.1～300	2	2	—	—	—	—	±3	±10	−10～+40	36、110、127、220、380	24、48、110	≤5	1 000
JS20-□/01	面板式	内接		2	2	—	—	—	—							
JS20-□/02	装置式	外接		2	2	—	—	—	—							
JS20-□/03	装置式	内接		1	1	—	—	1	1							
JS20-□/04	面板式	内接		□	1	—	—	1	1							
JS20-□/05	装置式	外接		1	1	—	—	1	1							
JS20-□/10	装置式	内接	0.1～3 600	2	2	—	—	—	—							
JS20-□/11	面板式	内接		2	2	—	—	—	—							
JS20-□/12	装置式	外接		2	2	—	—	—	—							
JS20-□/13	装置式	内接		1	1	—	—	1	1							
JS20-□/14	面板式	内接		1	1	—	—	1	1							
JS20-□/15	装置式	外接		1	1	—	—	1	1							
JS20-□D/00	装置式	内接	0.1～180	—	2	2	2	—	—							
JS20-□D/01	面板式	内接		2	2	2	2	—	—							
JS20-□D/02	装置式	外接		2	2	2	2	—	—							

三、中间继电器

中间继电器是用来增加控制电路中的信号数量或将信号放大的继电器。其输入信号是线圈的通电和断电，输出信号是触头的动作，由于触头的数量较多，所以可用来控制多个元件或回路。

1. 中间继电器的型号及含义

2. 中间继电器的结构及工作原理

中间继电器的结构及工作原理与接触器基本相同，因而中间继电器又称为接触器式继电器。但中间继电器的触头对数多，且没有主辅之分，各对触头允许通过的电流大小相同，多数为 5 A。因此，对于工作电流小于 5 A 的电气控制线路，可用中间继电器代替接触器实施控制。

常用的中间继电器有 JZ7、JZ14 等系列，JZ7 系列为交流中间继电器，其结构如图 1.52a 所示。

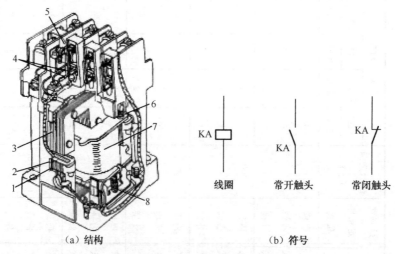

（a）结构　　　　　　　　　　　（b）符号

图 1.52　JZ7 系列中间继电器

1-静铁芯；2-短路环；3-衔铁；4-常开触头；5-常闭触头；6-反作用弹簧；7-线圈；8-缓冲弹簧

JZ7 系列中间继电器采用立体布置，由铁芯、衔铁、线圈、触头系统、反作用弹簧和缓冲弹簧等组成。触头采用双断点桥式结构，上下两层各有四对触头，下层触头

只能是常开触头，故触头系统可按 8 常开、6 常开、2 常闭及 4 常开、4 常闭组合。继电器吸引线圈额定电压有 12 V、36 V、110 V、220 V、380 V 等。

JZ14 系列中间继电器有交流操作和直流操作两种，采用螺管式电磁系统和双断点桥式触头，其基本结构为交直流通用，只是交流铁芯为平顶形，直流铁芯与衔铁为圆锥形接触面，触头采用直列式分布，对数达 8 对，可按 6 常开、2 常闭；4 常开、4 常闭或 2 常开、6 常闭组合。该系列继电器带有透明外罩，可防止尘埃进入内部而影响工作的可靠性。

中间继电器在电路图中的符号如图 1.52b 所示。

3. 中间继电器的选用

中间继电器主要依据被控制电路的电压等级、所需触头的数量、种类、容量等要求来选择。常用中间继电器的技术数据见表 1.47。

表 1.47　中间继电器的技术数据

型　　号	电压种类	触头电压（V）	触头额定电流（A）	触头组合 常开	触头组合 常闭	通电持续率（%）	吸引线圈电压（V）	吸引线圈消耗功率	额定操作频率（次/h）
JZ7-44				4	4		12、24、36、		
JZ7-62	交流	380	5	6	2	40	48、110、127、380、420、	12 VA	1 200
JZ7-80				8	0		440、500		
JZ14-□□J/□	交流	380	5	6	2	40	110、127、220、380、24、	10 VA	2 000
				4	4				
JZ14-□□Z/□	直流	220	5	2	6		48、110、220	7 W	
JZ15-□□J/□	交流	380	10	6	2	40	36、127、220、380、24、48、	11 VA	1 200
				4	4				
JZ15-□□Z/□	直流	220		2	6		110、220	11 W	

中间继电器的安装、使用、常见故障及处理方法与接触器类似，可参看任务四有关内容。

四、电流继电器

反映输入量为电流的继电器叫做电流继电器。使用时，电流继电器的线圈串联在被测电路中，根据通过线圈电流值的大小而动作；为了使串入电流继电器线圈后不影响电路正常工作，电流继电器线圈的匝数要少，导线要粗，阻抗要小。

电流继电器分为过电流继电器和欠电流继电器两种。

1．过电流继电器

当继电器中的电流超过预定值时，引起开关电器有延时或无延时动作的继电器叫过电流继电器。它主要用于频繁启动和重载启动的场合，作为电动机和主电路的过载和短路保护。

（1）型号及含义

常用的过电流继电器有 JT4 系列交流通用继电器和 JL14 系列交直流通用继电器，其型号及含义分别如下所示。

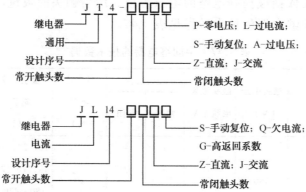

（2）结构及工作原理

JT4 系列过电流继电器的外形结构及工作原理如图 1.53 所示。它主要由线圈、圆柱形静铁芯、衔铁、触头系统和反作用弹簧等组成。

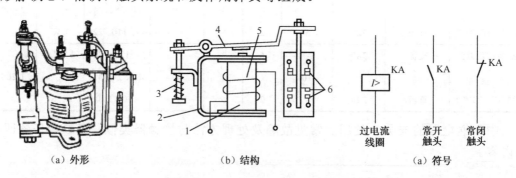

（a）外形　　　　　　（b）结构　　　　　　（a）符号

图 1.53　JT4 系列过电流继电器

1-铁芯；2-磁扼；3-反作用弹簧；4-衔铁；5-线圈；6-触头

当线圈通过的电流为额定值时，它所产生的电磁吸力不足以克服反作用弹簧的反作用力，此时衔铁不动作。当线圈通过的电流超过整定值时，电磁吸力大于弹簧的反作用力，铁芯吸引衔铁动作，带动常闭触头断开，常开触头闭合。调整反作用弹簧的作用力，可整定继电器的动作电流值。该系列中有的过电流继电器带有手动复位机构，这类继电器过电流动作后，当电流再减小甚至到零时，衔铁也不能自动复位，只有当操作人员检查并排除故障后，手动松掉锁扣机构，衔铁才能在复位弹簧作用下返回，从而避免重复过电流事故的发生。

　　JT4 系列为交流通用继电器，在这种继电器的磁系统上装设不同的线圈，便可制成过电流、欠电流、过电压或欠电压等继电器。JT4 系列通用继电器的技术数据见表 1.48。

表 1.48　JT4 系列通用继电器的技术数据

型　号	可调参数调整范围	标称误差	返回系数	接点数量	吸引线圈		复位方式	机械寿命（万次）	电寿命（万次）	质量（kg）
					额定电压（或电流）	消耗功率				
JT4-□□A 过电压继电器	吸合电压（1.05～1.20）U_N	±10%	0.1～0.3	1 常开 1 常闭	110、220、380 V	75 W	自动	1.5	1.5	2.1
JT4-□□P 零电压（或中间）继电器	吸合电压（0.60～0.85）U_N 或释放电压（0.10～0.35）U_N		0.2～0.4	1 常开、1 常闭或 2 常开或 2 常闭	110、127、220、380 V			100	10	1.8
JT4-□□L 过电流继电器	吸合电流（1.10～3.50）I_N		0.1～0.3		5、10、15、20、40、80、150、300、600 A	5 W		1.5	1.5	1.7
JT4-□□S 手动过电流继电器							手动			

　　常用的过电流继电器还有 JL14 等系列。JL14 系列是一种交直流通用的新系列电流继电器，可取代 JT4-L 和 JT4-S 系列。其结构与工作原理与 JT4 系列相似。主要结构部分交直流通用，区别仅在于：交流继电器的铁芯上开有槽，以减少涡流损耗。JL14 系列过电流继电器的技术数据见表 1.49。

表 1.49　JL14 系列过电流继电器技术数据

电流种类	型　号	吸引线圈额定电流 I_N(A)	吸合电流调整范围	触头组合形式		备　注
				常开	常闭	
直流	JL14-□□Z	1、1.5、2.5、10、15、25、40、60、100、150、300、500、1 200、1 500	（0.70～3.00）I_N	3	3	
	JL14-□□ZS		（0.30～0.65）I_N 或释放电流在（0.10～0.20）I_N 范围调整	2	1	手动复位
	JL14-□□ZQ			1	2	欠电流
交流	JL14-□□J		（1.10～4.00）I_N	1	1	
	JL14-□□JS			2	2	手动复位
	JL14-□□JG			1	1	返回系数大于 0.65

　　JT4 和 JL14 系列都是瞬动型过电流继电器，主要用于电动机的短路保护。生产中还用到一种具有过载和启动延时、过流迅速动作保护特性的过电流继电器，如 JL12 系列，其外形和结构如图 1.54 所示。它主要由螺管式电磁系统（包括线圈、磁扼、动铁芯、封帽、封口塞等）、阻尼系统（包括导管、硅油阻尼剂和动铁芯中的钢珠）和触头（微动开关）等组成。当通过继电器线圈的电流超过整定值时，导管中的动铁芯受到电磁力作用开始上升，而当铁芯上升时，钢珠关闭油孔，使铁芯的上升受到阻尼作用，铁芯须经过一段时间的延迟后才能推动顶杆，使微动开关的常闭触头分断，切断控制回路，使电动机得到保护。触头延时动作的时间由继电器下端封帽内装有的调节螺钉调节。当故障消除后，动铁芯因重力作用返回原来位置。这种过电流继电器从线圈过电流到触头动作须延迟一段时间，从而防止了在电动机启动过程中继电器发生误动作。

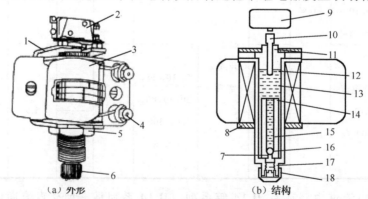

（a）外形　　　　　　　　　　　　　　（b）结构

图 1-54　JL12 系列过电流继电器

1、8-磁轨；2、9-微动开关；3、12-线圈；4-接线桩；5-紧固螺母；6、18-封帽；7-油孔；10-顶杆；
11-封口塞；13-硅油；14-导管（即油杯）；15-动铁芯；16-钢珠；17-调节螺钉

JL12 系列过电流延时继电器的保护特性和技术数据分别见表 1.50 和表 1.51。

表 1.50　JL12 系列过电流延时继电器的保护特性

过电流倍数	动 作 时 间
1	持续通电 1 h 不动作
1.5	热态<3 min
2.5	热态为 10 s±6 s
6	＜（1～3）s；当环境温度>0℃时，为<1 s；当环境温度<0℃时，为<3 s

表 1.51　JL12 系列过电流继电器的技术数据

型　　号	线圈额定电流（A）	触点额定电压（V）		触头额定电流（A）
		交　流	直　流	
JL12-5	5			
JL12-10	10			
JL12-15	15			
JL12-20	20	380	440	5
JL12-30	30			
JL12-40	40			
JL12-60	60			

过电流继电器在电路图中的符号如图 1.53c 所示。

（3）选用

① 过电流继电器的额定电流一般可按电动机长期工作的额定电流来选择。对于频繁启动的电动机，考虑到启动电流在继电器中的热效应，额定电流可选大一个等级。

② 过电流继电器的触头种类、数量、额定电流及复位方式应满足控制线路的要求。

③ 过电流继电器的整定值一般为电动机额定电流的 1.7～2 倍，频繁启动场合可取 2.25～2.5 倍。

（4）安装与使用

① 安装前应检查继电器的额定电流及整定值是否与实际使用要求相符。继电器的动作部分是否动作灵活、可靠。外罩及壳体是否有损坏或缺件等情况。

② 安装后应在触头不通电的情况下，使吸引线圈通电操作几次，看继电器动作是否可靠。

③ 定期检查继电器各零部件是否有松动及损坏现象，并保持触头的清洁。过电

流继电器的常见故障及处理方法与接触器相似，可参看任务四的有关内容。

2. 欠电流继电器

当通过继电器的电流减小到低于其整定值时动作的继电器称为欠电流继电器。在线圈电流正常时这种继电器的衔铁与铁芯是吸合的。它常用于直流电动机励磁电路和电磁吸盘的弱磁保护。

常用的欠电流继电器有 JL14-Q 等系列产品，其结构与工作原理和 JT4 系列继电器相似。这种继电器的动作电流为线圈额定电流的 30%～65%，释放电流为线圈额定电流的 10%～20%。因此，当通过欠电流继电器线圈的电流降低到额定电流的 10%～20%时，继电器即释放复位，其常开触头断开，常闭触头闭合，给出控制信号，使控制电路作出相应的反应。

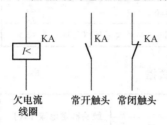

欠电流   常开触头 常闭触头
线圈

图 1.55　欠电流继电器的符号

欠电流继电器在电路图中的符号如图 1.55 所示。

五、电压继电器

反映输入量为电压的继电器叫电压继电器。使用时电压继电器的线圈并联在被测量的电路中，根据线圈两端电压的大小而接通或断开电路，因此这种继电器线圈的导线细、匝数多、阻抗大。

根据实际应用的要求，电压继电器分为过电压继电器、欠电压继电器和零电压继电器。过电压继电器是当电压大于其整定值时动作的电压继电器，主要用于对电路或设备作过电压保护，常用的过电压继电器为 JT4-A 系列，其动作电压可在 105%～120% 额定电压范围内调整。欠电压继电器是当电压降至某一规定范围时动作的电压继电器；零电压继电器是欠电压继电器的一种特殊形式，是当继电器的端电压降至或接近消失时才动作的电压继电器。可见，欠电压继电器和零电压继电器在线路正常工作时，铁芯与衔铁是吸合的，当电压降至低于整定值时，衔铁释放，带动触头动作，对电路实现欠电压或零电压保护。常用的欠电压继电器和零电压继电器有 JT4-P 系列，欠电压继电器的释放电压可在 40%～70%额定电压范围内整定，零电压继电器的释放电压可在 10%～35%额定电压范围内调节。

电压继电器的结构、工作原理及安装使用等知识，与电流继电器类似，这里不再重复。电压继电器的选择，主要依据继电器的线圈额定电压、触头的数目和种类进行。

电压继电器在电路图中的符号如图 1.56 所示。

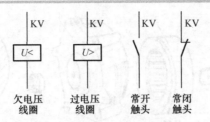

图 1.56 电压继电器的符号

六、速度继电器

速度继电器是反映转速和转向的继电器，其主要作用是以旋转速度的快慢为指令信号，与接触器配合实现对电动机的反接制动控制，故又称为反接制动继电器。机床控制线路中常用的速度继电器有 JY1 型和 JFZ0 型，其外形如图 1.57 所示。

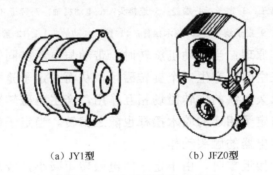

（a）JY1型 （b）JFZ0型

图 1.57 速度继电器的外形

1. 速度继电器的型号及含义

以 JFZ0 为例，介绍速度继电器的型号及含义。

2. 速度继电器的结构及工作原理

JY1 型速度继电器的结构和工作原理如图 1.58 所示。它主要由定子、转子、可动支架、触头系统及端盖等部分组成。转子由永久磁铁制成，固定在转轴上；定子由硅钢片叠成并装有笼型短路绕组，能作小范围偏转；触头系统由两组转换触头组成，一组在转子正转时动作，另一组在转子反转时动作。

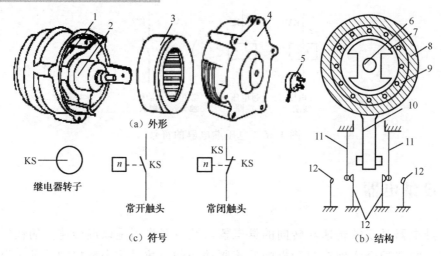

（a）外形

（c）符号

继电器转子

常开触头   常闭触头

（b）结构

图 1-58   JY1 型速度继电器

1-可动支架；2-转子；3-定子；4-端盖；5-连接头；6-电动机轴；7-转子（永久磁铁）；

8-定子；9-定子绕组；10-胶木摆杆；11-簧片（动触头）；12-静触头

速度继电器的工作原理：当电动机旋转时，带动与电动机同轴连接的速度继电器的转子旋转，相当于在空间中产生一个旋转磁场，从而在定子笼型短路绕组中产生感生电流，感生电流与永久磁铁的旋转磁场相互作用，产生电磁转矩，使定子随永久磁铁转动的方向偏转，与定子相连的胶木摆杆也随之偏转。当定子偏转到一定角度，胶木摆杆推动簧片，使继电器的触头动作。

当转子转速减小到接近零时，由于定子的电磁转矩减小，胶木摆杆恢复原状态，触头随即复位。

速度继电器的动作转速一般不低于 $100 \sim 300$ r/min，复位转速约在 100 r/min 以下。常用的速度继电器中，JY1 型能在 3 000 r/min 以下可靠工作，JFZ0 型的两组触头改用两个微动开关，使其触头的动作速度不受定子偏转速度的影响，额定工作转速有 $300 \sim 1\,000$ r/min（JFZ0-1 型）和 $1\,000 \sim 3\,600$ r/min（JFZ0-2 型）两种。

速度继电器在电路图中的符号如图 1.58c 所示。

3．速度继电器的选用

速度继电器主要根据所需控制的转速大小、触头的数量和电压、电流来选用。常用速度继电器的技术数据见表 1.52。

表 1.52　速度继电器的主要技术数据

型　　号	触头额定电压（V）	触头额定电流（A）	触 头 对 数		额定工作转速（r/min）	允许操作频率（次/h）
			正转动作	反转动作		
JY1			1 组转换触头	1 组转换触头	100～3 000	
JFZ0-1	380	2	1 常开、1 常闭	1 常开、1 常闭	300～1 000	<30
JFZ0-2			1 常开、1 常闭	1 常开、1 常闭	1 000～3 600	

4．速度继电器的安装与使用

（1）速度继电器的转轴应与电动机同轴连接，使两轴的中心线重合。速度继电器的轴可用联轴器与电动机的轴连接，如图 1.59 所示。

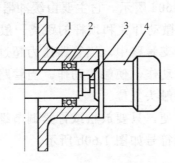

图 1.59　速度继电器的安装

1-电动机轴；2-电动机轴承；3-联轴器；4-速度继电器

（2）速度继电器安装接线时，应注意正反向触头不能接错，否则不能实现反接制动控制。

（3）速度继电器的金属外壳应可靠接地。

5．速度继电器的常见故障及处理方法

速度继电器的常见故障及处理方法见表 1.53。

七、压力继电器

压力继电器经常用于机械设备的液压或气压控制系统中，它能根据压力源压力的变化情况决定触头的断开或闭合，以便对机械设备提供某种保护或控制。

表 1.53　速度继电器的常见故障及处理方法

故障现象	可能的原因	处理方法
反接制动时速度继电器失效，电动机不制动	（1）胶木摆杆断裂 （2）触头接触不良 （3）弹性动触片断裂或失去弹性 （4）笼型绕组开路	（1）更换胶木摆杆 （2）清洗触头表面油污 （3）更换弹性动触片 （4）更换笼型绕组
电动机不能正常制动	速度继电器的弹性动触片调整不当	重新调节调整螺钉： （1）将调整螺钉向下旋，弹性动触片弹性增大，速度较高时继电器才动作 （2）将调整螺钉向上旋，弹性动触片弹性减小，速度较低时继电器即动作

压力继电器的结构如图 1.60a 所示。它主要由缓冲器、橡皮膜、顶杆、压缩弹簧、调节螺母和微动开关等组成。微动开关和顶杆的距离一般大于 0.2 mm。压力继电器装在油路（或气路、水路）的分支管路中。当管路压力超过整定值时，通过缓冲器和橡皮膜顶起顶杆，推动微动开关动作，使触头动作。当管路中的压力低于整定值时，顶杆脱离微动开关，微动开关的触头复位。

压力继电器的调整非常方便，只要放松或拧紧调节螺母即可改变控制压力。

压力继电器在电路图中的符号如图 1.60b 所示。

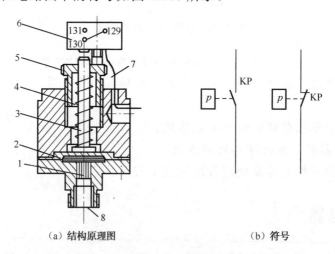

（a）结构原理图　　　　　　　　　　（b）符号

图 1.60　压力继电器

1-缓冲器；2-薄膜；3-顶杆；4-压缩弹簧；5-螺母；6-微动开关；7-导线；8-压力油入口

常用的压力继电器有 YJ 系列、YT-126 系列和 TE52 等系列。

YJ 系列压力继电器的技术数据见表 1.54。

表 1.54 YJ 系列压力继电器技术数据

型 号	额定电压（V）	长期工作电流（A）	分断功率（VA）	控制压力	
				最大控制压力（Pa）	最小控制压力（Pa）
YJ-0	交流 380	3	380	$6.079\ 5 \times 10^2$	$2.026\ 5 \times 10^2$
YJ-1				$2.026\ 5 \times 10^2$	$1.013\ 25 \times 10^2$

八、固态继电器

固态继电器又叫半导体继电器，是由半导体器件组成的继电器。它是一种无触点电子开关，利用分立元器件、集成电路及微电子技术实现了控制回路（输入端）与负载回路（输出端）之间的电隔离及信号耦合，没有任何可动部件和触点，具有相当于电磁继电器的功能。与电磁继电器相比，它具有工作可靠、寿命长、抗干扰能力强、开关速度快、对外干扰小、使用方便等一系列优点，因而得到越来越广泛的应用，且在自动控制装置中正逐步取代电磁式继电器。

固态继电器的型号及含义如下：

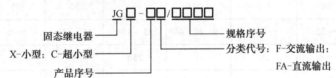

固态继电器的封装方式有塑料封装、金属壳全密封封装、环氧树脂灌封及无定型封装等。一般为四端组件，其中两个为输入端，两个为输出端。固态继电器至少由三部分组成：输入电路、驱动电路和输出电路。交流固态继电器的结构方框图如图 1.61a 所示。

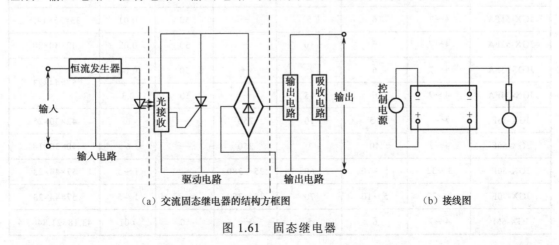

（a）交流固态继电器的结构方框图　　　　　　（b）接线图

图 1.61 固态继电器

　　JGX 系列固态继电器除 JGX-56F 的输出为 3 常开外，其余均为 1 常开。其安装方式为线路板焊接安装，且备有紧固孔。固态继电器的接线图如图 1.61b 所示。

　　JGX 系列固态继电器的技术参数见表 1.55。

表 1.55　JGX 系列固态继电器的技术参数

型　　号	控制电压（直流）（V）	控制电流（直流）（mA）	输出电流（A）	输出电压（V）		断态漏电流（mA）	外形尺寸（mm）
				交流	直流		
JGX-1F/1FA	3～32	5～10	1	25～220	20～200	1～5	30.5×15×15.5
JGX-2F/2FA	3～32	5～10	2	25～380	20～200	1～5	33×25×14.5
JGX-3F/3FA			3				33×25×14.5
JGX-4F	3～32	5～10	4	25～380	20～300	1～5	42×25×11
JGX-5F/5FA			5				42×30×20
JGX-7F/7FA	2.5～8	12	3	250	60	5	
JGX-8FA	10～32	25	0.025	—	30	0.1	43.2×31.8×15.2
JGX-9FA	250	6.5	0.025	—	30	0.1	
JGX-10F/10FA	3～32	5～10	10、20、40	25～380	20～200	1～5	57×44×23
JGX-11F	3～8	20	15	250	—	—	71×44×21
JGX-12F	3～8	20	2	250	—	5	31×20×18
JGX-50F	3～32	5～10	50	25～380	20～200	1～5	57×44×23
JGX-50FA	4～7	6	3	—	50	0.01	30×15×14.5
JGX-51FA	4～7	6	5	—	50	0.01	33×25×14.5
JGX-52FA	4～7	6	10	—	50	0.02	42×30×20
JGX-53FA	4～7	6	25	—	50	0.04	57×44×23
JGX-54FA	4～7	6	35	—	50	0.3	
JGX-55F	4～7	15	10	250	—	6	42×30×25
JGX-56F	4～7	40	1	250	—	6	40×30×18
JGX-60F	3～32	5～10	60	25～380	—	1～5	57×44×23
JGX-70F	3～32	5～10	70	25～380	—	1～5	57×44×23
JGX-6M	4～7	6	5		50	0.01	43.18×21.84×7.4

九、功率继电器

功率继电器又称功率方向继电器，在继电保护装置中广泛用作短路的方向判断元件。

功率继电器按其结构、原理可分为感应型、整流型和晶体管型。

目前应用较多的整流型功率继电器是通过比较被保护安装处的电压 U 和电流 I 的相位来判别短路功率方向的。绝对值比较功率继电器首先将 U 和 I 转换为电量 A_1 和 A_2，只比较 A_1 和 A_2 幅值的大小，而与它的相位无关。当 $|A_1|>|A_2|$ 时，继电器动作；$|A_1|<|A_2|$ 时，继电器不动作。功率继电器动作，必须是在被保护线路正方向短路的时候，继电器的动作具有方向选择性，因此可用来判断短路功率方向。

LLG-3 型功率继电器用于电力系统中作相间短路及接地短路时的功率方向判断。它采用整流型绝对值比较原理，由相灵敏回路、移相回路、整流比较回路和执行元件等组成，其原理接线图如图 1.62 所示。输入电流经电抗互感器 L 移相后，输入的电压同相接入相灵敏回路，动作回路、制动回路分别经桥式整流后按均压法比较绝对值的大小，从而决定继电器是否动作。

图 1.62b 中 K1 为干簧继电器，以增加辅助触头容量。

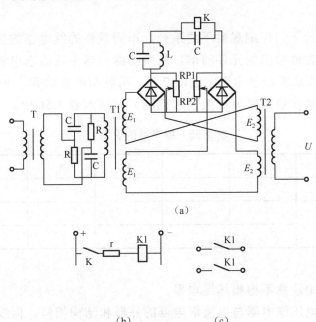

图 1.62　LLG-3 型功率继电器原理接线图

任务实施

一、常用继电器的识别

1. 目的要求

熟悉常用继电器的型号及外形特点，能正确识别各类不同的继电器。

2. 准备工作

（1）安全文明

在项目实施过程中要求同学们首先穿戴好劳保用品，确认实习操作场地的安全，放置好项目实施所需要的工具和仪器。在操作过程中严格按要求操作。

（2）工具、仪表及器材

电器元件由指导教师根据实际情况在下列规定系列内选取，每系列取 2～4 种不同规格。

中间继电器（JZ7）、时间继电器（JS7-A）、热继电器（JH16）、电流继电器（JL14、JT4）、电压继电器（JT4）、速度继电器（JFZ0）、固态继电器（JGX）。

3. 实施过程

（1）在教师指导下，仔细观察不同系列、不同规格的继电器的外形和结构特点。

（2）根据指导教师给出的元件清单，从所给继电器中正确选出清单中的继电器。

（3）由指导教师从所给继电器中选取 7 件，用胶布盖住铭牌，由学生写出其名称、型号及主要参数（动作值或释放值及整定范围），填入表 1.56 中。

表 1.56　继电器的识别

序　　号	1	2	3	4	5	6	7
名　　称							
型号规格							
主要参数							

4. 注意事项

（1）训练过程中注意不得损坏继电器。

（2）JT4 系列电压继电器与电流继电器的外形和结构相似，但线圈不同，刻度值不同，应注意其区别。

5. 评分标准（表 1.57）

表 1.57　评分标准

项　　目	配　分	评 分 标 准		扣　　分
根据清单选取实物	30	选错或漏选，每件	扣 5 分	
根据实物写电器的名称、型号与主要参数	70	（1）名称每漏写或写错，每件	扣 3 分	
		（2）型号每漏写或写错，每件	扣 4 分	
		（3）规格每漏写或写错，每件	扣 3 分	
		（4）主要参数写错，每件	扣 5 分	
安全文明生产		违反安全文明生产规程	扣 5～40 分	
定额时间：30 min		每超时 5 min 以内以扣 5 分计算		
备注		除定额时间外，各项目的最高扣分不应超过配分数	成绩	
开始时间		结束时间	实际时间	

二、热继电器

1. 目的要求

（1）熟悉热继电器的结构与工作原理。

（2）掌握热继电器的使用和校验调整方法。

2. 准备工作

（1）安全文明

在项目实施过程中要求同学们首先穿戴好劳保用品，确认实习操作场地的安全，放置好项目实施所需要的工具和仪器。在操作过程中严格按要求操作。

（2）工具、仪表及器材

① 工具：螺钉旋具、电工刀、尖嘴钳等。

② 仪表：交流电流表（5 A）、秒表。

③ 器材（表 1.58）。

表 1.58　元件明细表

代　号	名　称	型 号 规 格	数　量
KH	热继电器	JR16-20、热元件 16 A	1
TC1	接触式调压器	TDGC2-5/0.5	1
TC2	小型变压器	DG-5/0.5	1

续表

代　号	名　称	型号规格	数　量
QS	开启式负荷开关	HK1-30、二极	1
TA	电流互感器	HL24、100/5 A	1
HL	指示灯	220 V、15 W	1
	控制板	500 mm×400 mm×20 mm	1
	导线	BVR-4.0、BVR-1.5	若干

3. 实施过程

（1）观察热继电器的结构。将热继电器的后绝缘盖板卸下，仔细观察热继电器的结构，指出动作机构、电流整定装置、复位按钮及触头系统的位置，并能叙述它们的作用。

（2）校验调整热继电器。更换热元件后应进行校验调整，方法如下：

① 按如图 1.63 所示连好校验电路。将调压变压器的输出调到零位置。将热继电器置于手动复位状态并将整定值旋钮置于额定值处。

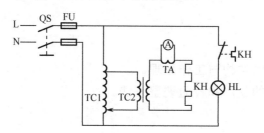

图 1.63　热继电器校验电路图

② 经教师审查同意后，合上电源开关 QS，指示灯 HL 亮。

③ 将调压变压器输出电压从零升高，使热元件通过的电流升至额定值，1 h 内热继电器应不动作；若 1 h 内热继电器动作，则应将调节旋钮向整定值大的方向旋动。

④ 接着将电流升至 1.2 倍额定电流，热继电器应在 20 min 内动作，指示灯 HL 熄灭；若 20 min 内不动作，则应将调节旋钮向整定值小的方向旋动。

⑤ 将电流降至零，待热继电器冷却并手动复位后，再调升电流至 1.5 倍额定值，热继电器应在 2 min 内动作。

⑥ 再将电流降至零，待热继电器冷却并复位后，快速调升电流至 6 倍额定值，分断 QS 再随即合上，其动作时间应大于 5 s。

（3）复位方式的调整。热继电器出厂时，一般都调在手动复位，如果需要自动复位，可将复位调节螺钉顺时针旋进。自动复位时应在动作后 5 min 内自动复位；手动复位时，在动作 2 min 后，按下手动复位按钮，热继电器应复位。

4．注意事项

（1）校验时的环境温度应尽量接近工作环境温度，连接导线长度一般不应小于 0.6 m，连接导线的截面积应与使用时的实际情况相同。

（2）校验过程中电流变化较大，为使测量结果准确，校验时注意选择电流互感器的合适量程。

（3）通电校验时，必须将热继电器、电源开关等固定在校验板上，并有指导教师监护，以确保用电安全。

（4）电流互感器通电过程中，电流表回路不可开路，接线时应充分注意。

5．评分标准

评分标准见表 1.59。

表 1.59　评分标准

项　　目	配　　分	评分标准		扣　　分
热继电器的结构	30	（1）不能指出热继电器各部件的位置，每个	扣 4 分	
		（2）不能说出各部件的作用，每个	扣 5 分	
热继电器校验	50	（1）不能根据图纸接线	扣 20 分	
		（2）互感器量程选择不当	扣 10 分	
		（3）操作步骤错误，每步	扣 5 分	
		（4）电流表未调零或读数不准确	扣 10 分	
		（5）不会调整动作值	扣 10 分	
复位方式的调整	20	不会调整复位方式	扣 20 分	
安全文明生产		违反安全文明生产规程	扣 5～40 分	
定额时间：90 min		每超时 5 min 以内以扣 5 分计算		
备注		除定额时间外，各项最高扣分不得超过配分数	成绩	
开始时间		结束时间	实际时间	

三、时间继电器

1．目的要求

（1）熟悉 JS7-A 系列时间继电器的结构，学会对其触头进行整修。

（2）将 JS7-2A 型时间继电器改装成 JS7-4A 型，并进行通电校验。

2. 准备工作

（1）安全文明

在项目实施过程中要求同学们首先穿戴好劳保用品，确认实习操作场地的安全，放置好项目实施所需要的工具和仪器。在操作过程中严格按要求操作。

（2）工具、仪表及器材

① 工具：螺钉旋具、电工刀、尖嘴钳、测电笔、剥线钳、电烙铁等。

② 器材（表 1.60）。

表 1.60　器材明细表

代　　号	名　　称	型 号 规 格	数　量
KT	时间继电器	JS7-2A、线圈电压 380 V	1
QS	组合开关	HZ10-25/3、三极、25 A	1
FU	熔断器	RL1-15/2、15 A、配熔体 2 A	1
SB1、SB2	按钮	LA4-3H、保护式、按钮数 3	1
HL	指标灯	220 V、15 W	3
	控制板	500 mm×400 mm×20 mm	1
	导线	BVR-1.0、1.0 mm²	若干

3. 实施过程

（1）整修 JS7-2A 时间继电器的触头

① 松下延时或瞬时微动开关的紧固螺钉，取下微动开关。

② 均匀用力慢慢撬开并取下微动开关盖板。

③ 小心取下动触头及附件，要防止用力过猛而弹失小弹簧和薄垫片。

④ 进行触头整修。整修时，不允许用砂纸或其他研磨材料，而应使用锋利的刀刃或细锉修平，然后用净布擦净，不得用手指直接接触触头或用油类润滑，以免沾污触头。整修后的触头应做到接触良好。若无法修复应调换新触头。

⑤ 按拆卸的逆顺序进行装配。

⑥ 手动检查微动开关的分合是否瞬间动作，触头接触是否良好。

（2）JS7-2A 型改装成 JS7-4A 型

① 松开线圈支架紧固螺钉，取下线圈和铁芯总成部件。

② 将总成部件沿水平方向旋转 180° 后，重新旋上紧固螺钉。

③ 观察延时和瞬时触头的动作情况，将其调整在最佳位置上。调整延时触头时，可旋松线圈和铁芯总成部件的安装螺钉，向上或向下移动后再旋紧。调整瞬时触头时，

可松开安装瞬时微动开关底板上的螺钉，将微动开关向上或向下移动后再旋紧。

④ 旋紧各安装螺钉，进行手动检查，若达不到要求须重新调整。

（3）通电校验

① 将整修和装配好的时间继电器按如图 1.64 所示连入线路，进行通电校验。

② 通电校验要做到一次通电校验合格。通电校验合格的标准为：在 1 min 内通电频率不少于 10 次，做到各触点工作良好，吸合时无噪声，铁芯释放无延缓，并且每次动作的延时时间一致。

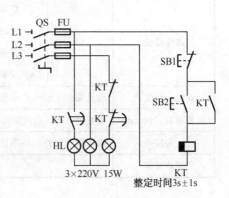

图 1.64 JS7-A 系列时间继电器校验电路图

4. 注意事项

① 拆卸时，应备有盛放零件的容器，以免丢失零件。

② 整修和改装过程中，不允许硬撬，以防止损坏电器。

③ 在进行校验接线时，要注意各接线端子上线头间的距离，防止产生相间短路故障。

④ 通电校验时，必须将时间继电器紧固在控制板上并可靠接地，且有指导教师监护，以确保用电安全。

⑤ 改装后的时间继电器，在使用时要将原来的安装位置水平旋转 180°，使衔铁释放时的运动方向始终保持垂直向下。

5. 评分标准（表 1.61）

表 1.61 评分标准

项　　目	配　分	评 分 标 准	扣　　分
整修和改装	50	（1）丢失或损坏零件，每件　　　　　　扣 10 分 （2）改装错误或扩大故障　　　　　　　扣 40 分 （3）整修和改装步骤或方法不正确，每次　扣 5 分 （4）整修和改装不熟练　　　　　　　　扣 10 分 （5）整修和改装后不能装配，不能通电　扣 50 分	
通电校验	50	（1）不能进行通电校验　　　　　　　　扣 50 分 （2）校验线路接错　　　　　　　　　　扣 20 分 （3）通电校验不符合要求： 　　　吸合时有噪声　　　　　　　　　扣 20 分	

续表

项　　目	配　分	评 分 标 准	扣　　分
通电校验	50	铁芯释放缓慢　　　　　　　　　　　　　扣 15 分 延时时间误差，每超过 1 s　　　　　　扣 10 分 其他原因造成不成功，每次　　　　　　扣 10 分 （4）安装元件不牢固或漏接接地线　　扣 15 分	
安全文明生产	违反安全文明生产规程　　　　　　　　　　　　　　　　　扣 5～40 分		
定额时间：60 min	每超时 5 min 以内以扣 5 分计算		
备注	除定额时间外，各项目的最高扣分不得超过配分数	成绩	
开始时间		结束时间		实际时间	

想一想

1．什么是继电器？一般来说，其结构主要由哪几部分组成？各部分的作用是什么？

2．按工作原理，继电器可分为哪几类？

3．中间继电器与交流接触器有什么区别？什么情况下可用中间继电器代替交流接触器使用？

4．如何选用中间继电器？

5．什么是热继电器？它有哪些用途？

6．简述热继电器的主要结构。

7．为什么说对△接法的电动机进行断相保护，必须采用三相带断相保护装置的热继电器？

8．简述热继电器的选用方法。

9．热继电器能否作短路保护？为什么？

10．JR20 系列热继电器具有哪些特点？

11．简述空气阻尼式时间继电器的结构。

12．空气阻尼式时间继电器有何优缺点？

13．晶体管时间继电器适用于什么场合？

14．如果 JS7-A 系列时间继电器的延时时间变短，可能的原因有哪些？如何处理？

15．什么是电流继电器？与电压继电器相比，其线圈有何特点？

16．电压继电器可分为哪几种？

17．速度继电器的主要作用是什么？

18．什么是固态继电器？它有哪些优点？

 **知识拓展**

到网上搜索一下，或是走访低压电器生产厂家、专卖店和使用单位，你会认识更多的继电器。比一比，看看谁搜集认识得更多一些，分组讨论整理后，作为资料备用。

任务六　其他低压电器

任务描述

在电气控制中，我们会遇到各种各样的低压电器，除了之前所涉及的电器元件之外，对于常用的其他低压电器也要做到能正确识别、选择、安装、使用，熟知它们的分类、功能、基本结构、工作原理及型号含义，熟记它们的图形符号和文字符号。

学习目标

1．能正确识别、选择、安装、使用各种常用的其他类型低压电器。
2．熟知它们的分类、功能、基本结构、工作原理及型号含义。
3．熟记它们的图形符号和文字符号。

知识平台

一、电磁铁

电磁铁是利用电磁吸力来操纵牵引机械装置，以完成预期的动作，或用于钢铁零件的吸持固定、铁磁物体的起重搬运等，因此它是将电能转化为机械能的一种低压电器。

电磁铁主要由铁芯、衔铁、线圈和工作机构四部分组成。

按线圈中通过电流的种类，电磁铁可分为交流电磁铁和直流电磁铁。

1．交流电磁铁

线圈中通以交流电的电磁铁称为交流电磁铁。

交流电磁铁在线圈工作电压一定的情况下，铁芯中的磁通幅值基本不变，因而铁芯与衔铁间的电磁吸力也基本不变。但线圈中的电流主要取决于线圈的感抗，在电磁铁吸合的过程中，随着气隙的减小，磁阻减小，线圈的感抗增大，电流减小。实验证明，交流电磁铁在开始吸合时电流最大，一般比衔铁吸合后的工作电流大几倍到十几倍。因此，如果交流电磁铁的衔铁被卡住不能吸合时，线圈会很快因过热而烧坏。同时，交流电磁铁也不允许操作太频繁，以免线圈因不断受到启动电流的冲击而烧坏。

为减小涡流与磁滞损耗，交流电磁铁的铁芯和衔铁用硅钢片叠压铆成，并在铁芯端部装有短路环。

交流电磁铁的种类很多，按电流相数分为单相、二相和三相；按线圈额定电压可分为 22 V 和 380 V；按功能可分为牵引电磁铁、制动电磁铁和起重电磁铁。制动电磁铁按衔铁行程又分为长行程（大于 10 mm）和短行程（小于 5 mm）两种。下面只简单分析交流短行程制动电磁铁。

交流短行程制动电磁铁为转动式，制动力矩较小，多为单相或两相结构。常用的有 MZD1 系列，其型号及含义如下：

该系列电磁铁常与 TJ2 型闸瓦制动器配合使用，共同组成电磁抱闸制动器，其结构如图 1.65 所示。

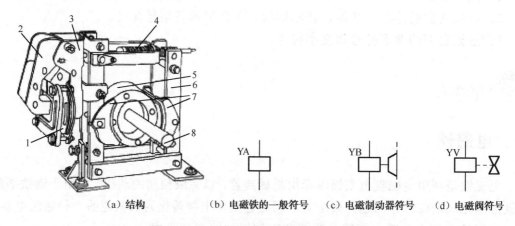

（a）结构　　　　（b）电磁铁的一般符号　　（c）电磁制动器符号　　（d）电磁阀符号

图 1.65　MZDI 型制动电磁铁与制动器

1-线圈；2-衔铁；3-铁芯；4-弹簧；5-闸轮；6-杠杆；7-闸瓦；8-轴

制动电磁铁由铁芯、衔铁和线圈三部分组成。闸瓦制动器包括闸轮、闸瓦、杠杆和弹簧等部分。闸轮装在被制动轴上，当线圈通电后，U 形衔铁绕轴转动吸合，衔铁克服弹簧拉力，迫使制动杠杆带动闸瓦向外移动，使闸瓦离开闸轮，闸轮和被制动轴可以自由转动。而当线圈断电后，衔铁会释放，在弹簧作用下，制动杠杆带动闸瓦向里运动，使闸瓦紧紧抱住闸轮完成制动。

不同种类的电磁铁在电路图中的符号不同，常用电磁铁的符号如图 1.65b、c、d 所示。

MZD1 型交流短行程制动电磁铁的技术数据见表 1.62。

表 1.62　MZD1 型短行程电磁铁技术数据

型　号	电磁铁转矩（N·cm）		衔铁的重力转矩（N·cm）	回转角（°）	额定回转角度下制动杆的位移（mm）	反复短时工作制（次/h）
	通电持续率					
	40%	100%				
MZD1-100	550	300	50	7.5	3	
MZD1-200	4 000	2 000	360	5.5	3.8	300
MZD1-300	10 000	4 000	920	5.5	4.4	

2．直流电磁铁

线圈中通以直流电的电磁铁称为直流电磁铁。

直流电磁铁的线圈电阻为常数，在工作电压不变的情况下，线圈的电流也是常数，在吸合过程中不会随气隙的变化而变化，因此允许的操作频率较高。它在吸合前，气隙较大，磁路的磁阻也较大，磁通较小，因而吸力也较小。吸合后，气隙很小，磁阻也很小，磁通最大，电磁吸力也最大。实验证明：直流电磁铁的电磁吸力与气隙大小的平方成反比。衔铁与铁芯在吸合的过程中电磁吸力是逐渐增大的。

直流长行程制动电磁铁是常见的一种电磁铁，主要用于闸瓦制动器，其工作原理与交流制动电磁铁相同。常用的直流长行程制动电磁铁有 MZZ2 系列，其型号及含义如下：

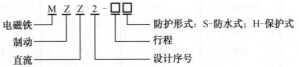

MZZ2-H 型电磁铁的结构如图 1.66 所示。

该型号为直流并励长行程电磁铁，用于操作负荷动作的闸瓦式制动器，要求安装在空气流通的设备中。其衔铁具有空气缓冲器，它能使电磁铁在接通和断开电源时延长动作的时间，避免发生急剧的冲击。

MZZ2-H 型直流长行程电磁铁的技术数据见表 1.63。

3．电磁铁的选用

（1）根据机械负载的要求选择电磁铁的种类和结构形式。

（2）根据控制系统电压选择电磁铁线圈电压。

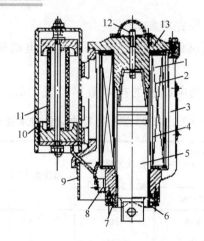

图 1.66　直流长行程制动电磁铁的结构

1-黄铜垫圈；2-线圈；3-外壳；4-导向管；5-衔铁；6-法兰；7-油封；8-接线板；

9-盖；10-箱体；11-管形电阻；12-缓冲螺钉；13-钢盖

表 1.63　MZZ2-H 系列直流长行程制动电磁铁技术数据

型　　号	行程（mm）	吸力（N）		衔铁质量（kg）	线圈需要的功率（W）	
		90%额定电压时				
		通电持续率为25%	通电持续率为40%		通电持续率为25%	通电持续率为40%
MZZ2-30H	30	65	45	0.7	200	140
MZZ2-40H	40	115	80	1.5	350	220
MZZ2-60H	60	190	140	2.8	560	330
MZZ2-80H	80	370	300	7	760	500
MZZ2-100H	100	520	400	12.3	1 100	700
MZZ2-120H	120	1 000	720	23.5	1 600	950

注：型号后字母 H 表示保护式。

（3）电磁铁的功率应不小于制动或牵引功率。对于制动电磁铁，当制动器的型号确定后，应根据规定正确选配电磁铁。TJ2 系列制动器与 MZD1 系列电磁铁的配用见表 1.64。

4．电磁铁的安装与使用

（1）安装前应清除灰尘和脏物，并检查衔铁有无机械卡阻。

（2）电磁铁要牢固地固定在底座上，并在紧固螺钉下放弹簧垫圈锁紧。制动电磁铁要调整好制动电磁铁与制动器之间的连接关系，保证制动器获得所需的制动力矩和力。

表 1.64 制动器与制动电磁铁的配用

制动器型号	制动力矩（N·cm）		闸瓦退距（mm）	调整杆行程（mm）	电磁铁型号	电磁铁转距（N·mm）	
	通电持续率为25%或40%	通电持续率为100%	正常/最大	开始/最大		通电持续率为25%或40%	通电持续率为100%
TJ2-100	2 000	1 000	0.4/0.6	2/3	MZD1-100	550	300
TJ2-200/100	4 000	2 000	0.4/0.6	2/3	MZD1-200	550	300
TJ2-200	16 000	8 000	0.5/0.8	2.5/3.8	MZD1-200	4 000	2 000
TJ2-300/200	24 000	12 000	0.5/0.8	2.5/3.8	MZD1-200	4 000	2 000
TJ2-300	50 000	20 000	0.7/1	3/4.4	MZD1-300	10 000	4 000

（3）电磁铁应按接线图接线，并接通电源，操作数次，检查衔铁动作是否正常以及有无噪声。

（4）定期检查衔铁行程的大小，该行程在运行过程中由于制动面的磨损而增大。当衔铁行程达到正常值时，即进行调整，以恢复制动面和转盘间的最小空隙。不让行程增加到正常值以上，因为这样可能引起吸力的显著下降。

（5）检查连接螺钉的旋紧程度，注意可动部分的机械磨损。

5. 电磁铁的常见故障及处理方法

电磁铁常见故障及处理方法见表 1.65。

表 1.65 电磁铁的常见故障及处理方法

故障现象	可能的原因	处理方法
电磁铁通电后不动作	（1）电磁铁线圈开路或短路 （2）电磁铁线圈电源电压过低 （3）主弹簧张力过大 （4）杂物卡阻	（1）测试线圈阻值，修现线圈 （2）调整电源电压 （3）调整主弹簧张力 （4）清除杂物
电磁铁线圈发热	（1）电磁铁线圈短路或接头接触不良 （2）动、静铁芯未完全吸合 （3）电磁铁的工作制或容量规格选择不当 （4）操作频率太高	（1）修理或调换线圈 （2）修理或调换电磁铁铁芯 （3）调换规格成工作制合格的电磁铁 （4）降低操作频率
电磁铁工作时有噪声	（1）铁芯上短路环损坏 （2）动、静铁芯极面不平或有油污 （3）动、静铁芯歪斜	（1）修理短路环或调换铁芯 （2）修整铁芯极面或清除油污 （3）调整对齐
线圈断电后衔铁不释放	（1）机械部分被卡住 （2）剩磁过大	（1）修理机械部分 （2）增加非磁性垫片

二、凸轮控制器

凸轮控制器就是利用凸轮来操作动触头动作的控制器。主要用于容量不大于30 kW的中小型绕线转子异步电动机线路中,借助其触头系统直接控制电动机的启动、停止、调速、反转和制动。具有线路简单、运行可靠、维护方便等优点,在桥式起重机等设备中得到广泛应用。

常用的凸轮控制器有 KTJ1、KTJ15、KT10、KT12 及 KT14 等系列,下面以 KTJ1 系列为例进行介绍。

1. 凸轮控制器的型号及含义

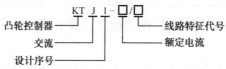

2. 凸轮控制器的结构及工作原理

KTJ 1-50 /1 型凸轮控制器外形与结构如图 1.67 所示。它主要由手柄(或手轮)、触头系统、转轴、凸轮和外壳等部分组成。其触头系统共有 12 对触头,9 常开、3 常闭。其中, 4 对常开触头接在主电路中,用于控制电动机的正反转,配有石棉水泥制成的灭弧罩,其余 8 对触头用于控制电路中,不带灭弧罩。

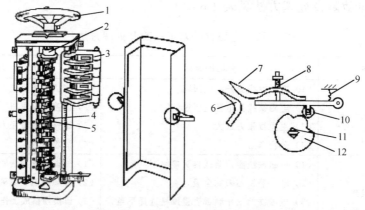

图 1.67　KTJ1-50/1 凸轮控制器

1-手轮;2、11-转轴;3-灭弧罩;4、7-动触头;5、6-静触头;8-触头弹簧;9-弹簧;10-滚轮;12-凸轮

凸轮控制器的工作原理:动触头与凸轮固定在转轴上,每个凸轮控制一个触头。当转动手柄时,凸轮随轴转动,当凸轮的凸起部分顶住滚轮时,动、静触头分开;当凸轮的凹处与滚轮相碰时,动触头受到触头弹簧的作用压在静触头上,动、静触头闭

合。在方轴上叠装形状不同的凸轮片，可使各个触头按预定的顺序闭合或断开，从而实现不同的控制目的。

凸轮控制器的触头分合情况，通常用触头分合表来表示。KTJ1-50/1 型凸轮控制器的触头分合表如图 1.68 所示。图的上面第二行表示手轮的 11 个位置，左侧就是凸轮控制器的 12 对触头。各触头在手轮处于某一位置时的通、断状态用某些符号标记，符号"×"表示对应触头在手轮处于此位置时是闭合的，无此符号表示是分断的。例如：手轮在反转"3"位置时，触头 AC2、AC4、AC5、AC6 及 AC11 处有"×"标记，表示这些触头是闭合的，其余触头是断开的。两触头之间有短接线的（如 AC2～AC4 左边的短接线）表示它们一直是接通的。

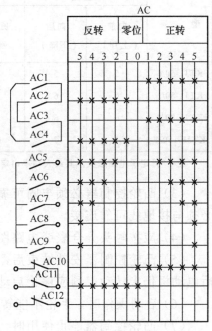

图 1.68　凸轮控制器的触头分合表

3．凸轮控制器的选用

凸轮控制器主要根据所控制电动机的容量、额定电压、额定电流、工作制和控制位置数目等来选择。

KTJ1 系列凸轮控制器的技术数据见表 1.66。

4．凸轮控制器的安装与使用

（1）凸轮控制器在安装前应检查外壳及零件有无损坏，并清除内部灰尘。

（2）安装前应操作控制器手柄不少于 5 次，检查有无卡滞现象。检查触头的分合顺序是否符合规定的分合表要求及每一对触头是否动作可靠。

表 1.66　KTJ1 系列凸轮控制器的技术数据

型　　号	位置数		额定电流（A）		额定控制功率（kW）		每小时操作次数不高于	质量（kg）
	向前（上升）	向后（下降）	长期工作制	通电持续率在 40%以下的工作制	220 V	380 V		
KTJ1-50/1	5	5	50	75	16	16		28
KTJ1-50/2	5	5	50	75	*	*		26
KTJ1-50/3	1	1	50	75	11	11	600	28
KTJ1-50/4	5	5	50	75	11	11		23
KTJ1-50/5	5	5	50	75	2×11	2×11		28

续表

型　号	位置数		额定电流（A）		额定控制功率（kW）		每小时操作次数不高于	质量（kg）
	向前（上升）	向后（下降）	长期工作制	通电持续率在40%以下的工作制	220 V	380 V		
KTJ1-50/6	5	5	50	75	11	11		32
KTJ1-80/1	6	6	80	120	22	30		38
KTJ1-80/3	6	6	80	120	22	30	600	38
KTJ1-150/1	7	7	150	225	60	100		—

注：*无定子电路触头，其最大功率由定子电路中的接触器容量决定。

（3）凸轮控制器必须牢固可靠地安装在墙壁或支架上，其金属外壳上的接地螺钉必须与接地线可靠连接。

（4）应按触头分合表或电路图要求接线，经反复检查，确认无误后才能通电。

（5）凸轮控制器安装结束后，应进行空载试验。启动时若凸轮控制器转到2位置后电动机仍未转动，则应停止启动，检查线路。

（6）启动操作时，手轮不能转动太快，应逐级启动，防止电动机的启动电流过大。

（7）凸轮控制器停止使用时，应将手轮准确地停在零位。

5. 凸轮控制器的常见故障及处理方法

凸轮控制器的常见故障及处理方法见表 1.67。

表 1.67　凸轮控制器的常见故障及处理方法

故　障　现　象	可　能　的　原　因	处　理　方　法
主电路中常开主触头间短路	（1）灭弧罩破裂	（1）调换灭弧罩
	（2）触头间绝缘损坏	（2）调换凸轮控制器
	（3）手轮转动过快	（3）降低手轮转动速度
触头过热使触头支持件烧焦	（1）触头接触不良	（1）修整触头
	（2）触头压力变小	（2）调整或更换触头压力弹簧
	（3）触头上连接螺钉松动	（3）旋紧螺钉
	（4）触头容量过小	（4）调换控制器
触头熔焊	（1）触头弹簧脱落或断裂	（1）调换触头弹簧
	（2）触头脱落或磨光	（2）更换触头
操作时有卡滞现象及噪声	（1）滚动轴承损坏	（1）调换轴承
	（2）异物嵌入凸轮鼓或触头	（2）清除异物

三、频敏变阻器

频敏变阻器是利用铁磁材料的损耗随频率变化来自动改变等效阻抗值，以使电动机达到平滑启动的变阻器。它是一种静止的无触点电磁元件，实质上是一个铁芯损耗非常大的三相电抗器。适用于绕线转子异步电动机的转子回路，作启动电阻用。在电动机启动时，将频敏变阻器串接在转子绕组中，由于频敏变阻器的等效阻抗随转子电流频率减小而减小，从而减小机械和电流的冲击，实现电动机的平稳无级启动。

常用的频敏变阻器有 BP1、BP2、BP3、BP4 和 BP6 等系列，可按系列分类，每一系列有其特定用途。下面对 BP1 系列做一简要介绍。

1. 频敏变阻器的型号及含义

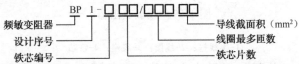

BP1 系列频敏变阻器分为偶尔启动用（BP1-200 型、BP1-300 型）和重复短时工作（BP1-400 型、BP1-500 型）两类。

2. 频敏变阻器的结构及工作原理

频敏变阻器的结构为开启式，类似于没有二次绕组的三相变压器。BP1 系列频敏变阻器的外形和结构如图 1.69 所示。它主要由铁芯和绕组两部分组成。铁芯由数片 E 形钢板叠成，上下铁芯用四根螺栓固定。拧开螺栓上的螺母，可在上下铁芯间增减非磁性垫片，以调整空气隙长度。出厂时上下铁芯间的空气隙为零；绕组有四个抽头，一个在绕组背面，标号为 N；另外三个在绕组正面，标号分别为 1、2、3。抽头 1—N 之间为 100%匝数，2—N 之间为 85%匝数，3—N 之间为 71%匝数。出厂时三组线圈均接在 85%匝数抽头处，并接成Y形。

频敏变阻器的工作原理如下：三相绕组通入电流后，由于铁芯是用厚钢板制成的，交变磁通在铁芯中产生很大涡流，产生很大的铁芯损耗。频率越高，涡流越大，铁损也越大。交变磁通在铁芯中的损耗可等效地看做电流在电阻中的损耗，因此，频率变化时相当于等效电阻的阻值在变化。在电动机刚启动的瞬间，转子电流的频率最高（等于电源的频率），频敏变阻器的等效阻抗最大，限制了电动机的启动电流；随着转子转速的升高，转子电流的频率逐渐减小，频敏变阻器的等效阻值也逐渐减小，从而使电动机转速平稳地上升到额定转速。

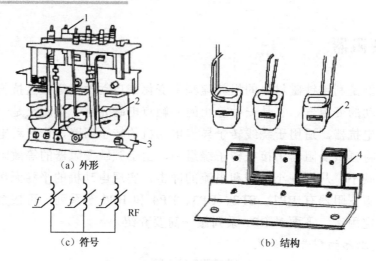

（a）外形

（c）符号

（b）结构

图 1.69　频敏变阻器

1-接线柱；2-线圈；3-底座；4-铁芯

用频敏变阻器启动绕线转子异步电动机的优点是：启动性能好，无电流和机械冲击，结构简单，价格低廉，使用维护方便。但功率因数较低，启动转矩较小，不宜用于重载启动。

频敏变阻器在电路图中的符号如图 1.69c 所示。

3．频敏变阻器的选用

（1）根据电动机所拖动的生产机械的启动负载特性和操作频繁程度，选择频敏变阻器。频敏变阻器的基本适用场合见表 1.68。

表 1.68　频敏变阻器的基本适用场合

负 载 特 性			轻 载	重 载
适用的频敏变阻器系列	频繁程度	偶尔	BP1、BP2、BP4	BP4G、BP6
		频繁	BP3、BP1、BP2	

（2）按电动机功率选择频敏变阻器的规格。在确定了所选择的频敏变阻器系列后，根据电动机的功率查有关技术手册，即可确定配用的频敏变阻器规格。部分 BP1 系列偶尔启动用频敏变阻器见表 1.69。

表 1.69　BP1 系列偶尔启动用频敏变阻器系列表

轻载启动用		重轻载启动用		重载启动用		电动机	
型　号	组数及接法	型　号	组数及接法	型　号	组数及接法	P_N（kW）	I_{2N}（A）
		BP1-205/10005	1组	BP1-205/8006	1组		51～63
		BP1-205/8006	1组	BP1-205/6308	1组	22～28	64～80
		BP1-205/6308	1组	BP1-205/5010	1组		81～100
		BP1-205/5010	1组	BP1-205/4012	1组		101～125
		BP1-206/10005	1组	BP1-206/8006	1组		51～63
		BP1-206/8006	1组	BP1-206/6308	1组	29～35	64～80
		BP1-206/6308	1组	BP1-206/5010	1组		81～100
		BP1-206/5010	1组	BP1-206/4012	1组		101～125
BP1-204/16003	1组	BP1-208/10005	1组	BP1-208/8006	1组		51～63
BP1-204/12540	1组	BP1-208/8006	1组	BP1-208/6308	1组	36～45	64～80
BP1-204/10005	1组	BP1-208/6308	1组	BP1-208/5010	1组		81～100
BP1-204/8006	1组	BP1-208/5010	1组	BP1-208/4012	1组		101～125
BP1-205/12504	1组	BP1-210/8006	1组	BP1-210/6308	1组		64～80
BP1-205/10005	1组	BP1-210/6308	1组	BP1-210/5010	1组	46～55	81～100
BP1-205/8006	1组	BP1-210/5010	1组	BP1-210/4012	1组		101～125
BP1-205/6308	1组	BP1-210/4012	1组	BP1-210/3216	1组		126～160
BP1-206/6308	1组	BP1-212/4012	1组	BP1-212/3216	1组		126～160
BP1-206/5010	1组	BP1-212/3216	1组	BP1-212/2520	1组	56～70	161～200
BP1-206/4012	1组	BP1-212/2520	1组	BP1-212/2025	1组		201～250
BP1-206/3216	1组	BP1-212/2025	1组	BP1-212/1632	1组		251～315
BP1-208/5010	1组	BP1-305/5016	1组	BP1-305/4020	1组		161～200
BP1-208/4012	1组	BP1-305/4020	1组	BP1-305/3225	1组	71～90	201～250
BP1-208/3216	1组	BP1-305/3225	1组	BP1-305/2532	1组		251～315
BP1-208/2520	1组	BP1-305/2532	1组	BP1-305/2040	1组		316～400

4. 频敏变阻器的安装与使用

（1）频敏变阻器应牢固地固定在基座上，当基座为铁磁物质时应在中间垫入 10 mm以上的非磁性垫片，以防影响频敏变阻器的特性。同时变阻器还应可靠接地。

（2）连接线应按电动机转子额定电流选用相应截面的电缆线。

（3）试车前，应先测量对地绝缘电阻，如其值小于 1 MΩ，则须先进行烘干处理后方可使用。

（4）试车时，如发现启动转矩或启动电流过大或过小，应对频敏变阻器进行调整。具体方法可参看项目二有关内容。

（5）使用过程中应定期清除尘垢，并检查线圈的绝缘电阻。

5. 频敏变阻器的常见故障及处理方法

频敏变阻器的结构简单，常见的故障主要有线圈绝缘电阻降低或绝缘损坏、线圈断路或短路及线圈烧毁等情况，其处理方法可参看任务四的有关内容。

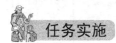 任务实施

凸轮控制器

1. 目的要求

熟悉凸轮控制器的结构，掌握其常见故障的检修方法。

2. 准备工作

（1）安全文明

在项目实施过程中要求同学们首先穿戴好劳保用品，确认实习操作场地的安全，放置好项目实施所需要的工具和仪器。在操作过程中严格按要求操作。

（2）工具、仪表及器材

① 工具：尖嘴钳、螺钉旋具、活络扳手、电工刀、油光锉。

② 仪表：MF30 型万用表、5050 型兆欧表。

② 器材：KTJ1-50/1 型凸轮控制器一只。

3. 实施过程

（1）用兆欧表测量凸轮控制器各触头的对地电阻，其值应不小于 0.5 MΩ。

（2）将手轮依次置于不同位置，用万用表分别测量各触头的通断情况，根据测量结果做出触头分合表，并与给出的分合表对比，初步判断触头的工作情况是否良好。

（3）打开凸轮控制器的外壳，仔细观察其结构和动作过程，指出各主要零部件的名称。

（4）用油光锉细心修整烧伤的触头，注意不可改变触头原来的形状。对磨损严重的触头应予以更换。

（5）调整各动、静触头的接触面，使其在同一直线上。

（6）调整触头压力，可将一条比触头稍宽的纸条夹在动、静触头间并使触头闭合。用手拉动纸条，若稍微用力纸条即可拉出，说明触头压力合适；若纸条很容易拉出，说明触头压力不足，可调整或更换触头压力弹簧；若纸条被撕断，说明触头压力太大，此时也应调整触头压力弹簧。

（7）检查各凸轮片的磨损情况，若磨损严重应予更换。

（8）合上外壳，用手转动手轮，看它是否转动灵活、可靠。并再次用万用表依次测量手轮置于不同位置时各触头的通断情况，看是否与给定的触头分合表相符，如不相符，重新修理。

4. 评分标准（表 1.70）

表 1.70　评分标准

项　目	配　分	评分标准		扣　分
仪表测量	20	（1）仪表使用方法错误，每次	扣 5 分	
		（2）测量结果错误，每次	扣 5 分	
		（3）作不出触头分合表	扣 10 分	
		（4）触头分合表错误，每处	扣 5 分	
观察结构	20	不能指出主要零部件的名称，每处	扣 5 分	
触头的修理和调整	40	（1）修整触头方法错误	扣 10 分	
		（2）改变触头原来形状，每个	扣 10 分	
		（3）不会调整触头的接触面	扣 10 分	
		（4）不会判断触头压力或判断错误	扣 10 分	
		（5）不会调整触头压力	扣 10 分	
		（6）损坏触头，每个	扣 20 分	
检查凸轮片	20	（1）不会检查凸轮片磨损情况	扣 10 分	
		（2）不会更换凸轮片	扣 10 分	
安全文明生产		违反安全文明生产规程	扣 5～40 分	
定额时间：60 min		每超时 5 min 以内以扣 5 分计算		
备注		除定额时间外，各项目的最高扣分不得超过配分数	成绩	
开始时间		结束时间	实际时间	

 想一想

1. 如果交流电磁铁的衔铁被卡住不能吸合，会造成什么样的后果？

2．直流电磁铁在吸合过程中，吸力是如何变化的？

3．什么是凸轮控制器？其主要作用是什么？

4．如何选择凸轮控制器？

5．简述频敏变阻器的工作原理。

6．频敏变阻器有什么优点？

7．如何选用频敏变阻器？

8．写出下图中各图形符号表示的电器（或部件）的名称和文字符号。

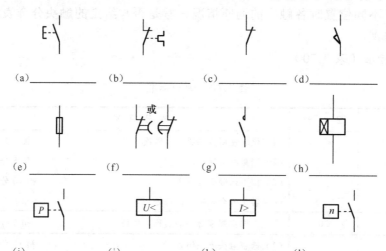

9．画出下列电器元件的图形符号，并标出对应的文字符号。

（1）熔断器；（2）复合按钮；（3）复合位置开关；（4）通电延时型时间继电器；（5）断电延时型时间继电器；（6）交流接触器；（7）接近开关；（8）中间继电器；（9）欠电流继电器；（10）电磁铁。

10．某机床主轴电动机的型号为Y132S-4，额定功率为5.5 kW，电压380 V，电流11.6 A，定子绕组采用△接法，启动电流为额定电流的6.5倍。若用组合开关作电源开关，用按钮、接触器控制电动机的运行，并需要有短路和过载保护。试选择所用的组合开关、按钮、接触器、熔断器及热继电器的型号和规格。

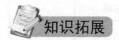 知识拓展

试试你能找出几种低压电器。

项目 二 电动机的基本控制线路及其安装、调试与维修

▶▶▶▶

任务一　电动机基本控制线路图的绘制及

线路安装步骤

任务描述

　　由于各种生产机械的工作性质和加工工艺不同，使得它们对电动机的控制要求不同。要使电动机按照生产机械的要求正常安全地运转，必须配备一定的电器，组成一定的控制线路，才能达到目的。在生产实践中，一台生产机械的控制线路可能比较简单，也可能相当复杂，但任何复杂的控制线路总是由一些基本控制线路有机地组合起来的。

学习目标

　　1．能够正确进行电动机基本控制线路图的绘制。
　　2．熟悉并掌握电动机基本控制线路的安装步骤。

知识平台

　　电动机常见的基本控制线路有以下几种：点动控制线路、正转控制线路、正反转控制线路、位置控制线路、顺序控制线路、多地控制线路、降压启动控制线路、调速控制线路和制动控制线路等。

一、绘制、识读电气控制线路图的原则

　　生产机械电气控制线路常用电路图、接线图和布置图来表示。

1. 电路图

电路图是根据生产机械运动形式对电气控制系统的要求，采用国家统一规定的电气图形符号和文字符号，按照电气设备和电器的工作顺序，详细表示电路、设备或成套装置的全部基本组成和连接关系，而不考虑其实际位置的一种简图。

电路图能充分表达电气设备和电器的用途、作用和工作原理，是电气线路安装、调试和维修的理论依据。

绘制、识读电路图时应遵循以下原则：

（1）电路图一般分电源电路、主电路和辅助电路三部分绘制。

① 电源电路画成水平线，三相交流电源相序 L1、L2、L3 自上而下依次画出，中线 N 和保护地线 PE 依次画在相线之下。直流电源的"+"端画在上边，"−"端在下边画出。电源开关要水平画出。

② 主电路是指受电的动力装置及控制、保护电器的支路等，它由主熔断器、接触器的主触头、热继电器的热元件以及电动机等组成。主电路通过的电流是电动机的工作电流，电流较大。主电路图要画在电路图的左侧并垂直电源电路。

③ 辅助电路一般包括控制主电路工作状态的控制电路、显示主电路工作状态的指示电路、提供机床设备局部照明的照明电路等。它由主令电器的触头、接触器线圈及辅助触头、继电器线圈及触头、指示灯和照明灯等组成。辅助电路通过的电流都较小，一般不超过 5A。画辅助电路图时，辅助电路要跨接在两相电源线之间，一般按照控制电路、指示电路和照明电路的顺序依次垂直画在主电路图的右侧，且电路中与下边电源线相连的耗能元件（如接触器和继电器的线圈、指示灯、照明灯等）要画在电路图的下方，而电器的触头要画在耗能元件与上边电源线之间。为读图方便，一般应按照自左至右、自上而下的排列来表示操作顺序。

（2）电路图中，各电器的触头位置按电路未通电或电器未受外力作用时的常态位置画出。分析原理时，应从触头的常态位置出发。

（3）电路图中，不画各电器元件实际的外形图，而采用国家统一规定的电气图形符号画出。

（4）电路图中，同一电器的各元件不是按它们的实际位置画在一起，而是按其在线路中所起的作用分画在不同电路中，但它们的动作却是相互关联的，因此，必须标注相同的文字符号。若图中相同的电器较多，需要在电器文字符号后面加注不同的数字，以示区别，如 KM1、KM2 等。

（5）画电路图时，应尽可能减少线条和避免线条交叉。对有直接电联系的交叉导线连接点，要用小黑圆点表示；无直接电联系的交叉导线则不画小黑圆点。

（6）电路图采用电路编号法，即对电路中的各个接点用字母或数字编号。

① 主电路在电源开关的出线端按相序依次编号为 U11、V11、W11，然后按从上至下、从左至右的顺序，每经过一个电器元件后，编号要递增，如 U12、V12、W12；U13、V13、W13……单台三相交流电动机（或设备）的三根引出线按相序依次编号为 U、V、W。对于多台电动机引出线的编号，为了不致引起误解和混淆，可在字母前用不同的数字加以区别，如 1U、1V、1W；2U、2V、2W……

② 辅助电路编号按"等电位"原则从上至下、从左至右的顺序用数字依次编号，每经过一个电器元件后，编号要依次递增。控制电路编号的起始数字必须是 1，其他辅助电路编号的起始数字依次递增 100，如照明电路编号从 101 开始，指示电路编号从 201 开始等。

2. 接线图

接线图是根据电气设备和电器元件的实际位置和安装情况绘制的，只用来表示电气设备和电器元件的位置、配线方式和接线方式，而不明显表示电气动作原理。它主要用于安装接线、线路的检查维修和故障处理。

绘制、识读接线图应遵循以下原则：

（1）接线图中一般示出如下内容：电气设备和电器元件的相对位置、文字符号、端子号、导线号、导线类型、导线截面积、屏蔽和导线绞合等。

（2）所有的电气设备和电器元件都按其所在的实际位置绘制在图纸上，且同一电器的各元件根据其实际结构，使用与电路图相同的图形符号画在一起，并用点画线框上，其文字符号以及接线端子的编号应与电路图中的标注一致，以便对照检查接线。

（3）接线图中的导线有单根导线、导线组（或线扎）、电缆等之分，可用连续线和中断线来表示。凡导线走向相同的可以合并，用线束来表示，到达接线端子板或电器元件的连接点时再分别画出。在用线束来表示导线组、电缆等时可用加粗的线条表示，在不引起误解的情况下也可采用部分加粗。另外，导线及管子的型号、根数和规格应标注清楚。

3. 布置图

布置图是根据电器元件在控制板上的实际安装位置，采用简化的外形符号（如正方形、矩形、圆形等）而绘制的一种简图。它不表达各电器的具体结构、作用、接线情况以及工作原理，主要用于电器元件的布置和安装。图中各电器的文字符号必须与电路图和接线图的标注相一致。

在实际中，电路图、接线图和布置图要结合起来使用。

二、电动机基本控制线路的安装步骤

（1）识读电路图，明确线路所用电器元件及其作用，熟悉线路的工作原理。

（2）根据电路图或元件明细表配齐电器元件，并进行检验。

（3）根据电器元件选配安装工具和控制板。

（4）根据电路图绘制布置图和接线图，然后按要求在控制板上固装电器元件（电动机除外），并贴上醒目的文字符号。

（5）根据电动机容量选配主电路导线的截面。控制电路导线一般采用截面为 $1\ mm^2$ 的铜芯线（BVR）；按钮线一般采用截面为 $0.75\ mm^2$ 的铜芯线（BVR）；接地线一般采用截面不小于 $1.5\ mm^2$ 的铜芯线（BVR）。

（6）根据接线图布线，同时将剥去绝缘层的两端线头套上标有与电路图相一致编号的编码套管。

（7）安装电动机。

（8）连接电动机和所有电器元件金属外壳的保护接地线。

（9）连接电源、电动机等控制板外部的导线。

（10）自检。

（11）交验。

（12）通电试车。

想一想

1．什么是电路图？简述绘制、识读电路图时应遵循的原则。

2．什么是接线图？简述绘制、识读接线图时应遵循的原则。

3．什么是布置图？

4．简述电动机基本控制线路的安装步骤。

任务二　三相异步电动机的正转控制线路

任务描述

在生活中，家中风扇的运转我们都很熟悉，只要轻轻地按一下开关就可以了，那么对于功率较大的电动机的运转我们又该如何控制呢？其控制线路及线路的工作原理

又是怎样的呢？本任务中将解决这些问题。

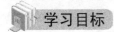 学习目标

1．熟知手动、点动、接触器自锁及连续与点动混合正转控制线路的构成、工作原理。

2．能正确熟练地进行安装、调试与维修。

 知识平台

一、手动正转控制线路

手动正转控制电路如图 2.1 所示。它通过低压开关来控制电动机的启动和停止，在工厂中常被用来控制三相电风扇和砂轮机等设备。

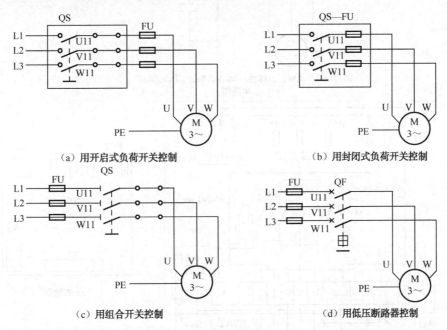

图 2.1　手动正转控制电路

在以上线路中，低压开关起接通、断开电源用；熔断器作短路保护用。

线路的工作原理如下：

启动：合上低压开关 QS 或 QF，电动机 M 接通电源启动运转；停止：拉开低压

开关 QS 或 QF，电动机 M 脱离电源失电停转。

二、点动正转控制线路

点动正转控制线路是用按钮、接触器来控制电动机运转的最简单的正转控制线路，如图 2.2 所示。

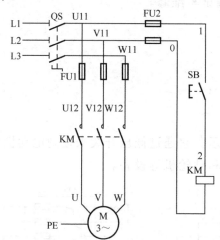

Y112M-4，4kW，△接法，380V，8.8A，1440r/min

（a）电路图

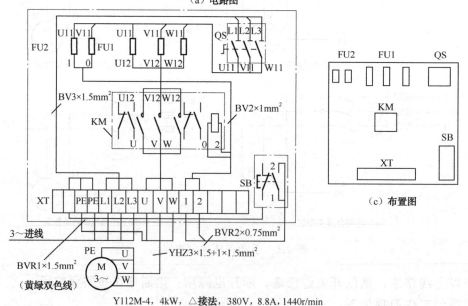

Y112M-4，4kW，△接法，380V，8.8A，1440r/min

（b）接线图

图 2.2　点动正转控制线路

如图 2.2a 所示电路图中，按照电路图的绘制原则，三相交流电源线 L1、L2、L3 依次水平地画在图的上方，电源开关 QS（QF）水平画出；由熔断器 FU1、接触器 KM 的三对主触头和电动机 M 组成的主电路，垂直电源线画在图的左侧；由启动按钮 SB、接触器 KM 的线圈组成的控制电路跨接在 L1 和 L2 两条电源线之间，垂直画在主电路的右侧，且耗能元件 KM 的线圈与下边电源线 L2 相连画在电路的下方，启动按钮 SB 则画在 KM 线圈与上边电源线 L1 之间。图中接触器 KM 采用了分开表示法，其三对主触头画在主电路中，而线圈则画在控制电路中，为表示它们是同一电器，在它们的图形符号旁边标注了相同的文字符号 KM。

线路按规定在各接点进行了编号，图中没有专门的指示电路和照明电路。

所谓点动控制是指按下按钮，电动机就得电运转；松开按钮，电动机就失电停转。这种控制方法常用于电动葫芦的起重电动机控制和车床拖板箱快速移动电动机控制。

点动控制线路中，组合开关 QS 作电源隔离开关；熔断器 FU1、FU2 分别作主电路、控制电路的短路保护；启动按钮 SB 控制接触器 KM 的线圈得电、失电；接触器 KM 的主触头控制电动机 M 的启动与停止。

线路的工作原理如下：

当电动机 M 需要点动时，先合上组合开关 QS，此时电动机 M 尚未接通电源。按下启动按钮 SB，接触器 KM 的线圈得电，使衔铁吸合，同时带动接触器 KM 的三对主触头闭合，电动机 M 便接通电源启动运转。当电动机需要停转时，只要松开启动按钮 SB，使接触器 KM 的线圈失电，衔铁在复位弹簧作用下复位，带动接触器 KM 的三对主触头恢复分断，电动机 M 失电停转。

在分析各种控制线路的原理时，为了简单明了，常用电器文字符号和箭头配以少量文字说明来表达线路的工作原理。如点动正转控制线路的工作原理可叙述如下：

先合上电源开关 QS。

启动：按下 SB→KM 线圈得电→KM 主触头闭合→电动机 M 启动运转；停止：松开 SB→KM 线圈失电→KM 主触头分断→电动机 M 失电停转。

停止使用时，断开电源开关 QS。

三、接触器自锁正转控制线路

在要求电动机启动后能连续运转时，采用点动正转控制线路显然是不行的。为实现电动机的连续运转，可采用如图 2.3 所示的接触器自锁正转控制线路。这种线路的主电路和点动控制线路的主电路相同，但在控制电路中又串接了一个停止按钮 SB2，在启动按钮 SB1 的两端并接了接触器 KM 的一对常开辅助触头。

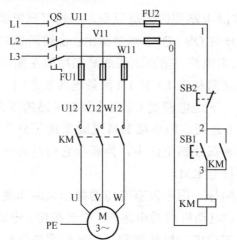

Y112M-4, 4kW, △接法, 380V, 8.8A, 1440r/min
（a）电路图

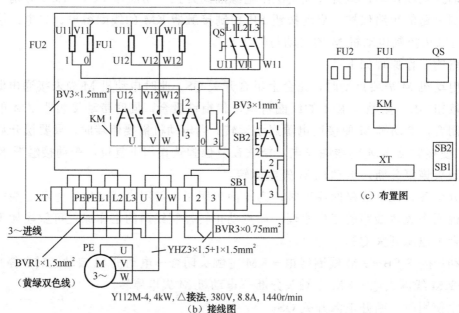

Y112M-4, 4kW, △接法, 380V, 8.8A, 1440r/min
（b）接线图

图 2.3　接触器自锁正转控制线路

线路的工作原理如下：先合上电源开关 QS。

当松开 SB1，其常开触头恢复分断后，因为接触器 KM 的常开辅助触头闭合时已将 SB1 短接，控制电路仍保持接通，所以接触器 KM 继续得电，电动机 M 实现连续

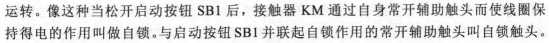

运转。像这种当松开启动按钮 SB1 后，接触器 KM 通过自身常开辅助触头而使线圈保持得电的作用叫做自锁。与启动按钮 SB1 并联起自锁作用的常开辅助触头叫自锁触头。

停止：按下SB2 —→ KM线圈失电 ┬→ KM主触头分断 —→ 电动机M失电停转
　　　　　　　　　　　　　　└→ KM自锁触头分断

当松开 SB2，其常闭触头恢复闭合后，因接触器 KM 的自锁触头在切断控制电路时已分断，解除了自锁，SB1 也是分断的，所以接触器 KM 不能得电，电动机 M 也不会转动。

接触器自锁控制线路不但能使电动机连续运转，而且还有一个重要的特点，就是具有欠压和失压（或零压）保护作用。

1. 欠压保护

"欠压"是指线路电压低于电动机应加的额定电压。"欠压保护"是指当线路电压下降到某一数值时，电动机能自动脱离电源停转，避免电动机在欠压下运行的一种保护。采用接触器自锁控制线路可避免电动机欠压运行。因为当线路电压下降到一定值（一般指低于额定电压 85%）时，接触器线圈两端的电压也同样下降到此值，从而使接触器线圈磁通减弱，产生的电磁吸力减小。当电磁吸力减小到小于反作用弹簧的拉力时，动铁芯被迫释放，主触头、自锁触头同时分断，自动切断主电路和控制电路，电动机失电停转，达到了欠压保护的目的。

2. 失压（或零压）保护

失压保护是指电动机在正常运行中，由于外界某种原因引起突然断电时，能自动切断电动机电源；当重新供电时，保证电动机不能自行启动的一种保护。接触器自锁控制线路也可实现失压保护。因为接触器自锁触头和主触头在电源断电时已经断开，使控制电路和主电路都不能接通，所以在电源恢复供电时，电动机不会自行启动运转，保证了人身和设备的安全。

四、具有过载保护的接触器自锁正转控制线路

在接触器自锁正转控制线路中，由熔断器 FU 作短路保护，由接触器 KM 作欠压和失压保护，但还不够。因为电动机在运行过程中，如果长期负载过大，或启动操作频繁，或者缺相运行等原因，都可能使电动机定子绕组的电流增大，超过其额定值。而在这种情况下，熔断器往往并不熔断，从而引起定子绕组过热，使温度升高，若温度超过允许温升就会使绝缘损坏，缩短电动机的使用寿命，严重时甚至会使电动机的定子绕组烧毁。因此，对电动机还必须采取过载保护措施。过载保护是指当电动机出现过载时能自动切断电动机电源，使电动机停转的一种保护。最常用的过载保护是由

热继电器来实现的。具有过载保护的自锁正转控制线路如图 2.4 所示。此线路与接触器自锁正转控制线路的区别是增加了一个热继电器 KH，并把其热元件串接在三相主电路中，把常闭触头串接在控制电路中。

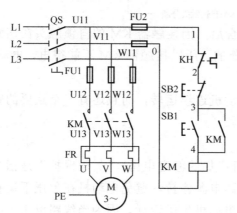

Y112M-4, 4kW, △接法, 380V, 8.8A, 1440r/min

（a）电路图

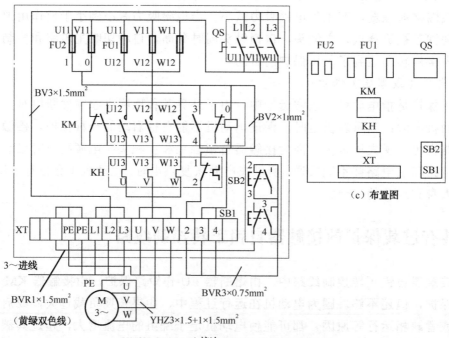

Y112M-4, 4kW, △接法, 380V, 8.8A, 1440r/min

（b）接线图

图 2.4　具有过载保护的自锁正转控制线路

如果电动机在运行过程中，由于过载或其他原因使电流超过额定值，那么经过一定时间，串接在主电路中热继电器的热元件因受热发生弯曲，通过动作机构使串接在控制电路中的常闭触头分断，切断控制电路，接触器 KM 的线圈失电，其主触头、自锁触头分断，电动机 M 失电停转，达到了过载保护之目的。

在照明、电加热等电路中，熔断器 FU 既可以作短路保护，也可以作过载保护。但对三相异步电动机控制线路来说，熔断器只能用作短路保护。因为三相异步电动机的启动电流很大（全压启动时的启动电流能达到额定电流的 4～7 倍），若用熔断器作过载保护，则选择熔断器的额定电流就应等于或略大于电动机的额定电流，这样电动机在启动时，由于启动电流大大超过了熔断器的额定电流，使熔断器在很短的时间内熔断，造成电动机无法启动。所以熔断器只能作短路保护，熔体额定电流应取电动机额定电流的 1.5～2.5 倍。

热继电器在三相异步电动机控制线路中也只能作过载保护，不能作短路保护。因为热继电器的热惯性大，即热继电器的双金属片受热膨胀弯曲需要一定的时间。当电动机发生短路时，由于短路电流很大，热继电器还没来得及动作，供电线路和电源设备可能已经损坏。而在电动机启动时，由于启动时间很短，热继电器还未动作，电动机已启动完毕。总之，热继电器与熔断器两者所起的作用不同，不能相互代替。

线路的工作原理与接触器自锁正转控制线路的原理相同，可自行分析。

五、连续与点动混合正转控制线路

机床设备在正常工作时，一般需要电动机处在连续运转状态。但在试车或调整刀具与工件的相对位置时，又需要电动机能点动控制，实现这种工艺要求的线路是连续与点动混合正转控制线路，电路如图 2.5 所示。如图 2.5a 所示线路是在接触器自锁正转控制线路的基础上，把手动开关 SA 串接在自锁电路中。显然，当把 SA 闭合或打开时，就可实现电动机的连续或点动控制。

如图 2.5b 所示线路是在自锁正转控制线路的基础上，增加了一个复合按钮 SB3，来实现连续与点动混合正转控制的。SB3 的常闭触头应与 KM 自锁触头串接。

线路的工作原理如下：先合上电源开关 QS。

1. 连续控制

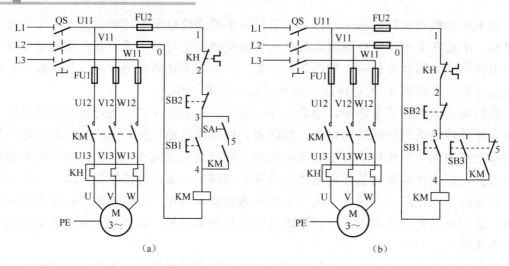

图 2.5　连续与点动混合正转控制电路图

2. 点动控制

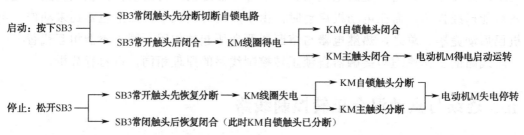

例 2-1　在图 2.6 所示自锁正转控制电路中，试分析并指出有关错误及出现的现象，并加以改正。

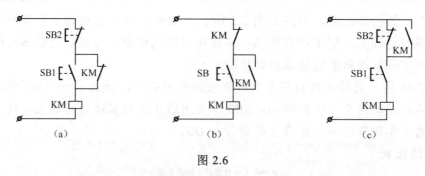

图 2.6

解：（1）在图 2.6a 中接触器 **KM** 的自锁触头不应该用常闭辅助触头，因用常闭辅助触头不但失去了自锁作用，同时会使电路出现时通时断的现象。所以应把常闭辅助触头改换成常开辅助触头，使电路正常工作。

（2）在图 2.6b 中接触器 KM 的常闭辅助触头不能串接在电路中，否则按下启动按钮 SB 后，会使电路出现时通时断的现象。应把 KM 的常闭辅助触头换成停止按钮，使电路正常工作。

（3）在图 2.6c 中接触器 KM 的自锁触头不能并接在停止按钮 SB2 的两端，否则失去了自锁作用，电路只能实现点动控制。应把自锁触头并接在启动按钮 SB1 两端。

例 2-2 有人为某生产机械设计出既能点动又能连续运行，并具有短路和过载保护的电气控制线路，如图 2.7 所示。试分析说明该线路能否正常工作。

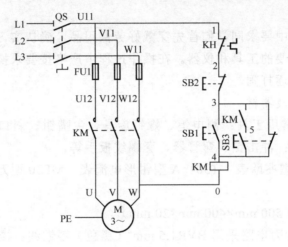

图 2.7

解：该线路不能正常工作，因线路有以下三处错误。

（1）控制电路的电源线有一端接在接触器 KM 主触头的下方，这样即使按下启动按钮 SB1，由于主触头是断开的，控制电路也不会得电。因此必须将控制电路的电源线改接到 KM 主触头的上方。

（2）控制电路中虽然串接了热继电器 KH 的常闭触头，但 KH 的热元件并未串接在主电路中，所以热继电器 KH 起不到过载保护作用。应把 KH 的热元件串接到主电路中。

（3）KM 自锁触头与复合按钮 SB3 的常开触头串接，而 SB3 的常闭触头与启动按钮 SB1 并联，不但起不到自锁作用，还会造成电动机自行启动，达不到控制要求。所以应把 KM 自锁触头与 SB3 常闭触头串接。

任务实施

一、手动正转控制线路的安装与检修

1．目的要求

掌握手动正转控制线路的安装，并能检修一般故障。

2．准备工作

（1）安全文明

在项目实施过程中要求同学们首先穿戴好劳保用品，确认实习操作场地的安全，放置好项目实施所需要的工具和仪器。在操作过程中严格按要求操作，不允许串岗，严禁在实习场地内追逐打闹。

（2）工具、仪表及器材

① 工具：电工常用工具：测电笔、螺钉旋具、尖嘴钳、斜口钳、剥线钳、电工刀等；线路安装工具：冲击钻、弯管器、套螺纹扳手等。

② 仪表：5050 型兆欧表、T301-A 型钳形电流表、MF30 型万用表。

③ 器材：

a．控制板一块（500 mm×400 mm×20 mm）。

b．导线规格：动力电路采用 BVR1.5 mm^2（黑色）塑铜线；接地线采用 BVR（黄绿双色）塑铜线，截面至少 1.5 mm^2；导线数量按敷线方式和管路长度来决定。

c．ϕ16 电线管、ϕ5×60 木螺钉、膨胀螺栓、ϕ16 管夹及紧固体等（线管的管径应根据管内导线的总截面来决定，导线的总截面不应大于线管有效截面的 40%，其最小标称直径为 12 mm）。

d．电器元件明细见表 2.1。

表 2.1　元件明细表

代　号	名　　称	型　　号	规　　格	数　量
M	三相异步电动机	Y100L2-4	3 kW、380 V、6.8 A、Y接法、1 420 r/min	1
QS	开启式负荷开关	HK1-30/3	三极、380 V、30 A、熔体直连	1
QS	封闭式负荷开关	HH4-30/3	三极、380 V、30 A、配熔体 20 A	1
QS	组合开关	HZ10-25/3	三极、380 V、25 A	1
QF	低压断路器	DZ5-20/330	三极复式脱扣器、380 V、20 A、整定 10 A	1
FU	瓷插式熔断器	RCIA-30/20	380 V、30 A、配熔体 20 A	3

3．实施过程

（1）按表 2.1 配齐所用电器元件，并进行质量检验。

① 根据电动机的规格检验选配的低压开关、熔断器、导线及电线管的型号及规格是否满足要求；

② 所选用的电器元件的外观应完整无损，附件、备件齐全；

③ 用万用表、兆欧表检测电器元件及电动机的有关技术数据是否符合要求。

（2）在控制板上按图 2.1 安装电器元件。电器安装应牢固，并符合工艺要求。

（3）根据电动机位置标画线路走向、电线管和控制板支持点的位置，做好敷设和支持准备。

（4）敷设电线管并穿线。

① 电线管的施工应按工艺要求进行，整个管路应连成一体并进行可靠接地；

② 管内导线不得有接头，导线穿管时不要损伤绝缘层，导线穿好后管口应套上护圈。

（5）安装电动机和控制板。

① 控制开关必须安装在操作时能看到电动机的地方，以保证操作安全；

② 电动机在座墩或底座上的固定必须牢固；在紧固地脚螺栓时，必须按对角线均匀受力，依次交错逐步拧紧。

（6）连接控制开关至电动机的导线。

（7）连好接地线。电动机和控制开关的金属外壳以及连成一体的线管，按规定要求必须接到保护接地专用端子上。

（8）检查安装质量，并进行绝缘电阻测量。

（9）将三相电源接入控制开关。

（10）经教师检查合格后进行通电试车。

4．注意事项

（1）当控制开关远离电动机而看不到电动机的运转情况时，必须另设开车的信号装置。

（2）电动机使用的电源电压和绕组的接法必须与铭牌上规定的相一致。

（3）接线时，必须先接负载端，后接电源端；先接接地线，后接三相电源相线。

（4）通电试车时，必须先空载点动后再连续运行；当运行正常时再接上负载运行；若发现异常情况应立即断电检查。

（5）安装开启式负荷开关时，应将开关的熔体部分用导线直连，并在出线端另外加装熔断器作短路保护；安装组合开关、低压断路器时，则在电源进线侧加装熔断器。

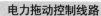

5．评分标准（表 2.2）

表 2.2　评分标准

项目内容	配　分	评　分　标　准		扣　分
装前检查	20	（1）电动机质量漏检查，每处	扣 5 分	
		（2）低压开关漏检或错检，每处	扣 5 分	
安装	40	（1）电动机安装不符合要求：		
		地脚螺栓紧松不一或松动	扣 20 分	
		缺少弹簧垫圈、平垫圈、防振物，每个	扣 5 分	
		（2）控制板或开关安装不符合要求：		
		位置不适当或松动	扣 20 分	
		紧固螺栓（或螺钉）松动，每个	扣 5 分	
		（3）电线管支持不牢固或管口无护圈	扣 5 分	
		（4）导线穿管时损伤绝缘	扣 15 分	
接线及试车	40	（1）不会使用仪表及测量方法不正确，每个仪表	扣 5 分	
		（2）各接点松动或不符合要求，每个	扣 5 分	
		（3）接线错误造成通电一次不成功	扣 40 分	
		（4）控制开关进、出线接错	扣 20 分	
		（5）电动机接线错误	扣 30 分	
		（6）接线程序错误	扣 15 分	
		（7）漏接接地线	扣 30 分	
安全与文明生产		违反安全文明生产规程	扣 5～40 分	
定额时间：6 h		每超过 10 min 以内以扣 5 分计算		
备注		除定额时间外，各项目的最高扣分不应超过配分数	成绩	
开始时间		结束时间	实际时间	

6．常见故障及维修

手动正转控制线路常见故障及维修方法见表 2.3。

表 2.3　手动正转控制线路常见故障及维修方法

常 见 故 障	故 障 原 因	维 修 方 法
（1）电动机不启动 （2）电动机缺相	（1）熔断器熔体熔断 （2）组合开关或断路器操作失控 （3）负荷开关或组合开关动、静触头接触不良	（1）查明原因排除后更换熔体 （2）拆装组合开头或断路器并修复 （3）对触头进行修整

二、点动正转控制线路的安装

1. 目的要求

掌握点动正转控制线路的安装。

2. 准备工作

（1）安全文明

在项目实施过程中要求同学们首先穿戴好劳保用品，确认实习操作场地的安全，放置好项目实施所需要的工具和仪器。在操作过程中严格按要求操作，不允许串岗，严禁在实习场地内追逐打闹。

（2）工具、仪表及器材

① 工具：电工常用工具：测电笔、螺钉旋具、尖嘴钳、斜口钳、剥线钳、电工刀等；线路安装工具：冲击钻、弯管器、套螺纹扳手等。

② 仪表：500 型兆欧表、T301-A 型钳形电流表、MF30 型万用表。

③ 器材：

a. 控制板一块（500 mm×400 mm×20 mm）。

b. 导线规格：主电路采用 BVR1.5 mm^2（黑色）塑铜线；控制电路采用 BVR1 mm^2（红色）；按钮线采用 BVR0.75 mm^2（红色）；接地线采用 BVR（黄绿双色）塑铜线，截面至少 1.5 mm^2；导线数量按敷线方式和管路长度来决定。

国家标准 GB/T 5226.1—1996《工业机械电气设备第一部分：通用技术条件》规定，虽然 1 类导线主要用于固定的、不移动的部件之间，但它们也可用于出现极小弯曲的场合，条件是截面积小于 0.5 mm^2。易遭受频繁运动（如机械工作每小时运动一次）的所有导线均应采用 5 类或 6 类绞合软线，见附录 B 中的附表 B.4。

对导线的颜色在初级阶段训练时，除接地线外，可不必强求，但应使主电路与控制电路有明显区别。

c. 紧固体和编码套管按实际需要发给，简单线路可不用编码套管。

d. 电器元件见表 2.4。

表 2.4 元件明细表

代 号	名 称	型 号	规 格	数 量
M	三相异步电动机	Y112M-4	4 kW、380 V、△接法、8.8 A、1440 r/min	1
QS	组合开关	HZ10-25/3	三极、额定电流 25 A	1
FU1	螺旋式熔断器	RL1-60/25	500 V、60 A、配熔体额定电流 25 A	3

续表

代　号	名　　称	型　号	规　　格	数　量
FU2	螺旋式熔断器	RL1-15/2	500 V、15 A、配熔体额定电流 2 A	2
KM	交流接触器	CJ10-20	20 A、线圈电压 380 V	1
SB	按钮	LA10-3H	保护式、按钮数 3（代用）	1
XT	端子板	JX2-1015	10 A、15 节、380 V	1

3．实施过程

（1）识读点动正转控制线路（图 2.2），明确线路所用电器元件及作用，熟悉线路的工作原理。

（2）按表 2.4 配齐所用电器元件，并进行检验。

① 电器元件的技术数据（如型号、规格、额定电压、额定电流等）应完整并符合要求，外观无损伤，备件、附件齐全完好。

② 电器元件的电磁机构动作是否灵活，有无衔铁卡阻等不正常现象。用万用表检查电磁线圈的通断情况以及各触头的分合情况。

③ 接触器线圈额定电压与电源电压是否一致。

④ 对电动机的质量进行常规检查。

（3）在控制板上按布置图（图 2.2c）安装电器元件，并贴上醒目的文字符号。工艺要求如下：

① 组合开关、熔断器的受电端子应安装在控制板的外侧，并使熔断器的受电端为底座的中心端。

② 各元件的安装位置应整齐、匀称，间距合理，便于元件的更换。

③ 紧固各元件时要用力均匀，紧固程度适当。在紧固熔断器、接触器等易碎裂元件时，应用手按住元件一边轻轻摇动，一边用旋具轮换旋紧对角线上的螺钉，直到手摇不动后再适当旋紧些即可。

（4）按接线图（图 2.2b）的走线方法进行板前明线布线和套编码套管。板前明线布线的工艺要求：

① 布线通道尽可能少，同路并行导线按主、控电路分类集中，单层密排，紧贴安装面布线。

② 同一平面的导线应高低一致或前后一致，不能交叉。非交叉不可时，该根导线应在接线端子引出时水平架空跨越，但必须走线合理。

③ 布线应横平竖直，分布均匀。变换走向时应垂。

④ 布线时严禁损伤线芯和导线绝缘。

⑤ 布线顺序一般以接触器为中心，由里向外，由低至高，先控制电路，后主电路进行，以不妨碍后续布线为原则。

⑥ 在每根剥去绝缘层导线的两端套上编码套管。所有从一个接线端子（或接线桩）到另一个接线端子（或接线桩）的导线必须连续，中间无接头。

⑦ 导线与接线端子或接线桩连接时，不得压绝缘层、不反圈及不露铜过长。

⑧ 同一元件、同一回路的不同接点的导线间距离应保持一致。

⑨ 一个电器元件接线端子上的连接导线不得多于两根，每节接线端子板上的连接导线一般只允许连接一根。

（5）根据电路图（图 2.2a）检查控制板布线的正确性。

（6）安装电动机。

（7）连接电动机和按钮金属外壳的保护接地线。

（8）连接电源、电动机等控制板外部的导线。

（9）自检。安装完毕的控制线路板，必须经过认真检查以后，才允许通电试车，以防止错接、漏接造成不能正常运转或短路事故。

① 按电路图或接线图从电源端开始，逐段核对接线及接线端子处线号是否正确，有无漏接、错接之处。检查导线接点是否符合要求，压接是否牢固。接触应良好，以免带负载运行时产生闪弧现象。

② 用万用表检查线路的通断情况。检查时，应选用倍率适当的电阻挡，并进行校零，以防短路故障的发生。对控制电路的检查（可断开主电路），可将表棒分别搭在 U11、V11 线端上，读数应为 "∞"。按下 SB 时，读数应为接触器线圈的直流电阻值，然后断开控制电路再检查主电路有无开路或短路现象。此时可用手动来代替接触器通电进行检查。

③ 用兆欧表检查线路的绝缘电阻应不得小于 1 MΩ。

（10）交验。

（11）通电试车。为保证人身安全，在通电试车时，要认真执行安全操作规程的有关规定，一人监护，一人操作。试车前应检查与通电试车有关的电气设备是否有不安全的因素存在，若查出应立即整改，然后方能试车。

① 通电试车前，必须征得教师同意，并由教师接通共相电源 L1，L2，L3，同时在现场监护。学生合上电源开关 QS 后，用测电笔检查熔断器出线端，氖管亮说明电源接通。按下 SB，观察接触器情况是否正常，是否符合线路功能要求；观察电器元件动作是否灵活，有无卡阻及噪声过大等现象；观察电动机运行是否正常等。但不得对线路接线是否正确进行带电检查。观察过程中，若有异常现象应马上停车。当电动机运转平稳后，用钳形电流表测量三相电流是否平衡。

② 试车成功率以通电后第一次按下按钮时计算。

③ 出现故障后，学生应独立进行检修。若需带电进行检查时，教师必须在现场监护。检修完毕，如需再次试车，也应该有教师监护，并做好时间记录。

④ 通电试车完毕，停转，切断电源。先拆除三相电源线，再拆除电动机线。

4. 注意事项

（1）电动机及按钮的金属外壳必须可靠接地。接至电动机的导线必须穿在导线通道内加以保护，或采用坚韧的四芯橡皮线或塑料护套线进行临时通电校验。

（2）电源进线应接在螺旋式熔断器的下接线座上，出线则应接在上接线座上。

（3）按钮内接线时，用力不可过猛，以防螺钉打滑。

（4）训练应在规定定额时间内完成。训练结束后，安装的控制板留用。

5. 评分标准（表 2.5）

表 2.5　评分标准

项目内容	配分	评分标准		扣分
装前检查	5	电器元件漏检或错检，每处	扣 1 分	
安装元件	15	（1）不按布置图安装	扣 15 分	
		（2）元件安装不牢固，每只	扣 4 分	
		（3）元件安装不整齐，不匀称、不合理，每只	扣 3 分	
		（4）损坏元件	扣 15 分	
布线	40	（1）不按电路图接线	扣 25 分	
		（2）布线不符合要求：		
		主电路，每根	扣 4 分	
		控制电路，每根	扣 2 分	
		（3）接点不符合要求，每个接点	扣 1 分	
		（4）损伤导线绝缘或线芯，每根	扣 5 分	
		（5）漏接接地线	扣 10 分	
通电试车	40	（1）第一次试车不成功	扣 20 分	
		（2）第二次试车不成功	扣 30 分	
		（3）第三次试车不成功	扣 40 分	
安全文明生产		违反安全文明生产规程	扣 5~40 分	
定额时间：2.5 h		每超时 5 min 以内以扣 5 分计算		
备注		除定额时间外，各项目的最高扣分不应超过配分数	成绩	
开始时间		结束时间	实际时间	

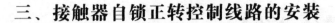

三、接触器自锁正转控制线路的安装

1. 目的要求

掌握接触器自锁正转控制线路的安装。

2. 准备工作

（1）安全文明

在项目实施过程中要求同学们首先穿戴好劳保用品，确认实习操作场地的安全，放置好项目实施所需要的工具和仪器。在操作过程中严格按要求操作，不允许串岗，严禁在实习场地内追逐打闹。

（2）工具、仪表及器材

① 工具：电工常用工具：测电笔、螺钉旋具、尖嘴钳、斜口钳、剥线钳、电工刀等；线路安装工具：冲击钻、弯管器、套螺纹扳手等。

② 仪表：500 型兆欧表、T301-A 型钳形电流表、MF30 型万用表。

③ 器材：点动正转控制线路板一块，三相异步电动机一台（型号：Y112M-4，规格：4 kW，380 V，△接法、8.8 A，1440 r/min），导线，紧固体及编码套管若干。

3. 实施过程

参照本任务的任务实施二中的工艺要求，让学生在已安装好的点动正转控制线路板上，根据接触器自锁正转控制线路（图 2.3），安装停止按钮 SB2 和接触器 KM 自锁触头，来完成接触器自锁正转控制线路的安装。

4. 注意事项

（1）电动机及按钮的金属外壳必须可靠接地。接至电动机的导线必须穿在导线通道内加以保护，或采用坚韧的四芯橡皮线或塑料护套线进行临时通电校验。

（2）电源进线应接在螺旋式熔断器的下接线座上，出线则应接在上接线座上。

（3）按钮内接线时，用力不可过猛，以防螺钉打滑。

（4）接触器 KM 的自锁触头应并接在启动按钮 SB1 两端；停止按钮 SB2 应串接在控制电路中。

（5）编码套管套装要正确。

（6）训练应在规定定额时间内完成。训练结束后，安装的控制板留用。

5. 评分标准（表 2.6）

表 2.6 评分标准

项目内容	配 分	评 分 标 准		扣 分
装前检查	5	电器元件漏检或错检，每处	扣 1 分	
安装元件	15	（1）不按布置图安装	扣 15 分	
		（2）元件安装不紧固，每只	扣 4 分	
		（3）元件安装不整齐、不匀称、不合理，每只	扣 3 分	
		（4）损坏元件	扣 15 分	
布线	40	（1）不按电路图接线	扣 25 分	
		（2）布线不符合要求：		
		主电路，每根	扣 4 分	
		控制电路，每根	扣 2 分	
		（3）接点不符合要求，每个接点	扣 1 分	
		（4）损伤导线绝缘或线芯，每根	扣 5 分	
		（5）编码套管套装不正确，每处	扣 1 分	
		（6）漏接接地线	扣 10 分	
通电试车	40	（1）第一次试车不成功	扣 20 分	
		（2）第二次试车不成功	扣 30 分	
		（3）第三次试车不成功	扣 40 分	
安全文明生产		违反安全文明生产规程	扣 5～40 分	
定额时间：2 h		每超时 5 min 以内以扣 5 分计算		
备注		除定额时间外，各项目的最高扣分不应超过配分数	成绩	
开始时间		结束时间	实际时间	

四、连续与点动混合正转控制线路的安装

1. 目的要求

掌握连续与点动混合正转控制线路的安装。

2. 准备工作

（1）安全文明

在项目实施过程中要求同学们首先穿戴好劳保用品，确认实习操作场地的安全，放置好项目实施所需的工具和仪器。在操作过程中严格按要求操作，不允许串岗，

严禁在实习场地内追逐打闹。

（2）工具、仪表及器材

① 工具：电工常用工具：测电笔、螺钉旋具、尖嘴钳、斜口钳、剥线钳、电工刀等；线路安装工具：冲击钻、弯管器、套螺纹扳手等。

② 仪表：500 型兆欧表、T301-A 型钳形电流表、MF30 型万用表。

③ 器材：根据三相异步电动机 Y132M-4 的技术数据：7.5 kW、380 V、15.4 A、△接法、1440 r/min 以及如图 2.5b 所示的电路图，选用工具、仪表及器材，并填入表 2.7 和表 2.8 中。

表 2.7　工具及仪表

电工常用工具	
线路安装工具	
仪表	

表 2.8　电器元件及部分电工器材明细表

代　号	名　　称	型　号	规　　格	数　量
M	三相异步电动机	Y132M-4	7.5 kW、380 V、15.4A、△接法、1440 r/min	1
QS	电源开关			
FU1	熔断器			
FU2	熔断器			
KM	交流接触器			
KH	热继电器			
SB1～SB3	按钮			
XT	端子板			
	主电路导线			
	控制电路导线			
	按钮线			
	接地线			
	电动机引线			
	控制板			
	紧固体及编码套管			

3. 安装步骤与工艺要求

工艺要求参照本任务的任务实施二，其安装步骤如下：

（1）识读电路图（图 2.5b），熟悉线路所用电器元件及作用和线路的工作原理。

（2）检验电器元件的质量是否合格。

（3）绘制布置图，经教师检查合格后，在控制板上按布置图固装电器元件，并贴上醒目的文字符号。

（4）绘制接线图，经教师检查合格后，在控制板上按接线图的走线方法进行板前明线布线和套编码套管。

（5）根据电路图（图 2.5b），检查控制板布线的正确性。

（6）安装电动机。

（7）连接电动机和按钮金属外壳的保护接地线。

（8）连接电源、电动机等控制板外部的导线。

（9）自检。安装完毕的控制线路板，必须经过认真检查以后，才允许通电试车，以防止错接、漏接造成不能正常运转或短路事故。

（10）交验。

（11）通电试车。

4. 注意事项

（1）电动机及按钮的金属外壳必须可靠接地。

（2）电源进线应接在螺旋式熔断器的下接线座上，出线则应接在上接线座上。

（3）热继电器的整定电流应按电动机规格进行调整。

（4）如果点动采用复合按钮，其常闭触头必须与自锁触头串接。

（5）填写所选用的电器元件及器材的型号、规格时，要做到字迹工整，书写正确、清楚、完整。

5. 评分标准（表 2.9）

表 2.9　评分标准

项目内容	配分	评分标准		扣分
选用工具、仪表	5	工具、仪表少选或错选，每个	扣 2 分	
选用元件、器材	15	（1）选错型号和规格，每个	扣 10 分	
		（2）选错元件数量，每个	扣 4 分	
		（3）规格没有写全，每个	扣 5 分	
		（4）型号没有写全，每个	扣 3 分	

续表

项 目 内 容	配 分	评 分 标 准	扣 分
装前检查	5	电器元件漏检或错检，每个　　　　　　　　　　　　扣1分	
安装布线	35	（1）电器布置不合理　　　　　　　　　　　　　　　扣5分 （2）元件安装不牢固，每只　　　　　　　　　　　扣4分 （3）元件安装不整齐、不匀称、不合理，每只　　　扣3分 （4）损坏元件　　　　　　　　　　　　　　　　　扣15分 （5）不按电路图接线　　　　　　　　　　　　　　扣20分 （6）布线不符合要求： 　　　主电路，每根　　　　　　　　　　　　　　扣4分 　　　控制电路，每根　　　　　　　　　　　　　扣2分 （7）接点不符合要求，每个　　　　　　　　　　　扣1分 （8）漏套或套错编码套管，每个　　　　　　　　　扣1分 （9）损伤导线绝缘或线芯，每根　　　　　　　　　扣4分 （10）漏接接地线　　　　　　　　　　　　　　　扣10分	
通电试车	40	（1）热继电器未整定或整定错　　　　　　　　　　扣10分 （2）第一次试车不成功　　　　　　　　　　　　　扣20分 　　　第二次试车不成功　　　　　　　　　　　　扣30分 　　　第三次试车不成功　　　　　　　　　　　　扣40分	
安全与文明生产		违反安全文明生产规程　　　　　　　　　　　　　扣5～40分	
定额时间：2.5 h		每超时 5 min 以内以扣 5 分计算	
备注		除定额时间外，各项目的最高扣分不应超过配分数	成绩
开始时间		结束时间　　　　　　　　　　　　实际时间	

五、连续与点动混合正转控制线路的检修

1. 目的要求

掌握连续与点动混合正转控制线路的故障分析与检修方法。

2. 准备工作

（1）安全文明

在项目实施过程中要求同学们首先穿戴好劳保用品，确认实习操作场地的安全，放置好项目实施所需要的工具和仪器。在操作过程中严格按要求操作，不允许串岗，

严禁在实习场地内追逐打闹。

（2）工具、仪表及器材

① 工具：测电笔、螺钉旋具、尖嘴钳、斜口钳、剥线钳、电工刀等。

② 仪表：500 型兆欧表、T301-A 型钳形电流表、MF30 型万用表。

3. 电动机基本控制线路故障检修方法

（1）用试验法观察故障现象，初步判定故障范围。

试验法是在不扩大故障范围、不损坏电气设备和机械设备的前提下，对线路进行通电试验，通过观察电气设备和电器元件的动作，看它是否正常，各控制环节的动作程序是否符合要求，找出故障发生部位或回路。

（2）用逻辑分析法缩小故障范围。

逻辑分析法是根据电气控制线路的工作原理、控制环节的动作程序以及它们之间的联系，结合故障现象作具体的分析，迅速地缩小故障范围，从而判断故障所在。这种方法是一种以准为前提，以快为目的的检查方法，特别适用于对复杂线路的故障检查。

（3）用测量法确定故障点。

测量法是利用电工工具和仪表（如测电笔、万用表、钳形电流表、兆欧表等）对线路进行带电或断电测量，是查找故障点的有效方法。下面介绍电压分阶测量法和电阻分阶测量法，关于其他的测量方法将在后面项目三任务一中介绍。

① 电压分阶测量法。测量检查时，首先把万用表的转换开关位置于交流电压 500 V 的挡位上，然后按如图 2.8 所示方法进行测量。

断开主电路，接通控制电路的电源。若按下启动按钮 SB1 时，接触器 KM 不吸合，则说明控制电路有故障。

检测时，需要两人配合进行。一人先用万用表测量 0 和 1 两点之间的电压，若电压为 380 V，则说明控制电路的电源电压正常，然后由另一人按下 SB1 不放，一人把黑表棒接到 0 点上，红表棒依次接到 2、3、4 各点上，分别测量出 0—2、0—3、0—4 两点间的电压。根据其测量结果即可找出故障点，见表 2.10。

表 2.10 电压分阶测量法查找故障点

故 障 现 象	测 试 状 态	0—2	0—3	0—4	故 障 点
按下 SB1 时，KM 不吸合	按下 SB1 不放	0	0	0	KH 常闭触头接触不良
		380 V	0	0	SB2 常闭触头接触不良
		380 V	380 V	0	SB1 接触不良
		380 V	380 V	380 V	KM 线圈断路

这种测量方法像下（或上）台阶一样依次测量电压，所以叫电压分阶测量法。

② 电阻分阶测量法。测量检查时，首先把万用表的转换开关位置于倍率适当的电阻挡，然后按如图 2.9 所示方法进行测量。

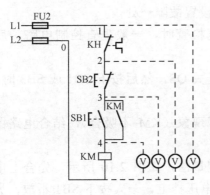

图 2.8 电压分阶测量法

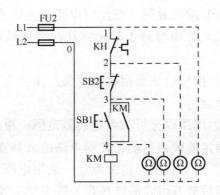

图 2.9 电阻分阶测量法

断开主电路，接通控制电路电源。若按下启动按钮 SB1 时，接触器 KM 不吸合，则说明控制电路有故障。

检测时，首先切断控制电路电源（这点与电压分阶测量法不同），然后一人按下 SB1 不放，另一人用万用表依次测量 0—1、0—2、0—3、0—4 两点之间的电阻值，根据测量结果可找出故障点，见表 2.11。

表 2.11 电阻分阶测量法查找故障点

故障现象	测试状态	0—1	0—2	0—3	0—4	故障点
按下 SB1 时，KM 不吸合	按下 SB1 不放	∞	R	R	R	KH 常闭触头接触不良
		∞	∞	R	R	SB2 接触不良
		∞	∞	∞	R	SB1 接触不良
		∞	∞	∞	∞	KM 线圈断路

注：R 为 KM 线圈电阻值。

（4）根据故障点的不同情况，采取正确的维修方法排除故障。

（5）检修完毕，进行通电空载校验或局部空载校验。

（6）校验合格，通电正常运行。

在实际维修工作中，由于电动机控制线路的故障不是千篇一律的，就是同一种故障现象，发生的故障部位也不一定相同。因此，采用以上故障检修步骤和方法时，不要生搬硬套，而应按不同的故障情况灵活运用，妥善处理，力求迅速、准确地找出故障点，查明故障原因，及时正确地排除故障。

4．故障排除

如图 2.5b 所示线路中，人为设置的两个电气故障。

（1）故障设置。在控制电路和主电路中各设置故障一处。

（2）故障检修步骤和方法。控制线路通电检查时，一般先查控制电路，后查主电路。

① 用实验法观察故障现象：先合上电源开关 QS，然后按下 SB1 或 SB3 时，KM 均不吸合。

② 用逻辑分析法判定故障范围：根据故障现象（KM 不吸合），结合电路图，可初步确定故障点可能在控制电路的公共支路上。

③ 用测量法确定故障点：采用电压分阶测量法，如图 2.10 所示，先合上电源开关，然后把万用表的转换开关置于交流 500 V 电压挡上，一人按下 SB1 不放，另一人把万用表的黑表棒接到 0 点上，红表棒依次接 1、2、3、4 各点，分别测量 0—1、0—2、0—3、0—4 各阶之间的电压值，根据其测量结果即可找出故障点，见表 2.12。

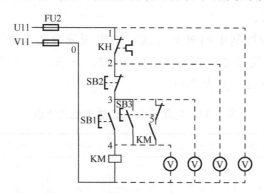

图 2.10　电压分阶测量法

表 2.12　用电压分阶测量法查找故障点

故 障 现 象	测 试 状 态	0—1	0—2	0—3	0—4	故 障 点
按下 SB1 或 SB3，KM 不吸合	按下 SB1 不放	0	0	0		FU2 熔断
		380 V	0	0	0	KH 常闭触头接触不良
		380 V	380 V	0	0	SB2 接触不良
		380 V	380 V	380 V	0	SB1 接触不良
		380 V	380 V	380 V	380 V	KM 线圈断路

查找故障点时，也可用电阻分阶测量法（表 2.13）。

表 2.13　电阻分阶测量法查找故障点

故 障 现 象	测 试 状 态	0—1	0—2	0—3	0—4	故 　 障 　 点
按下 SB1 时， KM 不吸合	按下 SB1 不放	∞	R	R	R	KH 常闭触头接触不良
		∞	∞	R	R	SB2 接触不良
		∞	∞	∞	R	SB1 接触不良
		∞	∞	∞	∞	KM 线圈断路

注：R 为 KM 线圈电阻值。

④ 根据故障点的情况，采取正确的检修方法，排除故障。

a. FU2 熔断，可查明熔断的原因，排除故障后更换相同规格的熔体。

b. KH 常闭触头接触不良。若按下复位按钮时，热继电器常闭触头不能复位，则说明热继电器已损坏，可更换同型号的热继电器，并调整好其整定电流值；若按下复位按钮时，KH 的常闭触头复位，则说明 KH 完好，可继续使用，但要查明 KH 常闭触头动作的原因并排除。

c. SB2 接触不良。更换按钮 SB2。

d. SB1 接触不良。更换按钮 SB1。

e. KM 线圈断路。更换相同规格的线圈或接触器。

本例设置的故障点是模拟电动机缺相运行后，KH 常闭触头断开，因此，按下 KH 复位按钮后，控制电路即正常。

主电路：

① 用实验法观察故障现象：合上电源开关 QS，按下 SB1 或 SB3 时，电动机转速极低，甚至不转，并发出"嗡嗡"声，应立即切断电源。

② 用逻辑分析法确定故障范围：根据故障现象，结合本线路作具体分析，判定故障范围可能在电源电路和主电路上。

③ 用测电笔确定故障点：先断开电源开关 QS，用测电笔检验主电路无电后，拆除电动机的负载线并恢复绝缘。再合上电源开关 QS，按下按钮 SB1，然后用测电笔从上至下依次测试 U11、V11、W11；U12、V12、W12；U13、V13、W13；U、V、W 各接点；当测到 W13 点时，发现测电笔的氖泡不亮，即说明连接接触器输出端 W13 与热继电器受电端 W13 的导线开路。

④ 根据故障点的情况，采用正确的检修方法，排除故障：更换同规格的连接接触器输出端 W13 与热继电器受电端 W13 的导线。

检修完毕通电试车：重新连接好电动机的负载线，征得教师同意后，并在教师的监护下，合上电源开关 QS，按下 SB1 或 SB3，观察线路和电动机的运行是否正常，控制环节的动作程序是否符合要求，用钳形电流表测电动机三相电流是否平衡等。经检验合格后，电动机正常运行。

（3）注意事项：

① 在排除故障的过程中，故障分析、排除故障的思路和方法要正确；

② 用测电笔检测故障时，必须检查测电笔是否符合使用要求；

③ 不能随意更改线路和带电触摸电器元件；

④ 仪表使用要正确，以防止引起错误判断；

⑤ 带电检修故障时，必须有教师在现场监护，并要确保用电安全；

⑥ 排除故障必须在规定时间内完成。

5．评分标准（表 2.14）

表 2.14　评分标准

项 目 内 容	配　　分	评　分　标　准		扣　　分
故障分析	30	（1）故障分析、排除故障思路不正确，每个	扣 5～10 分	
		（2）标错电路故障范围，每个	扣 15 分	
排除故障	70	（1）停电不验电	扣 5 分	
		（2）工具及仪表使用不当，每次	扣 10 分	
		（3）排除故障的顺序不对	扣 5～10 分	
		（4）不能查出故障，每个	扣 35 分	
		（5）查出故障点，但不能排除，每个故障	扣 25 分	
		（6）产生新的故障：		
		不能排除，每个	扣 35 分	
		已经排除，每个	扣 15 分	
		（7）损坏电动机	扣 70 分	
		（8）损坏电器元件，或排故方法不正确，每只（次）	扣 5～20 分	
安全与文明生产		违反安全文明生产规程	扣 10～70 分	
定额时间：30 min		不允许超时检查，在修复故障过程中才允许超时，应以每超 1 min 扣 5 分计算		
备注		除定额时间外，各项内容的最高扣分不得超过配分数	成绩	
开始时间			结束时间	实际时间

 想一想

1．什么叫点动控制？试分析判断题图 2.1 所示各控制电路能否实现点动控制？若

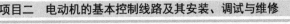

不能，试分析说明原因，并加以改正。

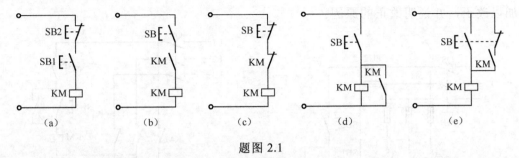

题图 2.1

2．电器元件安装前应如何进行质量检验？

3．板前明线布线的工艺要求是什么？

4．什么叫自锁控制？试分析判断题图 2.2 所示各控制电路能否实现自锁控制？若不能，试分析说明原因，并加以改正。

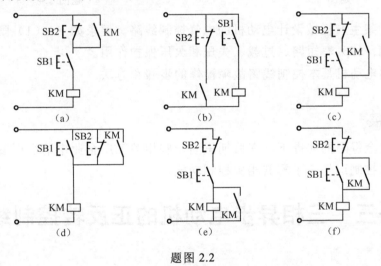

题图 2.2

5．什么是欠压保护？什么是失压保护？为什么说接触器自锁控制线路具有欠压和失压保护作用？

6．在题图 2.3 所示控制线路中，哪些地方画错了？试改正，并按改正后的线路叙述其工作原理。

7．什么是过载保护？为什么对电动机要采取过载保护？

8．在电动机的控制线路中，短路保护和过载保护各由什么电器来实现？它们能否相互代替使用？为什么？

9．试分析题图 2.4 所示控制线路能否满足以下控制要求和保护要求：（1）能实现单向启动和停止；（2）具有短路、过载、欠压和失压保护。若线路不能满足以上要求，试加以改正，并说明改正的原因。

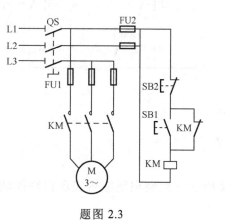

题图 2.3

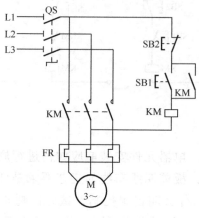

题图 2.4

10．试为某生产机械设计电动机的电气控制线路。要求如下：（1）既能点动控制又能连续控制；（2）有短路、过载、失压和欠压保护作用。

11．简述电动机基本控制线路故障检修的步骤和方法。

知识拓展

在做好安全保障的前提下，在假期里向一些相关工厂企业申请进厂参观，实地了解机械设备的控制运作，了解其相关控制功能。

任务三　三相异步电动机的正反转控制线路

任务描述

在实际生产中，机床工作台需要前进与后退；万能铣床的主轴需要正转与反转；起重机的吊钩需要上升与下降。正转控制线路能否满足这些生产机械的控制要求？如果不能应如何进行改进？

学习目标

1．学会正确安装与检修倒顺开关正反转控制线路。

2．学会正确安装接触器联锁正反转控制线路。

3．学会正确安装与检修按钮和接触器双重联锁正反转控制线路。

 知识平台

正转控制线路只能使电动机朝一个方向旋转，带动生产机械的运动部件朝一个方向运动。但许多生产机械往往要求运动部件能向正反两个方向运动，如机床工作台的前进与后退、万能铣床主轴的正转与反转、起重机的上升与下降等。

当改变通入电动机定子绕组的三相电源相序，即把接入电动机三相电源进线中的任意两相对调接线时，电动机就可以反转。下面介绍几种常用的正反转控制线路。

一、倒顺开关正反转控制线路

倒顺开关正反转控制电路如图 2.11 所示。万能铣床主轴电动机的正反转控制就是采用倒顺开关来实现的。

线路的工作原理如下：操作倒顺开关 QS。

当手柄处于"停"位置时，QS 的动、静触头不接触，电路不通，电动机不转；当手柄扳至"顺"位置时，QS 的动触头和左边的静触头相接触，电路按 L1—U、L2—V、L3—W 接通，输入电动机定子绕组的电源电压相序为 L1—L2—L3，电动机正转；当手柄扳至"倒"位置时，QS 的动触头和右边的静触头相接触，电路按 L1—W、L2—V、L3—U 接通，输入电动机定子绕组的电源相序变为 L3—L2—L1，电动机反转。

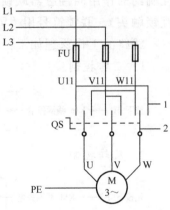

图 2.11　倒顺开关正反转控制
电路

1-静触头；2-动触头

必须注意的是当电动机处于正转状态时，要使它反转，应先把手柄扳到"停"的位置，使电动机先停转，然后再把手柄扳到"倒"的位置，使它反转。若直接把手柄由"顺"扳至"倒"的位置，电动机的定子绕组会因为电源突然反接而产生很大的反接电流，易使电动机定子绕组因过热而损坏。

二、接触器联锁的正反转控制线路

倒顺开关正反转控制线路虽然所用电器较少，线路较简单，但它是一种手动控制线路，在频繁换向时，操作人员劳动强度大，操作不安全，所以这种线路一般用于控

制额定电流 10 A、功率在 3 kW 及以下的小容量电动机。在生产实践中更常用的是接触器联锁的正反转控制线路。

接触器联锁的正反转控制线路如图 2.12 所示。线路中采用了两个接触器，即正转用的接触器 KM1 和反转用的接触器 KM2，它们分别由正转按钮 SB1 和反转按钮 SB2 控制。从主电路图中可以看出，这两个接触器的主触头所接通的电源相序不同，KM1 按 L1—L2—L3 相序接线，KM2 则按 L3—L2—L1 相序接线。相应的控制电路有两条：一条是由按钮 SB1 和 KM1 线圈等组成的正转控制电路；另一条是由按钮 SB2 和 KM2 线圈等组成的反转控制电路。

必须指出，接触器 KM1 和 KM2 的主触头绝不允许同时闭合，否则将造成两相电源（L1 相和 L3 相）短路事故。为了避免两个接触器 KM1 和 KM2 同时得电动作，就在正反转控制电路中分别串接了对方接触器的一对常闭辅助触头，这样，当一个接触器得电动作时，通过其常闭辅助触头使另一个接触器不能得电动作，接触器间这种相互制约的作用叫接触器联锁（或互锁）。实现联锁作用的常闭辅助触头称为联锁触头（或互锁触头），联锁符号用"∇"表示。

线路的工作原理如下：先合上电源开关 QS

1. 正转控制

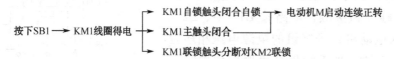

2. 反转控制

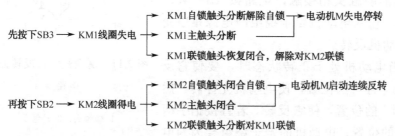

停止时，按下停止按钮 SB3，控制电路失电→KM1（或 KM2）主触头分断→电动机 M 失电停转。

从以上分析可见，接触器联锁正反转控制线路的优点是工作安全可靠，缺点是操作不便。因电动机从正转变为反转时，必须先按下停止按钮后，才能按反转启动按钮，否则由于接触器的联锁作用，不能实现反转。为克服此线路的不足，可采用按钮联锁或按钮和接触器双重联锁的正反转控制线路。

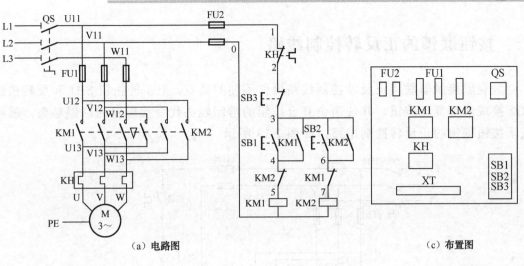

（a）电路图　　　　　　　　　　　　　　（c）布置图

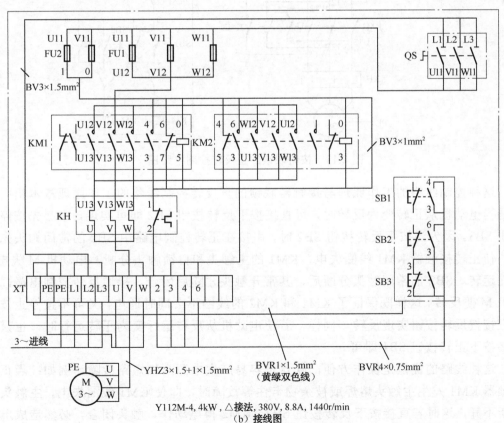

Y112M-4, 4kW, △接法, 380V, 8.8A, 1440r/min
（b）接线图

图 2.12　接触器联锁正反转控制线路

三、按钮联锁的正反转控制线路

为克服接触器联锁正反转控制线路操作不便的缺点，把正转按钮 SB1 和反转按钮 SB2 换成两个复合按钮，并使两个复合按钮的常闭触头代替接触器的联锁触头，就构成了按钮联锁的正反转控制电路，如图 2.13 所示。

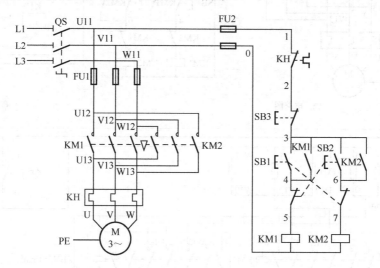

图 2.13　按钮联锁的正反转控制电路图

这种控制线路的工作原理与接触器联锁的正反转控制线路的工作原理基本相同，只是当电动机从正转变为反转时，可直接按下反转按钮 SB2 即可实现，不必先按停止按钮 SB3。因为当按下反转按钮 SB2 时，串接在正转控制电路中 SB2 的常闭触头先分断，使正转接触器 KM1 线圈失电，KM1 的主触头和自锁触头分断，电动机 M 失电，惯性运转。SB2 的常闭触头分断后，其常开触头才随后闭合，接通反转控制电路，电动机 M 便反转。这样既保证了 KM1 和 KM2 的线圈不会同时通电，又可不按停止按钮而直接按反转按钮实现反转。同样，若使电动机从反转运行变为正转运行时，也只要直接按下正转按钮 SB1 即可。

这种线路的优点是操作方便，缺点是容易产生电源两相短路故障。例如：当正转接触器 KM1 发生主触头熔焊或被杂物卡住等故障时，即使 KM1 线圈失电，主触头也分断不开，这时若直接按下反转按钮 SB2，KM2 得电动作，触头闭合，必然造成电源两相短路故障。所以采用此线路工作有一定安全隐患，在实际工作中，经常采用按钮、接触器双重联锁的正反转控制线路。

四、按钮、接触器双重联锁的正反转控制线路

为克服接触器联锁正反转控制线路和按钮联锁正反转控制线路的不足，在按钮联锁的基础上，又增加了接触器联锁，构成按钮、接触器双重联锁正反转控制线路，如图 2.14 所示。该电路兼有两种联锁控制线路的优点，操作方便，工作安全可靠。

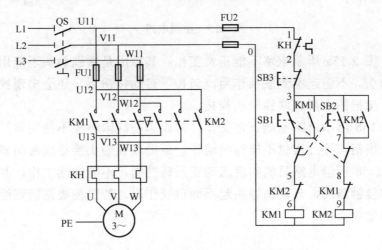

图 2-14 双重联锁的正反转控制电路

1. 正转控制

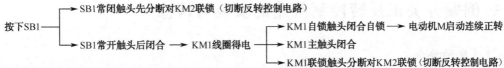

2. 反转控制

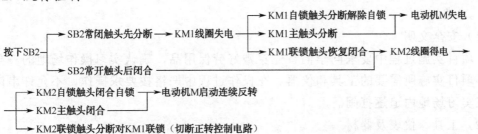

若要停止，按下 SB3，主触头分断，电动机 M 失电停转。整个控制电路失电。

例 2-3 几种正反转控制电路如图 2.15 所示。试分析各电路能否正常工作？若不能正常工作，请找出原因，并改正过来。

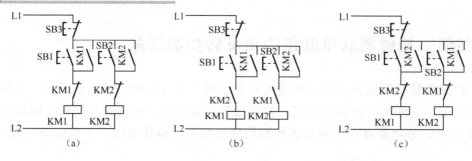

图 2.15　控制电路

解：（1）图 2.15a 所示电路不能正常工作。其原因是联锁触头不能用自身接触器的常闭辅助触头。不但起不到联锁作用，当按下启动按钮后，还会出现控制电路时通时断的现象。应把图中两对联锁触头换接。

（2）图 2.15b 所示电路不能正常工作。其原因是联锁触头不能用常开辅助触头。即使按下启动按钮，接触器也不能得电动作。应把联锁触头换接成常闭辅助触头。

（3）图 2.15c 所示电路只能实现点动正反转控制，不能连续工作。其原因是自锁触头所用对方接触器的常开辅助触头起不到自锁作用。若要使线路能连续工作，应把图中两对自锁触头换接。

 任务实施

一、倒顺开关正反转控制线路的安装与检修

1. 目的要求

掌握倒顺开关正反转控制线路的安装，并能检修一般故障。

2. 准备工作

（1）安全文明

在项目实施过程中要求同学们首先穿戴好劳保用品，确认实习操作场地的安全，放置好项目实施所需要的工具和仪器。在操作过程中严格按要求操作，不允许串岗，严禁在实习场地内追逐打闹。

（2）工具、仪表及器材

① 工具：电工常用工具：测电笔、螺钉旋具、尖嘴钳、斜口钳、剥线钳、电工刀等；线路安装工具：冲击钻、弯管器、套螺纹扳手等。

② 仪表：500 型兆欧表、T301-A 型钳形电流表、MF30 型万用表。

③ 器材：控制板一块（500 mm×400 mm×20 mm）；导线规格：动力电路采用 BVR1.5 mm^2（黑色）塑铜线或 YHZ4×1.5 mm^2 橡皮电缆线，接地线采用 BVR（黄绿双色）塑铜线（截面至少 1.5 mm^2），导线数量应按敷设方式和管路长度来决定；ϕ16 电线管，ϕ5×60 木螺钉，膨胀螺栓，ϕ16 管夹及紧固体等。电器元件见表 2.15。

表 2.15 元件明细表

代 号	名 称	型 号	规 格	数 量
M	三相异步电动机	Y100L1-4	2.2 kW、380 V、5 A、Y接法、1 440 r/min	1
QS	组合开关	HZ3-132	三极、500 V、10 A	1
FU	熔断器	RC1A-30/15	380 V、30 A、配熔体 15 A	3

3. 安装步骤及工艺要求

（1）按表 2.15 配齐所用电器元件，并进行质量检验。

① 根据电动机的规格检验选配的倒顺开关、熔断器、导线及电线管的型号及规格是否满足要求；

② 所选用的电器元件的外观应完整无损，附件、备件齐全；

③ 用万用表、兆欧表检测电器元件及电动机的有关技术数据是否符合要求。

（2）在控制板上按图 2.11 安装电器元件。电器安装应牢固，并符合工艺要求。

（3）根据电动机位置标画线路走向、电线管和控制板支持点的位置，做好敷设和支持准备。

（4）敷设电线管并穿线。

① 电线管的施工应按工艺要求进行，整个管路应连成一体并进行可靠接地；

② 管内导线不得有接头，导线穿管时不要损伤绝缘层，导线穿好后管口应套上护圈。

（5）安装电动机和控制板。

① 倒顺开关必须安装在操作时能看到电动机的地方，以保证操作安全；

② 电动机的安装必须牢固。在紧固地脚螺栓时，必须按对角线均匀受力，依次交错逐步拧紧。

（6）连接倒顺开关至电动机的导线。

（7）连好接地线。电动机和倒顺开关的金属外壳以及连成一体的线管，按规定要求必须接到保护接地专用端子上。

（8）检查安装质量，并进行绝缘电阻测量。

（9）将三相电源接入控制开关。

（10）经教师检查合格后进行通电试车。

以上安装为永久性装置，若为临时性装置，如将开关安装在墙上（属半移动形式）时，接到电动机的引线可采用 BVR1.5 mm²（黑色）塑铜线或 YHZ4×1.5 mm² 橡皮电缆线，并采用金属软管保护；若将开关与电动机一起安装在同一金属结构件或支架上（属移动形式）时，开关的电源进线必须采用四脚插头和插座连接，并在插座前装熔断器或再加装隔离开关。

4. 注意事项

（1）电动机及倒顺开关的金属外壳等必须可靠接地，且必须将接地线接到倒顺开关指定的接地螺钉上，切忌接在开关的罩壳上。

（2）倒顺开关的进出线接线切忌接错。接线时，应看清开关线端标记，保证标记为 L1、L2、L3 接电源，标记为 U、V、W 接电动机。否则，难免造成两相电源短路。

（3）倒顺开关的操作顺序要正确。

（4）作为临时性装置安装时，可移动的引线必须完整无损，不得有接头，引线的长度一般不超过 2 m。

5. 评分标准（表 2.16）

表 2.16　评分标准

项 目 内 容	配　分	评 分 标 准		扣　　分
装前检查	20	（1）电动机质量检查，每漏一处	扣 5 分	
		（2）倒顺开关漏检或错检，每处	扣 5 分	
安装	40	（1）电动机安装不符合要求：		
		地脚螺栓紧松不一或松动	扣 20 分	
		缺少弹簧垫圈、平垫圈、防振物，每个	扣 5 分	
		（2）控制板或开关安装不符合要求：		
		位置不适当或安装后松动	扣 20 分	
		紧固螺栓（或螺钉）松动，每个	扣 5 分	
		（3）电线管支持不牢固或管口无护圈	扣 5 分	
		（4）导线穿管时损伤绝缘	扣 15 分	
		（5）引接线选用及安装不符合要求	扣 20 分	
接线及试车	40	（1）不会使用仪表及测量方法不正确，每个仪表	扣 5 分	
		（2）各接点松动或不符合要求，每个	扣 5 分	
		（3）接线错误造成通电一次不成功	扣 40 分	
		（4）开关进、出线接错	扣 20 分	

续表

项 目 内 容	配　分	评　分　标　准		扣　分
接线及试车	40	（5）电动机接线错误	扣 30 分	
		（6）接线程序错误	扣 15 分	
		（7）漏接接地线	扣 30 分	
安全与文明生产		违反安全文明生产规程	扣 5～40 分	
定额时间：3 h		每超时 10 min 以内以扣 5 分计算		
备注		除定额时间外，各项内容的最高扣分不应超过配分数	成绩	
开始时间			结束时间	实际时间

6. 常见故障及维修（表 2.17）

表 2.17 倒顺开关正反转控制线路常见故障及维修方法

常 见 故 障	故 障 原 因	维 修 方 法
（1）电动机不启动	（1）熔断器熔体熔断	（1）查明原因，排除后更换熔体
（2）电动机缺相	（2）倒顺开关操作失控	（2）修复或更换倒顺开关
	（3）倒顺开关动、静触头接触不良	（3）对触头进行修整

二、接触器联锁正反转控制线路的安装

1. 目的要求

掌握接触器联锁正反转控制线路的安装，并能检修一般故障。

2. 准备工作

（1）安全文明

在项目实施过程中要求同学们首先穿戴好劳保用品，确认实习操作场地的安全，放置好项目实施所需要的工具和仪器。在操作过程中严格按要求操作，不允许串岗，严禁在实习场地内追逐打闹。

（2）工具、仪表及器材

① 工具：电工常用工具：测电笔、螺钉旋具、尖嘴钳、斜口钳、剥线钳、电工刀等；线路安装工具：冲击钻、弯管器、套螺纹扳手等。

② 仪表：500 型兆欧表、T301-A 型钳形电流表、MF30 型万用表。

③ 器材：控制板一块（500 mm×400 mm×20 mm）；导线规格：动力电路采用 BVR1.5 mm^2（黑色）塑铜线或 YHZ4×1.5 mm^2 橡皮电缆线，接地线采用 BVR（黄绿双色）塑铜线

（截面至少 1.5 mm²），控制电路采用 BVR 1 mm² 塑铜线（红色），导线数量应按敷设方式和管路长度来决定。电器元件见表 2.18。

表 2.18　元件明细表

代　号	名　　称	型　　号	规　　格	数　　量
M	三相异步电动机	Y112M-4	4 kW、380 V、△接法、8.8 A、1 440 r/min	1
QS	组合开关	HZ10-25/3	三极、25 A	1
FU1	熔断器	RL1-60/25	500 V、60 A、配熔体 25 A	3
FU2	熔断器	RL1-15/2	500 V、15 A、配熔体 2 A	2
KM1、KM2	交流接触器	CJ10-20	20 A、线圈电压 380 V	2
KH	热继电器	JR16-20/3	三极、20 A、整定电流 8.8 A	1
SB1～SB3	按钮	LA10-3H	保护式、380 V、5 A、按钮数 3	1
XT	端子板	JX2-1015	380 V、10 A、15 节	1

3. 实施步骤和工艺要求

（1）按表 2.18 配齐所用电器元件，并进行质量检验。电器元件应完好无损，各项技术指标符合规定要求，否则应予以更换。

（2）在控制板上按如图 2.12c 所示安装所有的电器元件，并贴上醒目的文字符号。安装时，组合开关、熔断器的受电端子应安装在控制板的外侧；元件排列要整齐、匀称、间距合理，且便于元件的更换；紧固电器元件时用力要均匀，紧固程度适当，做到既要使元件安装牢固，又不使其损坏。

（3）按如图 2.12b 所示接线图进行板前明线布线和套编码套管。做到布线横平竖直、整齐、分布均匀、紧贴安装面、走线合理；套编码套管要正确；严禁损伤线芯和导线绝缘；接点牢靠，不得松动，不得压绝缘层，不反圈及不露铜过长等。

（4）根据如图 2.12a 所示电路图检查控制板布线的正确性。

（5）安装电动机。做到安装牢固平稳，以防止在换向时产生滚动而引起事故。

（6）可靠连接电动机和按钮金属外壳的保护接地线。

（7）连接电源、电动机等控制板外部的导线。导线要敷设在导线通道内，或采用绝缘良好的橡皮线进行通电校验。

（8）自检。安装完毕的控制线路板，必须按要求进行认真检查，确保无误后才允许通电试车。

（9）交验合格后，通电试车。通电时，必须经指导教师同意后，由指导教师接通电源，并在现场进行监护。出现故障后，学生应独立进行检修。若需带电检查时，也必须有教师在现场监护。

（10）通电试车完毕，停转、切断电源。先拆除三相电源线，再拆除电动机负载线。

4. 注意事项

（1）螺旋式熔断器的接线要正确，以确保用电安全。

（2）接触器联锁触头接线必须正确，否则将会造成主电路中两相电源短路事故。

（3）通电试车时，应先合上 QS，再按下 SB1（或 SB2）及 SB3，看控制是否正常，并在按下 SB1 后再按下 SB2，观察有无联锁作用。

（4）训练应在规定的定额时间内完成，同时要做到安全操作和文明生产。训练结束后，安装的控制板留用。

5. 评分标准（表 2.19）

表 2.19 评分标准

项目内容	配分	评分标准	扣分
装前检查	15	（1）电动机质量检查，每漏一处　　　　　　　　　　　扣 5 分 （2）电器元件漏检或错检，每处　　　　　　　　　　　扣 2 分	
安装元件	15	（1）不按布置图安装　　　　　　　　　　　　　　　　扣 15 分 （2）元件安装不紧固，每只　　　　　　　　　　　　　扣 4 分 （3）安装元件时漏装木螺钉，每只　　　　　　　　　　扣 2 分 （4）元件安装不整齐、不匀称、不合理，每只　　　　　扣 3 分 （5）损坏元件　　　　　　　　　　　　　　　　　　　扣 15 分	
布线	30	（1）不按电路图接线　　　　　　　　　　　　　　　　扣 25 分 （2）布线不符合要求： 　　主电路，每根　　　　　　　　　　　　　　　　　　扣 4 分 　　控制电路，每根　　　　　　　　　　　　　　　　　扣 2 分 （3）接点松动、露铜过长、压绝缘层、 　　反圈等，每个接点　　　　　　　　　　　　　　　　扣 1 分 （4）损伤导线绝缘或线芯，每根　　　　　　　　　　　扣 5 分 （5）漏套或错套编码套管，每处　　　　　　　　　　　扣 2 分 （6）漏接接地线　　　　　　　　　　　　　　　　　　扣 10 分	
通电试车	40	（1）热继电器未整定或整定错　　　　　　　　　　　　扣 5 分 （2）熔体规格配错，主、控电路各　　　　　　　　　　扣 5 分 （3）第一次试车不成功　　　　　　　　　　　　　　　扣 20 分 　　　第二次试车不成功　　　　　　　　　　　　　　　扣 30 分 　　　第三次试车不成功　　　　　　　　　　　　　　　扣 40 分	
安全文明生产		违反安全文明生产规程　　　　　　　　　　　　　　　扣 5～40 分	
定额时间：3.5 h		每超时 5 min 以内以扣 5 分计算	
备注		除定额时间外，各项目的最高扣分不应超过配分数	成绩
开始时间		结束时间	实际时间

三、双重联锁正反转控制线路的安装和检修

1. 目的要求

掌握双重联锁正反转控制线路的正确安装和检修。

2. 准备工作

（1）安全文明

在项目实施过程中要求同学们首先穿戴好劳保用品，确认实习操作场地的安全，放置好项目实施所需要的工具和仪器。在操作过程中严格按要求操作，不允许串岗，严禁在实习场地内追逐打闹。

（2）工具、仪表及器材

① 工具：电工常用工具：测电笔、螺钉旋具、尖嘴钳、斜口钳、剥线钳、电工刀等；线路安装工具：冲击钻、弯管器、套螺纹扳手等。

② 仪表：500 型兆欧表、T301-A 型钳形电流表、MF30 型万用表。

③ 器材：控制板一块（500 mm×400 mm×20 mm）；导线规格：动力电路采用 BVR1.5 mm^2（黑色）塑铜线或 YHZ4×1.5 mm^2 橡皮电缆线，接地线采用 BVR（黄绿双色）塑铜线（截面至少 1.5 mm^2），控制电路采用 BVR 1 mm^2 塑铜线（红色），导线数量应按敷设方式和管路长度来决定。

3. 安装训练

（1）根据如图 2.14 所示的电路图，将图 2.12b 改画成双重联锁正反转控制的接线图。

（2）根据电路图和接线图，将本任务中任务实施二装好留用的线路板，改装成双重联锁的正反转控制线路。操作时，注意体会该线路的优点。

4. 评分标准（表 2.20）

表 2.20　评分标准

项目内容	配　分	评分标准		扣　分
改画接线图	30	改画不正确，每错一处	扣 5 分	
改装线路板	30	（1）错套或漏套编码套管，每处	扣 2 分	
		（2）改装不符合要求，每处	扣 4 分	
		（3）改装不正确，每处	扣 10 分	

续表

项 目 内 容	配　分	评 分 标 准		扣　分
通电试车	40	（1）热继电器未整定或整定错	扣 5 分	
		（2）熔体规格配错，主、控电路各	扣 5 分	
		（3）第一次试车不成功	扣 20 分	
		第二次试车不成功	扣 30 分	
		第三次试车不成功	扣 40 分	
安全文明生产		违反安全文明生产规程	扣 5～10 分	
定额时间：3.5 h		每超时 5 min 以内以扣 5 分计算		
备注		除定额时间外，各项目的最高扣分不得超过配分数	成绩	
开始时间		结束时间	实际时间	

5．检修训练

（1）故障设置。在控制电路或主电路中人为设置电气自然故障两处。

（2）教师示范检修。教师进行示范检修时，可把下述检修步骤及要求贯穿其中，直至故障排除。

① 用试验法来观察故障现象。主要注意观察电动机的运行情况、接触器的动作情况和线路的工作情况等，如发现有异常情况，应马上断电检查。

② 用逻辑分析法缩小故障范围，并在电路图上用虚线标出故障部位的最小范围。

③ 用测量法正确、迅速地找出故障点。

④ 根据故障点的不同情况，采取正确的修复方法，迅速排除故障。

⑤ 排除故障后通电试车。

（3）学生检修。教师示范检修后，再由指导教师重新设置两个故障点，让学生进行检修。在学生检修的过程中，教师可进行启发性的示范指导。

（4）注意事项。检修训练时应注意以下几点：

① 要认真听取和仔细观察指导教师在示范过程中的讲解和检修操作。

② 要熟练掌握电路图中各个环节的作用。

③ 在排除故障过程中，故障分析的思路和方法要正确。

④ 工具和仪表使用要正确。

⑤ 带电检修故障时，必须有指导教师在现场监护，并要确保用电安全。

⑥ 检修必须在定额时间内完成。

6. 评分标准（表 2.21）

表 2.21　评分标准

项 目 内 容	配　分	评 分 标 准		扣　分
故障分析	30	（1）故障分析、排除故障的电路不正确，每个	扣 5～10 分	
		（2）标错电路故障范围，每个	扣 15 分	
排除故障	70	（1）停电不验电	扣 5 分	
		（2）工具及仪表使用不当，每次	扣 10 分	
		（3）排除故障的顺序不对	扣 5～10 分	
		（4）不能查出故障，每个	扣 35 分	
		（5）查出故障点，但不能排除，每个	扣 25 分	
		（6）产生新的故障：		
		不能排除，每个	扣 35 分	
		已经排除，每个	扣 15 分	
		（7）损坏电动机	扣 70 分	
		（8）损坏电器元件或排故方法不正确，每只（次）	扣 5～20 分	
安全文明生产		违反安全文明生产规程	扣 10～70 分	
定额时间：30 min		不允许超时检查，在修复故障过程中才允许超时，但应以每超 1 min 扣 5 分计算		
备注		除定额时间外，各项内容的最高扣分不得超过配分数	成绩	
开始时间			结束时间	实际时间

 想一想

1. 如何使电动机改变转向？

2. 用倒顺开关控制电动机正反转时，为什么不允许把手柄从"顺"的位置直接扳到"倒"的位置？

3. 题图 2.5 所示控制线路只能实现电动机的单向启动和停止。试用接触器和按钮在图中填画出使电动机反转的控制线路，并具有接触器联锁保护作用。

4. 试分析判断题图 2.6 所示主电路或控制电路能否实现正反转控制？若不能，试说明原因。

5. 什么叫联锁控制？在电动机正反转控制线路中为什么必须有联锁控制？试指出题图 2.7 所示控制电路中哪些电器元件起联锁作用？各线路有什么优缺点？

6. 试画出点动的双重联锁正反转控制线路的电路图。

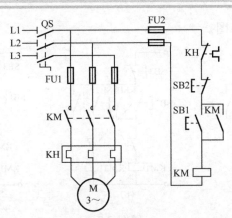

题图 2.5

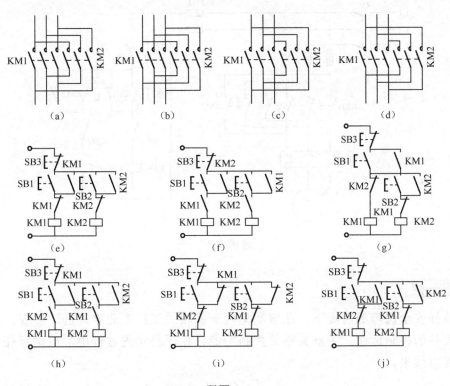

题图 2.6

7. 题图 2.8 所示为电动机正反转控制电路图，请检查图中哪些地方画错了？试加以改正，并说明改正的原因。

8. 某车床有两台电动机，一台是主轴电动机，要求能正反转控制；另一台是冷却液泵电动机，只要求正转控制。两台电动机都要求有短路、过载、欠压和失压保护，试设计出满足要求的电路图。

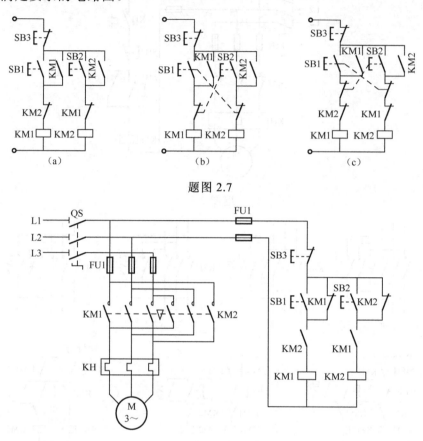

题图 2.7

题图 2.8

 **想一想**

在做好安全保障的前提下，在假期里向一些相关工厂企业申请进厂参观，实地了解机械设备的控制运作，了解其相关控制功能。在项目实施过程中，可进行任意两相换相，观察效果。

任务四 位置控制与自动循环控制线路

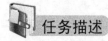 **任务描述**

在生产过程中，一些生产机械运动部件的行程或位置要受到限制，或者需要其运

动部件在一定范围内自动往返循环等。如在摇臂钻床、万能铣床、键床、桥式起重机及各种自动或半自动控制机床设备中经常遇到这种控制要求。实现这种控制要求所依靠的主要电器是位置开关。

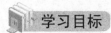 **学习目标**

1．熟悉位置控制线路和自动循环控制线路的构成和工作原理。
2．学会正确安装与检修工作台自动往返控制线路。
3．要求掌握位置控制线路和自动循环控制线路的正确安装与检修。

 **知识平台**

一、位置控制线路（行程控制或限位控制线路）

位置开关是一种将机械信号转换为电气信号，以控制运动部件位置或行程的自动控制电器。而位置控制就是利用生产机械运动部件上的挡铁与位置开关碰撞，使其触头动作，来接通或断开电路，以实现对生产机械运动部件的位置或行程的自动控制。

位置控制电路图如图 2.16 所示。工厂车间里的行车常采用这种线路，右下角是行车运动示意图，行车的两头终点处各安装一个位置开关 SQ1 和 SQ2，将这两个位置开关的常闭触头分别串接在正转控制电路和反转控制电路中。行车前后各装有挡铁 1 和挡铁 2，行车的行程和位置可通过移动位置开关的安装位置来调节。

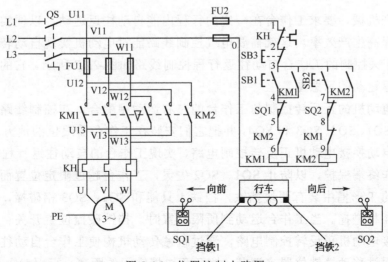

图 2.16　位置控制电路图

线路的工作原理叙述如下：先合上电源开关 QS。

1. 行车向前运动

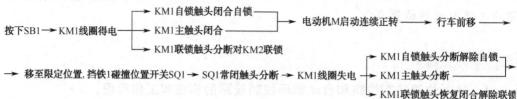

此时，即使再按下 SB1，由于 SQ1 常闭触头已分断，接触器 KM1 线圈也不会得电，保证了行车不会超过 SQ1 所在的位置。

2. 行车向后运动

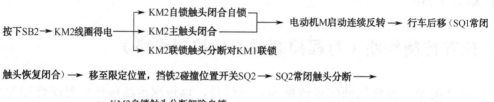

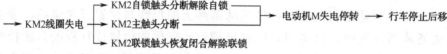

停车时只需按下 SB3 即可。

二、自动循环控制线路

有些生产机械，要求工作台在一定的行程内能自动往返运动，以便实现对工件的连续加工，提高生产效率。这就需要电气控制线路能对电动机实现自动转换正反转控制。由位置开关控制的工作台自动往返行程控制线路如图 2.17 所示。它的右下角是工作台自动往返运动的示意图。

为了使电动机的正反转控制与工作台的左右运动相配合，在控制线路中设置了四个位置开关 SQ1、SQ2、SQ3 和 SQ4，并把它们安装在工作台需限位的地方。其中 SQ1、SQ2 被用来自动换接电动机正反转控制电路，实现工作台的自动往返行程控制；SQ3、SQ4 被用来作终端保护，以防止 SQ1、SQ2 失灵，工作台越过限定位置而造成事故。在工作台边的 T 形槽中装有两块挡铁，挡铁 1 只能和 SQ1、SQ3 相碰撞，挡铁 2 只能和 SQ2、SQ4 相碰撞。当工作台运动到所限位置时，挡铁碰撞位置开关，使其触头动作，自动换接电动机正反转控制电路，通过机械传动机构使工作台自动往返运动。工作台行程可通过移动挡铁位置来调节，拉开两块挡铁间的距离，行程就短，反之则长。

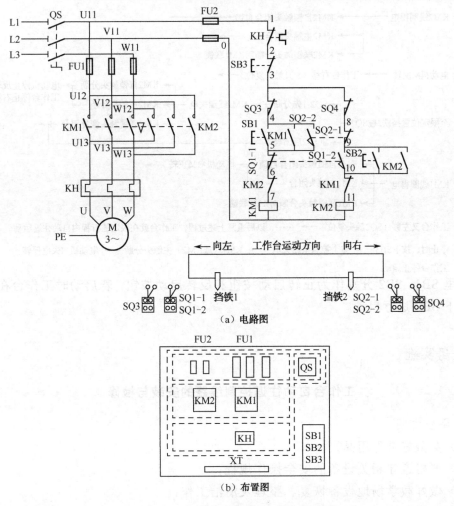

（a）电路图

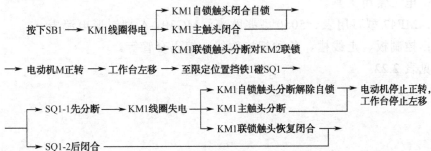

（b）布置图

图 2.17　工作台自动往返行程控制线路

线路的工作原理如下：先合上 QS。

按下SB1 ⟶ KM1线圈得电 ⟶ KM1自锁触头闭合自锁

⟶ KM1主触头闭合

⟶ KM1联锁触头分断对KM2联锁

⟶ 电动机M正转 ⟶ 工作台左移 ⟶ 至限定位置挡铁1碰SQ1

⟶ SQ1-1先分断 ⟶ KM1线圈失电 ⟶ KM1自锁触头分断解除自锁 ⟶ 电动机停止正转，工作台停止左移

⟶ KM1主触头分断

⟶ KM1联锁触头恢复闭合

⟶ SQ1-2后闭合

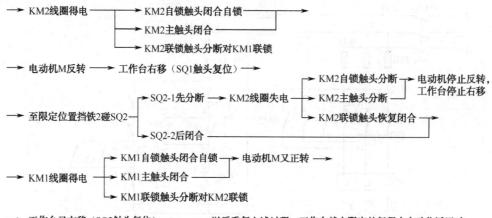

→ 工作台又左移（SQ2触头复位）→ ……，以后重复上述过程，工作台就在限定的行程内自动往返运动

停止时，按下SB3 → 整个控制电路失电 → KM1（或KM2）主触头分断 → 电动机M失电停转 →

→ 工作台停止运动

这里 SB1、SB2 分别作为正转启动按钮和反转启动按钮，若启动时工作台在左端，则应按下 SB2 进行启动。

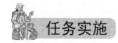 任务实施

工作台自动往返控制线路的安装与检修

1. 安全文明

（1）穿戴好劳保用品；

（2）严格遵守相关设备的安全操作规程；

（3）做好教学场地设备恢复、整理及清洁工作；

（4）人走五关（关门、关窗、关机、关电、关灯）。

2. 工具与仪表

（1）工具：电工常用工具。

（2）仪表：MF47 型万用表、5050 型兆欧表、MG301-A 型钳形电流表。

（3）器材：控制板、走线槽、各种规格软线、编码套管等。

电器元件见表 2.22。

表 2.22　元件明细表

代　号	名　称	型　号	规　格	数　量
M	三相异步电动机	Y112M-4	4 kW、380 V、8.8 A、△接法、1440 r/min	1
QS	组合开关	HZ10-25/3	三极、25 A、380 V	1
FU1	熔断器	RL1-60/25	60 A、配熔体 25 A	3
FU2	熔断器	RL1-15/2	15 A、配熔体 2 A	2
KM1、KM2	接触器	CJ10-20	20 A、线圈电压 380 V	2
KH	热继电器	JR16-20/3	三极、20 A、整定电流 8.8 A	1
SQ1～SQ4	位置开关	JLXK1-111	单轮旋转式	4
SB1～SB3	按钮	LA10-3H	保护式、按钮数 3	1
XT	端子板	JD0-1020	380 V、10 A、20 节	1
	主电路导线	BVR-1.5	1.5 mm^2（7×0.52 mm）	若干
	控制电路导线	BVR-1.0	1 mm^2（7×0.43 mm）	若干
	按钮线	BVR-0.75	0.75 mm^2	若干
	接地线	BVR-1.5	1.5 mm^2	若干
	走线槽		18 mm×25 mm	若干
	控制板		500 mm×400 mm×20 mm	1

3．实施过程

（1）安装步骤及工艺要求

① 按表 2.22 配齐所用电器元件，并检验元件质量。

② 在控制板上按如图 2.17b 所示安装走线槽和所有电器元件，并贴上醒目的文字符号。安装走线槽时，应做到横平竖直、排列整齐匀称、安装牢固和便于走线等。

③ 按如图 2.17a 所示的电路图进行板前线槽配线，并在导线端部套编码套管和冷压接线头。板前线槽配线的具体工艺要求：

a．所有导线的截面积在等于或大于 0.5 mm^2 时，必须采用软线。考虑机械强度的原因，所用导线的最小截面积，在控制箱外为 1 mm^2，在控制箱内为 0.75 mm^2。但对控制箱内很小电流的电路连线，如电子逻辑电路可用 0.2 mm^2，并且可以采用硬线，但只能用于不移动又无振动的场合。

b．布线时，严禁损伤线芯和导线绝缘。

c．各电器元件接线端子引出导线的走向，以元件的水平中心线为界线，在水平中心线以上接线端子引出的导线，必须进入元件上面的走线槽：在水平中心线以下接线端子引出的导线，必须进入元件下面的走线槽。任何导线都不允许从水平方向进入走线槽内。

d．各电器元件接线端子上引出或引入的导线，除间距很小和元件机械强度很差允许直接架空敷设外，其他导线必须经过走线槽进行连接。

e．进入走线槽内的导线要完全置于走线槽内，并应尽可能避免交叉，装线不要超过其容量的70%，以便于能盖上线槽盖和以后的装配及维修。

f．各电器元件与走线槽之间的外露导线，应走线合理，并尽可能做到横平竖直，变换走向要垂直。同一个元件上位置一致的端子和同型号电器元件中位置一致的端子上引出或引入的导线，要敷设在同一平面上，并应做到高低一致或前后一致，不得交叉。

g．所有接线端子、导线线头上都应套有与电路图上相应接点线号一致的编码套管，并按线号进行连接，连接必须牢靠，不得松动。

h．在任何情况下，接线端子必须与导线截面积和材料性质相适应。当接线端子不适合连接软线或较小截面积的软线时，可以在导线端头穿上针形或叉形轧头并压紧。

i．一般一个接线端子只能连接一根导线，如果采用专门设计的端子，可以连接两根或多根导线，但导线的连接方式，必须是公认的、在工艺上成熟的各种方式，如夹紧、压接、焊接、绕接等，并应严格按照连接工艺的工序要求进行。

④ 根据电路图检验控制板内部布线的正确性。

⑤ 安装电动机。

⑥ 可靠连接电动机和各电器元件金属外壳的保护接地线。

⑦ 连接电源、电动机等控制板外部的导线。

⑧ 自检。

⑨ 检查无误后通电试车。

（2）注意事项

① 位置开关可以先安装好，不占定额时间。位置开关必须牢固安装在合适的位置上。安装后，必须用手动工作台或受控机械进行试验，合格后才能使用。训练中若无条件进行实际机械安装试验时，可将位置开关安装在控制板下方两侧进行手控模拟试验。

② 通电校验时，必须先手动位置开关，试验各行程控制和终端保护动作是否正常可靠。若在电动机正转（工作台向左运动）时，扳动位置开关SQ1，电动机不反转，且继续正转，则可能是由于 KM2 的主触头接线不正确引起的，需断电进行纠正后再试，以防止发生设备事故。

③ 走线槽安装后可不必拆卸，以供后面任务实施时使用。安装线槽的时间不计入定额时间内。

④ 安装训练应在规定定额时间内完成，同时要做到安全操作和文明生产。

（3）评分标准（表 2.23）

表 2.23 评分标准

项 目 内 容	配　分	评 分 标 准		扣　分
装前检查	15	（1）电动机质量检查，每漏一处	扣 5 分	
		（2）电器元件漏检或错检，每处	扣 2 分	
安装元件	15	（1）元件布置不整齐、不匀称、不合理，每只	扣 3 分	
		（2）元件安装不紧固，每只	扣 4 分	
		（3）安装元件时漏装木螺钉，每只	扣 1 分	
		（4）走线槽安装不符合要求，每处	扣 2 分	
		（5）损坏元件	扣 15 分	
布线	30	（1）不按电路图接线	扣 25 分	
		（2）布线不符合要求：		
		主电路，每根	扣 4 分	
		控制电路，每根	扣 2 分	
		（3）接点松动、露铜过长，压绝缘层、反圈等，每个接点	扣 1 分	
		（4）损伤导线绝缘或线芯，每根	扣 5 分	
		（5）漏套或错套编码套管，每处	扣 2 分	
		（6）漏接接地线	扣 10 分	
通电试车	40	（1）热继电器未整定或整定错	扣 5 分	
		（2）熔体规格配错，主、控电路各	扣 5 分	
		（3）第一次试车不成功	扣 20 分	
		第二次试车不成功	扣 30 分	
		第三次试车不成功	扣 40 分	
安全文明生产		违反安全文明生产规程	扣 5～40 分	
定额时间：3.5 h		每超时 5 min 以内以扣 5 分计算		
备注		除定额时间外，各项目的最高扣分不应超过配分数	成绩	
开始时间		结束时间	实际时间	

4．检修训练

（1）故障设置。在控制电路或主电路中人为设置电气故障两处。

（2）故障检修。在教师的指导下，可让学生参照项目三中的项目实施中介绍的检修步骤及要求进行检修。

（3）注意事项。除项目二任务实施中所述的注意事项外，还应注意以下两点：

① 寻找故障现象时，不要漏检位置开关，并且严禁在位置开关 SQ3、SQ4 上设置故障。

② 要做到安全文明生产。

（4）评分标准。评分标准见表 2.21。

想一想

1．在通电校验时，在电动机正转（工作台向左运动）时，扳动行程开关 SQ1，电动机不反转（工作台向右运动），且继续正转，原因是什么？应该如何处理？

2．题图 2.9 所示为工作台控制自动往返行程控制线路的主电路，试补画出控制电路，并说明四个行程开关的用途。

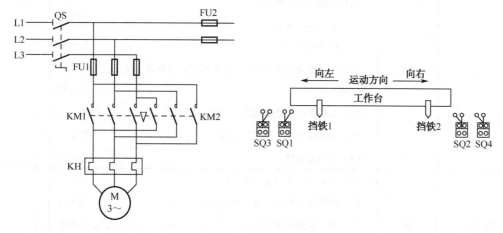

题图 2.9

知识拓展

结合实际，收集生产中还有哪些地方用到行程开关，并说说其用途。

任务五　顺序控制和多地点控制

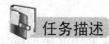**任务描述**

在装有多台电动机的生产机械上，各电动机所起的作用是不同的，有时需按一定

的顺序启动或停止，才能保证操作过程的合理和工作的安全可靠。例如：X62W 型万能铣床上要求主轴电动机启动后，进给电动机才能启动；M7120 型平面磨床的冷却泵电动机，要求当砂轮电动机启动后才能启动。

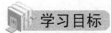

1．学会正确安装两台电动机顺序启动逆序停止控制线路。
2．学会正确安装与检修两地控制的具有过载保护的接触器自锁正转控制线路。

一、顺序控制线路

这种要求几台电动机的启动或停止必须按一定的先后顺序来完成的控制方式，叫做电动机的顺序控制。

1．主电路实现顺序控制

主电路实现顺序控制的电路如图 2.18 所示。线路的特点是电动机 M2 的主电路接在 KM（或 KM1）主触头的下面。

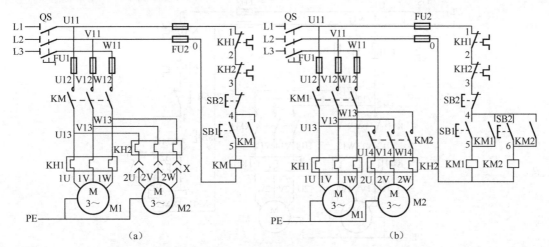

图 2.18 主电路实现顺序控制电路

如图 2.18a 所示控制线路中，电动机 M2 是通过接插器 X 接在接触器 KM 主触头的下面，因此，只有当 KM 主触头闭合，电动机 M1 启动运转后，电动机 M2 才可能接通电源运转。M7120型平面磨床的砂轮电动机和冷却泵电动机就采用这种顺序控制线路。

如图 2.18b 所示线路中，电动机 M1 和 M2 分别通过接触器 KM1 和 KM2 来控制，接触器 KM2 的主触头接在接触器 KM1 主触头的下面，这样就保证了当 KM1 主触头闭合、电动机 M1 启动运转后，M2 才可能接通电源运转。

线路的工作原理如下：先合上电源开关 QS。

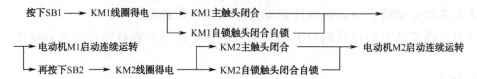

M1、M2 同时停转：

按下 SB3→控制电路失电→KM1、KM2 主触头分断→电动机 M1、M2 同时停转

2. 控制电路实现顺序控制

几种实现电动机顺序控制的电路如图 2.19 所示。

如图 2.19a 所示控制线路的特点是：电动机 M2 的控制电路先与接触器 KM1 的线圈并接后再与 KM1 的自锁触头串接，这样就保证了 M1 启动后，M2 才能启动的顺序控制要求。

线路的工作原理与图 2.18b 线路的工作原理相同。

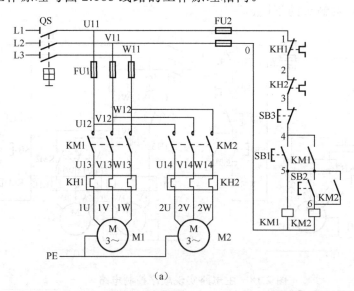

(a)

图 2.19　控制电路实现顺序控制电路图

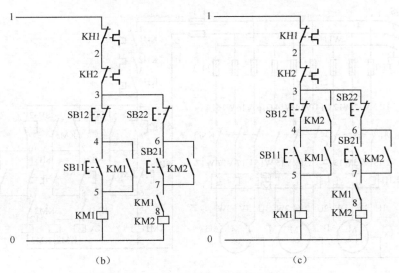

（b）　　　　　　　　　　　（c）

图 2.19　控制电路实现顺序控制电路图（续）

如图 2.19b 所示控制线路的特点是：在电动机 M2 的控制电路中串接了接触器 KM1 的常开辅助触头。显然，只要 M1 不启动，即使按下 SB21，由于 KM1 的常开辅助触头未闭合，KM2 线圈也不能得电，从而保证了 M1 启动后，M2 才能启动的控制要求。线路中停止按钮 SB12 控制两台电动机同时停止，SB22 控制 M2 的单独停止。

如图 2.19c 所示控制线路，是在图 2.19b 所示线路中的 SB12 的两端并接了接触器 KM2 的常开辅助触头，从而实现了 M1 启动后，M2 才能启动；而 M2 停止后，M1 才能停止的控制要求，即 M1、M2 是顺序启动，逆序停止。

例 2-4　如图 2.20 所示是三条传送带运输机的示意图。对于这三条带运输机的电气要求是：

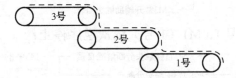

图 2.20　三条带运输机工作示意图

（1）启动顺序为 1 号、2 号、3 号，即顺序启动，以防止货物在带上堆积；

（2）停车顺序为 3 号、2 号、1 号，即逆序停止，以保证停车后带上不残存货物；

（3）当 1 号或 2 号出现故障停车时，3 号能随即停车，以免继续进料。

试画出三条带运输机的电路图，并叙述其工作原理。

解： 能满足三条带运输机电气控制要求的电路图如图 2.21 所示。

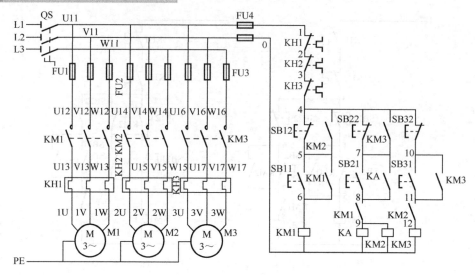

图 2.21 三条带运输机顺序启动、逆序停止控制电路图

线路的工作原理如下：先合上电源开关 QS。

M1（1 号）、M2（2 号）、M3（3 号）依次顺序启动：

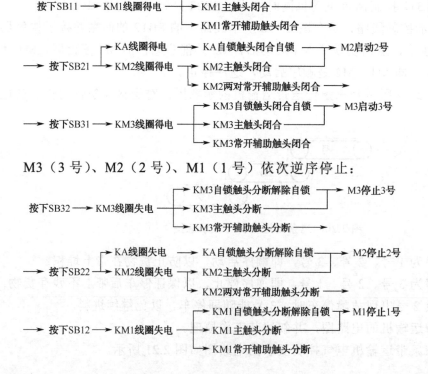

M3（3 号）、M2（2 号）、M1（1 号）依次逆序停止：

三台电动机都用熔断器和热继电器作短路和过载保护，三台中任何一台出现过载故障，三台电动机都会停车。

二、多地控制线路

能在两地或多地控制同一台电动机的控制方式叫电动机的多地控制。如图 2.22 所示为两地控制的具有过载保护接触器自锁正转控制电路图。其中 SB11、SB12 为安装在甲地的启动按钮和停止按钮；SB21、SB22 为安装在乙地的启动按钮和停止按钮。线路的特点是：两地的启动按钮 SB11、SB21 要并联接在一起；停止按钮 SB12、SB22 要串联接在一起。这样就可以分别在甲、乙两地启动和停止同一台电动机，达到操作方便之目的。

对三地或多地控制，只要把各地的启动按钮并接、停止按钮串接就可以实现。

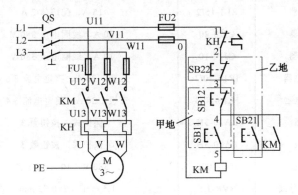

图 2.22　两地控制电路图

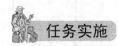

一、安装两台电动机顺序启动逆序停止控制线路

1. 安全文明

（1）穿戴好劳保用品；

（2）严格遵守相关设备的安全操作规程；

（3）做好教学场地设备恢复、整理及清洁工作；

（4）人走五关（关门、关窗、关机、关电、关灯）。

2. 工具与仪表

（1）工具：电工常用工具。

（2）仪表：MF47型万用表、ZC25-3兆欧表（500V、0～500V）、MG3-1型钳形电流表。

（3）器材：控制板、走线槽、各种规格软线、编码套管等。电器元件见表2.24。

表2.24 元件明细表

代　号	名　称	型　号	规　格	数　量
M1	三相异步电动机	Y112M-4	4 kW、380 V、8.8 A、△接法、1 440 r/min	1
M2	三相异步电动机	Y90S-2	1.5 kW、380 V、3.4 A、Y接法、2 845 r/min	1
QS	组合开关	HZ10-25/3	三极、25 A、380 V	1
FU1	熔断器	RL1-60/25	60 A、配熔体25 A	3
FU2	熔断器	RL1-15/2	15 A、配熔体2 A	2
KM1	接触器	CJ10-20	20 A、线圈电压380 V	1
KM2	接触器	CJ10-10	10 A、线圈电压380 V	1
KH1	热继电器	JR16-20/3	三极、20 A、整定电流8.8 A	1
KH2	热继电器	JR16-20/3	三极、20 A、整定电流3.4 A	1
SB11～SB12	按钮	LA10-3H	保护式、按钮数3	1
SB21～SB22	按钮	LA10-3H	保护式、按钮数3	1
XT	端子板	JD0-1020	380 V、10 A、20节	1
	主电路导线	BVR-1.5	1.5 mm^2（7×0.52 mm）	若干
	控制电路导线	BVR-1.0	1 mm^2（7×0.43 mm）	若干
	按钮线	BVR-0.75	0.75 mm^2	若干
	接地线	BVR-1.5	1.5 mm^2	若干
	走线槽		18 mm×25 mm	若干
	控制板		500 mm×400 mm×20 mm	1

3. 实施过程

安装工艺要求可参照任务四中的任务实施工艺要求进行。其安装步骤如下：

（1）按表2.24配齐所用电器元件，并检验元件质量。

（2）根据如图2.19c所示电路图（主电路见图2.19a所示），画出布置图。

（3）在控制板上按布置图安装走线槽和所有电器元件，并贴上醒目的文字符号。

（4）在控制板上按如图 2.19c 所示电路图进行板前线槽布线，并在导线端部套编码套管和冷压接线头。

（5）安装电动机。

（6）可靠连接电动机和电器元件金属外壳的保护接地线。

（7）连接控制板外部的导线。

（8）自检。

（9）检查无误后通电试车。

4．注意事项

（1）通电试车前，应熟悉线路的操作顺序，即先合上电源开关 QS，然后按下 SB11 后，再按 SB21 顺序启动；按下 SB22 后，再按下 SB12 逆序停止。

（2）通电试车时，注意观察电动机、各电器元件及线路各部分工作是否正常。若发现异常情况，必须立即切断电源开关 QS，因为此时停止按钮 SB12 已失去作用。

（3）安装应在规定的定额时间内完成，同时要做到安全操作和文明生产。

5．评分标准（表 2.25）

表 2.25 评分标准

项目内容	配 分	评 分 标 准		扣 分
装前检查	15	（1）电动机质量检查，每漏一处	扣 5 分	
		（2）电器元件漏检或错检，每处	扣 2 分	
安装元件	15	（1）元件布置不整齐、不匀称、不合理，每只	扣 3 分	
		（2）元件安装不紧固，每只	扣 4 分	
		（3）安装元件时漏装木螺钉，每只	扣 1 分	
		（4）走线槽安装不符合要求，每处	扣 2 分	
		（5）损坏元件	扣 15 分	
布线	30	（1）不按电路图接线	扣 25 分	
		（2）布线不符合要求：		
		主电路，每根	扣 4 分	
		控制电路，每根	扣 2 分	
		（3）接点松动、露铜过长、压绝缘层、反圈等，每个接点	扣 1 分	
		（4）损伤导线绝缘或线芯，每根	扣 5 分	
		（5）漏套或错套编码套管，每处	扣 2 分	
		（6）漏接接地线	扣 10 分	

续表

项 目 内 容	配 分	评 分 标 准		扣 分
通电试车	40	（1）热继电器未整定或整定错，每只	扣 5 分	
		（2）熔体规格配错，主、控电路各	扣 5 分	
		（3）第一次试车不成功	扣 20 分	
		第二次试车不成功	扣 30 分	
		第三次试车不成功	扣 40 分	
安全文明生产		（1）违反安全文明生产规程	扣 5～40 分	
		（2）乱线敷设，加扣不安全分	扣 10 分	
定额时间：3 h		每超时 5 min 以内以扣 5 分计算		
备注		除定额时间外，各项目的最高扣分不应超过配分数	成绩	
开始时间		结束时间	实际时间	

二、安装与检修两地控制的具有过载保护的接触器自锁正转控制线路

1. 安全文明
（1）穿戴好劳保用品；
（2）严格遵守相关设备的安全操作规程；
（3）做好教学场地设备恢复、整理及清洁工作；
（4）人走五关（关门、关窗、关机、关电、关灯）。

2. 工具与仪表
（1）工具：电工常用工具。
（2）仪表：MF47 型万用表、ZC25-3 兆欧表（500V、0～500V）、MG3-1 型钳形电流表。
（3）器材：控制板、走线槽、各种规格软线、编码套管等。

3. 实施过程
安装与检修两地控制的具有过载保护的接触器自锁正转控制线路。
（1）根据图 2.22 所示电路图，画出布置图，然后参照本项目任务二中的相关内容进行训练。
（2）根据以下故障现象，同学之间相互设置故障点、查找故障点，并正确排除故障，把结果填入表 2.26。教师巡视指导并做好现场监护。

表 2.26　检修结果表

故 障 现 象	故 障 点	排 故 方 法
按下 SB11、SB21 电动机都不能启动		
电动机只能点动控制		
按下 SB11 电动机不能启动、按下 SB21 能启动		

4. 评分标准（表 2.27）

表 2.27　评分标准

项目内容	配　分	评分标准	扣　分
故障分析	30	（1）故障分析、排除故障的思路不正确，每个　　　　　　扣 5～10 分 （2）标错电路故障范围，每个　　　　　　　　　　扣 15 分	
排除故障	70	（1）停电不验电　　　　　　　　　　　　　　　　扣 5 分 （2）工具及仪表使用不当，每次　　　　　　　　　扣 10 分 （3）排除故障的顺序不对　　　　　　　　　　　　扣 5～10 分 （4）不能查出故障，每个　　　　　　　　　　　　扣 35 分 （5）查出故障点，但不能排除，每个　　　　　　　扣 25 分 （6）产生新的故障： 　　　不能排除，每个　　　　　　　　　　　　　扣 35 分 　　　已经排除，每个　　　　　　　　　　　　　扣 15 分 （7）损坏电动机　　　　　　　　　　　　　　　　扣 70 分 （8）损坏电器元件或排故方法不正确，每只（次）　扣 5～20 分	
安全文明生产		违反安全文明生产规程　　　　　　　　　　　　　　扣 10～70 分	
定额时间：30 min		不允许超时检查，在修复故障过程中才允许超时，但应以每超 1 min 扣 5 分计算	
备注		除定额时间外，各项内容的最高扣分不得超过配分数	成绩
开始时间		结束时间　　　　　　　　　　　　　　　　　　　　实际时间	

想一想

1. 题图 2.10 所示是两条传送带运输机的示意图。请按下述要求画出两条传送带运输机的控制电路图。

（1）1 号启动后，2 号才能启动；

（2）1 号必须在 2 号停止后才能停止；

（3）具有短路、过载、欠压及失压保护。

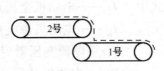

题图 2.10

2. 什么叫电动机的多地控制？线路的接线特点是什么？

3．能否实现在两地或多地控制同一台电动机的运转？若能，试设计画出两地控制的具有过载保护接触器自锁正转控制线路的电路图。

4．试画出能在两地控制同一台电动机正反转点动控制电路图。

任务六　三相异步电动机降压启动控制线路

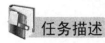

任务描述

用前面介绍的各种控制线路启动时，加在电动机定子绕组上的电压为电动机的额定电压，属于全压启动，也称直接启动。直接启动的优点是所用电气设备少，线路简单，维修量较小。异步电动机直接启动时，启动电流一般为额定电流的4～7倍。在电源变压器容量不够大而电动机功率较大的情况下，直接启动将导致电源变压器输出电压下降，不仅减小电动机本身的启动转矩，而且会影响同一供电线路中其他电气设备的正常工作。因此，较大容量的电动机需采用降压启动。

学习目标

1．掌握三相异步电动机降压启动的原理及方法。

2．能正确进行定子绕组串接电阻、自耦变压器、Y-△降压启动控制线路的安装。

3．能进行定子绕组串接电阻、自耦变压器、Y-△降压启动控制线路的检修。

知识平台

通常规定：电源容量在180 kVA以上，电动机容量在7 kW以下的三相异步电动机可采用直接启动。

判断一台电动机能否直接启动，还可以用下面的经验公式来确定：

$$\frac{I_{st}}{I_N} \leqslant \frac{3}{4} + \frac{S}{4P}$$

式中　I_{st}——电动机全压启动电流（A）；

　　　I_N——电动机额定电流（A）；

　　　S——电源变压器容量（kVA）；

　　　P——电动机功率（kW）。

凡不满足直接启动条件的，均须采用降压启动。

降压启动是指利用启动设备将电压适当降低后加到电动机的定子绕组上进行启

动，待电动机启动运转后，再使其电压恢复到额定值正常运转。由于电流随电压的降低而减小，所以降压启动达到了减小启动电流之目的；但是，由于电动机转矩与电压的平方成正比，所以降压启动也将导致电动机的启动转矩大为降低。因此，降压启动需要在空载或轻载下启动。

常见的降压启动方法有四种：定子绕组串接电阻降压启动；自耦变压器降压启动；Y-△降压启动；延边△降压启动。下面分别给予介绍。

一、定子绕组串接电阻降压启动控制线路

定子绕组串接电阻降压启动是指在电动机启动时，把电阻串接在电动机定子绕组与电源之间，通过电阻的分压作用来降低定子绕组上的启动电压。待电动机启动后，再将电阻短接，使电动机在额定电压下正常运行。这种降压启动控制线路有手动控制、按钮与接触器控制、时间继电器自动控制和手动自动混合控制四种形式。

1. 手动控制线路

手动控制电路如图 2.23a 所示。其工作原理如下：先合上电源开关 QS1，电源电压通过串联电阻 R 分压后加到电动机的定子绕组上进行降压启动；当电动机的转速升高到一定值时，再合上 QS2，这时电阻 R 被开关 QS2 的触头短接，电源电压直接加到定子绕组上，电动机便在额定电压下正常运转。

2. 按钮与接触器控制线路

按钮与接触器控制电路图如图 2.23b 所示。其工作原理如下：先合上电源开关 QS。降压启动全压运行：

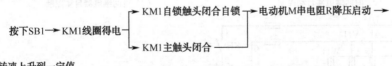

停止时，只需按下 SB3，控制电路失电，电动机 M 失电停转。

如图 2.23a、b 所示线路，电动机从降压启动到全压运转是由操作人员操作转换开关 QS2 或按钮 SB2 来实现的，工作既不方便也不可靠。因此，实际的控制线路常采用时间继电器来自动完成短接电阻的要求，以实现自动控制。

3. 时间继电器自动控制线路

时间继电器自动控制电路图如图 2.23c 所示。这个线路中用时间继电器 KT 代替了图 2.23b 线路中的按钮 SB2，从而实现了电动机从降压启动到全压运行的自动控制。

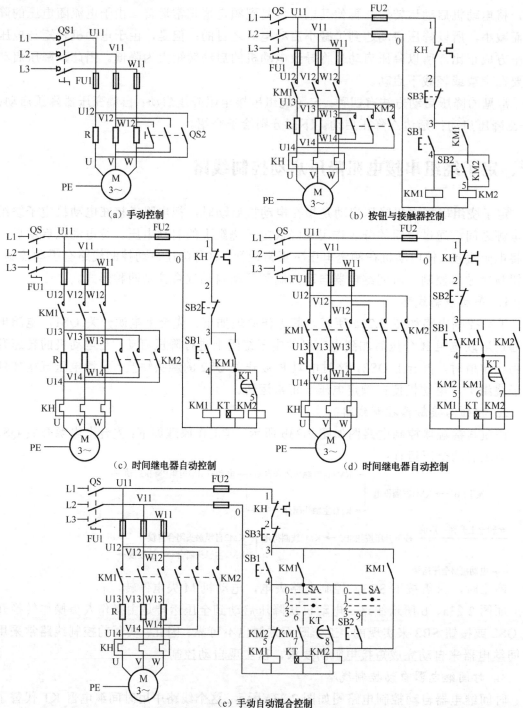

(a) 手动控制

(b) 按钮与接触器控制

(c) 时间继电器自动控制

(d) 时间继电器自动控制

(e) 手动自动混合控制

图 2.23　串联电阻降压启动控制电路图

只要调整好时间继电器 KT 触头的动作时间，电动机由启动过程切换成运行过程就能准确可靠地完成。

线路的工作原理如下：合上电源开关 QS。

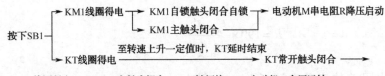

停止时，按下 SB2 即可实现。

由以上分析可见，当电动机 M 全压正常运转时，接触器 KM1 和 KM2、时间继电器 KT 的线圈均需长时间通电，从而使能耗增加，电器寿命缩短。为此，设计了如图 2.23d 所示线路。该线路的主电路中，KM2 的三对主触头不是直接并接在启动电阻 R 两端，而是把接触器 KM1 的主触头也并接了进去，这样接触器 KM1 和时间继电器 KT 只作短时间的降压启动用，待电动机全压运转后就全部从线路中切除，从而延长了接触器 KM1 和时间继电器 KT 的使用寿命，节省了电能，提高了电路的可靠性。

4. 手动自动混合控制线路

手动自动混合控制电路图如图 2.23e 所示。与图 2.23d 线路比较可见，该线路在控制电路中增接了一个操作开关 SA 和一个升压按钮 SB2。线路工作原理如下：先合上电源开关 QS。

（1）手动控制：把操作开关 SA 的手柄置于图 2.23e 中"1"的位置（见黑点所示）。

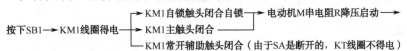

（2）自动控制：把操作开关 SA 的手柄置于图 2.23e 中"2"的位置（见黑点所示）。

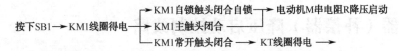

停止时，按下 SB3 即可实现。

启动电阻 R 一般采用 ZX1、ZX2 系列铸铁电阻。铸铁电阻能够通过较大电流，功率大。启动电阻 R 可按下列近似公式确定：

$$R = 190 \times \frac{I_{st} - I'_{st}}{I_{st} I'_{st}}$$

式中　I_{st}——未串电阻前的启动电流（A），一般 $I_{st} = （4 \sim 7）I_N$；

I'_{st}——串联电阻后的启动电流（A），一般 $I'_{st} = （2 \sim 3）I_N$；

I_N——电动机的额定电流（A）；

R——电动机每相应串接的启动电阻值（Ω）。

电阻功率可用公式 $P = I_N^2 R$ 计算。由于启动电阻 R 仅在启动过程中接入，且启动时间很短，所以实际选用的电阻功率可比计算值 $P = I_N^2 R$ 减小 3～4 倍。

例 2-5　一台二相笼型异步电动机，功率为 20 kW，额定电流为 38.4 A，电压为 380 V。问各相应串联多大的启动电阻进行降压启动？

解：选取 $I_{st} = 6I_N = 6 \times 38.4 = 230.4$ A

$I'_{st} = 2I_N = 2 \times 38.4 = 76.8$ A

启动电阻阻值

$$R = 190 \times \frac{I_{st} - I'_{st}}{I_{st} I'_{st}} = 190 \times \frac{230.4 - 76.8}{230.4 \times 76.8} \approx 1.65 \Omega$$

启动电阻功率

$$P_{实} = \frac{1}{3} I_N^2 R = \frac{1}{3} \times 38.4^2 \times 1.65 = 811 \text{ W}$$

串接电阻降压启动的缺点是减小了电动机的启动转矩，同时启动时在电阻上功率消耗也较大。如果启动频繁，则电阻的温度很高，对于精密的机床会产生一定的影响，故目前这种降压启动的方法在生产实际中的应用正在逐步减少。

二、自耦变压器（补偿器）降压启动控制线路

自耦变压器降压启动是指电动机启动时利用自耦变压器来降低加在电动机定子绕组上的启动电压。待电动机启动后，再使电动机与自耦变压器脱离，从而在全压下正常运行。这种降压启动原理如图 2.24 所示。启动时，先合上电源开关 QS1，再将开关 QS2 扳向"启动"位置，此时电动机的定子绕组与变压器的二次侧相接，电

动机进行降压启动。待电动机转速上升到一定值时，迅速将开关 QS2 从"启动"位置扳到"运行"位置，这时，电动机与自耦变压器脱离而直接与电源相接，在额定电压下正常运行。

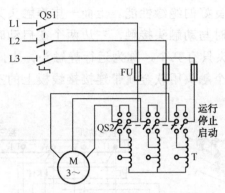

图 2.24　自耦变压器降压启动原理图

自耦减压启动器又称补偿器，是利用自耦变压器来进行降压的启动装置，其产品有手动式和自动式两种。

1. 手动控制补偿器降压启动线路

常用的手动补偿器有 QJ3 系列油浸式和 QJ10 系列空气式两种。QJ3 属应淘汰产品，但现在仍有相当数量的补偿器在使用中。QJ3 系列手动控制补偿器的结构图如图 2.25a 所示。它主要由箱体、自耦变压器、保护装置、触头系统和手柄操作机构五部分组成。

自耦变压器、保护装置和手柄操作机构装在箱架的上部。自耦变压器的抽头电压有两种，分别是电源电压的 65% 和 80%（出厂时接在 65%），使用时可以根据电动机启动时负载的大小来选择不同的启动电压。线圈是按短时通电设计的，只允许连续启动两次。补偿器的电寿命为 5 000 次。

保护装置有欠压保护和过载保护两种。欠压保护采用欠压脱扣器，它由线圈、铁芯和衔铁所组成。其线圈 KV 跨接在 U、W 两相之间。在电源电压正常情况下，线圈得电能使铁芯吸住衔铁。但当电源电压降低到额定电压的 85% 以下时，线圈中的电流减小，使铁芯吸力减弱而吸不住衔铁，故衔铁下落，并通过操作机构使补偿器掉闸，切断电动机电源，起到欠压保护作用。同理，在电源突然断电时（失压或零压），补偿器同样会掉闸，从而避免了电源恢复供电时电动机自行全压启动。过载保护采用可以手动复位的 JRO 型热继电器 KH，KH 的热元件串接在电动机与电源之间，其常闭触头与欠压脱扣器线圈 KV、停止按钮 SB 串接在一起。在室温 35℃ 环境下，当电流增加到额定电流的 1.2 倍时，热继电器 KH 动作，其常闭触头分断，KV 线圈失电使补偿器掉闸，切断电源停车。

手柄操作机构包括手柄、主轴和机械联锁装置等。

触头系统包括两排静触头和一排动触头，并全部装在补偿器的下部，浸没在绝缘油内。绝缘油的作用是：熄灭触头分断时产生的电弧。绝缘油必须保持清洁，防止水分和杂物掺入，以保证有良好的绝缘性能。上面一排静触头共有五个，称为启动静触头，其中右边三个在启动时与动触头接触，左边两个在启动时将自耦变压器的三相绕组接成Y；下面一排静触头只有三个，称为运行静触头；中间一排是动触头，共有五个，装在主轴上，右边三个触头用软金属带连接接线板上的三相电源，左边两个触头是自行接通的。

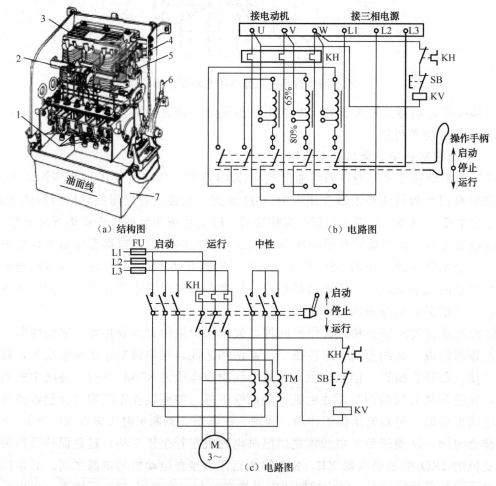

（a）结构图　　　　　　　　　　　（b）电路图

（c）电路图

图 2.25　QJ3 系列手动控制补偿器

1-启动静触头；2-热继电器；3-自耦变压器；4-欠电压保护装置；5-停止按钮；6-操作手柄；7-油箱

QJ3 系列补偿器的电路图如图 2.25b 所示，其动作原理如下：

当手柄扳到"停止"位置时，装在主轴上的动触头与两排静触头都不接触，电动机处于断电停止状态。

当手柄向前推到"启动"位置时，动触头与上面的一排启动静触头接触，三相电源 L1、L2、L3 通过右边三个动、静触头接入自耦变压器，又经自耦变压器的三个（65% 或 80%）抽头接入电动机进行降压启动；左边两个动、静触头接触则把自耦变压器接成了 Y 形。

当电动机的转速上升到一定值时，将手柄向后迅速扳到"运行"位置，使右边三个动触头与下面一排的三个运行静触头接触，这时，自耦变压器脱离，电动机与三相电源 L1、L2、L3 直接相接全压运行。

停止时，只要按下停止按钮 SB，欠压脱扣器 KV 线圈失电，衔铁下落释放，通过机械操作机构使补偿器掉闸，手柄便自动回到"停止"位置，电动机断电停转。

由图 2.25b 可看出，热继电器 KH 的常闭触头、停止按钮 SB、欠压脱扣器线圈 KV 串接在两相电源上，所以当出现电源电压不足、突然停电、电动机过载和停车时，都能使补偿器掉闸，电动机断电停转。

QJ3 系列油浸式自耦减压启动器适用于交流 50 或 60 Hz、电压 440 V 及以下、容量 75 kW 及以下的三相笼型电动机的不频繁启动和停止用。

QJ10 系列空气式手动补偿器是已达 IEC 标准、国家标准以及部颁标准的改进型产品，适用于交流 50 Hz、电压 380 V 及以下、容量 75 kW 及以下的三相笼型异步电动机作不频繁启动和停止用。在结构上，QJ10 系列与 QJ3 系列基本相同，也是由箱体、自耦变压器、保护装置、触头系统和手柄操作机构五部分组成。两者不同的是，QJ10 系列的自耦变压器装在箱体的下部，触头系统在补偿器的上部。QJ3 的触头是铜质指形转动式，而 QJ10 的触头系统都是借用 CJ10 系列交流接触器的桥式双断点触头，并装有原配的陶土灭弧罩灭弧，且有一组启动触头、一组中性触头和一组运行触头。

QJ10 系列空气式手动补偿器的电路如图 2.25c 所示。其动作原理如下：当手柄扳到"停止"位置时，所有的动、静触头均断开，电动机处于停止状态；当手柄向前推至"启动"位置时，启动触头和中性触头同时闭合，三相电源经启动触头接入自耦变压器 TM，再由自耦变压器的 65%（或 80%）抽头处接入电动机进行降压启动，中性触头则把自耦变压器接成了 Y 形；当电动机转速升至一定值后把手柄迅速扳至"运行"位置，启动触头和中性触头先同时断开，运行触头随后闭合，电动机进入全压运行。停止时，按下 SB 即可。

2. 按钮、接触器、中间继电器控制补偿器降压启动控制线路

按钮、接触器、中间继电器控制的补偿器降压启动电路如图 2.26 所示。

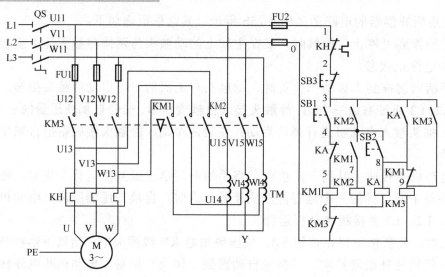

图 2.26　按钮、接触器、中间继电器控制的补偿器降压启动电路图

其线路的工作原理如下：合上电源开关 QS。

（1）降压启动：

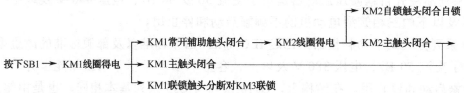

（2）全压运转：当电动机转速上升到接近额定转速时，

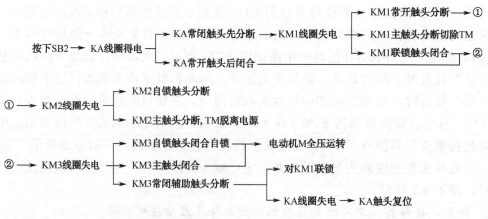

停止时，按下 SB3 即可。

该控制线路有如下优点：（1）启动时若操作者直接误按 SB2，接触器 KM3 线圈也不会得电，避免电动机全压启动；（2）由于接触器 KM1 的常开触头与 KM2 线圈串联，所以当降压启动完毕后，接触器 KM1、KM2 均失电，即使接触器 KM3 出现故障使触头无法闭合时，也不会使电动机在低压下运行。该线路的缺点是从降压启动到全压运转，需两次按动按钮，操作不便，且间隔时间也不能准确掌握。

3. 时间继电器自动控制补偿器降压启动线路

我国生产的 XJ01 系列自动控制补偿器是广泛应用的自耦变压器降压启动自动控制设备，适用于交流为 50Hz、电压为 380 V、功率为 14～300 kW 的三相笼型异步电动机的降压启动用。

XJ01 系列自动控制补偿器由自耦变压器、交流接触器、中间继电器、热继电器、时间继电器和按钮等电器元件组成。对于 14～75 kW 的产品，采用自动控制方式；100～300 kW 的产品，具有手动和自动两种控制方式，由转换开关进行切换。时间继电器为可调式，在 5～120 s 内可以自由调节控制启动时间。自耦变压器备有额定电压 60% 及 80% 两挡抽头。补偿器具有过载和失压保护，最大启动时间为 2 min（包括一次或连续数次启动时间的总和），若启动时间超过 2 min，则启动后的冷却时间应不少于 4 h 才能再次启动。

XJ01 型自动控制补偿器降压启动的电路如图 2.27 所示。点画线框内的按钮是异地控制按钮。

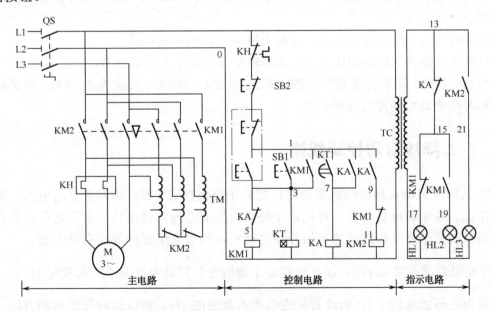

图 2.27　XJ01 型自动控制补偿器电路图

整个控制线路分为三部分：主电路、控制电路和指示电路。

线路工作原理如下：合上电源开关 QS。

（1）降压启动：

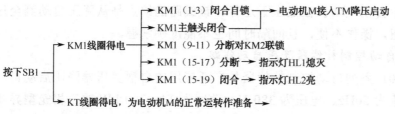

（2）全压运转：

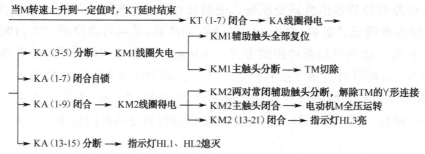

由以上分析可见，指示灯 HL1 亮，表示电源有电，电动机处于停止状态；指示灯 HL2 亮，表示电动机处于降压启动状态；指示灯 HL3 亮，表示电动机处于全压运转状态。

停止时，按下停止按钮 SB2，控制电路失电，电动机停转。

自耦变压器降压启动的优点是：启动转矩和启动电流可以调节。缺点是设备庞大，成本较高。因此，这种方法适用于额定电压为 220～380 V、接法为△-Y形、容量较大的三相异步电动机的降压启动。

三、Y-△降压启动控制线路

Y-△降压启动是指电动机启动时，把定子绕组接成Y形，以降低启动电压，限制启动电流。待电动机启动后，再把定子绕组改接成△形，使电动机全压运行。凡是在正常运行时定子绕组作△形连接的异步电动机，均可采用这种降压启动方法。

电动机启动时接成Y形，加在每相定子绕组上的启动电压只有△形接法的 $\dfrac{1}{\sqrt{3}}$，启动电流为△形接法的 1/3，启动转矩也只有△接法的 1/3。所以这种降压启动方法，只适用于轻载或空载下启动。常用的Y-△降压启动控制线路有以下几种。

1. 手动控制Y-△降压启动线路

双投开启式负荷开关手动控制Y-△降压启动的电路如图2.28所示。线路的工作原理如下：启动时，先合上电源开关QS1，然后把开启式负荷开关QS2扳到"启动"位置，电动机定子绕组便接成Y降压启动；当电动机转速上升并接近额定值时，再将QS2扳到"运行"位置，电动机定子绕组改接成△形全压正常运行。

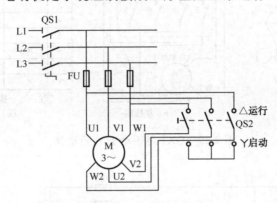

图2.28　手动Y-△降压启动电路图

手动Y-△启动器专门作为手动Y-△降压启动用，有QX1和QX2系列，按控制电动机的容量分为13 kW和30 kW两种，启动器的正常操作频率为30次/小时。QX1型手动Y-△启动器的外形图、接线图和触头分合图如图2.29所示。从图2.29b、c所示接线图和触头分合图对应看出，启动器有启动（Y）、停止（0）和运行（△）三个位置，当手柄扳到"0"位置时，八个触头都分断，电动机脱离电源停转；当手柄扳到"Y"位置时，1、2、5、6、8触头闭合接通，3、4、7触头分断，定子绕组的末端W2、U2、V2通过触头5、6接成Y形，始端U1、V1、W1则分别通过触头1、8、2接入三相电源L1、L2、L3，电动机进行Y形降压启动；当电动机转速上升并接近额定转速时，将手柄扳到"△"位置，这时1、2、3、4、7、8触头闭合，5、6触头分断，定子绕组按U1——→触头1——→触头3——→W2、V1——→触头8——→触头7——→U2、W1——→触头2——→触头4——→V2接成△形全压正常运转。

2. 按钮、接触器控制Y-△降压启动线路

用按钮和接触器控制Y-△降压启动电路如图2.30所示。该线路使用了三个接触器、一个热继电器和三个按钮。接触器KM作引入电源用，接触器KMY和KM△分别作Y形启动用和△形运行用，SB1是启动按钮，SB2是Y-△换接按钮，SB3是停止按钮，FU1作为主电路的短路保护，FU2作为控制电路的短路保护，KH作为过载保护。

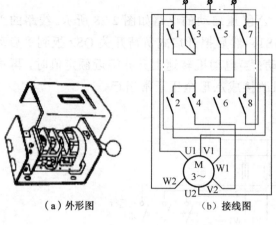

接点	手柄位置		
	启动Y	停止0	运行△
1	×		×
2	×		×
3			×
4			×
5	×		
6	×		
7			×
8	×		×

注：×—接通

（a）外形图　　　　（b）接线图　　　　（c）触头分合图

图 2.29　QX1 型手动Y-△启动器

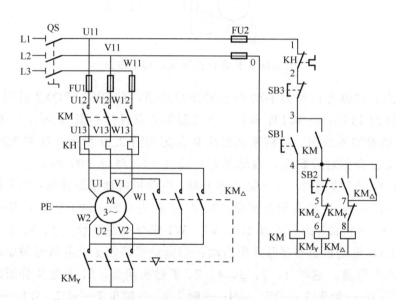

图 2.30　按钮、接触器控制Y-△降压启动电路图

线路的工作原理如下：先合上电源开关 QS。

（1）电动机Y形接法降压启动：

（2）电动机△形接法全压运行：当电动机转速上升并接近额定值时，

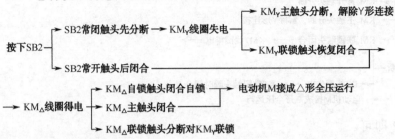

停止时按下 SB3 即可实现。

3．时间继电器自动控制丫-△降压启动线路

时间继电器自动控制丫-△降压启动电路如图 2.31 所示。该线路由三个接触器、一个热继电器、一个时间继电器和两个按钮组成。时间继电器 KT 用作控制丫形降压启动时间和完成丫-△自动切换。

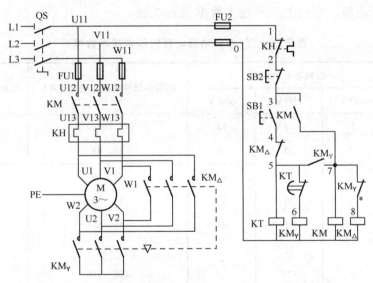

图 2.31　时间继电器自动控制丫-△降压启动电路图

线路的工作原理如下：先合上电源开关 QS。

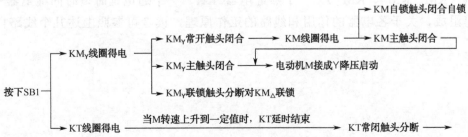

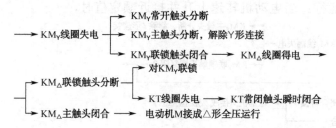

停止时按下 SB2 即可。

该线路中，接触器 KMY 得电以后，通过 KMY 的常开辅助触头使接触器 KM 得电动作，这样 KMY 的主触头是在无负载的条件下进行闭合的，故可延长接触器 KMY 主触头的使用寿命。

4. QX3-13 型 Y-△ 自动启动器

时间继电器自动控制 Y-△ 降压启动线路的定型产品有 QX3、QX4 两个系列，称之为 Y-△ 自动启动器。它们的主要技术数据见表 2.28。

表 2.28 Y-△ 自动启动器的基本技术数据

启动器型号	控制功率（kW）			配用热元件的额定电流（A）	延时调整范围（s）
	200 V	380 V	500 V		
QX3-13	7	13	13	11、16、22	4～6
QX3-30	17	30	30	32、45	4～16
QX4-17		17	13	15、19	11、13
QX4-30		30	22	25、34	15、17
QX4-55		55	44	45、61	20、24
QX4-75		75		85	30
QX4-125		125		100～160	14～60

QX3-13 型 Y-△ 自动启动器外形结构和电路如图 2.32 所示。这种启动器主要由三个接触器（KM、KMY、KM△）、一个热继电器 KH、一个通电延时型时间继电器 KT 和按钮等组成，关于各电器的作用和线路的工作原理，读者可参照上述几个线路自行分析。

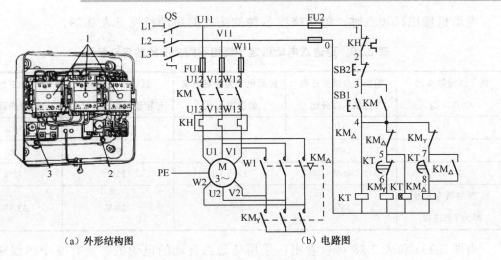

（a）外形结构图　　　　　　　　　　（b）电路图

图 2.32　QX3 -13 型Y-△自动启动器

1-接触器；2-热继电器；3-时间继电器

四、延边△降压启动控制线路

延边△降压启动是指电动机启动时，把定子绕组的一部分接成"△"形，另一部分接成"Y"形，使整个绕组接成延边△形，如图 2.33a 所示。待电动机启动后，再把定子绕组改接成△形全压运行，如图 2.33b 示。

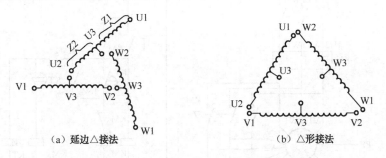

（a）延边△接法　　　　　　　　　　（b）△形接法

图 2.33　延边△降压启动电动机定子绕组的连接方式

延边△降压启动是在Y-△降压启动的基础上加以改进而形成的一种启动方式，它把Y形和△形两种接法结合起来，使电动机每相定子绕组承受的电压小于△接法时的相电压而大于Y形接法时的相电压，并且每相绕组电压的大小可随电动机绕组抽头（U3、V3、W3）位置的改变而调节，从而克服了Y-△降压启动时启动电压偏低、启动转矩偏小的缺点。

电动机接成延边△时，每相绕组各种抽头比的启动特性见表 2.29。

表 2.29　延边△电动机定子绕组不同抽头比的启动特性

定子绕组轴头比 $K=Z_1:Z_2$	相似于自耦变压器 的抽头百分比	启动电流为额定电流 的倍数 I_{st}/I_N	延边△启动时 每相绕组电压（V）	启动转矩为全压 启动时的百分比
1:1	71%	3～3.5	270	50%
1:2	78%	3.6～4.2	296	60%
2:1	66%	2.6～3.1	250	42%
当 Z_2 绕组为 0 时 即为 Y 形连接	58%	2～2.3	220 V	33.3%

由图 2.33a 和表 2.28 可以看出，采用延边△启动的电动机需要有 9 个出线端，这样不用自耦变压器，通过调节定子绕组的抽头比 K，就可以得到不同数值的启动电流和启动转矩，从而满足了不同的使用要求。

1. 延边△降压启动控制线路

延边△降压启动电路如图 2.34 所示。

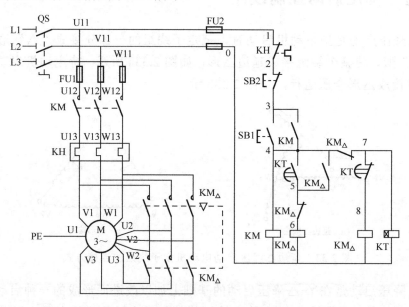

图 2.34　延边△降压启动电路图

其工作原理如下：合上电源开关 QS。

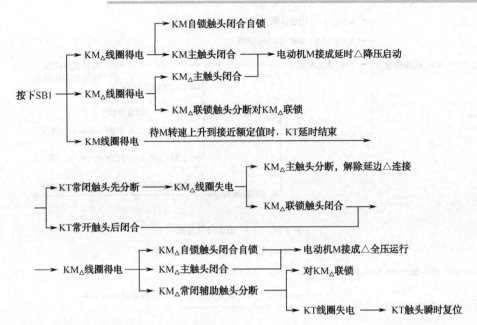

停止时按下 **SB2** 即可。

2. XJ1 系列减压启动控制箱的控制线路

XJ1 系列减压启动控制箱就是应用延边△降压启动方法而制成的一种启动设备，箱内无降压自耦变压器，可允许频繁操作，并可作丫-△降压启动。

XJ1 系列减压启动控制箱的电路如图 2.35 所示。线路的工作原理如下：当三相电源 L1、L2、L3 接入后，变压器 TC 有电，指示灯 HL1 亮。

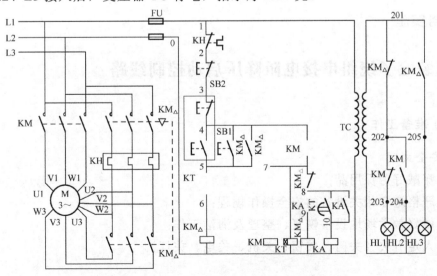

图 2.35　XJ1 系列减压启动控制箱的电路图

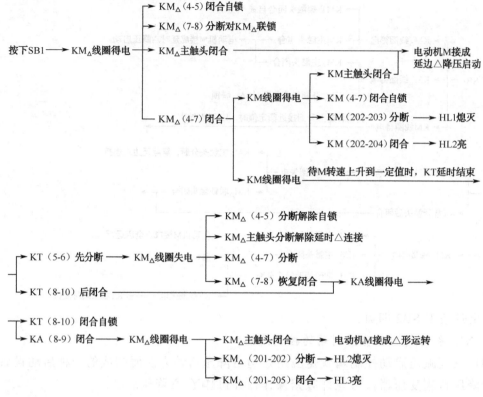

需要停止时，按下 SB2，KM、KM△失电，电动机停止工作。

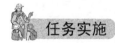
任务实施

一、安装定子绕组串接电阻降压启动控制线路

（一）准备工作

1. 安全文明

（1）穿戴好劳保用品；

（2）严格遵守相关设备的安全操作规程；

（3）做好教学场地设备恢复、整理及清洁工作；

（4）人走五关（关门、关窗、关机、关电、关灯）。

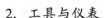

2. 工具与仪表

（1）工具：电工常用工具。

（2）仪表：MF47 型万用表、ZC25-3 兆欧表（500V、0～500V）、MG3-1 型钳形电流表。

（3）器材：控制板、走线槽、各种规格软线、编码套管等。

（二）安装定子绕组串接电阻降压启动控制线路

1. 元件清单（表 2.30）

表 2.30 元件明细表

代 号	名 称	型 号	规 格	数 量
M	三相异步电动机	Y132S-4	5.5 kW、380 V、11.6 A、△接法、1 440 r/min I_N/I_{st}=1/7	1
QS	组合开关	HZ10-25/3	三极、25 A	1
FU1	熔断器	RL1-60/25	500 V、60 A、配熔体 25 A	3
FU2	熔断器	RL1-15/2	500 V、15 A、配熔体 2 A	2
KM1、KM2	交流接触器	CJ10-20	20 A、线圈电压 380 V	2
KT	时间继电器	JS7-2A	线圈电压 380 V	1
KH	热继电器	JR16-20/3	三极、20 A、整定电流 11.6 A	1
R	电阻器	ZX2-2/0.7	22.3 A、7Ω、每片电阻 0.7Ω	3
SB1、SB2	按钮	LA10-3H	保护式、按钮数 3	1
XT	端子板	JX2-1015	380 V、10 A、15 节	1

2. 安装步骤及工艺要求

安装工艺要求可参照任务四实施部分安装工艺要求进行，其安装步骤如下：

（1）按表 2.30 配齐所用电器元件，并检验元件质量。

（2）根据如图 2.23d 所示电路图，画出布置图。

（3）在控制板上按布置图安装除电动机、电阻器以外的电器元件，并贴上醒目的文字符号。

（4）在控制板上按如图 2.23d 所示的电路图进行板前线槽布线、套编码套管和冷压接线头。

（5）安装电动机、电阻器。

（6）可靠连接电动机和电器元件金属外壳的保护接地线。

（7）连接控制板外部的导线。

（8）自检。

（9）检查无误后通电试车。

3. 注意事项

（1）在进行本任务实施安装时，教师可根据实际情况，由浅入深地安排好训练内容，可按手动控制、按钮与接触器控制、时间继电器自动控制的顺序进行安装训练。

（2）电阻器要安装在箱体内，并且要考虑其产生的热量对其他电器的影响。若将电阻器置于箱外时，必须采取遮护或隔离措施，以防止发生触电事故。

（3）布线时，要注意短接电阻器的接触器 KM2 在主电路的接线不能接错，否则，会由于相序接反而造成电动机反转。

（4）时间继电器的安装，必须使继电器在断电后，动铁芯释放时的运动方向垂直向下。

（5）时间继电器和热继电器的整定值，应在不通电时预先整定好，并在试车时校正。

4. 评分标准（表 2.31）

表 2.31　评分标准

项目内容	配分	评分标准		扣分
装前检查	15	（1）电动机质量检查，每漏一处	扣 5 分	
		（2）电器元件漏检或错检，每处	扣 2 分	
安装元件	15	（1）元件布置不整齐、不匀称、不合理，每只	扣 3 分	
		（2）元件安装不紧固，每只	扣 4 分	
		（3）安装元件时漏装木螺钉，每只	扣 2 分	
		（4）走线槽安装不符合要求，每处	扣 2 分	
		（5）损坏元件	扣 15 分	
布线	30	（1）不按电路图接线	扣 15 分	
		（2）布线不符合要求：		
		主电路，每根	扣 4 分	
		控制电路，每根	扣 2 分	
		（3）接点松动、露铜过长、压绝缘层、反圈等，每个接点	扣 1 分	
		（4）损伤导线绝缘或线芯，每根	扣 5 分	
		（5）漏套或错套编码套管，每处	扣 2 分	
		（6）漏接接地线	扣 10 分	

续表

项 目 内 容	配　　分	评 分 标 准	扣　　分
通电试车	40	（1）热继电器、时间继电器未整定或整定错，每只　　　　扣 5 分 （2）熔体规格配错，主、控电路各　　　　扣 5 分 （3）第一次试车不成功　　　　扣 20 分 　　　第二次试车不成功　　　　扣 30 分 　　　第三次试车不成功　　　　扣 40 分	
安全文明生产		（1）违反安全文明生产规程　　　　扣 5～40 分 （2）乱线敷设，加扣不安全分　　　　扣 10 分	
定额时间：3 h		每超时 5 min 以内以扣 5 分计算	
备注		除定额时间外，各项目的最高扣分不应超过配分数	成绩
开始时间		结束时间	实际时间

二、时间继电器自动控制补偿器降压启动控制线路的安装

（一）准备工作

1. 安全文明

（1）穿戴好劳保用品；

（2）严格遵守相关设备的安全操作规程；

（3）做好教学场地设备恢复、整理及清洁工作；

（4）人走五关（关门、关窗、关机、关电、关灯）。

2. 工具与仪表

（1）工具：电工常用工具。

（2）仪表：MF47 型万用表、ZC25-3 兆欧表（500V、0～500V）、MG3-1 型钳形电流表。

（3）器材：控制板、走线槽、各种规格软线、编码套管等。

（二）时间继电器自动控制补偿器降压启动控制线路的安装

1. 元件清单（表 2.32）

2. 安装训练

（1）完成如图 2.36 所示时间继电器自动控制补偿器降压启动控制线路的补画工作，并标注线路编号。

（2）自编安装工艺。

（3）经教师审阅合格后进行安装训练。

表 2.32　元件明细表

代　号	名　称	型　号	规　格	数　量
M	三相异步电动机	Y132S-4	5.5 kW、380 V、11.6 A、△接法、1 440 r/min	1
QS	组合开关	HZ10-25/3	三极、25 A	1
FU1	熔断器	RL1-60/25	500 V、60 A、配熔体 25 A	3
FU2	熔断器	RL1-15/2	500 V、15 A、配熔体 2 A	2
KM1～KM3	交流接触器	CJ10-20	20 A、线圈电压 380 V	3
KT	时间继电器	JS7-2A	线圈电压 380 V、整定时间 3 s±1 s	1
KH	热继电器	JR16-20/3	三极、20 A、整定电流 11.6 A	1
SB1、SB2	按钮	LA10-3H	保护式、380 V、5 A、按钮数 3	1
XT	端子板	JX2-1015	380 V、10 A、15 节	1
TM	自耦变压器	GTZ	定制抽头电压 65%U_N	1

3．注意事项

（1）时间继电器和热继电器的整定值，应在不通电时预先整定好，并在试车时校正。

（2）时间继电器的安装位置，必须使继电器在断电后，动铁芯释放时的运动方向垂直向下。

（3）电动机和自耦变压器的金属外壳及时间继电器的金属底板必须可靠接地，并应将接地线接到它们指定的接地螺钉上。

（4）自耦变压器要安装在箱体内，否则，应采取遮护或隔离措施，并在进、出线的端子上进行绝缘处理，以防止发生触电事故。

（5）若无自耦变压器时，可采用两组灯箱来分别替代电动机和自耦变压器进行模拟试验，但三相规格必须相同，如图 2.37 所示。

（6）布线时要注意电路中 KM2 与 KM3 的相序不能接错，否则，会使电动机的转向在工作时与启动时相反。

（7）通电试车时，必须有指导教师在现场监护，以确保用电安全。同时要做到安全文明生产。

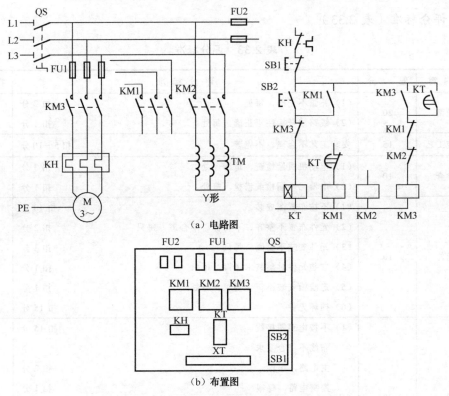

（a）电路图

（b）布置图

图 2.36　时间继电器自动控制补偿器降压启动线路

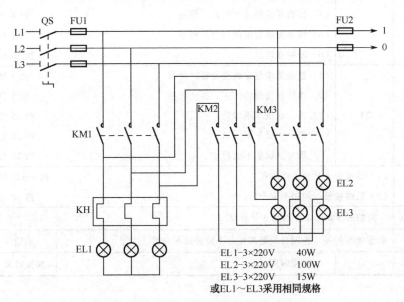

EL 1–3×220V　　40W
EL 2–3×220V　　100W
EL 3–3×220V　　15W
或EL1～EL3采用相同规格

图 2.37　用灯箱进行模拟试验电路图

215

4. 评分标准（表2.33）

表2.33 评分标准

项目内容	配分	评分标准		扣分
补画线路	20	（1）补画不正确，每处	扣2分	
		（2）线路编号标注不正确，每处	扣1分	
自编安装工艺	15	安装工艺不合理、不完善	扣5～10分	
装前检查	10	（1）电动机质量检查，每漏一处	扣3分	
		（2）电器元件漏检或错检，每处	扣1分	
安装元件	10	（1）不按布置图安装	扣10分	
		（2）元件布置不整齐、不匀称、不合理，每只	扣2分	
		（3）元件安装不紧固，每只	扣3分	
		（4）安装元件时漏装木螺钉，每只	扣1分	
		（5）走线槽安装不符合要求，每处	扣1分	
		（6）损坏元件	扣15分	
布线	20	（1）不按电路图接线	扣15分	
		（2）布线不符合要求：		
		主电路，每根	扣2分	
		控制电路，每根	扣1分	
		（3）接点松动、露铜过长、压绝缘层、反圈等，每个接点	扣1分	
		（4）损伤导线绝缘或线芯，每根	扣4分	
		（5）漏套或错套编码套管，每处	扣2分	
		（6）漏接接地线	扣10分	
通电试车	25	（1）整定值未整定或整定错，每只	扣5分	
		（2）熔体规格配错，主、控电路各	扣5分	
		（3）第一次试车不成功	扣15分	
		第二次试车不成功	扣20分	
		第三次试车不成功	扣25分	
安全文明生产		（1）违反安全文明生产规程	扣5～25分	
		（2）乱线敷设，加扣不安全分	扣10分	
定额时间：3 h		每超时5 min以内以扣5分计算		
备注		除定额时间外，各项目的最高扣分不应超过配分数	成绩	
开始时间		结束时间	实际时间	

三、时间继电器自动控制Y-△降压启动控制线路的安装与检修

（一）准备工作

1．安全文明

（1）穿戴好劳保用品；

（2）严格遵守相关设备的安全操作规程；

（3）做好教学场地设备恢复、整理及清洁工作；

（4）人走五关（关门、关窗、关机、关电、关灯）。

2．工具与仪表

（1）工具：电工常用工具。

（2）仪表：MF47型万用表、ZC25-3兆欧表（500V、0～500V）、MG3-1型钳形电流表。

（3）器材：控制板、走线槽、各种规格软线、编码套管等。

（二）时间继电器自动控制Y-△降压启动控制线路的安装与检修

1．元件清单（表2.34）

表2.34 元件明细表

代　号	名　　称	型　号	规　格	数　量
M	三相异步电动机	Y132M-4	7.5 kW、380 V、15.4 A、△接法、1 440 r/min	1
QS	组合开关	HZ10-25/3	三极、25 A	1
FU1	熔断器	RL1-60/35	500 V、60 A、配熔体35 A	3
FU2	熔断器	RL1-15/2	500 V、15 A、配熔体2 A	2
KM1～KM3	交流接触器	CJ10-20	20 A、线圈电压380 V	3
KH	热继电器	JR16-20/3	三极、20 A、整定电流15.4 A	1
KT	时间继电器	JS7-2A	线圈电压380 V	1
SB1、SB2	按钮	LA10-3H	保护式、380 V、5 A、按钮数3	1
XT	端子板	JD0-1020	380 V、10 A、20节	1
	走线槽		18 mm×25 mm	若干
	控制板		500 mm×400 mm×20 mm	1

2. 安装训练

（1）安装步骤及工艺要求

安装工艺要求可参照任务四实施中的工艺要求进行。其安装步骤如下：

① 按表 2.34 配齐所用电器元件，并检验元件质量。

② 画出布置图（可参照图 2.31 绘制）。

③ 在控制板上按布置图安装电器元件和走线槽，并贴上醒目的文字符号。

④ 在控制板上按图 2.31 所示电路图进行板前线槽布线，并在线头上套编码套管和冷压接线头。

⑤ 安装电动机。

⑥ 可靠连接电动机和电器元件金属外壳的保护接地线。

⑦ 连接控制板外部的导线。

⑧ 自检。

⑨ 检查无误后通电试车。

（2）注意事项

① 用Y-△降压启动控制的电动机，必须有 6 个出线端子且定子绕组在△接法时的额定电压等于三相电源线电压。

② 接线时要保证电动机△形接法的正确性，即接触器 KM △主触头闭合时，应保证定子绕组的 U1 与 W2，V1 与 U2，W1 与 V2 相连接。

③ 接触器 KMY 的进线必须从三相定子绕组的末端引入，若误将其首端引入，则在 KMY 吸合时，会产生三相电源短路事故。

④ 控制板外部配线，必须按要求一律装在导线通道内，使导线有适当的机械保护，以防止液体、铁屑和灰尘的侵入。在训练时可适当降低要求，但必须以能确保安全为条件，如采用多芯橡皮线或塑料护套软线。

⑤ 通电校验前要再检查一下熔体规格及时间继电器、热继电器的各整定值是否符合要求。

⑥ 通电校验必须有指导教师在现场监护，学生应根据电路图的控制要求独立进行校验，若出现故障也应自行排除。

⑦ 安装训练应在规定定额时间内完成。同时要做到安全操作和文明生产。

（3）评分标准（表 2.35）

表 2.35 评分标准

项目内容	配　分	评分标准		扣　分
装前检查	15	（1）电动机质量检查，每漏一处	扣 5 分	
		（2）电器元件漏检或错检，每处	扣 2 分	

续表

项目内容	配分	评分标准		扣分
安装元件	15	（1）元件布置不整齐、不匀称、不合理，每只	扣3分	
		（2）元件安装不紧固，每只	扣4分	
		（3）安装元件时漏装木螺钉，每只	扣1分	
		（4）走线槽安装不符合要求，每处	扣2分	
		（5）损坏元件	扣15分	
布线	30	（1）不按电路图接线	扣15分	
		（2）布线不符合要求：		
		主电路，每根	扣4分	
		控制电路，每根	扣2分	
		（3）接点松动、露铜过长、压绝缘层、反圈等，每个接点	扣1分	
		（4）损伤导线绝缘或线芯，每根	扣5分	
		（5）漏套或错套编码套管，每处	扣2分	
		（6）漏接接地线	扣10分	
通电试车	40	（1）整定值未整定或整定错，每只	扣5分	
		（2）熔体规格配错，主、控电路各	扣5分	
		（3）第一次试车不成功	扣20分	
		第二次试车不成功	扣30分	
		第三次试车不成功	扣40分	
安全文明生产		（1）违反安全文明生产规程	扣5～40分	
		（2）乱线敷设，加扣不安全分	扣10分	
定额时间：3 h		每超时 5 min 以内以扣 5 分计算		
备注		除定额时间外，各项目的最高扣分不应超过配分数	成绩	
开始时间		结束时间		实际时间

3．检修训练

（1）故障设置

在控制电路或主电路中人为设置电气故障两处。

（2）故障检修

其检修步骤及要求如下：

① 用通电试验法观察故障现象。观察电动机、各电器元件及线路的工作是否正常，若出现异常现象，应立即断电检查。

② 用逻辑分析法缩小故障范围，并在电路图（图 2.31）上用虚线标出故障部位的最小范围。

③ 用测量法正确、迅速地找出故障点。

④ 根据故障点的不同情况，采取正确的方法迅速排除故障。

⑤ 排除故障后通电试车。

（3）注意事项

① 检修前要先掌握电路图中各个控制环节的作用和原理，并熟悉电动机的接线方法。

② 在检修过程中严禁扩大和产生新的故障，否则，要立即停止检修。

③ 检修思路和方法要正确。

④ 带电检修故障时，必须有指导教师在现场监护，并要确保用电安全。

⑤ 检修必须在定额时间内完成。

（4）评分标准（表 2.36）

表 2.36　评分标准

项 目 内 容	配　分	评 分 标 准		扣　分
故障分析	30	（1）检修思路不正确，每处	扣 5～10 分	
		（2）标错电路故障范围，每处	扣 15 分	
排除故障	70	（1）停电后不验电	扣 5 分	
		（2）工具及仪表使用不当，每次	扣 10 分	
		（3）排除故障的顺序不对	扣 5～10 分	
		（4）不能查出故障，每个	扣 35 分	
		（5）查出故障点但不能排除，每个	扣 25 分	
		（6）产生新的故障：		
		不能排除，每个	扣 35 分	
		已经排除，每个	扣 15 分	
		（7）损坏电动机	扣 70 分	
		（8）损坏电器元件，或排故方法不正确，每只（次）	扣 5～20 分	
		（9）排故后通电试车不成功	扣 50 分	
安全文明生产		违反安全文明生产规程	扣 10～70 分	
定额时间：30 min		不允许超时检查，在修复故障过程中才允许超时，但应以每超 1 min 扣 5 分计算		
备注		除定额时间外，各项目最高扣分不应超过配分数	成绩	
开始时间		结束时间	实际时间	

想一想

1．仔细回顾一下，前面学习的各种控制线路在启动时，加在电动机定子绕组上的电压是否等于电动机的额定电压？

2．什么是降压启动？为什么要采用降压启动？常见降压启动方法有哪四种？

3．自耦变压器的作用是什么？利用自耦变压器能否实现电动机降压启动？

4．在丫-△降压启动控制线路中，电动机启动时接成丫形，加在每相定子绕组上的启动电压、启动电流和启动转矩分别是△形接法的多少倍？

5．题图 2.11 所示是丫-△降压启动控制线路的电路图，请检查图中哪些地方画错了？把错处改正过来，并按改正后的线路叙述工作原理。

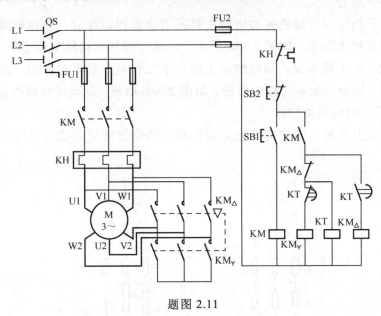

题图 2.11

任务七　绕线转子异步电动机的启动与调速控制线路

任务描述

在实际生产中对要求启动转矩较大且能平滑调速的场合，常常采用三相绕线转子异步电动机。绕线转子异步电动机的优点是可以通过滑环在转子绕组中串接电阻来改善电动机的机械特性，从而达到减小启动电流、增大启动转矩以及平滑调速之目的。

📚 **学习目标**

1．要求熟悉绕线转子异步电动机控制线路的构成和工作原理。
2．能正确安装与检修凸轮控制器控制线路。

知识平台

启动时，在转子回路中接入作Y形连接、分级切换的三相启动电阻器，并把可变电阻放到最大位置，以减小启动电流，获得较大的启动转矩。随着电动机转速的升高，可变电阻逐级减小。启动完毕后，可变电阻减小到零，转子绕组被直接短接，电动机便在额定状态下运行。

电动机转子绕组中串接的外加电阻在每段切除前和切除后，三相电阻始终是对称的，称为三相对称电阻器，如图2.38a所示。启动过程依次切除R1、R2、R3，最后全部电阻被切除。与上述相反，启动时串入的全部三相电阻是不对称的，而每段切除后三相仍不对称，称为二相不对称电阻器，如图2.38b所示。启动过程依次切除R1、R2、R3、R4，最后全部电阻被切除。

如果电动机要调速，则将可变电阻调到相应的位置即可，这时可变电阻便成为调速电阻。

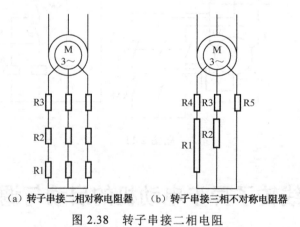

（a）转子串接二相对称电阻器　　（b）转子串接三相不对称电阻器

图2.38　转子串接二相电阻

一、转子绕组串接电阻启动控制线路

1．按钮操作控制线路

按钮操作转子绕组串接电阻启动的电路如图2.39所示。

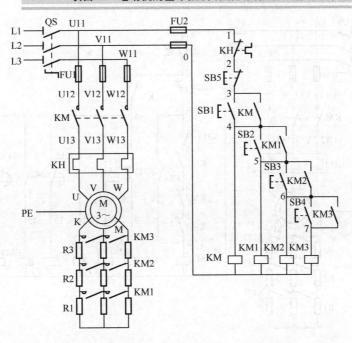

图 2.39 按钮操作串接电阻启动的电路图

线路的工作原理如下：合上电源开关 QS。

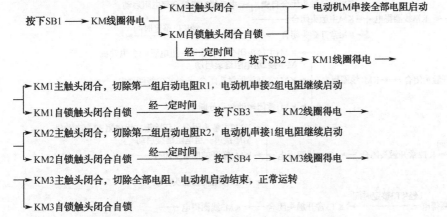

停止时，按下停止按钮 SB5，控制电路失电，电动机 M 停转。

2. 时间继电器自动控制线路

按钮操作控制线路的缺点是操作不便，工作也不安全可靠，所以在实际生产中常采用时间继电器自动控制短接启动电阻的控制线路，如图 2.40 所示。该线路是用三个时间继电器 KT1、KT2、KT3 和三个接触器 KM1、KM2、KM3 的相互配合来依次自动切除转子绕组中的三级电阻的。

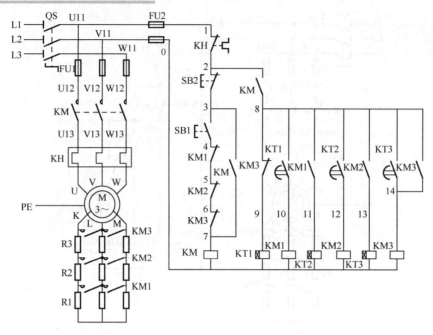

图 2.40 时间继电器自动控制电路图

其线路工作原理如下：合上电源开关 QS。

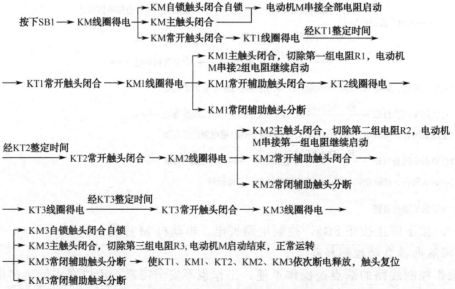

启动按钮 SB1 串接的接触器 KM1、KM2 和 KM3 常闭辅助触头的作用是保证电动机在转子绕组中接入全部外加电阻的条件下才能启动。如果接触器 KM1、KM2 和 KM3 中任何一个触头因熔焊或机械故障而没有释放时，启动电阻就没有被全部接入转子绕

组中，从而使启动电流超过规定值。若把 **KM1**、**KM2** 和 **KM3** 的常闭触头与 **SB1** 串接在一起，就可避免这种现象的发生，因三个接触器中只要有一个触头没有恢复闭合，电动机就不可能接通电源直接启动。

停止时，按下 **SB2** 即可。

3. 电流继电器自动控制线路

电流继电器自动控制电路如图 2.41 所示。

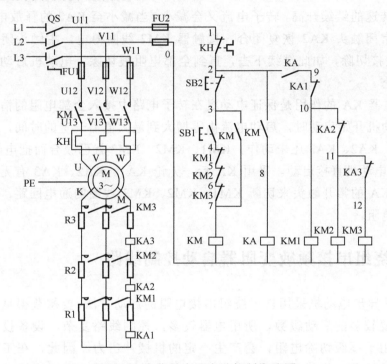

图 2.41　电流继电器自动控制电路图

该线路是用三个电流继电器 **KA1**、**KA2** 和 **KA3** 根据电动机转子电流变化，来控制接触器 **KM1**、**KM2** 和 **KM3** 依次得电动作，逐级切除外加电阻的。三个电流继电器 **KA1**、**KA2**、**KA3** 的线圈串接在转子回路中，它们的吸合电流都一样；但释放电流不同，**KA1** 的释放电流最大，**KA2** 次之，**KA3** 最小。

其线路的工作原理如下：先合上电源开关 **QS**。

```
                 ┌→ KM自锁触头闭合自锁 ──→ 电动机M串接全部电阻启动
按下SB1 ──→ KM线圈得电 ┼→ KM主触头闭合
                 └→ KM常开辅助触头闭合 ──→ KA线圈得电 ──→

──→ KA常开触头闭合，为KM1、KM2、KM3得电作准备
```

由于电动机 M 刚启动时转子电流很大，三个电流继电器 KA1、KA2、KA3 都吸合，它们接在控制电路中的常闭触头都断开，使接触器 KM1、KM2、KM3 的线圈都不能得电，接在转子电路中的常开触头都处于分断状态，全部电阻均被串接在转子绕组中。随着电动机转速的升高，转子电流逐渐减小，当减小至 KA1 的释放电流时，KA1 首先释放，使控制电路中 KA1 的常闭触头恢复闭合，接触器 KM1 线圈得电，其主触头闭合，短接切除第一组电阻 R1。当 R1 被切除后，转子电流重新增大，但随着电动机转速的继续升高，转子电流又会减小，当减小至 KA2 的释放电流时，KA2 释放，它的常闭触头 KA2 恢复闭合，接触器 KM2 线圈得电，主触头闭合，把第二组电阻 R2 短接切除，如此继续下去，直到全部电阻被切除，电动机启动完毕，进入正常运转状态。

中间继电器 KA 的作用是保证电动机在转子电路中接入全部电阻的情况下开始启动。因为电动机开始启动时，启动电流由零增大到最大值需一定的时间，这样就有可能出现 KA1、KA2、KA3 还未动作，KM1、KM2、KM3 就已吸合而把电阻 R1、R2、R3 短接，使电动机直接启动。采用 KA 后，无论 KA1、KA2、KA3 有无动作，开始启动时可由 KA 的常开触头来切断 KM1、KM2、KM3 线圈的通电回路，保证了启动时串入全部电阻。

二、转子绕组串接频敏变阻器启动控制线路

绕线转子异步电动机采用转子绕组串接电阻的启动方法，要想获得良好的启动特性，一般需要较多的启动级数，所用电器较多，控制线路复杂，设备投资大，维修不便，同时由于逐级切除电阻，会产生一定的机械冲击力。因此，在工矿企业中对于不频繁启动设备，广泛采用频敏变阻器代替启动电阻，来控制绕线转子异步电动机的启动。

频敏变阻器是一种阻抗值随频率明显变化（敏感于频率）、静止的无触点电磁元件。它实质上是一个铁芯损耗非常大的三相电抗器。在电动机启动时，将频敏变阻器 RF 串接在转子绕组中，由于频敏变阻器的等值阻抗随转子电流频率的减小而减小，从而达到自动变阻的目的。因此，只需用一级频敏变阻器就可以平稳地启动电动机。启动完毕短接切除频敏变阻器。

转子绕组串接频敏变阻器启动的电路如图 2.42 所示。启动过程可以利用转换开关 SA 实现自动控制和手动控制。

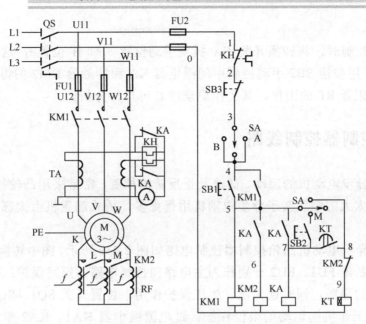

图 2.42 转子绕组串接频敏变阻器启动电路图

采用自动控制时，将转换开关 SA 扳到自动位置（即 A 位置），时间继电器 KT 将起作用。线路工作原理如下：先合上电源开关 QS。

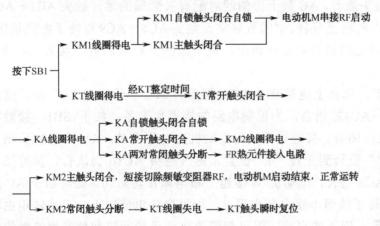

停止时，按下 SB3 即可。

启动过程中，中间继电器 KA 未得电，KA 的两对常闭触头将热继电器 KH 的热元件短接，以免因启动过程较长，而使热继电器过热产生误动作。启动结束后，中间继电器 KA 才得电动作，其两对常闭触头分断，KH 的热元件便接入主电路工作。图中 TA 为电流互感器，其作用是将主电路中的大电流变成小电流，串入热继电器的热元件反映过载程度。

采用手动控制时，将转换开关 SA 扳到手动位置（即 B 位置），这样时间继电器 KT 不起作用，用按钮 SB2 手动控制中间继电器 KA 和接触器 KM2 的得电动作，以完成短接频敏变阻器 RF 的工作，其工作原理读者可自行分析。

三、凸轮控制器控制线路

绕线转子异步电动机的启动、调速及正反转的控制，常常采用凸轮控制器来实现，尤其是容量不太大的绕线转子异步电动机用得更多，桥式起重机上大部分采用这种控制线路。

绕线转子异步电动机凸轮控制器控制电路如图 2.43a 所示。图中转换开关 QS 作引入电源用；熔断器 FU1、FU2 分别作为主电路和控制电路的短路保护；接触器 KM 控制电动机电源的通断，同时起欠压、失压保护作用；位置开关 SQ1、SQ2 分别作为电动机正反转时工作机构运动的限位保护；过电流继电器 KA1、KA2 作为电动机的过载保护；R 是电阻器；AC 是凸轮控制器，它有 12 对触头，如图 2.43b 左面所示。图 2.43 中 12 对触头的分合状态是凸轮控制器手轮处于"0"位时的情况。当手轮处于正转的 1～5 挡或反转的 1～5 挡时，触头的分合状态如图 2.43 b 所示，用"×"表示触头闭合，无此标记表示触头断开。AC 最上面的四对配有灭弧罩的常开触头 AC1～AC4 接在主电路中用以控制电动机正反转；中间五对常开触头 AC5～AC9 与转子电阻相接，用来逐级切换电阻以控制电动机的启动和调速；最下面的三对常闭辅助触头 AC10～AC12 都用作零位保护。

线路的工作原理如下：先合上电源开关 QS，然后将 AC 手轮放在"0"位，这时最下面三对触头 AC10～AC12 闭合，为控制电路的接通作准备。按下 SB1，接触器 KM 线圈得电，KM 主触头闭合，接通电源，为电动机启动作准备，KM 自锁触头闭合自锁。将 AC 手轮从"0"位转到正转"1"位置，这时触头 AC10 仍闭合，保持控制电路接通，触头 AC1、AC3 闭合，电动机 M 接通三相电源正转启动，此时由于 AC 触头 AC5～AC9 均断开，转子绕组串接全部电阻 R，所以启动电流较小，启动转矩也较小；如果电动机负载较重，则不能启动，但可起消除传动齿轮间隙和拉紧钢丝绳的作用。当 AC 手轮从正转"1"位转到"2"位时，触头 AC10、AC1、AC3 仍闭合，AC5 闭合，把电阻器 R 上的一级电阻短接切除，使电动机 M 正转加速。同理，当 AC 手轮依次转到正转"3"和"4"位置时，触头 AC10、AC1、AC3、AC5 仍保持闭合，AC6 和 AC7 先后闭合，把电阻器 R 的两级电阻相继短接，电动机 M 继续正转加速。当手轮转到"5"位置时，AC5～AC9 五对触头全部闭合，电阻器 R 全部电阻被切除，电动机启动完毕后全速运转。

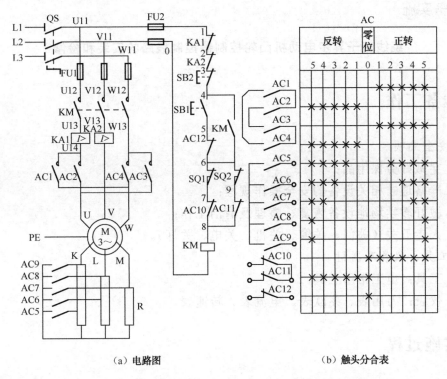

（a）电路图   （b）触头分合表

图 2.43 绕线转子异步电动机凸轮控制器控制线路

　　当把手轮转到反转的"1"～"5"位置时，触头 AC2 和 AC4 闭合，接入电动机的三相电源相序改变，电动机反转。触头 AC11 闭合使控制电路仍保持接通，接触器 KM 继续得电工作。凸轮控制器反向启动依次切除电阻的程序及工作原理与正转类似，读者可自行分析。

　　由凸轮控制器触头分合表（图 2.43b）可以看出，凸轮控制器最下面的三对辅助触头 AC10～AC12，只有当手轮置于"0"位时才全部闭合，而在其余各挡位置都只有一对触头闭合（AC10 或 AC11），而其余两对断开。这三对触头在控制电路中如此安排，就保证了手轮必须置于"0"位时，按下启动按钮 SB1 才能使接触器 KM 线圈得电动作，然后通过凸轮控制器 AC 使电动机进行逐级启动，从而避免了电动机的直接启动，同时也防止了由于误按 SB1 而使电动机突然快速运转产生的意外事故。

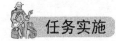

绕线转子异步电动机凸轮控制器控制线路的安装和检修

一、准备工作

1. 安全文明
(1) 穿戴好劳保用品；
(2) 严格遵守相关设备的安全操作规程；
(3) 做好教学场地设备恢复、整理及清洁工作；
(4) 人走五关（关门、关窗、关机、关电、关灯）。
2. 工具、仪表及器材
(1) 工具：电工常用工具。
(2) 仪表：万用表、兆欧表、电流表、转速表。

二、实施过程

1. 元件清单（表 2.37）

表 2.37　元件明细表

代　号	名　称	型　号	规　格	数　量
M	绕线转子异步电动机	YZR-132MA-6	2.2 kW、380 V、6 A/11.2 A、908 r/min	1
QS	组合开关	HZ10-25/3	380 V、25 A、三极	1
FU1	熔断器	RL1-60/25	500 V、60 A、配熔体 25 A	3
FU2	熔断器	RL1-15/2	500 V、15 A、配熔体 2 A	2
KM	交流接触器	CJ10-20	20 A、线圈电压 380 V	1
KA1、KA2	电流继电器	JL14-IIJ	线圈额定电流 10 A、电压 380 V	2
AC	凸轮控制器	KTJ1-50/2	50 A、380 V	1
KH	启动电阻器	2K1-12-6/1		1
SB1、SB2	按钮	LA10-3H	保护式、380 V、5 A、按钮数 3（代用）	1
SQ1、SQ2	位置开关	LX19-212	380 V、5 A、内侧双轮	2
XT	端子板	JX2-1015	380 V、10 A、15 节	1

2．安装步骤及工艺要求

（1）安装步骤及工艺要求

安装工艺参照任务四实施中的安装工艺要求进行。其安装步骤如下：

① 按表 2.37 配齐所用电器元件，并检验元件质量。

② 根据图 2.43 所示电路图在控制板上安装除电动机、凸轮控制器、启动电阻器、位置开关以外的电器元件，并贴上醒目的文字符号。

③ 在控制板外面安装电动机、凸轮控制器、启动电阻器和位置开关等电器元件。

④ 根据图 2.43 所示的电路图进行布线和套编码套管。

⑤ 可靠连接电动机、凸轮控制器、启动电阻器等各电器元件的不带电金属外壳的保护接地线。

⑥ 自检布线的正确性、合理性、可靠性及元件安装的牢固性。

⑦ 检查无误后通电试车。

（2）注意事项

① 在安装凸轮控制器前，应转动其手轮，检查运动系统是否灵活，触头分合顺序是否与触头分合表相符，有何缺件等。

② 凸轮控制器必须牢靠地安装在墙壁或支架上。

③ 在进行凸轮控制器接线时，要先熟悉其结构和各触头的作用，看清凸轮控制器内连接线的接线方式，然后对照图 2.43a 所示的电路图进行接线，注意不要接错。接线后，必须盖上灭弧罩。

④ 通电试车的操作顺序是：

a．将凸轮控制器 AC 的手轮置于"0"位。

b．合上电源开关 QS。

c．按下启动按钮 SB1。

d．将凸轮控制器手轮依次转到正转 1～5 挡的位置，并分别测量电动机的转速。

e．将手轮从正转"5"挡位置逐渐恢复到"0"位后，再依次转到反转 1～5 挡的位置，并分别测量电动机的转速。

f．把手轮从反转"5"挡位置逐渐恢复到"0"位后，按下停止按钮 SB2，切断电源开关 QS。

⑤ 启动操作时，手轮转动不能太快，应逐级启动，且级与级之间应经过一定的时间间隔（约 1 s），以防止电动机的冲击电流超过电流继电器的整定值。

⑥ 通电试车时必须有指导教师在现场监护，同时要做到安全文明生产。

（3）评分标准（表 2.38）

表 2.38 评分标准

项目内容	配分	评分标准		扣分
装前检查	10	电器元件漏检或错检，每处	扣 1 分	
安装元件	20	（1）控制板上元件安装不符合要求：		
		不牢固（有松动），每只	扣 3 分	
		布置不整齐、不匀称、不合理，每只	扣 3 分	
		漏装木螺钉，每只	扣 1 分	
		（2）控制板外元件不符合要求：		
		安装不牢固，每只	扣 10 分	
		紧固螺栓未拧紧，每只	扣 5 分	
		（3）损坏元件，每只	扣 5～20 分	
布线	30	（1）布线不符合要求：		
		主电路，每根	扣 2 分	
		控制电路，每根	扣 1 分	
		（2）不按电路图接线	扣 20 分	
		（3）接点松动、反圈、露铜过长、压绝缘层：		
		主电路，每个	扣 2 分	
		控制电路，每个	扣 1 分	
		（4）损伤导线绝缘或线芯，每根	扣 5 分	
		（5）不会接凸轮控制器	扣 30 分	
		（6）漏套或错套编码套管，每处	扣 2 分	
		（7）漏接接地线	扣 10 分	
通电试车	40	（1）不会调整电流继电器，每只	扣 5 分	
		（2）配错熔体，主、控电路各	扣 4 分	
		（3）操作顺序错误，每次	扣 10 分	
		（4）第一次试车不成功	扣 20 分	
		第二次试车不成功	扣 30 分	
		第三次试车不成功	扣 40 分	
安全文明生产		（1）违反安全文明生产规程	扣 5～40 分	
		（2）乱线敷设，加扣不安全分	扣 10 分	
定额时间：5 h		每超时 10 min 以内以扣 5 分计算		
备注		除定额时间外，各项内容的最高扣分不得超过配分数	成绩	
开始时间		结束时间	实际时间	

三、检修训练

（1）故障设置

在控制电路或主电路中人为设置电气故障两处。

（2）故障检修

其检修步骤及要求如下：

① 用通电试验法观察故障现象。按照操作顺序操作，注意观察电动机的运转情况，凸轮控制器的操作、各电器元件及线路的工作是否满足控制要求。若发现异常现象，应立即断电检查。

② 根据故障现象结合电路图和触头分合表（图2.43）用逻辑分析法分析故障范围，并在电路图上用虚线标出故障部位的最小范围。

③ 用测量法准确迅速地找出故障点。

④ 采取正确的方法迅速排除故障。

⑤ 排除故障后通电试车。

（3）注意事项

① 要掌握控制原理和熟悉凸轮控制器的结构及接线方式。

② 要注意当接触器KM线圈通电吸合后，由于主电路中三相只采用了凸轮控制器的两对触头，因此电动机定子绕组处于带电状态。

③ 在检修过程中严禁扩大和产生新的故障，否则，要立即停车检修。

④ 带电检修故障时，必须有指导教师在现场监护，并要确保用电安全。

⑤ 检修思路和方法要正确，检修必须在定额时间内完成。

（4）评分标准（表2.39）

表2.39　评分标准

项目内容	配分	评分标准		扣分
故障分析	30	（1）检修思路不正确	扣5~10分	
		（2）标错电路故障范围，每个	扣15分	
排除故障	70	（1）停电不验电	扣5分	
		（2）工具及仪表使用不当，每次	扣10分	
		（3）排除故障的顺序不对	扣5~10分	
		（4）不能查出故障，每个	扣35分	
		（5）查出故障点但不能排除，每个	扣25分	
		（6）产生新的故障：		

续表

项 目 内 容	配　分	评 分 标 准		扣　分
排除故障	70	不能排除，每个　　　　　　　　　　扣 35 分 已经排除，每个　　　　　　　　　　扣 15 分 （7）损坏电动机　　　　　　　　　　扣 70 分 （8）损坏电器元件，每只　　　　　　扣 5～20 分 （9）排故方法不正确，每次　　　　　扣 5～10 分 （10）排故后通电试车不成功　　　　扣 70 分		
安全文明生产		违反安全文明生产规程　　　　　　　　扣 10～70 分		
定额时间：30 min		不允许超时检查，在修复故障过程中才允许超时，但应以每超时 1 min 扣 5 分计算		
备注		除定额时间外，各项内容的最高扣分不得超过配分数	成绩	
开始时间		结束时间	实际时间	

 想一想

1. 绕线转子异步电动机有哪些主要特点？适用于什么场合？

2. 请把题图 2.12 所示绕线转子异步电动机电流继电器自动控制线路补画完整，并根据完整线路填空：

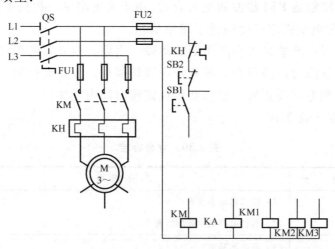

题图 2.12

（1）图中三个电流继电器 KA1、KA2、KA3 能根据电动机（　　　　）电流的变化，控制接触器 KM1、KM2、KM3（　　　　　　　）得电动作，来（　　　　）切除外加电阻。三个电流继电器 KA1、KA2、KA3 的线圈串接在（　　　　　）回路中，它

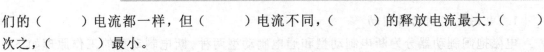

们的（　　　）电流都一样，但（　　　）电流不同，（　　　）的释放电流最大，（　　　）次之，（　　　）最小。

（2）在电动机启动过程中，随着电动机转速的升高，电流继电器依次释放的顺序是（　　　）、（　　　）、（　　　）；接触器依次得电动作的顺序是（　　　）、（　　　）、（　　　）；电阻依次被短接的顺序是（　　　）、（　　　）、（　　　）。

（3）图中与启动按钮 SB1 串接的接触器 KM1、KM2、KM3 的常闭辅助触头的作用是（　　　）；中间继电器 KA 的作用是（　　　　　）。

任务八　三相异步电动机的制动控制线路

任务描述

熟悉电动机制动的原理及方法；学会正确安装制动控制电路及检修。

学习目标

1. 熟悉电磁抱闸制动器的结构和工作原理，学会正确安装电磁抱闸制动器断电制动线路。

2. 理解反接制动和能耗制动的制动原理，学会正确安装与检修单向启动反接制动控制线路和无变压器半波整流单向启动能耗制动控制线路。

知识平台

电动机断开电源以后，由于惯性作用不会马上停止转动，而是需要转动一段时间才会完全停下来。这种情况对于某些生产机械是不适宜的。例如：起重机的吊钩需要准确定位；万能铣床要求立即停转等。满足生产机械的这种要求就需要对电动机进行制动。

所谓制动，就是给电动机一个与转动方向相反的转矩使它迅速停转（或限制其转速）。制动的方法一般有两类：机械制动和电力制动。

一、机械制动

利用机械装置使电动机断开电源后迅速停转的方法叫机械制动。机械制动常用的方法有：电磁抱闸制动器制动和电磁离合器制动。

1. 电磁抱闸制动器制动

电磁抱闸制动器分为断电制动型和通电制动型两种。断电制动型的工作原理如下：当制动电磁铁的线圈得电时，制动器的闸瓦与闸轮分开，无制动作用；当线圈失电时，闸瓦紧紧抱住闸轮制动。通电制动型的工作原理如下：当线圈得电时，闸瓦紧紧抱住闸轮制动；当线圈失电时，闸瓦与闸轮分开，无制动作用。

（1）电磁抱闸制动器断电制动控制线路。电磁抱闸制动器断电制动控制的电路如图 2.44 所示。

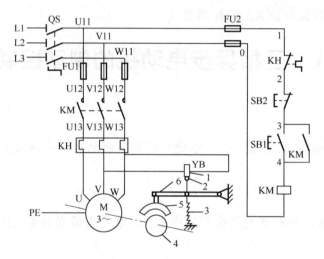

图 2.44 电磁抱闸制动器断电制动控制电路图

1-线圈；2-衔铁；3-弹簧；4-闸轮；5-闸瓦；6-杠杆

线路工作原理如下：先合上电源开关 QS。

启动运转：按下启动按钮 SB1，接触器 KM 线圈得电，其自锁触头和主触头闭合，电动机 M 接通电源，同时电磁抱闸制动器 YB 线圈得电，衔铁与铁芯吸合，衔铁克服弹簧拉力，迫使制动杠杆向上移动，从而使制动器的闸瓦与闸轮分开，电动机正常运转。

制动停转：按下停止按钮 SB2，接触器 KM 线圈失电，其自锁触头和主触头分断，电动机 M 失电，同时电磁抱闸制动器线圈 YB 也失电，衔铁与铁芯分开，在弹簧拉力的作用下，闸瓦紧紧抱住闸轮，使电动机被迅速制动而停转。

电磁抱闸制动器断电制动在起重机械上被广泛采用。其优点是能够准确定位，同时可防止电动机突然断电时重物的自行坠落。当重物起吊到一定高度时，按下停止按钮，电动机和电磁抱闸制动器的线圈同时断电，闸瓦立即抱住闸轮，电动机立即制动停转，重物随之被准确定位。如果电动机在工作时，线路发生故障而突然断电时，电磁抱闸制动器同样会使电动机迅速制动停转，从而避免重物自行坠落。这种制动方法的缺点是不经济。因为电磁抱闸制动器线圈耗电时间与电动机一样长。另外，切断电源后，由于电磁抱闸制动器的制动作用，使手动调整工件很困难。因此，对要求电动机制动后能调整工件位置的机床设备不能采用这种制动方法，可采用下述通电制动控制线路。

（2）电磁抱闸制动器通电制动控制线路。电磁抱闸制动器通电制动控制的电路如图 2.45 所示。这种通电制动与上述断电制动方法稍有不同。当电动机得电运转时，电磁抱闸制动器线圈断电，闸瓦与闸轮分开，无制动作用；当电动机失电需停转时，电磁抱闸制动器的线圈得电，使闸瓦紧紧抱住闸轮制动；当电动机处于停转常态时，电磁抱闸制动器线圈也无电，闸瓦与闸轮分开，这样操作人员可以用手扳动主轴调整工件、对刀等。

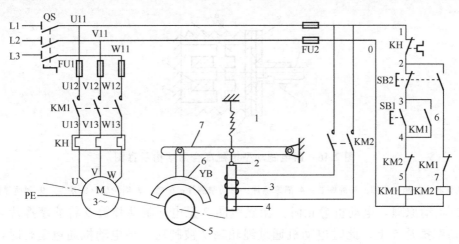

图 2.45　电磁抱闸制动器通电制动控制电路图

1-弹簧；2-衔铁；3-线圈；4-铁芯；5-闸轮；6-闸瓦；7-杠杆

线路的工作原理如下：先合上电源开关 QS。

启动运转：按下启动按钮 SB1，接触器 KM1 线圈得电，其自锁触头和主触头闭合，电动机 M 启动运转。由于接触器 KM1 联锁触头分断，使接触器 KM2 不能得电动作，所以电磁抱闸制动器的线圈无电，衔铁与铁芯分开，在弹簧拉力的作用下，闸瓦与闸轮分开，电动机不受制动正常运转。

制动停转：按下复合按钮 SB2，其常闭触头先分断，使接触器 KM1 线圈失电，其自锁触头和主触头分断，电动机 M 失电，KM1 联锁触头恢复闭合，待 SB2 常开触头闭合后，接触器 KM2 线圈得电，KM2 主触头闭合，电磁抱闸制动器 YB 线圈得电，铁芯吸合衔铁，衔铁克服弹簧拉力，带动杠杆向下移动，使闸瓦紧抱闸轮，电动机被迅速制动而停转。KM2 联锁触头分断对 KM1 联锁。

2．电磁离合器制动

电磁离合器制动的原理和电磁抱闸制动器的制动原理类似。电动葫芦的绳轮常采用这种制动方法。断电制动型电磁离合器的结构示意图如图 2.46 所示。其结构及制动原理简述如下：

（1）结构。电磁离合器主要由制动电磁铁（包括动铁芯 1、静铁芯 3 和激磁线圈 2）、静摩擦片 4、动摩擦片 5 以及制动弹簧 9 等组成。电磁铁的静铁芯 3 靠导向轴（图 2.46 中未画出）连接在电动葫芦本体上，动铁芯 1 与静摩擦片 4 固定在一起，并只能作轴向移动而不能绕轴转动。动摩擦片 5 通过连接法兰 8 与绳轮轴 7（与电动机共轴）由键 6 固定在一起，可随电动机一起转动。

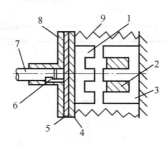

图 2.46　断电制动型电磁离合器结构示意图

1-动铁芯；2-激磁线圈；3-静铁芯；4-静摩擦片；5-动摩擦片；6-键；7-绳轮轴；8-法兰；9-制动弹簧

（2）制动原理。电动机静止时，激磁线圈 2 无电，制动弹簧 9 将静摩擦片 4 紧紧地压在动摩擦片 5 上，此时电动机通过绳轮轴 7 被制动。当电动机通电运转时，激磁线圈 2 也同时得电，电磁铁的动铁芯 1 被静铁芯 3 吸合，使静摩擦片 4 与动摩擦片 5 分开，于是动摩擦片 5 连同绳轮轴 7 在电动机的带动下正常启动运转。当电动机切断电源时，激磁线圈 2 也同时失电，制动弹簧 9 立即将静摩擦片 4 连同动铁芯 1 推向转动着的动摩擦片 5，强大的弹簧张力迫使动、静摩擦片之间产生足够大的摩擦力，使电动机断电后立即受制动停转。电磁离合器的制动控制电路与图 2.44 所示线路基本相同，读者可自行画出并进行分析。

二、电力制动

使电动机在切断电源停转的过程中，产生一个和电动机实际旋转方向相反的电磁力矩（制动力矩），迫使电动机迅速制动停转的方法叫电力制动。电力制动常用的方法有：反接制动、能耗制动、电容制动和再生发电制动等，下面分别给予介绍。

1. 反接制动

依靠改变电动机定子绕组的电源相序来产生制动力矩，迫使电动机迅速停转的方法叫反接制动。其制动原理如图 2.47 所示。在图 2.47a 中，当 QS 向上投合时，电动机定子绕组电源相序为 L1—L2—L3，电动机将沿旋转磁场方向（如图 2.47b 中顺时针方向），以 $n<n_1$ 的转速正常运转。当电动机需要停转时，可拉开开关 QS，使电动机先脱离电源（此时转子由于惯性仍按原方向旋转），随后，将开关 QS 迅速向下投合，由于 L1、L2 两相电源线对调，电动机定子绕组电源相序变为 L2—L1—L3，旋转磁场反转（图 2.47b 中逆时针方向），此时转子将以 n_1+n 的相对转速沿原转动方向切割旋转磁场，在转子绕组中产生感生电流，其方向可用右手定则判断出来，如图 2.47b 所示。而转子绕组一旦产生电流，又受到旋转磁场的作用，产生电磁转矩，其方向可由左手定则判断出来。可见此转矩方向与电动机的转动方向相反，使电动机受制动迅速停转。

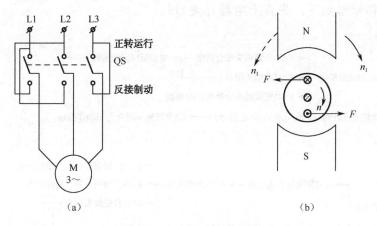

图 2.47　反接制动原理图

值得注意的是，当电动机转速接近零值时，应立即切断电动机电源，否则电动机将反转。为此，在反接制动设施中，为保证电动机的转速被制动到接近零值时，能迅速切断电源，防止反向启动，常利用速度继电器（又称反接制动继电器）来自动地及时切断电源。

（1）单向启动反接制动控制线路。单向启动反接制动控制电路如图 2.48 所示。该线路的主电路和正反转控制线路的主电路相同，只是在反接制动时增加了三个限流电阻 R。线路中 KM1 为正转运行接触器，KM2 为反接制动接触器，KS 为速度继电器，其轴与电动机轴相连（图 2.48 中用点画线表示）。

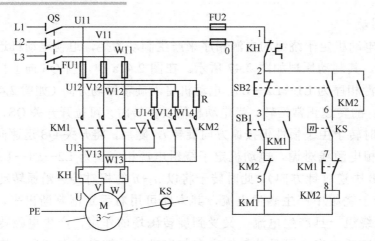

图 2.48　单向启动反接制动控制电路图

线路的工作原理如下：先合上电源开关 QS。

单向启动：

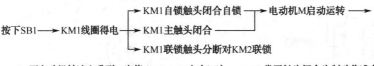

反接制动：

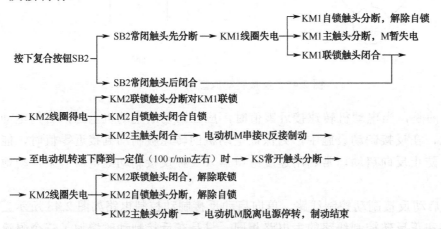

反接制动时，由于旋转磁场与转子的相对转速（n_1+n）很高，故转子绕组中感生电流很大，致使定子绕组中的电流也很大，一般约为电动机额定电流的 10 倍。因此，反接制动适用于 10 kW 以下小容量电动机的制动，并且对 4.5 kW 以上的电动机进行反接制动时，需在定子回路中串入限流电阻 R，以限制反接制动电流。限流电阻 R 的大小可参考下述经验计算公式进行估算。

在电源电压为 380 V 时，若要使反接制动电流等于电动机直接启动时的启动电流 $(1/2) I_{st}$，则三相电路每相应串入的电阻 R（n）值可取为：

$$R \approx 1.5 \times \frac{220}{I_{st}}$$

若使反接制动电流等于启动电流 I_{st}，则每相串入的电阻 R' 值可取为：

$$R' \approx 1.3 \times \frac{220}{I_{st}}$$

如果反接制动时只在电源两相中串接电阻，则电阻值应加大，分别取上述电阻值的 1.5 倍。

（2）双向启动反接制动控制线路。双向启动反接制动控制电路如图 2.49 所示。该线路所用电器较多，其中 KM1 既是正转运行接触器，又是反转运行时的反接制动接触器；KM2 既是反转运行接触器，又是正转运行时的反接制动接触器；KM3 作短接限流电阻 R 用；中间继电器 KA1、KA3 和接触器 KM1、KM3 配合完成电动机的正向启动、反接制动的控制要求；中间继电器 KA2、KA4 和接触器 KM2、KM3 配合完成

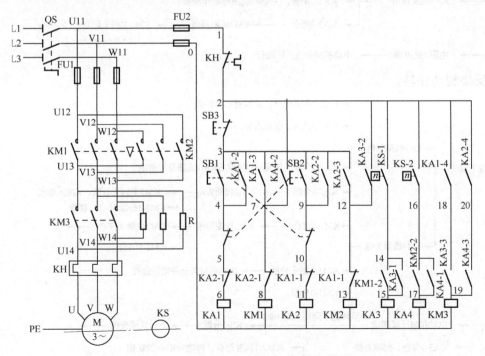

图 2.49　双向启动反接制动控制电路图

电动机的反向启动、反接制动的控制要求；速度继电器 KS 有两对常开触头 KS-1、KS-2，分别用于控制电动机正转和反转时反接制动的时间；R 既是反接制动限流电阻，又是正反向启动的限流电阻。

其线路的工作原理如下：先合上电源开关 QS。

正转启动运转：

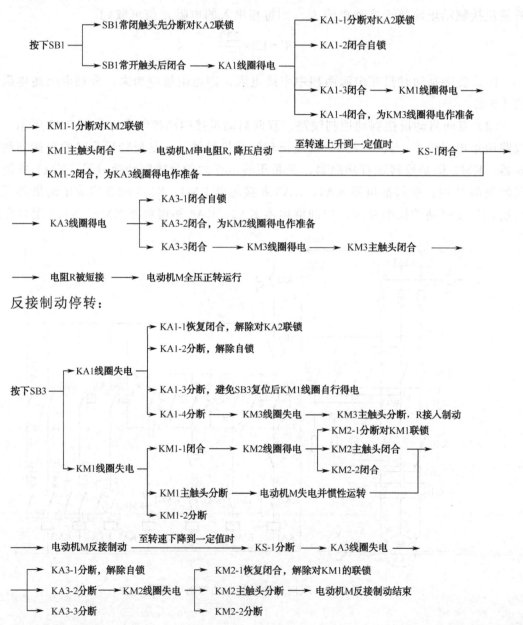

反接制动停转：

　　电动机的反向启动及反接制动控制由启动按钮 SB2、中间继电器 KA2 和 KA4、接触器 KM2 和 KM3、停止按钮 SB3、速度继电器的常开触头 KS-2 等电器来完成，其启动过程、制动过程和上述类同，可自行分析。

　　双向启动反接制动控制线路所用电器较多，线路也比较繁杂，但操作方便，运行安全可靠，是一种比较完善的控制线路。线路中的电阻 R 既能限制反接制动电流，又能限制启动电流；中间继电器 KA3、KA4 可避免停车时由于速度继电器 KS-1 或 KS-2 触头的偶然闭合而接通电源。

　　反接制动的优点是制动力强，制动迅速。缺点是制动准确性差，制动过程中冲击强烈，易损坏传动零件，制动能量消耗大，不宜经常制动。因此，反接制动一般适用于制动要求迅速、系统惯性较大、不经常启动与制动的场合，如铣床、锉床、中型车床等主轴的制动控制。

　　2. 能耗制动

　　当电动机切断交流电源后，立即在定子绕组的任意两相中通入直流电，迫使电动机迅速停转的方法叫能耗制动。其制动原理如图 2.50 所示，先断开电源开关 QS1，切断电动机的交流电源，这时转子仍沿原方向惯性运转；随后立即合上开关 QS2，并将 QS1 向下合闸，电动机 V、W 两相定子绕组通入直流电，使定子中产生一个恒定的静止磁场，这样作惯性运转的转子因切割磁力线而在转子绕组中产生感生电流，其方向可用右手定则判断出来，上面应标 $\otimes$，下面应标 $\odot$。转子绕组中一旦产生了感生电流，又立即受到静止磁场的作用，产生电磁转矩，用左手定则判断，可知此转矩的方向正好与电动机的转向相反，使电动机受制动迅速停转。由于这种制动方法是通过在定子绕组中通入直流电以消耗转子惯性运转的动能来进行制动的，所以称为能耗制动，又称动能制动。

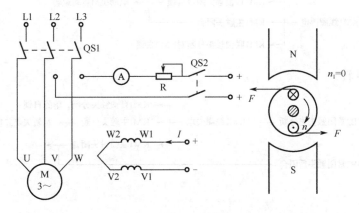

图 2.50　能耗制动原理图

（1）无变压器单相半波整流能耗制动自动控制线路。无变压器单相半波整流单向启动能耗制动自动控制电路如图 2.51 所示。该线路采用单相半波整流器作为直流电源，所用附加设备较少，线路简单，成本低，常用于 10 kW 以下小容量电动机，且对制动要求不高的场合。

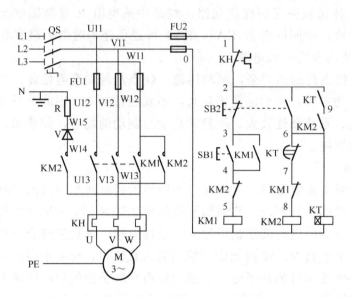

图 2.51　无变压器单相半波整流单向启动能耗制动自动控制电路图

其线路的工作原理如下：先合上电源开关 QS。

单向启动运转：

能耗制动停转：

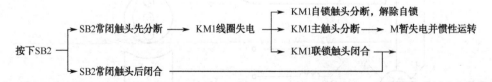

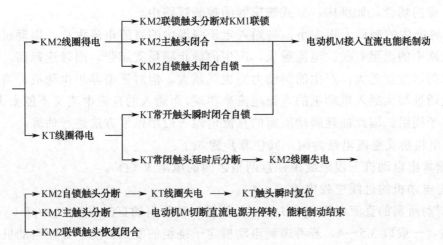

图 2.52 中 KT 瞬时闭合常开触头的作用是当 KT 出现线圈断线或机械卡住等故障时，按下 SB2 后能使电动机制动后脱离直流电源。

（2）有变压器单相桥式整流能耗制动自动控制线路。对于 10 kW 以上容量的电动机，多采用有变压器单相桥式整流能耗制动自动控制线路。如图 2.52 所示为有变压器单相桥式整流单向启动能耗制动自动控制的电路图，其中直流电源由单相桥式整流器 VC 供给，TC 是整流变压器，电阻 R 是用来调节直流电流的，从而调节制动强度，整流变压器一次侧与整流器的直流侧同时进行切换，有利于提高触头的使用寿命。

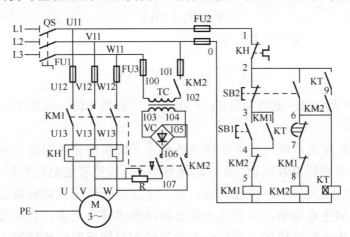

图 2.52　有变压器单相桥式整流单向启动能耗制动自动控制电路图

图 2.52 与图 2.51 的控制电路相同，所以其工作原理也相同，读者可自行分析。

能耗制动的优点是制动准确、平稳，且能量消耗较小。缺点是需附加直流电源装置，设备费用较高，制动力较弱，在低速时制动力矩小。因此能耗制动一般用于要求

245

制动准确、平稳的场合，如磨床、立式铣床等的控制线路中。

能耗制动时产生的制动力矩大小，与通入定子绕组中的直流电流大小、电动机的转速及转子电路中的电阻有关。电流越大，产生的静止磁场就越强，而转速越高，转子切割磁力线的速度就越大，产生的制动力矩也就越大。但对笼型异步电动机，增大制动力矩只能通过增大通入电动机的直流电流来实现，而通入的直流电流又不能太大，过大会烧坏定子绕组。因此能耗制动所需的直流电源一般用以下方法进行估算：

以常用的单相桥式整流电路为例，其估算步骤如下：

① 首先测量出电动机三根进线中任意两根之间的电阻 R（Ω）。

② 测量出电动机的进线空载电流 I_0（A）。

③ 能耗制动所需的直流电流 $I_L = KI_0$（A），能耗制动所需的直流电压 $U_L = I_L R$（V）。其中 K 是系数，一般取 3.5～4。若考虑到电动机定子绕组的发热情况，并使电动机达到比较满意的制动效果，对转速高、惯性大的传动装置可取其上限。

④ 单相桥式整流电源变压器次级绕组电压和电流有效值为：

$$U_2 = \frac{U_L}{0.9} \quad (V)$$

$$I_2 = \frac{I_L}{0.9} \quad (A)$$

变压器计算容量为：

$$S = U_2 I_2 \quad (VA)$$

如果制动不频繁，可取变压器实际容量为：

$$S' = \left(\frac{1}{3} \sim \frac{1}{4}\right) S \quad (VA)$$

⑤ 可调电阻 $R \approx 2\ \Omega$，电阻功率 $P_R = I_L^2 R$ W，实际选用时，电阻功率也可小些。

3. 电容制动

当电动机切断交流电源后，立即在电动机定子绕组的出线端接入电容器来迫使电动机迅速停转的方法叫电容制动。其制动原理是：当旋转着的电动机断开交流电源时，转子内仍有剩磁。随着转子的惯性转动，有一个随转子转动的旋转磁场。这个磁场切割定子绕组产生感生电动势，并通过电容器回路形成感生电流，该电流产生的磁场与转子绕组中感生电流相互作用，产生一个与旋转方向相反的制动转矩，使电动机受制动迅速停转。

电容制动控制电路如图 2.53 所示。其线路的工作原理如下：先合上电源开关 QS。

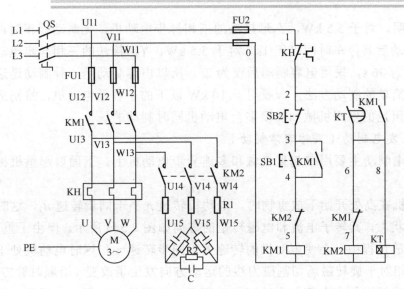

图 2.53　电容制动控制电路图

启动运转：

电容制动停转：

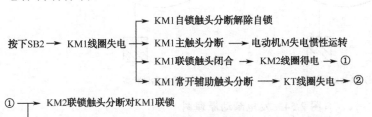

控制线路中，电阻 R1 是调节电阻，用以调节制动力矩的大小，电阻 R2 为放电电阻。经验证明：电容器的电容，对于 380 V、50 Hz 的笼型异步电动机，每千瓦每相约需要 150 μF。电容器的耐压应不小于电动机的额定电压。

实验证明，对于 5.5 kW，△形接法的三相异步电动机，无制动停车时间为 22 s，采用电容制动后其停车时间仅需 1s。对于 5.5 kW，Y形接法的三相异步电动机，无制动停车时间为 36 s，采用电容制动后仅为 2s。所以电容制动是一种制动迅速、能量损耗小、设备简单的制动方法，一般用于 10 kW 以下的小容量电动机，特别适用于存在机械摩擦和阻尼的生产机械和需要多台电动机同时制动的场合。

4. 再生发电制动（又称回馈制动）

再生发电制动主要用在起重机械和多速异步电动机上。下面以起重机械为例说明其制动原理。

当起重机在高处开始下放重物时，电动机转速 n 小于同步转速 n_1，这时电动机处于电动运行状态，其转子电流和电磁转矩的方向如图 2.54a 所示。但由于重力的作用，在重物的下放过程中，会使电动机的转速大于同步转速 n_1，这时电动机处于发电运行状态，转子相对于旋转磁场切割磁力线的运动方向发生了改变（沿顺时针方向），其转子电流和电磁转矩的方向都与电动运行时相反，如图 2.54b 所示。可见电磁力矩变为制动力矩限制了重物的下降速度，保证了设备和人身安全。

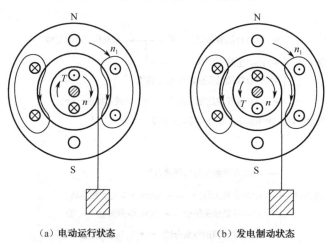

（a）电动运行状态　　　　（b）发电制动状态

图 2.54　发电制动原理图

对多速电动机变速时，如使电动机由 2 极变为 4 极，定子旋转磁场的同步转速 n_1 由 3 000 r/min 变为 1 500 r/min，而转子由于惯性仍以原来的转速 n（接近 3 000 r/min）旋转，此时 $n > n_1$，电动机处于发电制动状态。

再生发电制动是一种比较经济的制动方法，制动时不需要改变线路即可从电动运行状态自动地转入发电制动状态，把机械能转换成电能，再回馈到电网，节能效果显著。缺点是应用范围较窄，仅当电动机转速大于同步转速时才能实现发电制动。所以常用于在位能负载作用下的起重机械和多速异步电动机由高速转为低速时的情况。

 **任务实施**

制动控制

一、准备工作

1. 安全文明

（1）穿戴好劳保用品；

（2）严格遵守相关设备的安全操作规程；

（3）做好教学场地设备恢复、整理及清洁工作；

（4）人走五关（关门、关窗、关机、关电、关灯）。

2. 工具与仪表

（1）工具：电工常用工具。

（2）仪表：MF47 型万用表、ZC25-3 兆欧表（500V、0～500V）、MG3-1 型钳形电流表。

（3）器材：控制板、走线槽、各种规格软线、编码套管等。

二、电磁抱闸制动器断电制动控制线路的安装

1. 元件清单

根据三相异步电动机 Y112M-4 的技术数据：4 kW、380 V、8.8 A、△接法、1 440 r/min，结合如图 2.45 所示电路图，正确选用各电器元件及导线规格，并填入元件明细表中，见表 2.40。

表 2.40　元件明细表

代　　号	名　　称	型　　号	规　　格	数　　量
M	三相异步电动机	Y112M-4	4 kW、380 V、△接法、8.8 A、1 440 r/min	1
QS	组合开关			
FU1	熔断器			
FU2	熔断器			

代　号	名　　称	型　号	规　格	数　量
KM	交流接触器			
KH	热继电器			
SB1、SB2	按钮			
YB	电磁抱闸制动器			
XT	端子板			
	主电路导线			
	控制电路导线			
	按钮线			
	接地线			
	电动机引线			
	控制板			

2．安装步骤及工艺要求

安装工艺可参照任务二中任务实施的工艺要求进行。其安装步骤如下：

（1）按表2.40配齐所用电器元件，并进行质量检验。

（2）画出布置图，并在控制板上按布置图安装除电动机、电磁抱闸制动器以外的电器元件，贴上醒目的文字符号。

（3）根据如图2.45所示电路图在控制板上进行板前明线布线和套编码套管。

（4）安装电动机、电磁抱闸制动器。

（5）可靠连接电动机、电磁抱闸制动器及各电器元件不带电的金属外壳的保护接地线。

（6）连接电动机、电磁抱闸制动器及电源等控制板外部的导线。

（7）根据电路图自检布线的正确性、合理性、可靠性及元件安装的牢固性。

（8）检查无误后通电试车。

3．注意事项

（1）器材的选用可参阅有关电工手册或教材。

（2）电磁抱闸制动器必须与电动机一起安装在固定的底座或座墩上，其地脚螺栓必须拧紧，且有防松措施。电动机轴伸出端上的制动闸轮必须与闸瓦制动器的抱闸机构在同一平面上，而且轴心要一致。

（3）电磁抱闸制动器安装后，必须在切断电源的情况下先进行粗调，然后在通电试车时再进行微调。粗调时以在断电状态下用外力转不动电动机的转轴，而当用外力

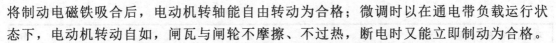

将制动电磁铁吸合后，电动机转轴能自由转动为合格；微调时以在通电带负载运行状态下，电动机转动自如，闸瓦与闸轮不摩擦、不过热，断电时又能立即制动为合格。

（4）通电试车时必须有指导教师在现场监护。同时要做到安全文明生产。

4．评分标准（表2.41）

表 2.41　评分标准

项目内容	配分	评分标准		扣分
选用元件	10	（1）电器元件选错，每只	扣2分	
		（2）选用的元件型号、规格不全，每只	扣2分	
装前检查	10	电器元件漏检或错检，每处	扣2分	
安装元件	20	（1）电磁抱闸制动器安装不牢固：		
		电磁抱闸制动器松动	扣20分	
		地脚螺栓未拧紧或无防松措施，每只	扣10分	
		（2）抱闸与闸轮不在同一平面或不同心	扣10分	
		（3）不按布置图安装	扣15分	
		（4）其他元件安装不紧固，每只	扣4分	
		（5）元件布置不整齐、不匀称、不合理，每只	扣3分	
		（5）损坏元件，每只	扣5～20分	
布线	20	（1）不按电路图接线	扣20分	
		（2）布线不符合要求：		
		主电路，每根	扣4分	
		控制电路，每根	扣2分	
		（3）接点不符合要求，每个	扣1分	
		（4）损伤导线绝缘或线芯，每根	扣5分	
		（6）漏接接地线	扣10分	
调整与试车	40	（1）电磁抱闸制动器不会调整	扣40分	
		（2）制动器调整不符合要求	扣20分	
		（3）整定值未整定或整定错误，每只	扣5分	
		（4）配错熔体，主、控电路各	扣4分	
		（5）第一次试车不成功	扣20分	
		第二次试车不成功	扣30分	
		第三次试车不成功	扣40分	
安全文明生产		违反安全文明生产规程	扣5～40分	

续表

项 目 内 容	配　分	评　分　标　准		扣　分
定额时间：5 h		每超时 5 min 以内以扣 5 分计算		
备　注		除定额时间外，各项内容的最高扣分不得超过配分数	成绩	
开始时间		结束时间	实际时间	

三、无变压器半波整流单向启动能耗制动控制线路的安装和检修

1. 元件清单（表 2.42）

表 2.42　元件明细表

代　号	名　称	型　号	规　格	数　量
M	三相异步电动机	Y112M-4	4 kW、380 V、8.8 A、△接法、1 440 r/min	1
QS	组合开关	HZ10-25/3	三极、25 A、380 V	1
FU1	熔断器	RL1-60/25	500 V、60 A、配熔体 25 A	3
FU2	熔断器	RL1-15/4	500 V、15 A、配熔体 4 A	2
KM1、KM2	交流接触器	CJ10-20	20 A、线圈电压 380 V	2
KH	热继电器	JR16-20/3	三极、20 A、整定电流 8.8 A	1
KT	时间继电器	JS7-2A	线圈电压 380 V	1
SB1、SB2	按钮	LA10-3H	保护式、380 V、5 A、按钮数 3	1
V	整流二极管	2CZ30	30 A、600 V	1
R	制动电阻		0.5 Ω、50 W（外接）	1
XT	端子板	JD0-1020	380 V、10 A、20 节	1
	主电路导线	BVR-1.5	1.5 mm² （7×0.52 mm）	若干
	控制电路导线	BVR-1.0	1 mm² （7×0.43 mm）	若干
	按钮线	BVR-0.75	0.75 mm²	若干
	接地线	BVR-1.5	1.5 mm²	若干
	走线槽		18 mm×25 mm	若干
	控制板		500 mm×400 mm×20 mm	1

2. 安装训练

（1）安装步骤及工艺要求。按表 2.42 配齐所用电器元件，根据图 2.51 所示电路图参照工作台自动往返控制线路的安装步骤及工艺要求进行安装。

（2）注意事项：

① 时间继电器的整定时间不要调得太长，以免制动时间过长引起定子绕组发热。

② 整流二极管要配装散热器和固装散热器支架。

③ 制动电阻要安装在控制板外面。

④ 进行制动时，停止按钮 SB2 要按到底。

⑤ 通电试车时，必须有指导教师在现场监护，同时要做到安全文明生产。

（3）评分标准（表 2.43）。

表 2.43　评分标准

项目内容	配　分	评分标准		扣　分
装前检查	10	电器元件漏检或错检，每处	扣 2 分	
安装元件	15	（1）不按布置图安装	扣 10 分	
		（2）元件安装不牢固，每只	扣 4 分	
		（3）元件安装不整齐、不匀称、不合理，每只	扣 3 分	
		（3）安装元件时漏装木螺钉，每只	扣 1 分	
		（4）走线槽安装不符合要求，每处	扣 2 分	
		（5）损坏元件，每只	扣 5～15 分	
布线	35	（1）不按电路图接线	扣 25 分	
		（2）布线不符合要求：		
		主电路，每根	扣 4 分	
		控制电路，每根	扣 2 分	
		（3）接点松动、露铜过长、反圈、压绝缘层，每个接点	扣 1 分	
		（4）损伤导线绝缘或线芯，每根	扣 5 分	
		（5）漏套或错套编码套管，每处	扣 2 分	
		（6）漏接接地线	扣 10 分	
通电试车	40	（1）整定值未整定或整定错，每处	扣 5 分	
		（2）配错熔体，主、控电路各	扣 4 分	
		（3）第一次试车不成功	扣 20 分	
		第二次试车不成功	扣 30 分	
		第三次试车不成功	扣 40 分	
安全文明生产	违反安全文明生产规程		扣 5～40 分	
定额时间：3 h	每超时 5 min 以内以扣 5 分计算			
备注	除定额时间外，各项内容的最高扣分不得超过配分数		成绩	
开始时间		结束时间		实际时间	

3. 检修训练

（1）故障设置。在控制电路或主电路中人为设置电气故障两处。

（2）故障检修。其检修步骤如下：

① 用通电试验法观察故障现象，若发现异常情况，应立即断电检查。

② 用逻辑分析法判断故障范围，并在电路图上用虚线标出故障部位的最小范围。

③ 用测量法准确迅速地找出故障点。

④ 采用正确方法快速排除故障。

⑤ 排除故障后通电试车。

（3）注意事项：

① 检修前要掌握线路的构成、工作原理及操作顺序。

② 在检修过程中严禁扩大和产生新的故障。

③ 带电检修必须有指导教师在现场监护，并确保用电安全。

（4）评分标准（表 2.44）。

表 2.44 评分标准

项目内容	配分	评分标准		扣分
故障分析	30	（1）检修思路不正确	扣 5～10 分	
		（2）标错电路故障范围，每个	扣 15 分	
排除故障	70	（1）停电不验电	扣 5 分	
		（2）工具及仪表使用不当，每次	扣 10 分	
		（3）排除故障的顺序不对	扣 5～10 分	
		（4）不能查出故障，每个	扣 35 分	
		（5）查出故障点但不能排除，每个	扣 25 分	
		（6）产生新的故障：		
		不能排除，每个	扣 35 分	
		已经排除，每个	扣 15 分	
		（7）损坏电动机	扣 70 分	
		（8）损坏电器元件，每只	扣 5～20 分	
		（9）排除故障方法不正确，每次	扣 5～10 分	
		（10）排除故障后通电试车不成功	扣 70 分	
安全文明生产		违反安全文明生产规程	扣 10～70 分	
定额时间：30 min		不允许超时检查，在修复故障过程中才允许超时，但应以每超 1 min 扣 5 分计算		
备注		除定额时间外，各项内容的最高扣分不得超过配分数	成绩	
开始时间		结束时间	实际时间	

 **想一想**

1．什么叫制动？制动的方法有哪两类？

2．什么叫机械制动？常用的机械制动有哪两种？

3．电磁抱闸制动器分为哪两种类型？其性能是什么？

4．什么叫电力制动？常用的电力制动方法有哪两种？简要说明各种制动方法的制动原理。

5．试设计有变压器桥式整流双向启动能耗制动自动控制的电路图。

6．分别简述反接制动、能耗制动、电容制动和再生发电制动的优点、缺点及适用场合。

任务九　多速异步电动机的控制线路

 **任务描述**

有些生产线需要零件以不同的速度进行传递，简单的控制就是通过多速异步电动机来实现，本任务主要是学习双速或三速异步电动机控制的基本线路安装、调试与检修。

 **学习目标**

1．学会正确安装与检修双速异步电动机控制线路。

2．理解三速异步电动机控制线路的原理。

知识平台

由三相异步电动机的转速公式

$$n = (1-s)\frac{60f_1}{p}$$

可知，改变异步电动机转速可通过三种方法来实现：一是改变电源频率 f_1；二是改变转差率 s；三是改变磁极对数 p。本课题主要介绍通过改变磁极对数 p 来实现电动机调速的基本控制线路。

改变异步电动机的磁极对数调速称为变极调速。变极调速是通过改变定子绕组的连接方式来实现的，它是有级调速，且只适用于笼型异步电动机。凡磁极对数可改变的电动机称为多速电动机，常见的多速电动机有双速、三速、四速等几种类型。下面就双速和三速异步电动机的启动及自动调速控制线路进行分析。

一、双速异步电动机的控制线路

1. 双速异步电动机定子绕组的连接

双速异步电动机定子绕组的△/YY接线图如图 2.55 所示。图中三相定子绕组接成△形，由三个连接点接出三个出线端 U1、V1、W1，从每相绕组的中点各接出一个出线端 U2、V2、W2，这样定子绕组共有 6 个出线端。通过改变这 6 个出线端与电源的连接方式，就可以得到两种不同的转速。

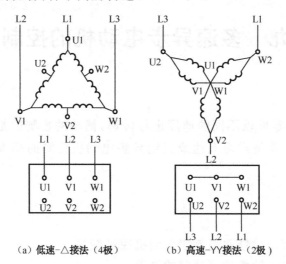

（a）低速-△接法（4极）　　　（b）高速-YY接法（2极）

图 2.55　双速电动机三相定子绕组△/YY接线图

要使电动机在低速工作时，就把三相电源分别接至定子绕组作△形连接顶点的出线端 U1、V1、W1 上，另外三个出线端 U2、V2、W2 空着不接，如图 2.55a 所示，此时电动机定子绕组接成△形，磁极为 4 极，同步转速为 1 500 r/min；若要使电动机高速工作，就把三个出线端 U1、V1、W1 并接在一起，另外三个出线端 U2、V2、W2 分别接到三相电源上，如图 2.55b 所示，这时电动机定子绕组接成YY形，磁极为 2 极，同步转速为 3 000 r/min。可见双速电动机高速运转时的转速是低速运转转速的两倍。

值得注意的是，双速电动机定子绕组从一种接法改变为另一种接法时必须把电源相序反接，以保证电动机的旋转方向不变。

2. 接触器控制双速电动机的控制线路

用按钮和接触器控制双速电动机的电路如图 2.56 所示。其中 SB1、KM1 控制电动机低速运转；SB2、KM2、KM3 控制电动机高速运转。

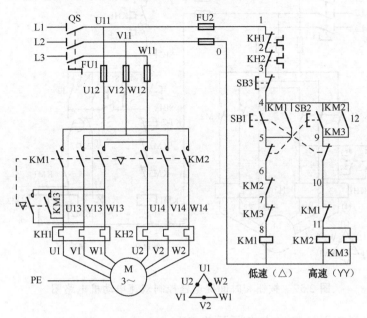

图 2.56 接触器控制双速电动机的电路图

线路工作原理如下：先合上电源开关 QS。

△形低速启动运转：

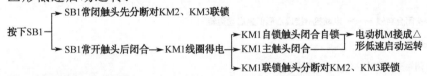

YY形高速启动运转：

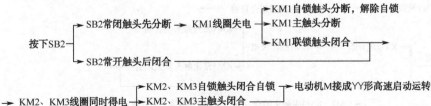

停转时，按下 **SB3** 即可实现。

3. 时间继电器控制双速电动机的控制线路

用按钮和时间继电器控制双速电动机低速启动高速运转的电路图如图 2.57 所示。时间继电器 KT 控制电动机△启动时间和△-YY的自动换接运转。

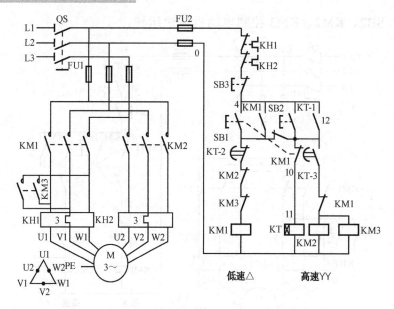

图 2.57　按钮和时间继电器控制双速电动机电路图

线路工作原理如下：先合上电源开关 QS。

△形低速启动运转：

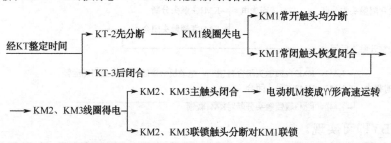

YY形高速运转：

按下SB2 ——→ KT线圈得电 ——→ KT-1常开触头瞬时闭合自锁 ——→

　　　　　　　　　　　　　　　　　　——→ KM1常开触头均分断
　　　　　　　　——→ KT-2先分断 ——→ KM1线圈失电
经KT整定时间 ——|　　　　　　　　　　　——→ KM1常闭触头恢复闭合 ——→
　　　　　　　　——→ KT-3后闭合 ——————————————————|

　　　　　　　　　　　　——→ KM2、KM3主触头闭合 ——→ 电动机M接成YY形高速运转
——→ KM2、KM3线圈得电 ——|
　　　　　　　　　　　　——→ KM2、KM3联锁触头分断对KM1联锁

停止时，按下 SB3 即可。

若电动机只需高速运转时，可直接按下 SB2，则电动机△形低速启动后，YY形高速运转。

用转换开关和时间继电器控制双速电动机低速启动高速运转的电路如图 2.58 所示。其中 SA 是具有三个接点位置的转换开关，其他各电器的作用和线路的工作原理，读者可参照上述几种电路自行分析。

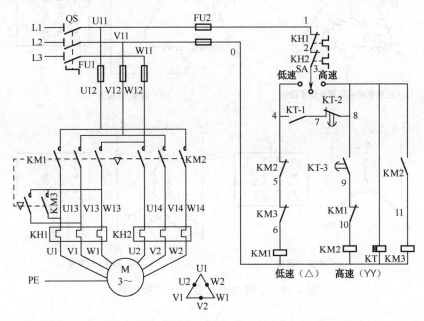

图 2.58　转换开关和时间继电器控制双速电动机电路图

二、三速异步电动机的控制线路

1. 三速异步电动机定子绕组的连接

　　三速异步电动机是在双速异步电动机的基础上发展起来的。它有两套定子绕组，分两层安放在定子槽内，第一套绕组（双速）有七个出线端 U1、V1、W1、U3、U2、V2、W2 可作△或YY形连接；第二套绕组（单速）有三个出线端 U4、V4、W4，只作Y形连接，如图 2.59a 所示。当分别改变两套定子绕组的连接方式（即改变极对数）时，电动机就可以得到三种不同的运转速度。

　　三速异步电动机定子绕组的接线方法如图 2.59b、c、d 所示和见表 2.45。图中 W1 和 U3 出线端分开的目的是当电动机定子绕组接成Y形中速运转时，避免在△接法的定子绕组中产生感生电流。

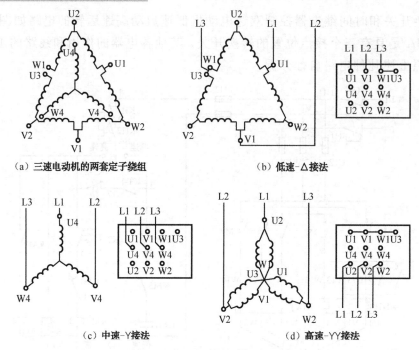

（a）三速电动机的两套定子绕组　　　　（b）低速-△接法

（c）中速-Y接法　　　　（d）高速-YY接法

图 2.59　三速电动机定子绕组接线图

表 2.45　三速异步电动机定子绕组接线方法

转　　　速	电　源　接　线			并　　头	连 接 方 式
	L1	L2	L3		
低速	U1	V1	W1	U3、W1	△
中速	U4	V4	W4	—	Y
高速	U2	V2	W2	U1、V1、W1、U3	YY

2. 接触器控制三速异步电动机的控制线路

用按钮和接触器控制三速异步电动机的电路如图 2.60 所示。其中 SB1、KM1 控制电动机△接法下低速运转；SB2、KM2 控制电动机Y接法下中速运转；SB3、KM3 控制电动机YY接法下高速运转。

线路工作原理如下：先合上电源开关 QS。

低速启动运转：

按下SB1 ──→ 接触器KM1线圈得电 ──→ KM1触头动作 ──→ 电动机M第一套定子绕组出线端U1、V1、
W1（U3通过KM1常开触头与W1并接）与三相电源接通 ──→ 电动机M接成△低速运转

低速转为中速运转：

先按下停止按钮SB4 ——→ KM1线圈失电 ——→ KM1触头复位 ——→ 电动机M失电 ——→ 再接下SB2 ——→ KM2 线圈得电 ——→ KM2触头动作 ——→ 电动机M第二套定子绕组出线端U4、V4、W4与三相电源接通 ——→ 电动机M接成 Y形，中速运转

中速转为高速运转：

先按下SB4 ——→ KM2线圈失电 ——→ KM2触头复位 ——→ 电动机M失电

再按下SB3 ——→ KM3线圈得电 ——→ KM3触头动作 ——→ 电动机M第一套定子绕组出线端U2、V2、W2与三相 电源接通（U1、V1、W1、U3则通过KM3的三对常开触头并接）——→ 电动机M接成YY形高速运转

该线路的缺点是在进行速度转换时，必须先按下停止按钮 SB4 后，才能再按相应 的启动按钮变速，所以操作不便。

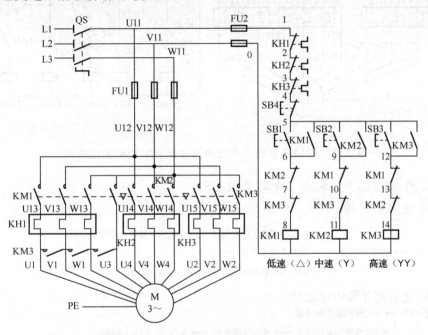

图 2.60　接触器控制三速电动机的电路图

3. 时间继电器控制三速异步电动机的控制线路

用时间继电器自动控制三速异步电动机的电路如图 2.61 所示。其中 SB1、KM1 控制电动机△接法下低速启动运转；SB2、KT1、KMZ 控制电动机从△接法下低速启 动到Y接法下中速运转的自动变换；SB3、KT1、KT2、KM3 控制电动机从△接法下低 速启动到Y中速过渡到YY接法下高速运转的自动变换。

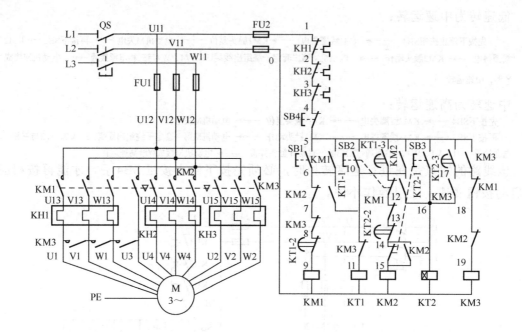

图 2.61　时间继电器自动控制三速异步电动机的电路图

线路工作原理如下：先合上电源开关 QS。

△形低速启动运转：

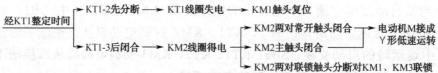

△形低速启动Y形中速运转：

按下SB2 ─→ SB2常闭触头先分断
　　　└─→ SB2常开触头后闭合 ─→ KT1线圈得电 ─→ KT1-2、KT1-3未动作
　　　　　　　　　　　　　　　　　　　　　　　└─→ KT1-1瞬时闭合 ─→

─→ KM1线圈得电 ─→ KM1触头动作 ─→ 电动机M接成△形低速启动 ─→

　　　　　　　┌─→ KT1-2先分断 ─→ KT1线圈失电 ─→ KM1触头复位
经KT1整定时间 │
　　　　　　　│　　　　　　　　　　　　　　　　　　┌─→ KM2两对常开触头闭合 ─→ 电动机M接成
　　　　　　　└─→ KT1-3后闭合 ─→ KM2线圈得电 ─┼─→ KM2主触头闭合　　　　　　Y形低速运转
　　　　　　　　　　　　　　　　　　　　　　　　　└─→ KM2两对联锁触头分断对KM1、KM3联锁

△形低速启动Y形中速运转过渡YY形高速运转：

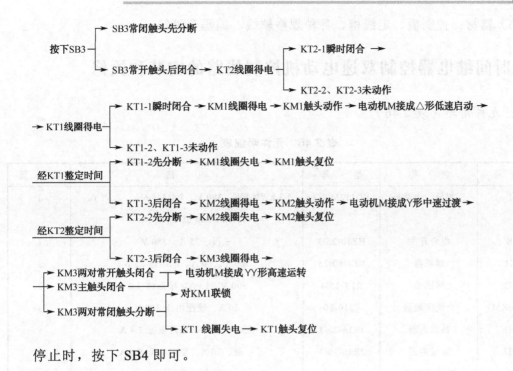

停止时，按下 SB4 即可。

 任务实施

时间继电器控制双速电动机控制线路的安装和检修

一、准备工作

1. 安全文明

（1）穿戴好劳保用品；

（2）严格遵守相关设备的安全操作规程；

（3）做好教学场地设备恢复、整理及清洁工作；

（4）人走五关（关门、关窗、关机、关电、关灯）。

2. 工具与仪表

（1）工具：电工常用工具。

（2）仪表：MF47 型万用表、ZC25-3 兆欧表（500V、0～500V）、MG3-1 型钳形电流表、转速表。

（3）器材：控制板、走线槽、各种规格软线、编码套管等。

二、时间继电器控制双速电动机控制线路的安装和检修

1. 元件清单（表 2.46）

表 2.46　元件明细表

代　号	名　称	型　号	规　格	数　量
M	三相异步电动机	YD112M-4/2	3.3 kW/4 kW、380 V、7.4 A/8.6 A、△/丫丫、1 440 r/min 或 2 890 r/min	1
QS	组合开关	HZ10-25/3	三极、25 A、380 V	1
FU1	熔断器	RL1-60/25	500 V、60 A、配熔体 25 A	3
FU2	熔断器	RL1-15/4	500 V、15 A、配熔体 4 A	2
KM1～KM3	交流接触器	CJ10-20	20 A、线圈电压 380 V	3
KH1	热继电器	JR16-20/3	三极、20 A、整定电流 7.4 A	1
KH2	热继电器	JR16-20/3	三极、20 A、整定电流 8.6 A	1
KT	时间继电器	JS7-2A	线圈电压 380 V	1
SB1～SB3	按钮	LA10-3H	保护式、380 V、5 A、按钮数 3	1
XT	端子板	JD0-1020	380 V、10 A、20 节	1
	主电路导线	BVR-1.5	1.5 mm^2（7×0.52 mm）	若干
	控制电路导线	BVR-1.0	1 mm^2（7×0.43 mm）	若干
	按钮线	BVR-0.75	0.75 mm^2	若干
	接地线	BVR-1.5	1.5 mm^2	若干
	走线槽		18 mm×25 mm	若干
	控制板		500 mm×400 mm×20 mm	1

2. 安装训练

（1）安装步骤及工艺要求。安装工艺可参照任务四中任务实施的工艺要求进行。其安装步骤如下：

① 按表 2.46 配齐所用电器元件，并检验元件质量。

② 根据图 2.57 所示电路图，画出布置图。

③ 在控制板上按布置图固装除电动机以外的电器元件，并贴上醒目的文字符号。

④ 在控制板上根据电路图进行板前线槽布线，并在线端套编码套管和冷压接线头。

⑤ 安装电动机。

⑥ 可靠连接电动机及电器元件不带电金属外壳的保护接地线。

⑦ 可靠连接控制板外部的导线。

⑧ 自检。

⑨ 检查无误后通电试车，并用转速表测量电动机转速。

（2）注意事项：

① 接线时，注意主电路中接触器 KM1、KM2 在两种转速下电源相序的改变，不能接错；否则，两种转速下电动机的转向相反，换向时将产生很大的冲击电流。

② 控制双速电动机△形接法的接触器 KM1 和 YY 形接法的 KM2 的主触头不能对换接线，否则不但无法实现双速控制要求，而且会在 YY 形运转时造成电源短路事故。

③ 热继电器 KH1、KH2 的整定电流及其在主电路中的接线不要搞错。

④ 通电试车前，要复验一下电动机的接线是否正确，并测试绝缘电阻是否符合要求。

⑤ 通电试车时，必须有指导教师在现场监护，同时做到安全文明生产。

（3）评分标准（表 2.47）。

表 2.47　评分标准

项 目 内 容	配　分	评 分 标 准	扣　分
装前检查	10	电器元件漏检或错检，每处　　　　　　　　　　　扣 1 分	
安装元件	15	（1）元件布置不整齐、不匀称、不合理，每只　　扣 3 分	
		（2）元件安装不牢固，每只　　　　　　　　　　扣 4 分	
		（3）安装元件时漏装木螺钉，每只　　　　　　　扣 1 分	
		（4）走线槽安装不符合要求，每处　　　　　　　扣 2 分	
		（5）损坏元件　　　　　　　　　　　　　　　扣 5～15 分	
布线	35	（1）不按电路图接线　　　　　　　　　　　　　扣 25 分	
		（2）布线不符合要求：	
		主电路，每根　　　　　　　　　　　　　　扣 4 分	
		控制电路，每根　　　　　　　　　　　　　扣 2 分	
		（3）接点不符合要求，每个接点　　　　　　　　扣 1 分	
		（4）损伤导线绝缘或线芯，每根　　　　　　　　扣 5 分	
		（5）漏套或错套编码套管，每处　　　　　　　　扣 2 分	
		（6）漏接接地线　　　　　　　　　　　　　　　扣 10 分	
通电试车	40	（1）整定值未整定或整定错，每处　　　　　　　扣 5 分	
		（2）配错熔体，主、控电路各　　　　　　　　　扣 5 分	

续表

项目内容	配　分	评 分 标 准		扣　分
通电试车	40	（3）第一次试车不成功	扣 20 分	
		第二次试车不成功	扣 30 分	
		第三次试车不成功	扣 40 分	
安全文明生产		（1）违反安全文明生产规程	扣 5～40 分	
		（2）乱线敷设，加扣不安全分	扣 10 分	
定额时间：3 h		每超时 5 min 以内以扣 5 分计算		
备注		除定额时间外，各项内容的最高扣分不应超过配分数	成绩	
开始时间		结束时间	实际时间	

3．检修训练

（1）故障设置。在控制电路和主电路中各人为设置电气故障一处。

（2）故障检修。由学生自编检修步骤，经教师审阅合格后，参照任务二中任务实施中的检修步骤和方法进行检修训练。

（3）注意事项：

① 检修前要认真阅读电路图，掌握线路的构成、工作原理及接线方式。

② 检修过程中，故障分析、排除故障的思路和方法要正确，严禁扩大和产生新的故障。

③ 工具、仪表使用要正确，带电检修故障时必须有指导教师在现场监护，以确保用电安全。

（4）评分标准（表 2.48）。

表 2.48　评分标准

项目内容	配　分	评 分 标 准		扣　分
自编检修步骤	10	检修步骤不合理、不完善	扣 2～5 分	
故障分析	30	（1）检修思路不正确	扣 5～10 分	
		（2）标错电路故障范围，每个	扣 15 分	
排除故障	60	（1）停电不验电	扣 5 分	
		（2）工具及仪表使用不当，每次	扣 10 分	
		（3）排除故障的顺序不对	扣 5～10 分	
		（4）不能查出故障，每个	扣 35 分	
		（5）查出故障点但不能排除，每个故障	扣 25 分	

续表

项目内容	配　分	评分标准	扣　分
排除故障	60	（6）产生新的故障： 　　不能排除，每个　　　　　　　　　　　　　扣 35 分 　　已经排除，每个　　　　　　　　　　　　　扣 15 分 （7）损坏电动机　　　　　　　　　　　　　　扣 60 分 （8）损坏电器元件，每只　　　　　　　　　　扣 5～20 分 （9）排除故障方法不正确，每次　　　　　　　扣 5～10 分 （10）排除故障后通电试车不成功　　　　　　 扣 60 分	
安全文明生产		违反安全文明生产规程　　　　　　　　　　　　扣 10～60 分	
定额时间：60 min		不允许超时检查，在修复故障过程中才允许超时，但应以每超时 1 min 以内扣 5 分计算	
备注		除定额时间外，各项内容的最高扣分不得超过配分数	成绩
开始时间		结束时间	实际时间

1．三相异步电动机的调速方法有哪三种？笼型异步电动机的变极调速是如何实现的？

2．双速电动机的定子绕组共有几个出线端？分别画出双速电动机在低、高速时定子绕组的接线图。

3．三速异步电动机有几套定子绕组？定子绕组共有几个出线端？分别画出三速电动机低、中、高速时定子绕组的接线图。

4．现有一双速电动机，试按下述要求设计控制线路：

（1）分别用两个按钮操作电动机的高速启动与低速启动，用一个总停止按钮操作电动机停止。

（2）启动调速时，应先接成低速，然后经延时后再换接到高速。

（3）有短路保护和过载保护。

任务十　三相同步电动机的基本控制线路

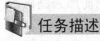

三相同步电动机具有以下特点：高电压（6 kV 以上），大容量（250 kW 以上），

转速恒定，无启动转矩，在启动过程中转子绕组能产生极高的感生电动势，调节励磁电流可改变电动机的功率因数等。因此，在工业生产中，对于恒速旋转的大型机械设备，如空气压缩机、球磨机、离心式水泵等，都采用三相同步电动机来拖动。同步电动机的控制和结构，与异步电动机相类似，不同之处是同步电动机的转子绕组需要直流励磁，故必须设有励磁电源的控制电路。本任务只对同步电动机的启动和制动线路作一简单介绍。

 学习目标

1. 了解三相同步电动机的特点及其异步启动方法。
2. 熟悉三相同步电动机基本控制线路的构成和工作原理。

知识平台

一、启动控制线路

由于同步电动机没有启动转矩，所以不能自行启动。同步电动机的启动方法有两种：一种是辅助电动机启动法；另一种是异步启动法。而在生产中广泛采用的是异步启动法，即在设计和制造时，在转子上加装一套笼型启动绕组作异步启动用。同步电动机的启动过程分成两步，第一步是给三相定子绕组通入三相正弦交流电进行异步启动。为了防止刚启动时，转子绕组感应高压击穿绝缘，故启动前转子励磁绕组要串接一个约 10 倍于励磁绕组电阻的放电电阻进行短接。第二步是当转速上升到同步转速的 95%以上（称准同步转速）时，将直流电压加入转子励磁绕组并切除放电电阻，将电动机牵入同步运转。可见，同步电动机的启动控制包括三相交流电源加入定子绕组、直流电源加入转子励磁绕组以及放电电阻串入和切除的控制。

关于同步电动机的定子绕组加入交流电源的控制方法与异步电动机相同，下面主要介绍转子励磁电源和放电电阻的自动控制问题。

由于同步电动机启动时，必须待转子转速达到同步转速的 95%及以上时再加入励磁，因而必须对电动机的转速进行监测。转速监测可由定子回路的电流或转子回路的频率等参数来间接反映。下面以按定子回路电流变化间接反映转速变化而加入励磁的自动控制线路为例进行分析。

同步电动机作异步启动时，定子绕组的电流很大。但随着转速的升高，电流逐渐减小。当转速达到准同步转速时，电流明显减小。所以可用定子电流值来反映电动机的转速状况。按定子电流原则加入励磁的简化原理图如图 2.62 所示。

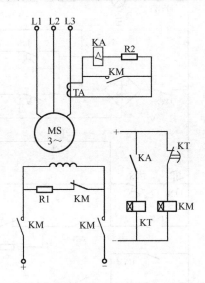

图 2.62　按定子电流原则加入励磁的简化原理图

启动时，定子绕组中很大的启动电流，使电流互感器 TA 二次回路中的电流继电器 KA 吸合，KA 的常开触头闭合，时间继电器 KT 线圈得电，其常闭触头瞬时断开切断直流励磁接触器 KM 的线圈回路。因此，励磁绕组中未加励磁且通过放电电阻 R1 短接。当同步电动机的转速接近同步转速时，定子电流减小，直到使 KA 释放，时间继电器 KT 线圈断电，经 KT 整定时间，KT 常闭触头恢复闭合，接触器 KM 通电吸合，切除电阻 R1 并加入励磁电流，把电动机牵入同步运行。同时 KM 的另一对常开触头闭合，将电流继电器 KA 的线圈短接，以防止电动机正常运行时因某种原因引起冲击电流而产生误动作。

同步电动机按定子电流原则自动加入励磁启动的电路如图 2.63 所示。本电路适用于控制 55～400 kW 的三相同步电动机，电路设有强励磁环节、短路及零压保护。

其线路工作原理如下：

降压异步启动过程：合上电源开关 QF1，欠压继电器 KV 得电，KV 常闭触头分断，保证接触器 KM2 处于断电状态。励磁机磁场电阻 R2 保持在调节好的数值，以产生正常的电压值。然后合上 QF2，控制电路有电。

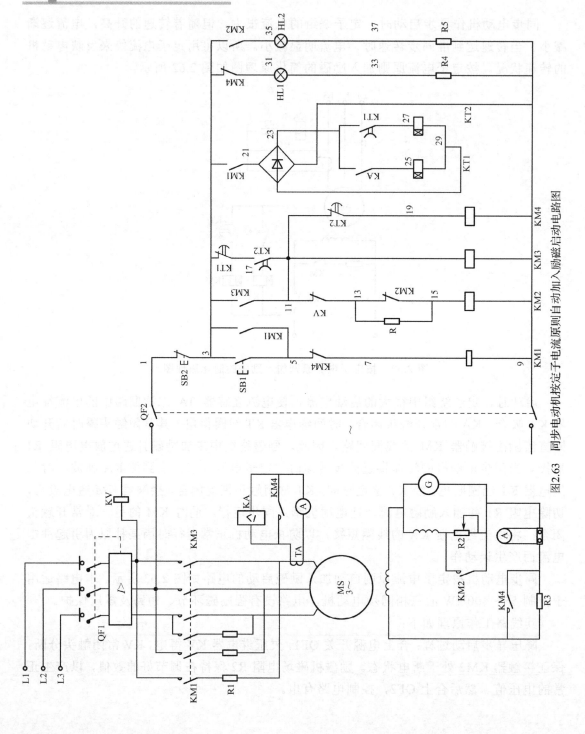

图2.63 同步电动机按定子电流原则自动加入励磁启动电路图

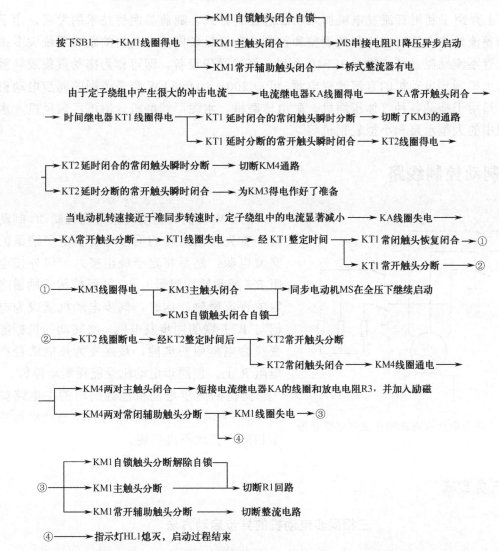

强励环节工作过程：当电网电压降低到一定值时，欠压继电器 KV 释放，KV 常闭触头恢复闭合，接触器 KM2 线圈得电，其常开触头闭合将励磁机的磁场电阻 R2 短接，励磁机的输出增加，从而加大了同步电动机的励磁电流，以保持足够的电磁转矩使电动机正常运行。此时，HL2 亮，指示电动机正在强行励磁。

附加电阻 R 的作用是避免接触器 KM2 线圈过热。因为 KM2 要在电网电压降低时才吸合，所以选取 KM2 的额定电压要低于电网额定电压。但它在电网电压升高而欠压继电器 KV 还未吸合时要能正常工作，故要串入附加电阻 R 分压。

需停止时，按下停止按钮 SB2 即可。

以上介绍了利用直流发电机加入励磁的控制方式。随着晶闸管技术的发展，由于晶闸管整流输出电压可以方便地调整和控制，所以目前同步电动机的励磁系统大多采用晶闸管整流励磁系统，如 KGLF10 系列晶闸管励磁设备，即可作为拖动重载或轻载启动的大型同步电动机的直流励磁电源，可与 200～10 000 kW 容量范围的同步电动机配套，适用于拖动各种气体压缩机、矿山球磨机、水泥厂管磨机、冶炼厂鼓风机、水利工程中的大型水泵和小型轧钢机等。

二、制动控制线路

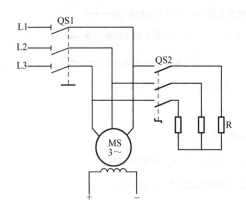

图 2.64　同步电动机能耗制动主电路原理图

同步电动机的制动均采用能耗制动。制动时，首先切断运转的同步电动机定子绕组的交流电源，然后将定子绕组接入一组外接电阻 R（或频敏变阻器）上，并保持转子励磁绕组的直流励磁。这时，同步电动机就成为电枢与 R 并联的同步发电机，将转动的机械能变换为电枢中的电能，最终变为热能消耗在电阻 R 上，使同步电动机受能耗制动停转。

简化的同步电动机能耗制动的主电路如图 2.64 所示。其控制电路与异步电动机的基本相同，在此不再赘述。

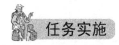任务实施

三相同步电动机的异步启动方法

一、准备工作

1. 安全文明

（1）穿戴好劳保用品；

（2）严格遵守相关设备的安全操作规程；

（3）做好教学场地设备恢复、整理及清洁工作；

（4）人走五关（关门、关窗、关机、关电、关灯）。

2. 工具与仪表

（1）工具：电工常用工具。

（2）仪表器材：控制板、走线槽、各种规格软线、编码套管等。电器元件见表2.50。

二、三相同步电动机的异步启动方法

1. 元件清单（表2.49）

表2.49　元件明细表

代　号	名　　称	型　　号	规　　格	数　量
MS	三相同步电动机		90 W、220 V（Y）、I_N=0.35 A、U_{fN}=10 V、	
			I_{fN}=0.8 A、E 级、1 500 r/min	1
QS	组合开关	HZ10-10P/2	2 级、10 A	1
R1、R2	滑线变阻器	BX8-27	6 A、92 Ω	2
V	交流电压表	16L8-V	300 V	3
A1	交流电流表	16L1-A	0.5 A	3
A2	直流电流表	16C4-A	5 A	1
	控制板		500 mm×400 mm×20 mm	1

2. 安装步骤及工艺要求

（1）按表2.49选配电器元件，并检验元件质量。

（2）根据如图2.65所示电路图在控制板上合理布置和牢固安装电器元件，并进行正确布线。

（3）安装电动机。

（4）自检。

（5）检查无误后通电试车。其具体操作如下：

① 把变阻器 R1 的阻值调至同步电动机励磁绕组电阻的 10 倍（约 90 Ω），R2 的阻值调至约 40 Ω的位置。

② 把 QS 合向上方（变阻器 R1 接入励磁绕组），接通三相同步电动机电源进行异步启动，观察电压表 PV 的读数和电流表 PA1 的读数，用转速表测量其转速并观察转速的变化情况。

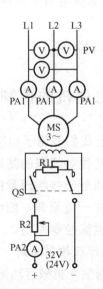

图 2.65　三相同步电动机异步启动

③ 当电动机转速接近同步转速时（约 1 425 r/min），把开关 QS 迅速从上方扳向下方，同步电动机励磁绕组加入直流励磁，牵入同步运行，异步启动过程结束。

1．三相同步电动机有哪些特点？
2．三相同步电动机能否自行启动？若不能，采用什么方法进行启动？
3．三相同步电动机的异步启动过程分为哪几步？
4．三相同步电动机的制动一般采用什么方法？如何实现？

任务十一　电动机的控制、保护及选择

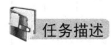

对于常用电动设备而言，电动机是设备的灵魂。电动机的控制方式，电动机的保护措施及适当选择电动机都有一定的经济性与重要性。

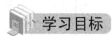

1．熟悉电动机的各种控制原则。
2．掌握电动机的保护措施及电动机的选择。

一、电动机的控制

以上我们介绍了电动机的各种基本电气控制线路，而生产机械的电气控制线路都是在这些控制线路的基础上，根据生产工艺过程的控制要求设计的，而生产工艺过程必然伴随着一些物理量的变化，并根据这些量的变化对电动机实现自动控制。对电动机控制的一般原则，归纳起来有以下几种：行程控制原则、时间控制原则、速度控制原则和电流控制原则。

1．行程控制原则

根据生产机械运动部件的行程或位置，利用位置开关来控制电动机的工作状态称为行程控制原则。行程控制原则是生产机械电气自动化中应用最多和作用原理最简单的一种方式。如任务四中位置控制线路和自动循环控制线路都是按行程原则来控制的。

2．时间控制原则

利用时间继电器按一定时间间隔来控制电动机的工作状态称为时间控制原则。如在电动机的降压启动、制动以及变速过程中，利用时间继电器按一定的时间间隔改变线路的接线方式，来自动完成电动机的各种控制要求。在这里，换接时间的控制信号由时间继电器发出，换接时间的长短则根据生产工艺要求或者电动机启动、制动和变速过程的持续时间来整定时间继电器的动作时间。像前面介绍的基本控制电路中，图2.23c～e、图2.28、图2.33、图2.34等线路就是按时间原则来控制的。

3．速度控制原则

根据电动机的速度变化，利用速度继电器等电器来控制电动机的工作状态称为速度控制原则。反映速度变化的电器有多种，直接测量速度的电器有速度继电器、小型测速发电机；间接测量电动机速度的电器，对于直流电动机用其感生电动势来反映，通过电压继电器来控制；对于交流绕线转子异步电动机可用转子频率来反映，通过频率继电器来控制。像任务八中介绍的反接控制线路，如图2.49和图2.50所示，就是利用速度继电器来进行速度控制的。

4．电流控制原则

根据电动机主回路电流的大小，利用电流继电器来控制电动机的工作状态称为电流控制原则。像任务七中介绍的如图 2.40 所示控制线路、任务十中介绍的如图 2.63 所示控制线路都是按电流原则来控制的。

二、电动机的保护

电动机在运行的过程中，除按生产机械的工艺要求完成各种正常运转外，还必须在线路出现短路、过载、过电流、欠电压、失压及弱磁等现象时，能自动切断电源停转，以防止和避免电气设备和机械设备的损坏事故，保证操作人员的人身安全。为此，在生产机械的电气控制线路中，采取了对电动机的各种保护措施。常用的有以下几种：短路保护、过载保护、过流保护、欠压保护、失压保护及弱磁保护等。

1．短路保护

当电动机绕组和导线的绝缘损坏或者控制电器及线路发生故障时，线路将出现短路现象，产生很大的短路电流，使电动机、电器及导线等电气设备严重损坏。因此，在发生短路故障时，保护电器必须立即动作，迅速将电源切断。

常用的短路保护电器是熔断器和低压断路器。熔断器的熔体与被保护的电路串联，当电路正常工作时，熔断器的熔体不起作用，相当于一根导线，其上面的压降很小，可忽略不计。当电路短路时，很大的短路电流流过熔体，使熔体立即熔断，切断电动机电源，电动机停转。同样，若电路中接入低压断路器，当出现短路时，低压断路器会立即动作，切断电源使电动机停转。

2. 过载保护

当电动机负载过大、启动操作频繁或缺相运行时，会使电动机的工作电流长时间超过其额定电流，电动机绕组过热，温升超过其允许值，导致电动机的绝缘材料变脆，寿命缩短，严重时会使电动机损坏。因此，当电动机过载时，保护电器应动作切断电源，使电动机停转，避免电动机在过载下运行。

常用的过载保护电器是热继电器。当电动机的工作电流等于额定电流时，热继电器不动作；当电动机短时过载或过载电流较小时，热继电器不动作，或经过较长时间才动作；当电动机过载电流较大时，串接在主电路中的热元件会在较短的时间内发热弯曲，使串接在控制电路中的常闭触头断开，先后切断控制电路和主电路的电源，使电动机停转。

3. 欠压保护

当电网电压降低时，电动机便在欠压下运行。由于电动机负载没有改变，所以欠压下电动机转速下降，定子绕组的电流增加。因为电流增加的幅度尚不足以使熔断器和热继电器动作，所以这两种电器起不到保护作用。如不采取保护措施，时间一长将会使电动机过热损坏。另外，欠压将引起一些电器释放，使线路不能正常工作，也可能导致人身设备事故。因此，应避免电动机在欠压下运行。

实现欠压保护的电器是接触器和电磁式电压继电器。在机床电气控制线路中，只有少数线路专门装设了电磁式电压继电器起欠压保护作用；而大多数控制线路，由于接触器已兼有欠压保护功能，所以不必再加设欠压保护电器。一般当电网电压降低到额定电压的85%以下时，接触器（或电压继电器）线圈产生的电磁吸力将小于复位弹簧的拉力，动铁芯被迫释放，其主触头和自锁触头同时断开，切断主电路和控制电路电源，使电动机停转。

4. 失压保护（零压保护）

生产机械在工作时，由于某种原因而发生电网突然停电，这时电源电压下降为零，电动机停转，生产机械的运动部件也随之停止运转。一般情况下，操作人员不可能及时拉开电源开关，如不采取措施，当电源电压恢复正常时，电动机便会自行启动运转，很可能造成人身和设备事故，并引起电网过电流和瞬间网络电压下降。因此，必须采取失压保护措施。

在电气控制线路中，起失压保护作用的电器是接触器和中间继电器。当电网停电时，接触器和中间继电器线圈中的电流消失，电磁吸力减小为零，动铁芯释放，触头

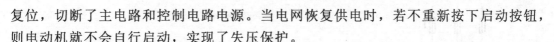

复位，切断了主电路和控制电路电源。当电网恢复供电时，若不重新按下启动按钮，则电动机就不会自行启动，实现了失压保护。

5. 过流保护

为了限制电动机的启动或制动电流，在直流电动机的电枢绕组中或在交流绕线转子异步电动机的转子绕组中需要串入附加的限流电阻。如果在启动或制动时，附加电阻被短接，将会造成很大的启动或制动电流。使电动机或机械设备损坏。因此，对直流电动机或绕线转子异步电动机常常采用过流保护。

过流保护常用电磁式过电流继电器来实现。当电动机电流值达到过电流继电器的动作值时，继电器动作，使串接在控制电路中的常闭触头断开，切断控制电路，电动机随之脱离电源停转，达到了过流保护的目的。

6. 弱磁保护

直流电动机必须在磁场具有一定强度时才能启动并正常运转。若在启动时，电动机的励磁电流太小，产生的磁场太弱，将会使电动机的启动电流很大；若电动机在正常运转过程中，磁场突然减弱或消失，电动机的转速将会迅速升高，甚至发生"飞车"。因此，在直流电动机的电气控制线路中要采取弱磁保护。弱磁保护是在电动机励磁回路中串入弱磁继电器（即欠电流继电器）来实现的。在电动机启动运行过程中，当励磁电流值达到弱磁继电器的动作值时，继电器就吸合，使串接在控制电路中的常开触头闭合，允许电动机启动或维持正常运转；但当励磁电流减小很多或消失时，弱磁继电器就释放，其常开触头断开，切断控制电路，接触器线圈失电，电动机断电停转。

7. 多功能保护器

选择和设置保护装置的目的不仅使电动机免受损坏，而且还应使电动机得到充分的利用。因此，一个正确的保护方案应该是：使电动机在充分发挥过载能力的同时不但免于损坏，而且还能提高电力拖动系统的可靠性和生产的连续性。

采用双金属片的热保护和电磁保护属于传统的保护方式，这种方式已经越来越不适应生产发展对电动机保护的要求。例如，由于现代电动机工作时绕组电流密度显著增大，当电动机过载时，绕组电流密度增长速率比过去的电动机大 2～2.5 倍。这就要求温度检测元件具有更小的发热时间常数，保护装置具有更高的灵敏度和精度。电子式保护装置在这方面具有极大的优越性。

既然过载、断相、短路和绝缘损坏等都对电动机造成威胁，那就都必须加以防范，最好能在一个保护装置内同时实现电动机的过载、断相及堵转瞬动保护。多功能保护器就是这样一种电器。近年来出现的电子式多功能保护装置品种很多，性能各异。如图 2.66 所示就是一种保护装置的电路图。

多功能保护器的工作原理如下：

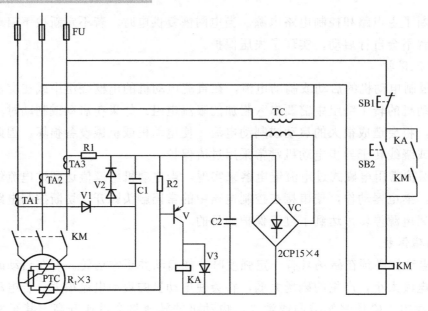

图 2.66　多功能保护器的电路图

保护信号由电流互感器 TA1、TA2、TA3 串联后取得。这种互感器选用具有较低饱和磁感应强度的磁环（例如用铁氧体软磁材料 MXO-2000 型锰锌磁环）制成。电动机运行时磁环处于饱和状态，因此互感器二次绕组中的感应电动势，除基波外还有三次谐波成分。

电动机正常运行时，由于三个线电流基本平衡（即大小相等、相位互差 120°），所以在电流互感器二次侧绕组中的基波电动势合成为零，但三次谐波电动势合成后是每个电动势的 3 倍。取得的三次谐波电动势经过二极管 V1 整流、V2 稳压（利用二极管的正向特性）、电容器 C1 滤波，再经过 R_t 与 R2 分压后，供给晶体三极管 V 的基极，使 V 饱和导通。于是电流继电器 KA 吸合，KA 常开触头闭合。按下 SB2 时，接触器 KM 线圈得电并自锁。

当电动机的电源线断开一相时，其余两相中的线电流大小相等、方向相反，互感器三个串联的二次绕组中只有两个绕组感应电动势，且大小相等、方向相反，使互感器二次绕组中总电动势为零，既不存在基波电动势，也不存在三次谐波电动势，于是 V 的基极电流为零，V 截止，接在 V 集电极的电流继电器 KA 释放，接触器 KM 线圈失电，其触头断开切断电动机的电源。

当电动机由于故障或其他原因使其绕组温度过高，若温度超过允许值时，PTC 热敏电阻 R 的阻值急剧上升，改变了 R_t 和 R2 的分压比，使晶体三极管 V 的基极电流的数值减小（实际上接近于零），V 截止，电流继电器 KA 释放，其常开触头断开，接触器 KM 线圈失电，电动机脱离电源停转。

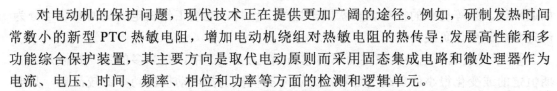

对电动机的保护问题，现代技术正在提供更加广阔的途径。例如，研制发热时间常数小的新型 PTC 热敏电阻，增加电动机绕组对热敏电阻的热传导；发展高性能和多功能综合保护装置，其主要方向是取代电动原则而采用固态集成电路和微处理器作为电流、电压、时间、频率、相位和功率等方面的检测和逻辑单元。

对于频繁或反复启动、制动和重载启动的笼型电动机以及大容量电动机，由于它们的转子温升比定子绕组温升高，所以较好的办法是检测转子的温度。国外已有用红外线保护装置的实际应用，它用红外线温度计从外部检测转子温度并加以保护。

三、电动机的选择

在电力拖动系统中，正确选择拖动生产机械的电动机是系统安全、经济、可靠和合理运行的重要保证。而衡量电动机的选择合理与否，要看选择电动机时是否遵循了以下基本原则。

（1）电动机能够完全满足生产机械在机械特性方面的要求，如生产机械所需要的工作速度、调速的指标、加速度以及启动、制动时间等。

（2）电动机在工作过程中，其功率能被充分利用，即温升应达到国家标准规定的数值。

（3）电动机的结构形式应适合周围环境的条件。如防止外界灰尘、水滴等物质进入电动机内部；防止绕组绝缘受有害气体的侵蚀；在有爆炸危险的环境中应把电动机的导电部位和有火花的部位封闭起来，不使它们影响外部等。

电动机的选择主要包括以下内容：电动机的额定功率（即额定容量），额定电压，额定转速，电动机的种类，电动机的结构形式。其中以电动机额定功率的选择最为重要。所以，下面重点介绍电动机额定功率的选择问题。

1. 电动机额定功率的选择

正确合理地选择电动机的功率是很重要的。因为如果电动机的功率选得过小，电动机将过载运行，使温度超过允许值，会缩短电动机的使用寿命甚至烧坏电动机；如果选得过大，虽然能保证设备正常工作，但由于电动机不在满载下运行，其用电效率和功率因数较低，电动机的容量得不到充分利用，造成电力浪费。此外，设备投资大，运行费用高，很不经济。

电动机的工作方式有以下三种：连续工作制（或长期工作制）、短期工作制和周期性断续工作制。下面分别介绍在三种工作方式下电动机额定功率的选择方法。

（1）连续工作制电动机额定功率的选择

在这种工作方式下，电动机连续工作时间很长，可使其温升达到规定的稳定值，如通风机、泵等机械的拖动运转就属于这类工作制。连续工作制电动机的负载可分为恒定负载和变化负载两类。

① 恒定负载下电动机额定功率的选择。在工业生产中，相当多的生产机械是在长期恒定的或变化很小的负载下运转，为这一类机械选择电动机的功率比较简单，只要电动机的额定功率等于或略大于生产机械所需要的功率即可。若负载功率为 P_L，电动机的额定功率为 P_N，则应满足下式：

$$P_N \geqslant P_L$$

电机制造厂生产的电动机，一般都是按照恒定负载连续运转设计的，并进行形式试验和出厂试验，完全可以保证电动机在额定功率工作时，电动机的温升不会超过允许值。通常电动机的容量是按周围环境温度为 40℃而确定的。绝缘材料最高允许温度与 40℃的差值称为允许温升，各级绝缘材料的最高允许温度和允许温升见表 2.50。

表 2.50　各级绝缘材料的最高允许温度和允许温升（℃）

绝缘等级	Y	A	E	B	F	H	C
最高允许温度	90	105	120	130	155	180	>180
允许温升	50	65	80	90	115	140	>140

应该指出，我国幅员辽阔，地域之间的温差较大，就是在同一地区，一年四季的气温变化也较大，因此电动机运行时周围环境的温度不可能正好是 40℃，一般是小于 40℃。为了充分利用电动机，可以对电动机能够应用的容量进行修正，不同环境温度下电动机功率的修正值见表 2.51。

表 2.51　不同环境温度下电动机功率的修正值

环境温度（℃）	≤	35	40	45	50	55
功率增减的百分数（%）	+8	+5	0	−5	−12.5	−25

② 变化负载下电动机额定功率的选择。在变化负载下使用的电动机，一般是为恒定负载工作而设计的。因此，这种电动机在变化负载下使用时，必须进行发热校验。所谓发热校验，就是看电动机在整个运行过程中所达到的最高温升是否接近并低于允许温升，因为只有这样，电动机的绝缘材料才能充分利用而又不致过热。某周期性变化负载的生产机械负载记录图如图 2.67 所示。当电动机拖动这一机械工作时，因为输出功率周期性改变，故其温升也必然作周期性的波动。在工作周期不大的情况下，此波动的过程也不大。波动的最大值将低于相应于最大负载的稳定温升而高于相应于最小负载的稳定温升。在这种情况下，如按最大负载选择电动机功率，电动机将不能充分

利用，而按最小负载选择，电动机又有超过允许温升的危险。因此，电动机功率可以在最大负载和最小负载之间适当选择，以使电动机得到充分利用，而又不致过载。

在变化负载下长期运转的电动机功率可按以下步骤进行选择：

① 计算并绘制如图 2.67 所示生产机械的负载记录图。

② 根据下列公式求出负载的平均功率 P_{Lj}：

$$P_{Lj} = \frac{P_{L1}t_1 + P_{L2}t_2 + \cdots P_{Ln}t_n}{t_1 + t_2 + \cdots + t_n} = \frac{\sum_{i=1}^{n} P_{Lj}t_i}{\sum_{i=1}^{n} t_i}$$

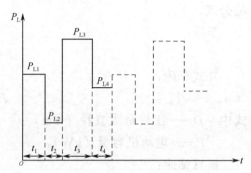

图 2.67　周期性变化负载记录图

式中，P_{L1}、P_{L2}、$\cdots$、P_{Ln} 是各段负载的功率；t_1、t_2、$\cdots$、t_n 是各段负载工作所用时间。

③ 按 $P_N \geqslant (1.1 \sim 1.6)P_{Lj}$ 预选电动机。如果在工作过程中大负载所占的比例较大时，则系数应选得大些。

④ 对预选电动机进行发热、过载能力及启动能力校验，合格后即可使用。

（2）短期工作制电动机额定功率的选择

在这种工作方式下，电动机的工作时间较短，在运行期间温度未升到规定的稳定值，而在停止运转期间，温度则可能降到周围环境的温度值，如吊桥、水闸、车床的夹紧装置的拖动运转。

为了满足某些生产机械短期工作的需要，电机生产厂家专门制造了一些具有较大过载能力的短期工作制电动机，其标准工作时间有 15 min、30 min、60 min、90 min 四种。因此，若电动机的实际工作时间符合标准工作时间时，选择电动机的额定功率 P_N 只要不小于负载功率 P_L 即可，即满足 $P_N \geqslant P_L$。

（3）周期性断续工作制电动机额定功率的选择

这种工作方式的电动机的工作与停止交替进行。在工作期间内，温度未升到稳定值，而在停止期间，温度也来不及降到周围温度值，如很多起重设备以及某些金属切削机床的拖动运转即属此类。

电机制造厂专门设计生产的周期性断续工作制的交流电动机有 YZR 和 YZ 系列。标准负载持续率 FC（负载工作时间与整个周期之比称为负载持续率）有 15%、25%、40% 和 60% 四种，一个周期的时间规定不大于 10 min。

周期性断续工作制电动机功率的选择方法和连续工作制变化负载下的功率选择相类似，在此不再叙述。但需指出的是，当负载持续率 FC≤10% 时，按短期工作制选择；当负载持续率 FC≥70% 时，可按长期工作制选择。

以上简单介绍了电动机额定功率的选择方法，但在实际工作中，人们通过不断地总结经验，采用调查、统计、类比和分析等方法，总结出了关于电动机功率与生产机械主要参数之间的经验公式。下面介绍几种确定不同类型机床主拖动电动机功率的经验公式。

车床：

$$P=36.5D^{1.54}$$

立式车床：

$$P=20D^{0.88}$$

式中　D——工件最大直径（mm）；

　　　P——电动机容量（kW）。

摇臂钻床：

$$P=0.064\,6D^{1.19}$$

式中　D——最大钻孔直径（mm）。

卧式镗床：

$$P=0.004D^{1.17}$$

式中　D——杆直径（mm）。

外圆磨床：

$$P=0.1KB$$

式中　B——砂轮宽度（mm）；

　　　K——考虑砂轮主轴采用不同轴承时的系数，当采用滚动轴承时 $K=0.8\sim1.1$；

　　　若采用滑动轴承时 $K=1.0\sim1.3$。

龙门铣床：

$$P=\frac{B^{1.15}}{166}$$

式中　B——工作台宽度（mm）。

例如，国产 C60 型车床，其加工工件的最大直径为 1 250 mm，则主拖动电动机的额定功率为：

$$P=36.5\times(1.25)^{1.54}=52\ \text{kW}$$

实际选用 $P_N=60\ \text{kW}$ 的电动机就能满足需求，与计算值相近。

2. 电动机额定电压的选择

电动机额定电压要与现场供电电网电压等级相符。否则，若选择电动机的额定电压低于供电电源电压时，电动机将由于电流过大而被烧毁；若选择的额定电压高于供电电源电压时，电动机有可能因电压过低不能启动，或虽能启动但因电流过大而减小

其使用寿命甚至被烧毁。

中小型交流电动机的额定电压一般为 380 V，大型交流电动机的额定电压一般为 3 kV、6 kV 等。直流电动机的额定电压一般为 110 V、220 V、440 V 等，最常用的直流电压等级为 220 V。直流电动机一般是由车间交流供电电压经整流器整流后的直流电压供电。选择电动机的额定电压时，要与供电电网的交流电压及不同形式的整流电路相配合，当交流电压为 380 V 时，若采用晶闸管整流装置直接供电，电动机的额定电压应选用 440 V（配合三相桥式整流电路）或 160 V（配合单相整流电路），电动机采用改进的 Z3 型。

3. 电动机额定转速的选择

电动机额定转速选择得合理与否，将直接影响到电动机的价格、能量损耗及生产机械的生产率等各项技术指标和经济指标。额定功率相同的电动机，转速高的电动机的尺寸小，所用材料少，因而体积小、质量轻、价格低，所以选用高额定转速的电动机比较经济，但由于生产机械的工作速度一定且较低(30～900 r/min)，因此，电动机转速越高，传动机构的传动比越大，传动机构越复杂。所以，选择电动机的额定转速时，必须全面考虑，在电动机性能满足生产机械要求的前提下，力求电能损耗少，设备投资少，维护费用少。通常，电动机的额定转速选在 750～1 500 r/min 比较合适。

4. 电动机种类的选择

选择电动机的种类时，在考虑电动机的性能必须满足生产机械的要求下，优先选用结构简单、价格便宜、运行可靠、维修方便的电动机。在这方面，交流电动机优于直流电动机，笼型电动机优于绕线转子电动机，异步电动机优于同步电动机。

（1）三相笼型异步电动机。三相笼型异步电动机的电源采用的是应用最普遍的动力电源——三相交流电源。这种电动机的优点是结构简单、价格便宜、运行可靠、维修方便。缺点是启动和调速性能差。因此，在不要求调速和启动性能要求不高的场合，如各种机床、水泵、通风机等生产机械上应优先选用三相笼型异步电动机；对要求大启动转矩的生产机械，如某些纺织机械、空气压缩机、皮带运输机等，可选用具有高启动转矩的三相笼型异步电动机，如斜槽式、深槽式或双笼式异步电动机等；对需要有级调速的生产机械，如某些机床和电梯等，可选用多速笼型异步电动机。目前，随着变频调速技术的发展，三相笼型异步电动机越来越多地应用在要求无级调速的生产机械上。

（2）三相绕线转子异步电动机的启动、制动比较频繁，启动、制动转矩较大，而且用于有一定调速要求的生产机械上，如桥式起重、矿井提升机等可以优先选用三相绕线转子异步电动机。绕线转子电动机一般采用转子串接电阻（或电抗器）的方法实现启动和调速，调速范围有限，使用晶闸管串级调速，扩展了绕线转子异步电动机的应用范围，如水泵、风机的节能调速。

（3）三相同步电动机。在要求大功率、恒转速和改善功率因数的场合，如大功率水泵、压缩机、通风机等生产机械上应选用三相同步电动机。

（4）直流电动机。由于直流电动机的启动性能好，可以实现无级平滑调速，且调速范围广、精度高，所以对于要求在大范围内平滑调速和需要准确的位置控制的生产机械，如高精度的数控机床、龙门刨床、可逆轧钢机、造纸机、矿井卷扬机等可使用他励或并励直流电动机；对于要求启动转矩大、机械特性较软的生产机械，如电车、重型起重机等则选用串励直流电动机。近年来，在大功率的生产机械上，广泛采用晶闸管励磁的直流发电机—电动机组或晶闸管—直流电动机组。

5．电动机形式的选择

电动机按其工作方式不同可分为连续工作制、短期工作制和周期性断续工作制三种。原则上，电动机与生产机械的工作方式应该一致，但也可选用连续工作制的电动机来代替。

电动机按其安装方式不同可分为卧式和立式两种。由于立式电动机的价格较贵，所以一般情况下应选用卧式电动机。只有当需要简化传动装置时，如深井水泵和钻床等，才使用立式电动机。

电动机按轴伸个数分为单轴伸和双轴伸两种。一般情况下，选用单轴伸电动机；特殊情况下才选用双轴伸电动机，如需要一边安装测速发电机，另一边需要拖动生产机械时，则必须选用双轴伸出电动机。

电动机按防护形式分为开启式、防护式、封闭式和防爆式四种。为防止周围的媒介质对电动机的损坏以及因电动机本身故障而引起的危害，电动机必须根据不同环境选择适当的防护形式。开启式电动机价格便宜，散热好，但灰尘、铁屑、水滴及油垢等容易进入其内部，影响电动机的正常工作和寿命，因此，只有在干燥、清洁的环境中使用；防护式电动机的通风孔在机壳的下部，通风冷却条件较好，并能防止水滴、铁屑等杂物落入电动机内部，但不能防止潮气和灰尘侵入，因此只能用于比较干燥、灰尘不多、无腐蚀性气体和爆炸性气体的环境；封闭式电动机分为自扇冷式、他扇冷式和密闭式三种。前两种用于潮湿、尘土多、有腐蚀性气体、易引起火灾和易受风雨侵蚀的环境中，如纺织厂、水泥厂等；密闭式电动机则用于浸入水中的机械，如潜水泵电动机；防爆式电动机在有易燃、易爆气体的危险环境中选用，如煤气站、油库及矿井等场所。

综合以上分析可见，选择电动机时，应从额定功率、额定电压、额定转速、种类和形式几方面综合考虑，做到既经济又合理。

想一想

1．对电动机控制的一般原则有哪些？简述各种控制原则。

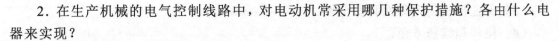
2．在生产机械的电气控制线路中，对电动机常采用哪几种保护措施？各由什么电器来实现？

3．选择电动机时应遵循哪些基本原则？

4．电动机的选择主要包括哪些内容？

5．简述正确合理选择电动机额定电压、额定转速、种类、形式基本原则。

6．前面所学电动机基本控制线路中，都有哪些保护措施？各由什么电器来实现？

查查资料看看除了教材上提到实现几种保护措施外，还有什么样的电器能实现这些保护措施？

任务十二　设计线路

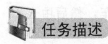

在工业生产中，所用的机械设备种类繁多，对电动机提出的控制要求各不相同，构成的电气控制线路也不一样。那么，如何根据生产机械的控制要求来正确合理地设计电气控制线路呢？

学习目标

1．熟悉电气控制线路设计的基本原则，经验设计方法及应注意的问题。

2．能独完成一般机床控制电路的设计。

一、设计线路的基本原则

由于电气控制线路是为整个机械设备和工艺过程服务的，所以在设计前要深入现场收集有关资料，进行必要的调查研究。电气控制线路的设计应遵循的基本原则是：

（1）应最大限度地满足机械设备对电气控制线路的控制要求和保护要求。

（2）在满足生产工艺要求的前提下，应力求使控制线路简单、经济、合理。

（3）保证控制的可靠性和安全性。

（4）操作和维修方便。

二、设计线路举例

设计电气控制线路可采用经验设计法。所谓经验设计法就是根据生产机械的工艺要求选择适当的基本控制线路，再把它们综合地组合在一起。下面举例说明这种设计方法。

现用某专用机床给一箱体加工两侧平面。加工方法是将箱体夹紧在可前后移动的滑台上，两侧平面用左右动力头铣削加工。其要求是：

（1）加工前滑台应快速移动到加工位置，然后改为慢速进给。快进速度为慢进速度的 20 倍，滑台速度的改变是由齿轮变速机构和电磁铁来实现的，即电磁铁吸合时为快速，电磁铁释放时为慢速。

（2）滑台从快速移动到慢速进给应自动变换，铣削完毕要自动停车，然后由人工操作滑台快速退回原位后自动停车。

（3）具有短路、过载、欠压及失压保护。

本专用机床共有三台笼型异步电动机，滑台电动机 M1 的功率为 1.1 kW，需正反转；两台动力头电动机 M2 和 M3 的功率为 4.5 kW，只需要单向运转。试设计该机床的电气控制线路。

1. 选择基本控制线路

根据滑台电动机 M1 需正反转，左右动力头电动机 M2、M3 只需单向运转的控制要求，选择接触器联锁正反转控制线路和接触器自锁正转控制线路，并进行有机的组合，设计画出控制线路草图如图 2.68 所示。

2. 修改完善线路

根据加工前滑台应快速移到加工位置，且电磁铁吸合时为快进，说明 KM1 得电时，电磁铁 YA 应得电吸合，故应在电磁铁 YA 线圈回路中串入 KM1 的常开辅助触头；滑台由快速移动自动变为慢速进给，所以在 YA 线圈回路中串接位置开关 SQ3 的常闭触头；滑台慢速进给终止（切削完毕）应自动停车，所以应在接触器 KM1 控制回路中串接位置开关 SQ1 的常闭触头；人工操作滑台快速退回，故在 KM1 常开辅助触头和 SQ3 常闭触头电路的两端并接 KM2 常开辅助触头；滑台快速返回到原位后自动停车，所以应在接触器 KM2 控制回路中串接位置开关 SQ2 的常闭触头；由于动力头电动机 M2 和 M3 随滑台电动机 M1 的慢速工作而工作，所以可把 KM3 的线圈串接 SQ3 常开触头后与 KM1 线圈并接；线路需要短路、过载、欠压和失压保护，所以在线路中接入熔断器 FU1、FU2、FU3 和热继电器 KH1、KH2、KH3。修改完善后的控制线路如图 2.69 所示。

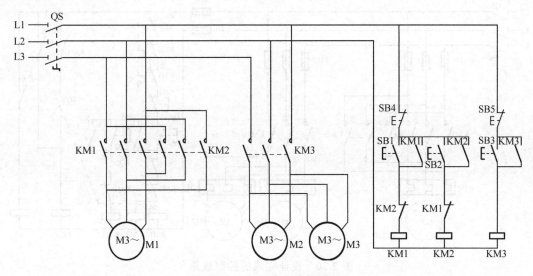

图 2.68　电气控制线路草图

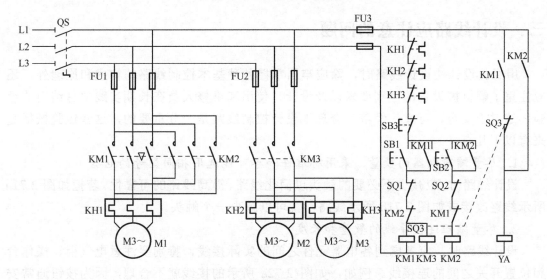

图 2.69　修改完善后的控制线路

3．校核完成线路

控制线路初步设计完成后，可能还有不合理、不可靠、不安全的地方，应当根据经验和控制要求对线路进行认真仔细的校核，以保证线路的正确性和实用性。如上述线路中，由于电磁铁电感大，会产生大的冲击电流，有可能引起线路工作不可靠，故选择中间继电器 KA 组成电磁铁的控制回路，如图 2.70 所示。

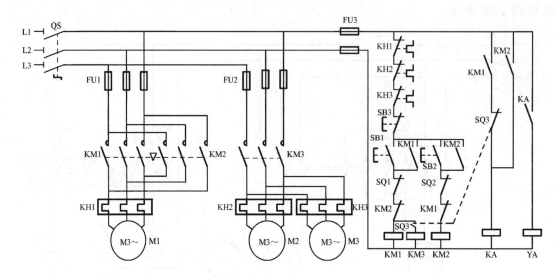

图 2.70 设计完成的控制线路

三、设计线路应注意的问题

用经验设计法设计线路时，除应牢固掌握各种基本控制线路的构成和原理外，还应注重了解机械设备的控制要求以及设计、使用和维修人员在长期实践中总结出的经验，这对于安全、可靠、经济、合理地设计控制线路是十分重要的，这些经验概括起来有以下几点：

1. 尽量缩减电器的数量，采用标准件和尽可能选用相同型号的电器

设计线路时，应减少不必要的触头以简化线路，提高线路的可靠性。若把如图 2.71a 所示线路改接成如图 2.71b 所示线路，就可以减少一个触头。

2. 尽量缩短连接导线的数量和长度

设计线路时，应考虑到各电器元件之间的实际接线，特别要注意电气柜、操作台和位置开关之间的连接线。例如，如图 2.72a 所示的接线就不合理，因为按钮通常安装在操作台上，而接触器则安装在电气柜内，所以若按此线路安装时，由电气柜内引出的连接线势必要两次引接到操作台上的按钮处。因此，合理的接法应当是把启动按钮和停止按钮直接连接，而不经过接触器线圈，如图 2.72b 所示，这样就减少了一次引出线。

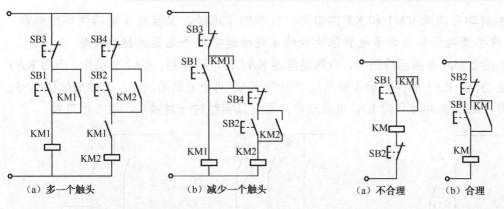

（a）多一个触头　　　　（b）减少一个触头　　　　（a）不合理　　　（b）合理

图 2.71　简化线路触头　　　　　　图 2.72　减少各电器元件间的实际接线

3. 正确连接电器的线圈

在交流控制电路的一条支路中不能串联两个电器的线圈，如图 2.73 所示。即使外加电压是两个线圈额定电压之和，也是不允许的。因为每个线圈上所分配到的电压与线圈阻抗成正比，两个电器需要同时动作时，其线圈应该并接。

4. 正确连接电器的触头

同一个电器的常开和常闭辅助触头靠得很近，如果连接不当，将会造成线路工作不正常。如图 2.74 所示接线，位置开关 SQ 的常开触头和常闭触头由于不是等电位，当触头断开产生电弧时很可能在两对触头间形成飞弧而造成电源短路。因此，在一般情况下，将共用同一电源的所有接触器、继电器以及执行电器线圈的一端，均接在电源的一侧，而这些电器的控制触头接在电源的另一侧，如图 2.74b 所示。

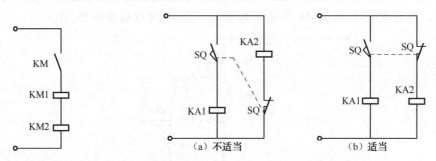

（a）不适当　　　　　　　　　　（b）适当

图 2.73　电器线圈不能串接　　　　图 2.74　正确连接电器的触头

5. 在满足控制要求的情况下，应尽量减少电器通电的数量

现以三相异步电动机串电阻降压启动的控制线路为例进行分析。在如图 2.23c 所示线路中，电动机启动后，接触器 KM1 和时间继电器 KT 就失去了作用，但仍然需要长期通电，从而使能耗增加，电器寿命缩短。当采用如图 2.23d 所示线路时，就可以在电动机启动后切除 KM1 和 KT 的电源，既节约了电能，又延长了电器的使用寿命。

6. 应尽量避免采用许多电器依次动作才能接通另一个电器的控制线路

在如图 2.75a、b 所示线路中，中间继电器 KA1 得电动作后，KA2 才动作，而后 KA3 才能得电动作。KA3 的得电动作要通过 KA1 和 KA2 两个电器的动作，若接成如图 2.75c 所示线路，KA3 的动作只需 KA1 电器动作，而且只需经过一对触头，故工作可靠。

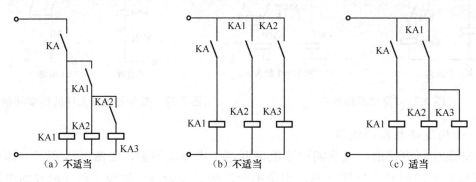

图 2.75　触头的合理使用

7. 在控制线路中应避免出现寄生回路

在控制线路的动作过程中，非正常接通的线路叫寄生回路。在设计线路时要避免出现寄生回路。因为它会破坏电器元件和控制线路的动作顺序。如图 2.76 所示线路是一个具有指示灯和过载保护的正反转控制线路。在正常工作时，能完成正反转启动、停止和信号指示。但当热继电器 KH 动作时，线路就出现了寄生回路，这时虽然 KH 的常闭触头已断开，由于存在寄生回路，仍有电流沿图 2.76 中虚线所示的路径流过 KM1 线圈，使正转接触器 KM1 不能可靠释放，起不到过载保护作用。

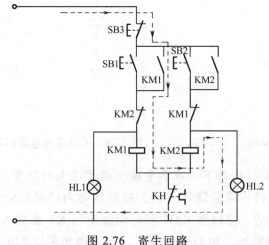

图 2.76　寄生回路

8．保证控制线路工作可靠和安全

为了保证控制线路工作可靠，最主要的是选用可靠的电器元件。如选用电器时，尽量选用机械和电气寿命长、结构合理、动作可靠、抗干扰性能好的电器。在线路中采用小容量继电器的触头断开和接通大容量接触器的线圈时，要计算继电器触头断开和接通容量是否足够。若不够，必须加大继电器容量或增加中间继电器，否则工作不可靠。

9．线路应具有必要的保护环节，保证即使在误操作情况下也不致造成事故

一般应根据线路的需要选用过载、短路、过流、过压、失压、弱磁等保护环节，必要时还应考虑设置合闸、断开、事故、安全等指示信号。

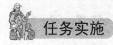

按要求完成设计相应的控制线路

1．试按下述要求画出某三相笼型异步电动机的电路图。

（1）既能点动也能连续运转；

（2）停止时采用反接制动；

（3）能在两处启、停。

2．在图2.77中，要求按下启动按钮后能依次完成下列动作：

（1）运动部件A从1到2；

（2）接着B从3到4；

（3）接着A从2回到1；

（4）接着B从4回到3。

试画出控制电路图（提示：用四个位置开关装在原位和终点上）。

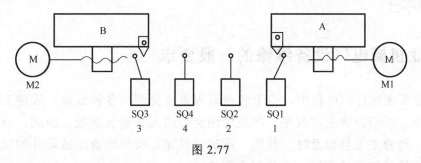

图2.77

想一想

1．设计电气控制线路应遵循的基本原则是什么？

2．设计电气控制线路时应注意哪些问题？

项目三 常用生产机械的电气控制线路及其安装、调试与维修

任务一　工业机械电气设备维修的一般要求和方法

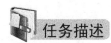 **任务描述**

在学习了常用低压电器及其拆装与维修、电动机基本控制线路及其安装、调试与维修的基础上，本单元将通过对普通车床、摇臂钻床、平面磨床、万能铣床、卧式镗床、桥式起重机等具有代表性的常用生产机械的电气控制线路及其安装、调试与维修进行分析和研究，以提高在实际工作中综合分析和解决问题的能力。

学习目标

熟悉工业机械电气设备维修的一般要求和方法。

 **知识平台**

一、工业机械电气设备维修的一般要求

电气设备在运行的过程中，由于各种原因难免会产生各种故障，致使工业机械不能正常工作，不但影响生产效率，严重时还会造成人身设备事故。因此，电气设备发生故障后，维修电工能够及时、熟练、准确、迅速、安全地查出故障并加以排除，尽早恢复工业机械的正常运行，是非常重要的。

对工业机械电气设备维修的一般要求是：

（1）采取的维修步骤和方法必须正确，切实可行。

（2）不得损坏完好的电器元件。

（3）不得随意更换电器元件及连接导线的型号规格。

（4）不得擅自改动线路。

（5）损坏的电气装置应尽量修复使用，但不得降低其固有的性能。

（6）电气设备的各种保护性能必须满足使用要求。

（7）绝缘电阻合格，通电试车能满足电路的各种功能，控制环节的动作程序符合要求。

（8）修理后的电器装置必须满足其质量标准要求。电器装置的检修质量标准是：

① 外观整洁，无破损和碳化现象。

② 所有的触头均应完整、光洁、接触良好。

③ 压力弹簧和反作用力弹簧应具有足够的弹力。

④ 操纵、复位机构都必须灵活可靠。

⑤ 各种衔铁运动灵活，无卡阻现象。

⑥ 灭弧罩完整、清洁，安装牢固。

⑦ 整定数值大小应符合电路使用要求。

⑧ 指示装置能正常发出信号。

二、工业机械电气设备维修的一般方法

电气设备的维修包括日常维护保养和故障检修两方面。

1. 电气设备的日常维护和保养

电气设备在运行过程中出现的故障，有些可能是由于操作使用不当、安装不合理或维修不正确等人为因素造成的，称为人为故障。而有些故障则可能是由于电气设备在运行时过载、机械振动、电弧的烧损、长期动作的自然磨损、周围环境温度和湿度的影响、金属屑和油污等有害介质的侵蚀以及电器元件的自身质量问题或使用寿命等原因而产生的，称为自然故障。显然，如果加强对电气设备的日常检查、维护和保养，及时发现一些非正常因素，并给予及时的修复或更换处理，就可以将故障消灭在萌芽状态，防患于未然，使电气设备少出甚至不出故障，以保证工业机械的正常运行。

电气设备的日常维护保养包括电动机和控制设备的日常维护保养。

（1）电动机的日常维护保养

① 电动机应保持表面清洁，进、出风口必须保持畅通无阻，不允许水滴、油污或金属屑等任何异物掉入电动机的内部。

② 经常检查运行中的电动机负载电流是否正常，用钳形电流表查看三相电流是否平衡，三相电流中的任何一相与其三相平均值相差不允许超过10%。

③ 对工作在正常环境条件下的电动机，应定期用兆欧表检查其绝缘电阻；对工作在潮湿、多尘及含有腐蚀性气体等环境条件的电动机，更应该经常检查其绝缘电阻。三相 380 V 的电动机及各种低压电动机，其绝缘电阻至少为 0.5 MΩ方可使用。高压电动机定子绕组绝缘电阻为 1 MΩ/kV 转子，绝缘电阻至少为 0.5 MΩ方可使用。若发现电动机的绝缘电阻达不到规定要求，应采取相应措施处理，使其符合规定要求，方可继续使用。

④ 经常检查电动机的接地装置，使之保持牢固可靠。

⑤ 经常检查电源电压是否与铭牌相符，三相电源电压是否对称。

⑥ 经常检查电动机的温升是否正常。交流三相异步电动机各部位温度的最高允许值见表 3.1。

表 3.1　三相异步电动机的最高允许温度（用温度计测量法，环境温度+40℃）

绝缘等级		A	E	B	F	H
最高允许温度（℃）	定子和绕线转子绕组	95	105	110	125	145
	定子铁芯	100	115	120	140	165
	滑环	100	110	120	130	140

注：对于滑动和滚动轴承的最高允许温度分别为 80℃和 95℃。

⑦ 经常检查电动机的振动、噪声是否正常，有无异常气味、冒烟、启动困难等现象。一旦发现，应立即停车检修。

⑧ 经常检查电动机轴承是否有过热、润滑脂不足或磨损等现象，轴承的振动和轴向位移不得超过规定值。轴承应定期清洗检查，定期补充或更换轴承润滑脂（一般一年左右）。电动机的常用润滑脂特性见表 3.2。

表 3.2　各种电动机使用的润滑脂特性

名　　称	钙基润滑脂	钠基润滑脂	钙钠基润滑脂	铝基润滑脂
最高工作温度（℃）	70～85	120～140	115～125	200
最低工作温度（℃）	≥-10	≥-10	≥-10	—
外观	黄色软膏	暗褐色软膏	淡黄色、深棕色软膏	黄褐色软膏
适用电动机	封闭式、低速轻载的电动机	开启式、高速重载的电动机	开启式及封闭式高速重载的电动机	开启式及封闭式高速电动机

⑨ 对绕线转子异步电动机，应检查电刷与滑环之间的接触压力、磨损及火花情况。当发现有不正常的火花时，需进一步检查电刷或清理滑环表面，并校正电刷弹簧压力。一般电刷与滑环的接触面的面积不应小于全面积的 75%；电刷压强应为 15 000～25 000 Pa；

刷握和滑环间应有 2～4 mm 的间距；电刷与刷握内壁应保持 0.1～0.2 mm 的游隙；对磨损严重者需更换。

⑩ 对直流电动机应检查换向器表面是否光滑圆整，有无机械损伤或火花灼伤。若沾有碳粉、油污等杂物，要用干净柔软的白布蘸酒精擦去。换向器在负荷下长期运行后，其表面会产生一层均匀的深褐色的氧化膜，这层薄膜具有保护换向器的功效，切忌用砂布磨去。但当换向器表面出现明显的灼痕或因火花烧损出现凹凸不平的现象时，则需要对其表面用零号砂布进行细心的研磨或用车床重新车光，而后再将换向器片间的云母下刻 1～1.5 mm 深，并将表面的毛刺、杂物清理干净后方能重新装配使用。

⑪ 检查机械传动装置是否正常，联轴器、带轮或传动齿轮是否跳动。

⑫ 检查电动机的引出线是否绝缘良好、连接可靠。

（2）控制设备的日常维护保养

① 电气柜的门、盖、锁及门框周边的耐油密封垫均应良好。门、盖应关闭严密，柜内应保持清洁，不得有水滴、油污和金属屑等进入电气柜内，以免损坏电器造成事故。

② 操纵台上的所有操纵按钮、主令开关的手柄、信号灯及仪表护罩都应保持清洁完好。

③ 检查接触器、继电器等电器的触头系统吸合是否良好，有无噪声、卡住或迟滞现象，触头接触面有无烧蚀、毛刺或穴坑；电磁线圈是否过热；各种弹簧弹力是否适当；灭弧装置是否完好无损等。

④ 试验位置开关能否起位置保护作用。

⑤ 检查各电器的操作机构是否灵活可靠，有关整定值是否符合要求。

⑥ 检查各线路接头与端子板的连接是否牢靠，各部件之间的连接导线、电缆或保护导线的软管不得被冷却液、油污等腐蚀，管接头处不得产生脱落或散头等现象。

⑦ 检查电气柜及导线通道的散热情况是否良好。

⑧ 检查各类指示信号装置和照明装置是否完好。

⑨ 检查电气设备和工业机械上所有裸露导体件是否接到保护接地专用端子上，是否达到了保护电路连续性的要求。

（3）电气设备的维护保养周期

对设置在电气柜内的电器元件，一般不经常进行开门监护，主要靠定期的维护保养来实现电气设备较长时间的安全稳定运行。其维护保养的周期，应根据电气设备的结构、使用情况以及环境条件等来确定。一般可采用配合工业机械的一、二级保养同时进行其电气设备的维护保养工作。

① 配合工业机械一级保养进行电气设备的维护保养工作。如金属切削机床的一级保养一般在一个季度左右进行一次。机床作业时间常在 6～12 h，这时可对机床电气

柜内的电器元件进行如下维护保养：

a. 清扫电气柜内的积灰异物。

b. 修复或更换即将损坏的电器元件。

c. 整理内部接线，使之整齐美观。特别是在平时应急修理处，应尽量复原成正规状态。

d. 紧固熔断器的可动部分，使之接触良好。

e. 紧固接线端子和电器元件上的压线螺钉，使所有压接线头牢固可靠，以减小接触电阻。

f. 对电动机进行小修和中修检查。

g. 通电试车，使电器元件的动作程序正确可靠。

② 配合工业机械二级保养进行电气设备的维护保养工作。如金属切削机床的二级保养一般在一年左右进行一次，机床作业时间常在3～6天，此时可对机床电气柜内的电器元件进行如下维护保养：

a. 机床一级保养时，对机床电器所进行的各项维护保养工作在二级保养时仍需照例进行。

b. 着重检查动作频繁且电流较大的接触器、继电器触头。为了承受频繁切合电路所受的机械冲击和电流的烧损，多数接触器和继电器的触头均采用银或银合金制成，其表面会自然形成一层氧化银或硫化银，它并不影响导电性能，这是因为在电弧的作用下它还能还原成银，因此不要随意清除掉。即使这类触头表面出现烧毛或凹凸不平的现象，仍不会影响触头的良好接触，不必修整锉平（但铜质触头表面烧毛后则应及时修平）。但触头严重磨损至原厚度的1/2及以下时应更换新触头。

c. 检修有明显噪声的接触器和继电器，找出原因并修复后方可继续使用，否则应更换新件。

d. 校验热继电器，看其是否能正常动作。校验结果应符合热继电器的动作特性。

e. 校验时间继电器，看其延时时间是否符合要求。如误差超过允许值，应调整或修理，使之重新达到要求。

2. 电气故障检修的一般方法

尽管对电气设备采取了日常维护保养工作，降低了电气故障的发生率，但绝不可能杜绝电气故障的发生。因此，维修电工不但要掌握电气设备的日常维护保养，同时还要学会正确的检修方法。下面介绍电气故障发生后的一般分析和检修方法。

（1）检修前的故障调查

当工业机械发生电气故障后，切忌盲目随便动手检修。在检修前，通过问、看、听、摸来了解故障前后的操作情况和故障发生后出现的异常现象，以便根据故障现象

判断出故障发生的部位，进而准确地排除故障。

问：询问操作者故障前后电路和设备的运行状况及故障发生后的症状，如故障是经常发生还是偶尔发生；是否有响声、冒烟、火花、异常振动等征兆；故障发生前有无切削力过大和频繁地启动、停止、制动等情况；有无经过保养检修或改动线路等。

看：查看故障发生前是否有明显的外观征兆，如各种信号；有指示装置的熔断器的情况；保护电器脱扣动作；接线脱落；触头烧蚀或熔焊；线圈过热烧毁等。

听：在线路还能运行和不扩大故障范围、不损坏设备的前提下，可通电试车，细听电动机、接触器和继电器等电器的声音是否正常。

摸：在刚切断电源后，尽快触摸检查电动机、变压器、电磁线圈及熔断器等，看是否有过热现象。

（2）用逻辑分析法确定并缩小故障范围

检修简单的电气控制线路时，对每个电器元件、每根导线逐一进行检查，一般能很快找到故障点。但对复杂的线路而言，往往有上百个元件，成千条连线，若采取逐一检查的方法，不仅需耗费大量的时间，而且也容易漏查。在这种情况下，若根据电路图，采用逻辑分析法，对故障现象进行具体分析，画出可疑范围，提高维修的针对性，就可以收到准而快的效果。分析电路时，通常先从主电路入手，了解工业机械各运动部件和机构采用了几台电动机拖动，与每台电动机相关的电器元件有哪些，采用了何种控制，然后根据电动机主电路所用电器元件的文字符号、图区号及控制要求，找到相应的控制电路。在此基础上，结合故障现象和线路工作原理，进行认真分析排查，即可迅速判定故障发生的可能范围。

当故障的可疑范围较大时，不必按部就班地逐级进行检查，这时可在故障范围内的中间环节进行检查，判断故障究竟是发生在哪一部分，从而缩小故障范围，提高检修速度。

（3）对故障范围进行外观检查

在确定了故障发生的可能范围后，可对范围内的电器元件及连接导线进行外观检查，如熔断器的熔体熔断；导线接头松动或脱落；接触器和继电器的触头脱落或接触不良，线圈烧坏使表层绝缘纸烧焦变色，烧化的绝缘清漆流出；弹簧脱落或断裂；电气开关的动作机构受阻失灵等，都能明显地表明故障点之所在。

（4）用试验法进一步缩小故障范围

经外观检查未发现故障点时，可根据故障现象，结合电路图分析故障原因，在不扩大故障范围、不损伤电气和机械设备的前提下，进行直接通电试验，或除去负载（从控制箱接线端子板上卸下）通电试验，以分清故障可能是在电气部分还是在机械等其他部分；是在电动机上还是在控制设备上；是在主电路上还是在控制电路上。一般情况下先检查控制电路，具体做法是：操作某一只按钮或开关时，线路中有关的接触器、继电器将按规定的动作顺序进行工作。若依次动作至某一电器元件时，发现动作不符合要求，则说明该电器元件或其相关电路有问题。再在此电路中进行逐项分析和检查，一般便可发现故障。待控制电路的故障排除恢复正常后，再接通主电路，检查控制电路对主电路的控制效果，观察主电路的工作情况有无异常等。

在通电试验时，必须注意人身和设备的安全。要遵守安全操作规程，不得随意触动带电部分，要尽可能切断电动机主电路电源，只在控制电路带电的情况下进行检查；如需电动机运转，则应使电动机在空载下运行，以避免工业机械的运动部分发生误动作和碰撞；要暂时隔断有故障的主电路，以免故障扩大，并预先充分估计到局部线路动作后可能发生的不良后果。

（5）用测量法确定故障点

测量法是维修电工工作中用来准确确定故障点的一种行之有效的检查方法。常用的测试工具和仪表有校验灯、测电笔、万用表、钳形电流表、兆欧表等，主要通过对电路进行带电或断电时的有关参数如电压、电阻、电流等的测量，来判断电器元件的好坏、设备的绝缘情况以及线路的通断情况。随着科学技术的发展，测量手段也在不断更新。例如，在晶闸管-电动机自动调速系统中，利用示波器来观察晶闸管整流装置的输出波形、触发电路的脉冲波形，就能很快判断系统的故障所在。

在用测量法检查故障点时，一定要保证各种测量工具和仪表完好，使用方法正确，还要注意防止感应电、回路电及其他并联支路的影响，以免产生误判断。

在项目二中介绍了电压分阶测量法和电阻分阶测量法，下面再介绍几种常用的测量方法。

① 电压分段测量法。首先把万用表的转换开关置于交流电压 500 V 的挡位上，然后按如下方法进行测量。

先用万用表测量如图 3.1 所示 0—1 两点间的电压，若为 380 V，则说明电源电压正常。然后一人按下启动按钮 SB2，若接触器 KM1 不吸合，则说明电路有故障。这时另一人可用万用表的红、黑两根表棒逐段测量相邻两点 1—2，2—3，3—4，4—5，5—6，6—0 之间的电压，根据其测量结果即可找出故障点，见表 3.3。

表 3.3　电压分段测量法所测电压值及故障点

故 障 现 象	测试状态	1—2	2—3	3—4	4—5	5—6	6—0	故 障 点
按下 SB2 时，KM1 不吸合	按下 SB2 不放	380 V	0	0	0		0	KH 常闭触头接触不良
		0	380 V	0	0	0	0	SB1 触头接触不良

续表

故 障 现 象	测试状态	1—2	2—3	3—4	4—5	5—6	6—0	故 障 点
按下 SB2 时，KM1 不吸合	按下 SB2 不放	0	0	380 V	0	0	0	SB2 触头接触不良
		0	0	0	380 V	0	0	KM2 常闭触头接触不良
		0	0	0	0	380 V	0	SQ 触头接触不良
		0	0	0	0	0	380 V	KM1 线圈断路

　　② 电阻分段测量法。测量检查时，首先切断电源，然后把万用表的转换开关置于倍率适当的电阻挡，并逐段测量如图 3.2 所示相邻号点 1—2，2—3，3—4（测量时由一人按下 SB2），4—5，5—6，6—0 之间的电阻。如果测得某两点间电阻值很大（∞），则说明该两点间接触不良或导线断路，见表 3.4。

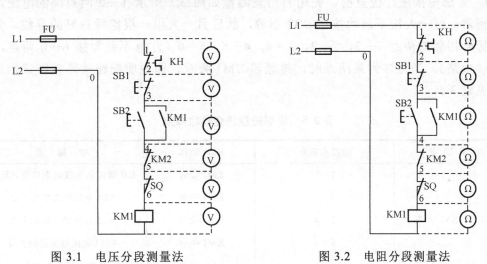

图 3.1　电压分段测量法　　　　　　　图 3.2　电阻分段测量法

表 3.4　电阻分段测量法查找故障点

故 障 现 象	测 量 点	电 阻 值	故 障 点
按下 SB2，KM1 不吸合	1—2	∞	KH 常闭触头接触不良或误动作
	2—3	∞	SB1 常闭触头接触不良
	3—4	∞	SB2 常开触头接触不良
	4—5	∞	KM2 常闭触头接触不良
	5—6	∞	SQ 常闭触头接触不良
	6—0	∞	KM1 线圈断路

电阻分段测量法的优点是安全，缺点是测量电阻值不准确时易造成判断错误，为此应注意以下几点：

a．用电阻测量法检查故障时，一定要先切断电源。

b．所测量电路若与其他电路并联，必须将该电路与其他电路断开，否则所测电阻值不准确。

c．测量高电阻电器元件时，要将万用表的电阻挡转换到适当挡位。

③ 短接法机床电气设备的常见故障为断路故障，如导线断路、虚连、虚焊、触头接触不良、熔断器熔断等。对这类故障，除用电压法和电阻法检查外，还有一种更为简便可靠的方法，就是短接法。检查时，用一根绝缘良好的导线，将所怀疑的断路部位短接，若短接到某处电路接通，则说明该处断路。

a．局部短接法。检查前，先用万用表测量如图 3.3 所示 1—0 两点间的电压，若电压正常，可一人按下启动按钮 SB2 不放，然后另一人用一根绝缘良好的导线，分别短接标号相邻的两点 1—2，2—3，3—4，4—5，5—6（注意不要短接 6—0 两点，否则造成短路），当短接到某两点时，接触器 KM1 吸合，即说明断路故障就在该两点之间，见表 3.5。

表 3.5　局部短接法查找故障点

故 障 现 象	短接点标号	KM1 动作	故 障 点
按下 SB2，KM1 不吸合	1—2	KM1 吸合	KH 常闭触头接触不良或误动作
	2—3	KM1 吸合	SB1 常闭触头接触不良
	3—4	KM1 吸合	SB2 常开触头接触不良
	4—5	KM1 吸合	KM2 常闭触头接触不良
	5—6	KM1 吸合	SQ 常闭触头接触不良

b．长短接法。长短接法是指一次短接两个或多个触头来检查故障的方法。

当 KH 的常闭触头和 SB1 的常闭触头同时接触不良时，若用局部短接法短接，如图 3.4 所示中的 1—2 两点，按下 SB2，KM1 仍不能吸合，则可能造成判断错误；而用长短接法将 1—6 两点短接，如果 KM1 吸合，则说明 1—6 这段电路上有断路故障；然后再用局部短接法逐段找出故障点。

长短接法的另一个作用是可把故障点缩小到一个较小的范围。例如，第一次先短接 3—6 两点，KM1 不吸合，再短接 1—3 两点，KM1 吸合，说明故障在 1—3 范围内。可见，如果长短接法和局部短接法能结合使用，很快就可以找出故障点。

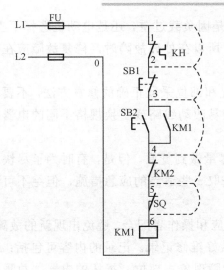

图 3.3 局部短接法

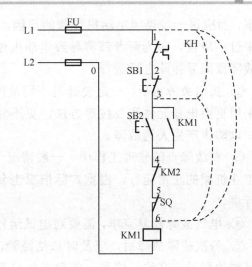

图 3.4 长短接法

用短接法检查故障时必须注意以下几点：

第一，用短接法检测时，是用手拿绝缘导线带电操作的，所以一定要注意安全，避免触电事故。

第二，短接法只适用于压降极小的导线及触头之类的断路故障。对于压降较大的电器，如电阻、线圈、绕组等断路故障，不能采用短接法，否则会出现短路故障。

第三，对于工业机械的某些要害部位，必须在保证电气设备或机械部件不会出现事故的情况下，才能使用短接法。

（6）检查是否存在机械、液压故障

在许多电气设备中，电器元件的动作是由机械、液压来推动的，或与它们有着密切的联动关系，所以在检修电气故障的同时，应检查、调整和排除机械、液压部分的故障，或与机械维修工配合完成。

以上所述检查分析电气设备故障的一般顺序和方法，应根据故障的性质和具体情况灵活选用，断电检查多采用电阻法，通电检查多采用电压法或电流法。各种方法可交叉使用，以便迅速有效地找出故障点。

（7）修复及注意事项

当找出电气设备的故障点后，就要着手进行修复、试运转、记录等，然后交付使用，但必须注意如下事项：

① 在找出故障点和修复故障时，应注意不能把找出的故障点作为寻找故障的终点，还必须进一步分析查明产生故障的根本原因。例如，在处理某台电动机因过载烧毁的事故时，决不能认为将烧毁的电动机重新修复或换上一台同型号的新电动机就算

完事，而应进一步查明电动机过载的原因，到底是因负载过重，还是电动机选择不当、功率过小所致，因为两者都将导致电动机过载。所以在处理故障时，修复故障应在找出故障原因并排除之后进行。

② 找出故障点后，一定要针对不同故障情况和部位采取正确的修复方法，不要轻易采用更换电器元件和补线等方法，更不允许轻易改动线路或更换规格不同的电器元件，以防止产生人为故障。

③ 在故障点的修理工作中，一般情况下应尽量做到复原。但是，有时为了尽快恢复工业机械的正常运行，根据实际情况也允许采取一些适当的应急措施，但绝不可凑合行事。

④ 电气故障修复完毕，需要通电试运行时，应和操作者配合，避免出现新的故障。

⑤ 每次排除故障后，应及时总结经验，并做好维修记录。记录的内容可包括：工业机械的型号、名称、编号、故障发生日期、故障现象、部位、损坏的电器、故障原因、修复措施及修复后的运行情况等。记录的目的：作为档案以备日后维修时参考，并通过对历次故障的分析，采取相应的有效措施，防止类似事故的再次发生或对电气设备本身的设计提出改进意见等。

1. 对工业机械电气设备进行维修的一般要求有哪些？
2. 对机床电气设备进行一级保养的内容有哪些？
3. 试说出几种查找电气故障点的方法。
4. 电气设备故障修复过程中应注意哪些事项？

任务二　车床电气控制线路

车床是一种应用极为广泛的金属切削机床，能够车削外圆、内圆、端面、螺纹、螺杆以及车削定型表面等。普通车床有两个主要的运动部分，一是卡盘或顶尖带动工件的旋转运动，也就是车床主轴的运动；另外一个是溜板带动刀架的直线运动，称为进给运动。车床工作时，绝大部分功率消耗在主轴运动上。下面以 CA6140 型为例进行介绍。在实际生产中，CA6140 车床是最常用的产品加工设备，要求掌握 CA6140 车床的电气控制原理的分析方法及常用故障的检修。

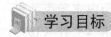

掌握 CA6140 车床电气控制线路的分析方法及其维修。

CA6140 车床电气控制线路

CA6140 车床型号意义：

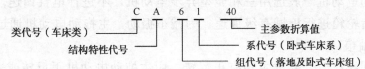

1. 主要结构及运动形式

CA6140 型车床为我国自行设计制造的普通车床，与 1620-1 型车床比较，具有性能优越、结构先进、操作方便和外形美观等优点。

CA6140 型普通车床的外形图如图 3.5 所示。

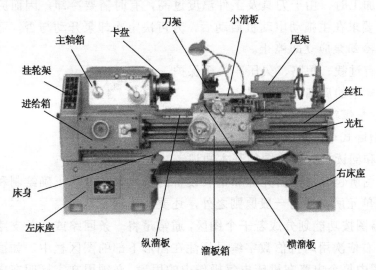

图 3.5 CA6140 型普通车床外形图

CA6140 型普通车床主要由床身、主轴箱、进给箱、溜板箱、刀架、丝杠、光杠、尾架等部分组成。

车床的切削运动包括工件旋转的主运动和刀具的直线进给运动。车削速度是指工件与刀具接触点的相对速度。根据工件的材料性质、车刀材料及几何形状、工件直径、加工方式及冷却条件的不同，要求主轴有不同的切削速度。主轴变速是由主轴电动机经 V 带传递到主轴变速箱来实现的。CA6140 型车床的主轴正转速度有 24 种（10～1 400 r/min），反转速度有 12 种（14～1 580 r/min）。

车床的进给运动是刀架带动刀具的直线运动。溜板箱把丝杠或光杠的转动传递给刀架部分，变换溜板箱外的手柄位置，经刀架部分使车刀做纵向或横向进给。

车床的辅助运动为车床上除切削运动以外的其他一切必需的运动，如尾架的纵向移动、工件的夹紧与放松等。

2. 电力拖动特点及控制要求

（1）主拖动电动机一般选用三相笼型异步电动机，不进行电气调速。

（2）采用齿轮箱进行机械有级调速。为减小振动，主拖动电动机通过几条 V 带将动力传递到主轴箱。

（3）在车削螺纹时，要求主轴有正反转，由主拖动电动机正反转或采用机械方法来实现。

（4）主拖动电动机的启动、停止采用按钮操作。

（5）刀架移动和主轴转动有固定的比例关系，以便满足对螺纹的加工需要。

（6）车削加工时，由于刀具及工件温度过高，有时需要冷却，因而应该配有冷却泵电动机，且要求在主拖动电动机启动后，方可决定冷却泵开动与否，而当主拖动电动机停止时，冷却泵应立即停止。

（7）必须有过载、短路、欠压、失压保护。

（8）具有安全的局部照明装置。

3. 电气控制线路分析

CA6140 型卧式车床电路图如图 3.6 所示。

（1）绘制和阅读机床电路图的基本知识

机床电路图所包含的电器元件和电气设备的符号较多，要正确绘制和阅读机床电路图，除第二单元所讲述的一般原则之外，还要明确以下几点：

① 将电路图按功能划分成若干个图区，通常是将一条回路或一条支路划为一个图区，并从左向右依次用阿拉伯数字编号标注在图形下部的图区栏中，如图 3.6 所示。

② 电路图中每个电路在机床电气操作中的用途，必须用文字标明在电路图上部的用途栏内，如图 3.6 所示。

③ 在电路图中每个接触器线圈的文字符号 KM 的下面画两条竖直线，分成左、中、右三栏，把受其控制而动作的触头所处的图区号按表 3.6 的规定填入相应栏内。对备而未用的触头，在相应的栏中用记号"×"标出或不标出任何符号。接触器线圈符号下的数字标记见表 3.6。

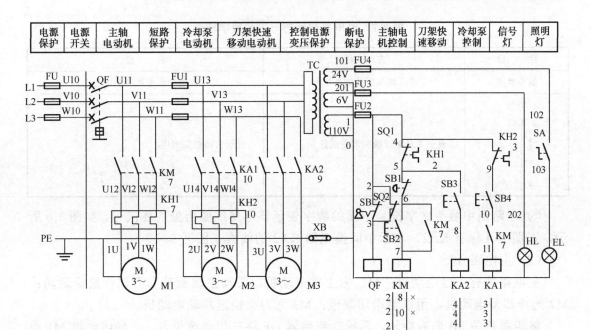

图 3.6　CA6140 车床电气控制线路

表 3.6　接触器线圈符号下的数字标记

栏　目	左　栏	中　栏	右　栏
触头类型	主触头所处的图区号	辅助常开触头所处的图区号	辅助常闭触头所处的图区号
举例 KM 2 8 × 2 10 × 2	表示 3 对主触头均在图区 2	表示一对辅助常开触头在图区 8，另一对常开触头在图区 10	表示两对辅助常闭触头未用

④ 在电路图中每个继电器线圈符号下面画一条竖直线，分成左右两栏，把受其控制而动作的触头所处的图区号按表 3.7 的规定填入相应栏内。同样，对备而未用的触头在相应的栏中用记号"×"标出或不标出任何符号。继电器线圈符号下的数字标记见表 3.7。

表 3.7　继电器线圈符号下的数字标记

栏　　目	左　　栏	右　　栏
触头类型	常开触头所处的图区号	常闭触头所处的图区号
举例 KA2 4 4 4	表示 3 对常开触头均在图区 4	表示常闭触头未用

⑤ 电路图中触头文字符号下面的数字表示该电器线圈所处的图区号。如图 3.6 所示，在图区 4 标有 KA2，表示中间继电器 KA2 的线圈在图区 9。

（2）主电路分析

主电路共有三台电动机：M1 为主轴电动机，带动主轴旋转和刀架作进给运动；M2 为冷却泵电动机，用以输送切削液；M3 为刀架快速移动电动机。

将钥匙开关 SB 向右旋转，再扳动断路器 QF 将三相电源引入。主轴电动机 M1 由接触器 KM 控制，热继电器 KH1 作过载保护，熔断器 FU 作短路保护，接触器 KM 作失压和欠压保护。冷却泵电动机 M2 由中间继电器 KA1 控制，热继电器 KH2 作为它的过载保护。刀架快速移动电动机 M3 由中间继电器 KA2 控制，由于是点动控制，故未设过载保护。FU1 作为冷却泵电动机 M2、快速移动电动机 M3、控制变压器 TC 的短路保护。

（3）控制电路分析

控制电路的电源由控制变压器 TC 二次侧输出 110 V 电压提供。在正常工作时，位置开关 SQ1 的常开触头闭合。打开床头皮带罩后，SQ1 断开，切断控制电路电源，以确保人身安全。钥匙开关 SB 和位置开关 SQ2 在正常工作时是断开的，QF 线圈不通电，断路器 QF 能合闸。当打开配电盘壁龛门时，SQ2 闭合，QF 线圈获电，断路器 QF 自动断开。

① 主轴电动机 M1 的控制。

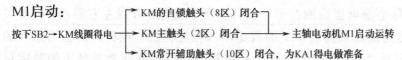

M1启动：
按下SB2→KM线圈得电→ ┌─ KM的自锁触头（8区）闭合 ─┐
　　　　　　　　　　　├─ KM主触头（2区）闭合 ──────→ 主轴电动机M1启动运转
　　　　　　　　　　　└─ KM常开辅助触头（10区）闭合，为KA1得电做准备

M1停止：
按下SB1→KM线圈失电→KM触头复位断开→M1失电停转

主轴的正反转是采用多片摩擦离合器实现的。

② 冷却泵电动机 M2 的控制。

由于主轴电动机 M1 和冷却泵电动机 M2 在控制电路中采用顺序控制，所以只有当主轴电动机 M1 启动后，即 KM 常开触头（10 区）闭合，合上旋钮开关 SB4，冷却泵电动机 M2 才可能启动。当 M1 停止运行时，M2 自行停止。

③ 刀架快速移动电动机 M3 的控制。

刀架快速移动电动机 M3 的启动由安装在进给操作手柄顶端的按钮 SB3 控制，它与中间继电器 KA2 组成点动控制线路。刀架移动方向（前、后、左、右）的改变是由进给操作手柄配合机械装置实现的。如需要快速移动，按下 SB3 即可。

（4）照明、信号电路分析

控制变压器 TC 的二次侧分别输出 24 V 和 6V 电压，作为车床低压照明灯和信号灯的电源。EL 作为车床的低压照明灯，由开关 SA 控制；HL 为电源信号灯。它们分别由 FU4 和 FU3 作为短路保护。

CA6140 型车床的电气元件明细表见表 3.8。

 任务实施

一、CA6140 型车床电气控制线路的安装

（一）准备工作

1. 安全文明

（1）穿戴好劳保用品；

（2）严格遵守相关设备的安全操作规程；

（3）做好教学场地设备恢复、整理及清洁工作；

（4）人走五关（关门、关窗、关机、关电、关灯）。

2. 工具与仪表

（1）工具：电工常用工具。

（2）仪表：MF47 型万用表、500V 兆欧表、钳形电流表。

（3）器材：机床电气控制柜。

（二）实施过程

1. 元件清单（表 3.8）

CA6140 型车床电器位置图如图 3.7 所示，接线图如图 3.8 所示。

表 3.8　CA6140 型车床电气元件明细表

代　号	名　称	型号及规格	数　量	用　途	备　注
M1	主轴电动机	Y132M-4-B3	1	主传动用	
		7.5kW、1 450 r/min			
M2	冷却泵电动机	AOB-25、90 W、3 000 r/min	1	输送冷却液用	
M3	快速移动电动机	AOS5634、250 W	1	溜板快速移动用	
		1 360 r/min			
KH1	热继电器	JR16-20/3D、15.4 A	1	M1 的过载保护	
KH2	热继电器	JR16-20/3D、0.32 A	1	M2 的过载保护	
KM	交流接触器	CJ0-20B、线圈电压 110 V	1	控制 M1	
KA1	中间继电器	JZ7-44、线圈电压 110 V	1	控制 M2	
KA2	中间继电器	JZ7-44、线圈电压 110 V	1	控制 M3	
SB1	按钮	LAY3-01ZS/1	1	停止 M1	
SB2	按钮	LAY3-10/3.11	1	启动 M1	
SB3	按钮	LA9	1	启动 M3	
SB4	旋钮开关	LAY3-10X/2	1	控制 M2	
SQ1、SQ2	位置开关	JWM6-11	2	断电保护	
HL	信号灯	ZSD-0、6 V	1	刻度照明	无灯罩
QF	断路器	AM2-40、20 A	1	电源引入	
TC	控制变压器	JBK2-100	1		110 V、50 VA
		380 V/110 V/24 V/6 V			24 V、45 VA
EL	机床照明灯	JC11	1	工作照明	
SB	旋钮开关	LAY3-01Y/2	1	电源开关锁	带钥匙
FU1	熔断器	BZ001、熔体 6 A	3		
FU2	熔断器	BZ001、熔体 1 A	1	110 V 控制电路短路保护	
FU3	熔断器	BZ001、熔体 1 A	1	信号灯电路短路保护	
FU4	熔断器	BZ001、熔体 2 A	1	照明电路短路保护	

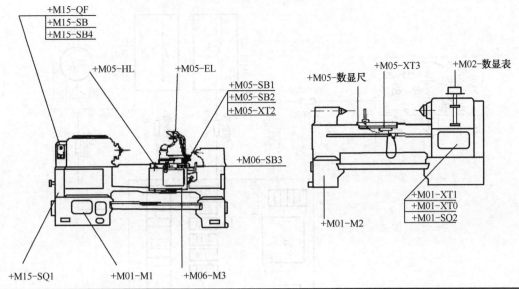

序　号	部件名称	代　号	安装的元件
1	床身底座	+M01	-M1、-M2、-XT0、-XT1、-SQ2
2	床鞍	+M05	-HL、-EL、-SB1、-SB2、-XT2、-XT3、数显尺
3	溜板	+M06	-M3、-SB3
4	传动带罩	+M15	-QF、-SB、-SB4、-SQ1
5	床头	+M02	数显表

图 3.7　CA6140 型车床电器位置图

安装步骤及工艺要求：

（1）按照表 3.8 配齐电气设备和元件，并逐个检验其规格和质量是否合格。

（2）根据电动机容量、线路走向及要求和各元件的安装尺寸，正确选配导线的规格、导线通道类型和数量、接线端子板型号及节数、控制板、管夹、束节、紧固体等。

（3）在控制板上安装电器元件，并在各电器元件附近做好与电路图上相同代号的标记。

（4）按照控制板内布线的工艺要求进行布线和套编码套管。

（5）选择合理的导线走向，做好导线通道的支持准备，并安装控制板外部的所有电器。

（6）进行控制箱外部布线，并在导线线头上套装与电路图相同线号的编码套管。对于可移动的导线通道应放适当的余量，使金属软管在运动时不承受拉力，并按规定在通道内放好备用导线。

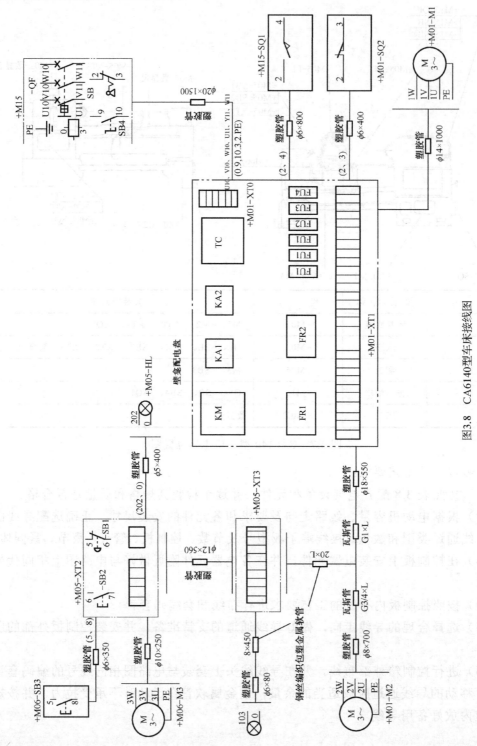

图3.8 CA6140型车床接线图

（7）检查电路的接线是否正确和接地通道是否具有连续性。

（8）检查热继电器的整定值是否符合要求。各级熔断器的熔体是否符合要求，如不符合要求应予以更换。

（9）检查电动机的安装是否牢固，与生产机械传动装置的连接是否可靠。

（10）检测电动机及线路的绝缘电阻，清理安装场地。

（11）接通电源开关，点动控制各电动机启动，以检查各电动机的转向是否符合要求。

（12）通电空转试验时，应认真观察各电器元件、线路、电动机及传动装置的工作情况是否正常。如不正常，应立即切断电源进行检查，在调整或修复后方能再次通电试车。

2. 注意事项

（1）不要漏接接地线。严禁采用金属软管作为接地通道。

（2）在控制箱外部进行布线时，导线必须穿在导线通道内或敷设在机床底座内的导线通道内。所有的导线不允许有接头。

（3）在导线通道内敷设的导线进行接线时，必须集中思想，做到查出一根导线，立即套上编码套管，接上后再进行复验。

（4）在进行快速进给时，要注意将运动部件处于行程的中间位置，以防止运动部件与车头或尾架相撞产生设备事故。

（5）在安装、调试过程中，工具、仪表的使用应符合要求。

（6）通电操作时，必须严格遵守安全操作规程。

3. 评分标准

CA6140 车床电气控制线路安装的评分标准见表 3.9。

表 3.9 评分标准

项目内容	配　　分	评 分 标 准		扣　　分
装前检查	5	电器元件错检或漏检，每处	扣 2 分	
器材选用	10	（1）导线选用不符合要求，每处	扣 4 分	
		（2）穿线管选用不符合要求，每处	扣 3 分	
		（3）编码套管等附件选用不当，每项	扣 2 分	
元件安装	20	（1）控制箱内部元件安装不符合要求，每处	扣 3 分	
		（2）控制箱外部电器元件安装不牢固，每处	扣 3 分	
		（3）损坏电器元件，每只	扣 10 分	
		（4）电动机安装不符合要求，每台	扣 5 分	
		（5）导线通道敷设不符合要求，每处	扣 4 分	

续表

项 目 内 容	配 分	评 分 标 准	扣 分
布线	30	（1）不按电路图接线　　　　　　　　　　　　　扣 20 分 （2）控制箱内导线敷设不符合要求，每根　　　　扣 3 分 （3）通道内导线敷设不符合要求，每根　　　　　扣 3 分 （4）漏接接地线　　　　　　　　　　　　　　　扣 8 分	
通电试车	35	（1）位置开关安装不合适　　　　　　　　　　　扣 5 分 （2）整定值未整定或整定错，每处　　　　　　　扣 5 分 （3）熔体规格配错，每只　　　　　　　　　　　扣 3 分 （4）通电不成功　　　　　　　　　　　　　　　扣 30 分	
安全文明生产		违反安全文明生产规程　　　　　　　　　　　扣 10～40 分	
定额时间：15 h		每超时 5 min 以内以扣 5 分计算	
备注		除定额时间外，各项内容的最高扣分不得超过配分数	成绩
开始时间		结束时间	实际时间

二、CA6140 型车床电气控制线路的检修

（一）准备工作

1. 安全文明

（1）穿戴好劳保用品；

（2）严格遵守相关设备的安全操作规程；

（3）做好教学场地设备恢复、整理及清洁工作；

（4）人走五关（关门、关窗、关机、关电、关灯）。

2. 工具与仪表

（1）工具：电工常用工具。

（2）仪表：MF47 型万用表、500V 兆欧表、钳形电流表。

（3）器材：机床电气控制柜。

（二）实施过程

1. 检修方法

（1）CA6140 车床常见电气故障分析与检修方法。

当需要打开配电盘壁龛门进行带电检修时，应将行程开关 SQ2 的传动杠拉出，使

断路器 QF 仍可合上。关上壁龛门后，SQ2 复原恢复保护作用。

　　下面以主轴电动机不能启动的故障为例介绍常见电器故障的检修方法和步骤。

　　合上电源开关 QF，按下启动按钮 SB2，电动机 M1 不启动，此时首先要检查接触器 KM 是否吸合，若 KM 吸合，则故障必然发生在主电路，可按下列步骤检修（图 3.9）：

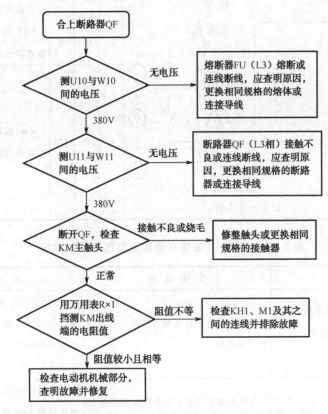

图 3.9　CA6140 车床常见电气故障分析与检修方法

　　（2）用电压测量法检修电路故障（表 3.10）。

　　（3）车床其他常见电气故障的检修（表 3.11）。

　　2. 实训步骤

　　（1）了解车床的各种工作状态和操作方法。

　　（2）熟悉车床电器元件的实际位置和走线情况，并通过测量等方法找出实际走线路径。

　　（3）学生观摩检修。在 CA6140 车床上人为设置自然故障点，由教师示范检修，边分析边检查，直至故障排除。

表 3.10　故障检测及排除方法

故障现象	测量线路及状态	5—6	6—7	7—0	故障点	排除方法
按下 SB2，KM 不吸合，按下 SB3 时，KA2 吸合		110V	0	0	SB1 接触不良或接线脱落	更换 SB1 或将脱落线接好
		0	110V	0	SB2 接触不良或接线脱落	更换 SB2 或将脱落线接好
	按下 SB2 不放	0	0	110V	KM 线圈开路或接线脱落	更换线圈或将脱落线接好

表 3.11　CA6140 车床其他常见电气故障的检修

故障现象	故障原因	处理方法
主轴电动机 M1 启动后不能自锁，即按下 SB2，M1 启动运转；松开 SB2，M1 随之停止	接触器 KM 的自锁触头接触不良或连接导线松脱	合上 QF，测 KM 自锁触头（6—7）两端的电压，若电压正常，故障是自锁触头接触不良；若无电压，故障是连线（6、7）断线或松脱
主轴电动机 M1 不能停止	KM 主触头熔焊；停止按钮 SB1 被击穿或线路中 5、6 两点连接导线短路；KM 铁芯端面被油垢粘牢不能脱开	断开 QF，若 KM 释放，说明故障是停止按钮 SB1 被击穿或导线短路；若 KM 过一段时间释放，则故障为铁芯端面被油垢粘牢
主轴电动机运行中停车	热继电器 KH1 动作	找出 KH1 动作的原因，排除后使其复位
照明灯 EL 不亮	灯泡损坏；FU4 熔断；SA 触头接触不良；TC 二次绕组断线或接头松脱；灯泡和灯头接触不良等	可根据具体情况采取相应的措施修复

（4）根据故障现象，依据电路图用逻辑分析法初步确定故障范围，并在电路图中标出最小故障范围。

（5）采取适当的检查方法，查出故障点并正确地排除故障。

（6）检修完毕进行通电试车，并做好维修记录。

3．注意事项

（1）检修前要认真阅读分析电路图，熟练掌握各个控制环节的原理及作用，并认真观摩教师的示范检修。

（2）工具和仪表的使用应符合使用要求。

（3）检修时，严禁扩大故障范围或产生新的故障点。

（4）停电要验电，带电检修时必须有指导教师在现场监护，以确保用电安全。同时要做好训练记录。

4．评分标准（表 3.12）

表 3.12　评分标准

项目内容	配分	评分标准		扣分
故障分析	30 分	（1）故障分析、排除故障思路不正确	扣 5～10 分	
		（2）不能标出最小故障范围，每个	扣 15 分	
排除故障	70 分	（1）断电不验电	扣 5 分	
		（2）工具及仪表使用不当，每次	扣 5 分	
		（3）检查故障的方法不正确	扣 20 分	
		（4）排除故障的方法不正确	扣 20 分	
		（5）不能排除故障点，每个	扣 30 分	
		（6）扩大故障范围或产生新的故障点，每个	扣 40 分	
		（7）损坏电器元件，每只	扣 20～40 分	
		（8）排除故障后通电试车不成功	扣 50 分	
安全文明生产		违反安全文明生产规程	扣 10～70 分	
定额时间：1h		训练不允许超时检查，在修复故障过程中才允许超时，但应以每超 5min 扣 5 分计算		
备注		除定额时间外，各项内容的最高扣分不得超过配分数	成绩	
开始时间		结束时间	实际时间	

想一想

1．CA6140 车床电气控制线路中有几台电动机？它们的作用分别是什么？

2．CA6140 车床中，若主轴电动机 M1 只能点动，则可能的故障原因有哪些？在此情况下，冷却泵电动机能否正常工作？

3．CA6140 车床的主轴电动机运行自动停车后，操作者立即按下启动按钮，但电动机不能启动，试分析故障原因。

4．行程开关 SQ1、SQ2 的作用是什么？

5．中间继电器 JZ7-44 的线圈电压是多少伏？

6．控制变压器 TC 的副边电压是多少？

7．主轴电动机 M1 启动后不能自锁的原因是什么？

8．主轴电动机运行中停车的原因是什么？怎样处理？

任务三　钻床电气控制线路

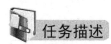
任务描述

钻床是一种用途广泛的孔加工机床。它主要用钻头钻削精度要求不太高的孔，另外还可以用来扩孔、铰孔、键孔以及攻螺纹等。

钻床的结构形式很多，有立式钻床、卧式钻床、台式钻床、深孔钻床及多轴钻床。摇臂钻床是一种立式钻床，它适用于单件或批量生产中带有多孔的大型零件的孔加工。这里以 Z37 型和 Z3050 型摇臂钻床为例进行分析。

学习目标

1．掌握 Z37 型钻床的电气控制原理的分析方法及常用故障的检修。

2．掌握 Z3050 型摇臂钻床电气控制线路的分析方法及其维修。

知识平台

一、Z37 摇臂钻床电气控制线路

该钻床型号意义：

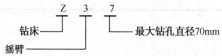

1．主要结构及运动形式

Z37 摇臂钻床的外形如图 3.10 所示。Z37 摇臂钻床主要由底座、内立柱、外立柱、摇臂、主轴箱、工作台等部分组成。内立柱固定在底座上，在它外面套着空心的外立柱，外立柱可绕着不动的内立柱回转360°。摇臂一端的套筒部分与外立柱滑动配合，借助于丝杠，摇臂可沿着外立柱上下移动，但两者不能作相对转动，因此摇臂与外立柱一起相对内立柱回转。主轴箱是一个复合的部件，它包括主轴及主轴旋转和进给运动（轴向前进移动）的全部传动变速和操作机构。主轴箱安装于摇臂的水平导轨上，可通过手轮操作使它沿着摇臂的水平导轨作径向移动。当需要钻削加工时，可利用夹紧机构将主轴箱紧固在摇臂导轨上，摇臂紧固在外立柱上，外立柱紧固在内立柱上，以保证加工时主轴不会移动，刀具也不会振动。

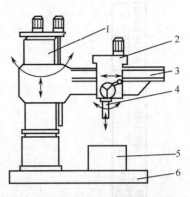

图 3.10　Z37 摇臂钻床外形图

1-内、外立柱；2-主轴箱；3-摇臂；

4-主轴；5-工作台；6-底座

工件不很大时，可压紧在工作台上加工。若工件较大，则可直接装在底座上加工。根据工件高度的不同，摇臂借助于丝杠可带动主轴箱沿外立柱升降。但在升降之前，摇臂应自动松开；当达到升降所需位置时，摇臂应自动夹紧在立柱上。摇臂连同外立柱绕内立柱的回转运动依靠人力推动进行，但回转前必须先将外立柱松开。主轴箱沿摇臂上导轨的水平移动也是手动的，移动前也必须先将主轴箱松开。

摇臂钻床的主运动是主轴带动钻头的旋转运动；进给运动是钻头的上下运动；辅助运动是指主轴箱沿摇臂水平移动、摇臂沿外立柱上下移动以及摇臂连同外立柱一起相对于内立柱的回转运动。

2．电力拖动特点及控制要求

（1）由于摇臂钻床的相对运动部件较多，故采用多台电动机拖动，以简化传动装置。主轴电动机 M2 承担钻削及进给任务，只要求单向旋转。主轴的正反转一般通过正反转摩擦离合器来实现，主轴转速和进刀量用变速机构调节。摇臂的升降和立柱的夹紧放松由电动机 M3 和 M4 拖动，要求双向旋转。冷却泵用电动机 M1 拖动。

（2）该钻床的各种工作状态都是通过十字开关 SA 操作的，为防止十字开关手柄停在任何工作位置时因接通电源而产生误动作，本控制电路设有零压保护环节。

（3）摇臂的升降要求有限位保护。

（4）摇臂的夹紧与放松由机械和电气联合控制。外立柱和主轴箱的夹紧与放松是由电动机配合液压装置来完成的。

（5）钻削加工时，需要对刀具及工件进行冷却。由电动机 M1 拖动冷却泵输送冷却液。

3．电气控制线路分析

Z37 摇臂钻床电路图如图 3.11 所示。

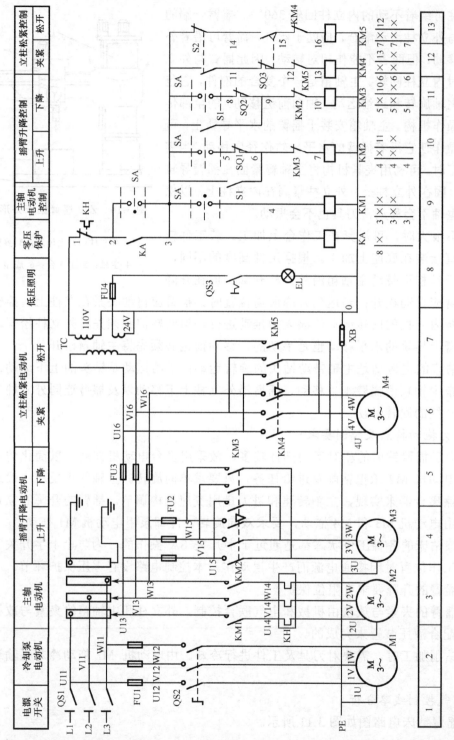

图3.11 Z37摇臂钻床电路图

（1）主电路分析。Z37 摇臂钻床共有四台三相异步电动机，其中主轴电动机 M2 由接触器 KM1 控制，热继电器 KH 作过载保护，主轴的正反向控制是由双向片式摩擦离合器来实现的。摇臂升降电动机 M3 由接触器 KM2、KM3 控制，FU2 作短路保护。立柱松紧电动机 M4 由接触器 KM4 和 KM5 控制，FU3 作短路保护。冷却泵电动机 M1 是由组合开关 QS2 控制的，FU1 作短路保护。摇臂上的电气设备电源通过转换开关 QSl 及汇流环 YG 引入。

（2）控制电路分析。合上电源开关 QS1，控制电路的电源由控制变压器 TC 提供 110 V 电压。Z37 摇臂钻床控制电路采用十字开关 SA 操作，它有集中控制和操作方便等优点。十字开关由十字手柄和四个微动开关组成。根据工作需要，可将操作手柄分别扳到孔槽内五个不同位置上，即左、右、上、下和中间位置。手柄处在各个工作位置时的工作情况见表 3.13。为防止突然停电又恢复供电而造成的危险，电路设有零压保护环节。零压保护是由中间继电器 KA 和十字开关 SA 来实现的。

表 3.13　十字开关操作说明

手 柄 位 置	接通微动开关的触头	工 作 情 况
中	均不通	控制电路断电
左	SA（2—3）	KA 获电并自锁
右	SA（3—4）	KM1 获电，主轴旋转
上	SA（3—5）	KM2 吸合，摇臂上升
下	SA（3—8）	KM3 吸合，摇臂下降

① 主轴电动机 M2 的控制。主轴电动机 M2 的旋转是通过接触器 KM1 和十字开关 SA 控制的。首先将十字开关 SA 扳到左边位置，SA 的触头（2—3）闭合，中间继电器 KA 获电吸合并自锁，为其他控制电路接通做好准备。再将十字开关 SA 扳到右边位置，这时 SA 的触头（2—3）分断后，SA 的触头（3—4）闭合，接触器 KM1 线圈获电吸合，主轴电动机 M2 通电旋转。主轴的正反转则由摩擦离合器手柄控制。将十字开关扳回中间位置，接触器 KM1 线圈断电释放，主轴电动机 M2 停转。

② 摇臂升降的控制。摇臂的放松、升降及夹紧的半自动工作顺序是通过十字开关 SA、接触器 KM2 和 KM3、位置开关 SQ1 和 SQ2 及鼓形组合开关 S1，控制电动机 M3 来实现的。

当工件与钻头的相对高度不合适时，可将摇臂升高或降低来调整。要使摇臂上升，将十字开关 SA 的手柄从中间位置扳到向上的位置，SA 的触头（3—5）接通，接触器 KM2 获电吸合，电动机 M3 启动正转。由于摇臂在升降前被夹紧在立柱上，所以 M3 刚启动时摇臂不会上升，而是通过传动装置先把摇臂松开，这时鼓形组合开关 S1 的常开触头（3—9）闭合，为摇臂上升后的夹紧做好准备，随后摇臂才开始上升。当上升到所需位置时，将十字开关 SA 扳到中间位置，接触器 KM2 线圈断电释放，电动机 M3 停转。由于摇臂松开时，鼓形组合开关常开触头 S1（3—9）已闭合，所以当接触器 KM2 线圈断电释放，其联锁触头（9—10）恢复闭合后，接触器 KM3 获电吸合，电动机 M3 启动反转，带动机械夹紧机构将摇臂夹紧，夹紧后鼓形开关 S1 的常开触头（3—9）断开，接触器 KM3 线圈断电释放，电动机 M3 停转。

要使摇臂下降，可将十字开关 SA 扳到向下位置，于是十字开关 SA 的触头（3—8）闭合，接触器 KM3 线圈获电吸合，其余动作情况与上升相似，不再细述。由以上分析可知摇臂的升降是由机械、电气联合控制实现的，能够自动完成摇臂松开→摇臂上升（或下降）→摇臂夹紧的过程。

为使摇臂上升或下降不至超出允许的极限位置，在摇臂上升和下降的控制电路中分别串入位置开关 SQ1 和 SQ2 作限位保护。

③ 立柱的夹紧与松开的控制。钻床正常工作时，外立柱夹紧在内立柱上。要使摇臂和外立柱绕内立柱转动，应首先扳动手柄放松外立柱。立柱的松开与夹紧是靠电动机 M4 的正反转拖动液压装置来完成的。电动机 M4 的正反转由组合开关 S2 和位置开关 SQ3、接触器 KM4 和 KM5 来实现。位置开关 SQ3 是由主轴箱与摇臂夹紧的机械手柄操作的。拨动手柄使 SQ3 的常开触头（14—15）闭合，接触器 KM5 线圈获电吸合，电动机 M4 拖动液压泵工作，使立柱夹紧装置放松。当夹紧装置完全放松时，组合开关 S2 的常闭触头（3—14）断开，使接触器 KM5 线圈断电释放，电动机 M4 停转，同时 S2 的常开触头（3—11）闭合，为夹紧做好准备。当摇臂转动到所需位置时，只需扳动手柄使位置开关 SQ3 复位，其常开触头（14—15）断开，而常闭触头（11—12）闭合，使接触器 KM4 线圈获电吸合，电动机 M4 带动液压泵反向运转，就可以完成立柱的夹紧动作。当完全夹紧后，组合开关 S2 复位，其常开触头（3—11）分断，常闭触头（3—14）闭合，使接触器 KM4 的线圈失电，电动机 M4 停转。

Z37 摇臂钻床的主轴箱在摇臂上的松开与夹紧和立柱的松开与夹紧是由同一台电动机 M4 拖动液压机构完成的。

（3）照明电路分析。照明电路的电源也是由变压器 TC 将 380 V 的交流电压降为 24 V 安全电压来提供的。照明灯 EL 由开关 QS3 控制，由熔断器 FU4 作短路保护。

二、Z3050 摇臂钻床电气控制线路

钻床型号意义：

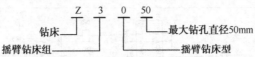

钻床　Z　3　0　50　最大钻孔直径50mm

摇臂钻床组　　　　　　　　　摇臂钻床型

Z3050 摇臂钻床的外形图如图 3.12 所示。

Z3050 摇臂钻床与 Z37 摇臂钻床不但在结构上基本相同，而且在运动形式、电力拖动特点及控制要求上也基本类似，不同之处在于 Z37 摇臂的夹紧与放松是依靠机械机构和电气的配合自动进行的，而 Z3050 摇臂的夹紧与放松则是由电动机配合液压装置自动进行的，并有夹紧、放松指示。另外，Z3050 摇臂钻床不再使用十字开关进行操作。

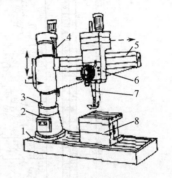

1. 电气控制线路分析

Z3050 摇臂钻床的电气图如图 3.13 所示。

（1）主电路分析

图 3.12　Z3050 摇臂钻床外形图

1-底座；2-外立柱；3-内立柱；4-摇臂升降丝杠；5-摇臂；6-主轴箱；7-主轴；8-工作台

Z3050 摇臂钻床共有四台电动机，除冷却泵电动机采用断路器直接启动外，其余三台异步电动机均采用接触器直接启动。

M1 是主轴电动机，由交流接触器 KM1 控制，只要求单方向旋转，主轴的正反转由机械手柄操作。M1 装于主轴箱顶部，拖动主轴及进给传动系统运转。热继电器 KH1 作为电动机 M1 的过载及断相保护，短路保护由断路器 QF1 中的电磁脱扣装置来完成。

M2 是摇臂升降电动机，装于立柱顶部，用接触器 KM2 和 KM3 控制其正反转。由于电动机 M2 是间断性工作，所以不设过载保护。

电源配电盘在立柱前下部。冷却泵电动机 M4 装于靠近立柱的底座上，升降电动机 M2 装于立柱顶部，其余电气设备置于主轴箱或摇臂上。由于 Z3050 钻床内、外柱间未装设汇流环，故在使用时，请勿沿一个方向连续转动摇臂，以免发生事故。

主电路电源电压为交流 380 V，断路器 QF1 作为电源引入开关。

（2）控制电路分析

控制电路电源由控制变压器 TC 降压后供给 110 V 电压，熔断器 FU1 作为短路保护。

① 开车前的准备工作。为保证操作安全，本钻床具有"开门断电"功能。所以开车前应将立柱下部及摇臂后部的电门盖关好，方能接通电源。合上 QF3（5 区）及总电源开关 QF1（2 区），则电源指示灯 HL1（10 区）显亮，表示钻床的电气线路已进入带电状态。

② 主轴电动机 M1 的控制。按下启动按钮 SB3（12 区），接触器 KM1 吸合并自锁，使主轴电动机 M1 启动运行，同时指示灯 HL2（9 区）显亮。按下停止按钮 SB2（12 区），接触器 KM1 释放，使主轴电动机 M1 停止旋转，同时指示灯 HL2 熄灭。

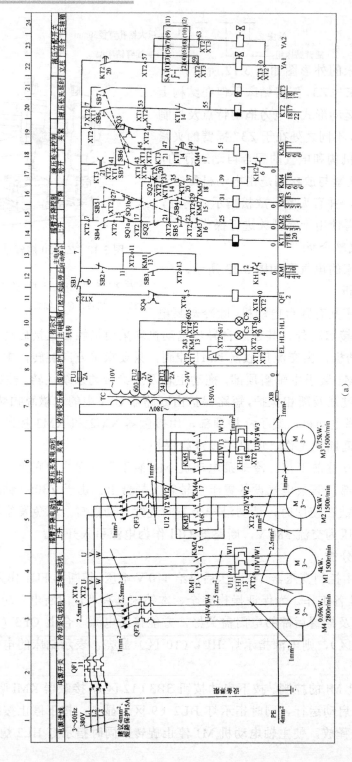

图3.13 Z3050摇臂钻床电气图

(a)

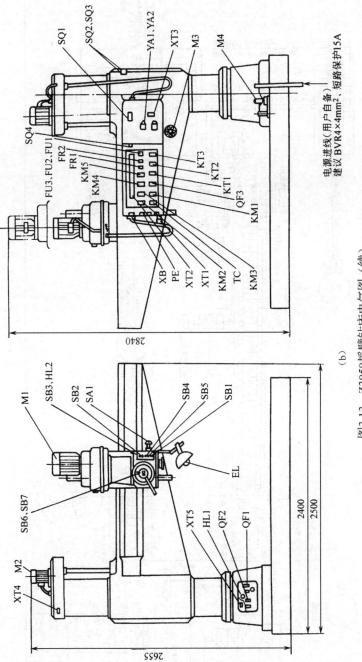

图3.13　Z3050摇臂钻床电气图（续）

(b)

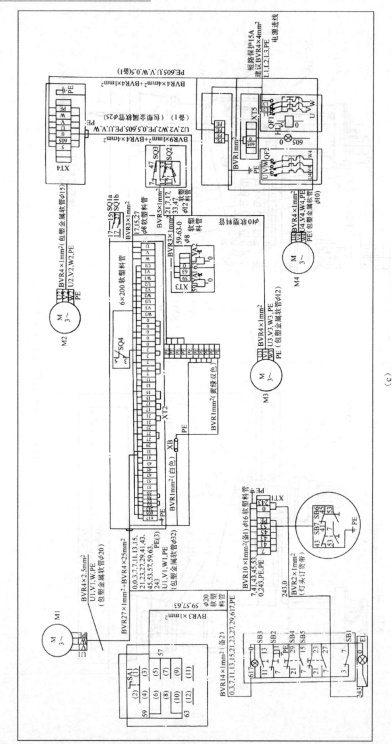

图3.13 Z3050摇臂钻床电气图（续）

(c)

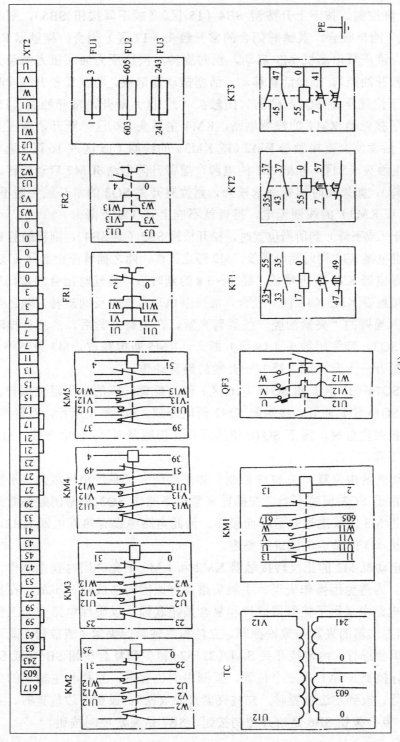

图3.13　Z3050摇臂钻床电气图（续）

(d)

③ 摇臂升降控制。按下上升按钮 SB4（15 区）（或下降按钮 SB5），则时间继电器 KT1（14 区）通电吸合，其瞬时闭合的常开触头（17 区）闭合，接触器 KM4 线圈（17 区）通电，液压泵电动机 M3 启动，正向旋转，供给压力油。压力油经分配阀体进入摇臂的"松开油腔"，推动活塞移动，活塞推动菱形块，将摇臂松开。同时活塞杆通过弹簧片压下位置开关 SQ2，使其常闭触头（17 区）断开，常开触头（15 区）闭合。前者切断了接触器 KM4 的线圈电路，KM4 主触头（6 区）断开，液压泵电动机 M3 停止工作。后者使交流接触器 KM2（或 KM3）的线圈（15 区或 16 区）通电，KM2（或 KM3）的主触头（5 区）接通 M2 的电源，摇臂升降电动机 M2 启动旋转，带动摇臂上升（或下降）。如果此时摇臂尚未松开，则位置开关 SQ2 的常开触头则不能闭合，接触器 KM2（或 KM3）的线圈无电，摇臂就不能上升（或下降）。

当摇臂上升（或下降）到所需位置时，松开按钮 SB3（或 SB4），则接触器 KM2（或 KM3）和时间继电器 KT1 同时断电释放，M2 停止工作，随之摇臂停止上升（或下降）。

由于时间继电器 KT1 断电释放，经 1～3 s 的延时后，其延时闭合的常闭触头（18 区）闭合，使接触器 KM5（18 区）吸合，液压泵电动机 M3 反向旋转，随之泵内压力油经分配阀进入摇臂的"夹紧油腔"使摇臂夹紧。在摇臂夹紧后，活塞杆推动弹簧片压下位置开关 SQ3，其常闭触头（19 区）断开，KM5 断电释放，M3 最终停止工作，完成了摇臂的松开→上升（或下降）→夹紧的整套动作。

组合开关 SQ1a（15 区）和 SQ1b（16 区）作为摇臂升降的超程限位保护。到极限位置时，压下 SQ1a 使其断开，接触器 KM2 断电释放，M2 停止运行，摇臂停止上升，当摇臂下降到极限位置时，压下 SQ1b 使其断开，接触器 KM3 断电释放，M2 停止运行，摇臂停止下降。

摇臂的自动夹紧由位置开关 SQ3 控制。如果液压夹紧系统出现故障，不能自动夹紧摇臂，或者由于 SQ3 调整不当，在摇臂夹紧后不能使 SQ3 的常闭触头断开，都会使液压泵电动机 M3 因长期过载运行而损坏。为此电路中设有热继电器 KH2，其整定值应根据电动机 M3 的额定电流进行整定。

摇臂升降电动机 M2 的正反转接触器 KM2 和 KM3 不允许同时获电动作，以防止电源相间短路。为避免因操作失误、主触头熔焊等原因而造成短路事故，在摇臂上升和下降的控制电路中采用了接触器联锁和复合按钮联锁，以确保电路安全工作。

④ 立柱和主轴箱的夹紧与放松控制。立柱和主轴箱的夹紧（或放松）既可以同时进行，也可以单独进行，由转换开关 SA1（22～24 区）和复合按钮 SB6（或 SB7）（20 或 21 区）进行控制。SA1 有三个位置，扳到中间位置时，立柱和主轴箱的夹紧（或放松）同时进行；扳到左边位置时，立柱夹紧（或放松）；扳到右边位置时，主轴箱夹紧（或放松）。复合按钮 SB6 是松开控制按钮，SB7 是夹紧控制按钮。

a. 立柱和主轴箱同时松开、夹紧。将转换开关 SA1 扳到中间位置，然后按下松开按钮 SB6，时间继电器 KT2、KT3 线圈（20、21 区）同时得电。KT2 的延时断开的常开触头（22 区）瞬时闭合，电磁铁 YA1、YA2 得电吸合。而 KT3 延时闭合的常开触头（17 区）经 1～3 s 延时后闭合，使接触器 KM4 获电吸合，液压泵电动机 M3 正转，供出的压力油进入立柱和主轴箱的松开油腔，使立柱和主轴箱同时松开。

松开 SB6，时间继电器 KT2、KT3 的线圈断电释放，KT3 延时闭合的常开触头（17 区）瞬时分断，接触器 KM4 断电释放，液压泵电动机 M3 停转。KT 延时分断的常开触头（22 区）经 1～3 s 后分断，电磁铁 YA1、YA2 线圈断电释放，立柱和主轴箱同时松开的操作结束。

立柱和主轴箱同时夹紧的工作原理与松开相似，只要按下 SB7，使接触器 KM5 获电吸合，液压泵电动机 M3 反转即可。

b. 立柱和主轴箱单独松开、夹紧。如果希望单独控制主轴箱，可将转换开关 SA1 扳到右侧位置。按下松开按钮 SB6（或夹紧按钮 SB7），时间继电器 KT2、KT3 的线圈同时得电，这时只有电磁铁 YA2 单独通电吸合，从而实现主轴箱的单独松开（或夹紧）。

松开复合按钮 SB6（或 SB7），时间继电器 KT2、KT3 的线圈断电释放，KT3 的通电延时闭合的常开触头瞬时断开，接触器 KM4（或 KM5）的线圈断电释放，液压泵电动机 M3 停转。经 1～3 s 的延时后，KT2 延时分断的常开触头（22 区）分断，电磁铁 YA2 的线圈断电释放，主轴箱松开（或夹紧）的操作结束。

同理，把转换开关 SA1 扳到左侧，则使立柱单独松开或夹紧。

因为立柱和主轴箱的松开与夹紧是短时间的调整工作，所以采用点动控制。

⑤ 冷却泵电动机 M4 的控制。扳动断路器 QF2，就可以接通或切断电源，操纵冷却泵电动机 M4 的工作或停止。

（3）照明、指示电路分析

照明、指示电路的电源也由控制变压器 TC 降压后提供 24V、6 V 的电压，由熔断器 FU3、FU2 作短路保护，EL 是照明灯，HL1 是电源指示灯，HL2 是主轴指示灯。

2. 常见电气故障的分析与检修

摇臂钻床电气控制的特殊环节是摇臂升降、立柱和主轴箱的夹紧与松开。Z3050 摇臂钻床的工作过程是由电气、机械以及液压系统紧密配合实现的。因此，在维修中不仅要注意电气部分能否正常工作，而且也要注意它与机械和液压部分的协调关系。

（1）摇臂不能升降。由摇臂升降过程可知，升降电动机 M2 旋转，带动摇臂升降，其条件是使摇臂从立柱上完全松开后，活塞杆压合位置开关 SQ2。所以发生故障时，应首先检查位置开关 SQ2 是否动作，如果 SQ2 不动作，常见故障是 SQ2 的安装位置移动或已损坏。这样，摇臂虽已放松，但活塞杆压不上 SQ2，摇臂就不能升降。有时，液压系统发生故障，使摇臂放松不够，也会压不上SQ2，使摇臂不能运动。由此可见，SQ2的位置非常重要，排除故障时，应配合机械、液压调整好后紧固。

另外，电动机M3电源相序接反时，按上升按钮SB4（或下降按钮SB5），M3反转，使摇臂夹紧，压不上SQ2，摇臂也就不能升降。所以，在钻床大修或安装后，一定要检查电源相序。

（2）摇臂升降后，摇臂夹不紧。由摇臂夹紧的动作过程可知，夹紧动作的结束是由位置开关SQ3来完成的，如果SQ3动作过早，则会使M3尚未充分夹紧就停转。常见的故障原因是SQ3安装位置不合适，或固定螺钉松动造成SQ3移位，使SQ3在摇臂夹紧动作未完成时就被压上，切断了KM5回路，M3停转。

排除故障时，首先判断是液压系统的故障（如活塞杆阀芯卡死或油路堵塞造成的夹紧力不够），还是电气系统故障，对电气方面的故障，应重新调整SQ3的动作距离，固定好螺钉即可。

（3）立柱、主轴箱不能夹紧或松开。立柱、主轴箱不能夹紧或松开的可能原因是油路堵塞、接触器KM4或KM5不能吸合所致。出现故障时，应检查按钮SB6、SB7接线情况是否良好。若接触器KM4或KM5能吸合，M3能运转，可排除电气方面的故障，则应请液压、机械修理人员检修油路，以确定是否是油路故障。

（4）摇臂上升或下降限位保护开关失灵。组合开关SQ1的失灵分两种情况：一是组合开关SQ1损坏，SQ1触头不能因开关动作而闭合或接触不良使线路断开，由此使摇臂不能上升或下降；二是组合开关SQ1不能动作，触头熔焊，使线路始终处于接通状态，当摇臂上升或下降到极限位置后，摇臂升降电动机M2发生堵转，这时应立即松开SB4或SB5。根据上述情况进行分析，找出故障原因，更换或修理失灵的组合开关SQ1即可。

（5）按下SB6，立柱、主轴箱能夹紧，但释放后就松开。由于立柱、主轴箱的夹紧和松开机构都采用机械菱形块结构，所以这种故障多为机械原因造成（可能是菱形块和承压块的角度方向装错，或者距离不适当。如果菱形块立不起来，这是因夹紧力调得太大或夹紧液压系统压力不够所致），可找机械维修工检修。

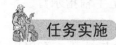

一、Z37摇臂钻床电气控制线路的安装与调试

（一）准备工作

1. 安全文明

（1）穿戴好劳保用品；

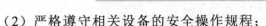

（2）严格遵守相关设备的安全操作规程；

（3）做好教学场地设备恢复、整理及清洁工作；

（4）人走五关（关门、关窗、关机、关电、关灯）。

2．工具与仪表

（1）工具：电工常用工具。

（2）仪表：MF47型万用表、500V兆欧表、钳形电流表。

（3）器材：控制板、走线槽、各种规格软线、编码套管等。

（二）实施过程

1．元件清单（表3.14）

表3.14　元件清单

代　号	元件名称	型　号	规　格	数　量
M1	冷却泵电动机	JCB-22-2	0.125 kW、2 790 r/min	1
M2	主轴电动机	Y132M-4	7.5 kW、1 440 r/min	1
M3	摇臂升降电动机	Y100L2-4	3 kW、1 440 r/min	1
M4	立柱夹紧、松开电动机	Y802-4	0.75 kW、1 390 r/min	1
KM1	交流接触器	CJ0-20	20 A、线圈电压 110 V	1
KM2～KM5	交流接触器	CJ0-10	10 A、线圈电压 110 V	4
FU1、FU4	熔断器	RL1-15/2	15 A、熔体 2 A	4
FU2	熔断器	RL1-15/15	15 A、熔体 15 A	3
FU3	熔断器	RL1-15/5	15 A、熔体 5 A	3
QS1	组合开关	HZ2-25/3	25 A	1
QS2	组合开关	HZ2-10/3	10 A	1
SA	十字开关	定制		1
KA	中间继电器	JZ7-44	线圈电压 110 V	1
KH	热继电器	JR16-20/3D	整定电流 14.1 A	1
SQ1、SQ2	位置开关	LX5-11		2
SQ3	位置开关	LX5-11		1
S1	鼓形组合开关	HZ4-22		1
S2	组合开关	HZ4-21		1

代　号	元 件 名 称	型　号	规　格	数　量
TC	变压器	RK-150	150 VA、380 V/110 V、24 V	1
EL	照明灯	KZ 型带开关、灯架、灯泡	24 V、40 W	
YG	汇流环			

2. 安装步骤及工艺要求

（1）按照元件明细表配齐电气设备和元件，并逐个检验其型号、规格和质量是否合格。

（2）根据电动机容量、线路走向及要求和各元件的安装尺寸，正确选择导线的规格、导线通道类型和数量、接线端子板型号及节数、控制板、管夹、束节、紧固体等。

（3）在控制板上安装电器元件，并在各电器元件附近做好与电路图上相同代号的标记。

（4）按照控制板内布线的工艺要求进行布线和套编码套管。

（5）选择合理的导线走向，做好导线通道的支持准备，并安装控制板外部的所有电器。

（6）进行控制箱外部布线，并在导线线头上套装与电路图相同线号的编码套管。对于可移动的导线通道应放适当的余量，使金属软管在运动时不承受拉力，并按规定在通道内放好备用导线。

（7）检查电路的接线是否正确和接地通道是否具有连续性。

（8）检查位置开关 SQ1、SQ2、SQ3 的安装位置是否符合机械要求。

（9）检查热继电器的整定值是否符合要求。各级熔断器的熔体是否符合要求，如不符合要求应予以更换。

（10）检查电动机的安装是否牢固，与生产机械传动装置的连接是否可靠。

（11）检测电动机及线路的绝缘电阻，清理安装场地。

（12）接通电源开关，点动控制各电动机启动，以检查各电动机的转向是否符合要求。

（13）通电空转试验时，应检查各电器元件、线路、电动机及传动装置的工作情况是否正常。如不正常，应立即切断电源进行检查，在调整或修复后方能再次通电试车。

3. 注意事项

（1）不要漏接接地线。严禁采用金属软管作为接地通道。

（2）在控制箱外部进行布线时，导线必须穿在导线通道内或敷设在机床底座内的导线通道内。通道内所有的导线不允许有接头。

（3）在导线通道内敷设的导线进行接线时，必须集中思想，做到查出一根导线，立即套上编码套管，接上后再进行复验。

（4）不能互换开关 S1 上 6、9 两触头的接线，不能随意改变升降电动机原来的电源相序。否则将使摇臂升降失控，不接受开关 SA 的指令；也不接受位置开关 SQ1，SQ2 的限位保护。此时应立即切断总电源开关 QS1，以免造成严重的机损事故。

（5）发生电源缺相时，不要忽视汇流环的检查。

（6）在安装、调试过程中，工具、仪表的使用应符合要求。

（7）通电操作时，必须严格遵守安全操作规程。

4. 评分标准

Z37 摇臂钻床电气控制线路安装的评分标准见表 3.15。

表 3.15 评分标准

项目内容	配 分	评分标准		扣 分
装前检查	5	电器元件错检或漏检，每处	扣 2 分	
器材选用	10	（1）导线选用不符合要求，每处	扣 4 分	
		（2）穿线管选用不符合要求，每处	扣 3 分	
		（3）编码套管等附件选用不当，每项	扣 2 分	
元件安装	20	（1）控制箱内部元件安装不符合要求，每处	扣 3 分	
		（2）控制箱外部电器元件安装不牢固，每处	扣 3 分	
		（3）损坏电器元件，每只	扣 5 分	
		（4）电动机安装不符合要求，每台	扣 5 分	
		（5）导线通道敷设不符合要求，每处	扣 4 分	
布线	30	（1）不按电路图接线	扣 20 分	
		（2）控制箱内外导线敷设不符合要求，每根	扣 3 分	
		（3）通道内导线敷设不符合要求，每根	扣 3 分	
		（4）漏接接地线	扣 10 分	
通电试车	35	（1）位置开关安装不合适	扣 5 分	
		（2）整定值未整定或整定错，每处	扣 5 分	
		（3）熔体规格选错，每只	扣 3 分	
		（4）通电不成功	扣 30 分	
安全文明生产		违反安全文明生产规程	扣 10～35 分	
定额时间：15 h		每超时 5 min 以内以扣 5 分计算		
备注		除定额时间外，各项内容的最高扣分不得超过配分数	成绩	
开始时间		结束时间	实际时间	

二、Z37 摇臂钻床电气控制线路的故障检修

（一）准备工作

1．安全文明
（1）穿戴好劳保用品；
（2）严格遵守相关设备的安全操作规程；
（3）做好教学场地设备恢复、整理及清洁工作；
（4）人走五关（关门、关窗、关机、关电、关灯）。

2．工具与仪表
（1）工具：电工常用工具。
（2）仪表：MF47 型万用表、500V 兆欧表、钳形电流表。
（3）器材：控制板、走线槽、各种规格软线、编码套管等。

（二）实施过程

1．常见电气故障分析与检修

（1）主轴电动机 M2 不能启动

首先检查电源开关 QS1、汇流环 YG 是否正常。其次，检查十字开关 SA 的触头、接触器 KM1 和中间继电器 KA 的触头接触是否良好。若中间继电器 KA 的自锁触头接触不良，则将十字开关 SA 扳到左面位置时，中间继电器 KA 吸合，然后再扳到右面位置时，KA 线圈将断电释放；若十字开关 SA 的触头（3—4）接触不良，当将十字开关 SA 手柄扳到左面位置时，中间继电器 KA 吸合，然后再扳到右面位置时，继电器 KA 仍吸合，但接触器 KM1 不动作；若十字开关 SA 触头接触良好，而接触器 KM1 的主触头接触不良时，当扳动十字开关手柄后，接触器 KM1 线圈获电吸合，但主轴电动机 M2 仍然不能启动。此外，连接各电器元件的导线开路或脱落，也会使主轴电动机 M2 不能启动。

（2）主轴电动机 M1 不能停止

当把十字开关 SA 的手柄扳到中间位置时，主轴电动机 M2 仍不能停止运转，其故障原因是接触器 KM1 主触头熔焊或十字开关 SA 的右边位置开关失控。出现这种情况时，应立即切断电源开关 QS1，电动机才能停转。若触头熔焊需更换同规格的触头或接触器，必须先查明触头熔焊的原因并排除故障后才能进行；若十字开关 SA 的触头（3—4）失控，应重新调整或更换开关，同时查明失控原因。

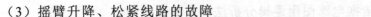

（3）摇臂升降、松紧线路的故障

Z37 摇臂钻床的升降和松紧装置由电气和机械机构相互配合，实现放松→上升（下降）→夹紧的半自动工作顺序控制。在维修时不但要检查电气部分，还必须检查机械部分是否正常。常见电气方面的故障有下列几种：

① 摇臂上升或下降后不能完全夹紧。故障原因是鼓形组合开关 S1 未按要求闭合。正常情况下，当摇臂上升到所需位置，将十字开关 SA 扳到中间位置时，S1（3—9）应早已接通，使接触器 KM3 线圈获电吸合，摇臂会自动夹紧。若因触头位置偏移，使 S1（3—9）未按要求闭合，接触器 KM3 不动作，电动机 M3 也就不能启动反转进行夹紧，故摇臂仍处于放松状态。若摇臂上升完毕没有夹紧作用，而下降完毕有夹紧作用，则说明 S1 的触头（3—9）有故障；反之则是 S1 的触头（3—6）有故障。另外，鼓形组合开关 S1 的动、静触头弯曲、磨损、接触不良等，也会使摇臂不能夹紧。

② 摇臂升降后不能按需要停止。原因是鼓形组合开关 S1 的常开触头（3—6）或（3—9）闭合的顺序颠倒。例如，将十字开关 SA 扳到下面位置时，接触器 KM3 线圈获电吸合，电动机 M3 反转，通过传动装置将摇臂放松，摇臂下降。此时鼓形组合开关 S1（3—6）应该闭合，为摇臂下降后的重新夹紧做好准备。但如果鼓形组合开关调整不当，使鼓形开关 S1 的常开触头（3—9）闭合，结果，将十字开关 SA 扳到中间位置时，不能切断接触器 KM3 的线圈电路，下降运行不能停止，甚至到了极限位置也不能使 KM3 断电释放，由此可能引起很危险的机械事故。若出现这种情况，应立即切断电源总开关 QS1，使摇臂停止运动。

（4）主轴箱和立柱的松紧故障

由于主轴箱和立柱的夹紧与放松是通过电动机 M4 配合液压装置来完成的，所以若电动机 M4 不能启动或不能停止，应检查接触器 KM4 和 KM5、位置开关 SQ3 和组合开关 S2 的接线是否可靠，有无接触不良或脱落等现象，触头接触是否良好，有无移位或熔焊现象。同时还要配合机械液压协调处理。

另外，检修中应注意三相电源相序与电动机转动方向的关系，否则会发生上升和下降方向颠倒、电动机开停失控、位置开关不起作用等故障，造成机械事故。

2. 检修步骤及工艺要求

（1）在操作师傅的指导下，对钻床进行操作，了解钻床的各种工作状态及操作方法。

（2）在教师指导下，弄清钻床电器元件安装位置及走线情况；结合机械、电气、液压几方面相关的知识，搞清钻床电气控制的特殊环节。

（3）在 Z37 摇臂钻床上人为设置自然故障。

（4）教师示范检修。步骤如下：

① 用通电试验法引导学生观察故障现象。

② 根据故障现象，依据电路图用逻辑分析法确定故障范围。

③ 采用正确的检查方法，查找故障点并排除故障。

④ 检修完毕，进行通电试验，并做好维修记录。

（5）由教师设置让学生事先知道的故障点，指导学生如何从故障现象着手进行分析，逐步引导学生采用正确的检修步骤和检修方法。

（6）教师设置故障，由学生检修。

3．注意事项

（1）熟悉 Z37 摇臂钻床电气线路的基本环节及控制要求；弄清电气与执行部件如何配合实现某种运动方式；认真观摩教师的示范检修。

（2）检修所用工具、仪表应符合使用要求。

（3）不能随意改变升降电动机原来的电源相序。

（4）排除故障时，必须修复故障点，但不得采用元件代换法。

（5）检修时，严禁扩大故障范围或产生新的故障。

（6）带电检修，必须有指导教师监护，以确保安全。

4．评分标准

Z37 摇臂钻床电气控制线路故障检修的评分标准见表 3.16。

表 3.16　评分标准

项目内容	配　分	评分标准	扣　分
故障分析	30 分	（1）标不出故障线段或标错在故障回路以外，每个故障点　　扣 15 分 （2）不能标出最小故障范围，每个　　扣 5～10 分	
故障排除	70 分	（1）停电不验电，每次　　扣 5 分 （2）仪表和工具使用不正确，每次　　扣 5 分 （3）不能查出故障，每个　　扣 30 分 （4）检修步骤不正确，每处　　扣 5～10 分 （5）查出故障点但不能排除，每个　　扣 25 分 （6）扩大故障范围或产生新故障： 　　　不能排除，每处　　扣 30 分 　　　能排除，每处　　扣 20 分 （7）损坏电器元件　　扣 40 分	
安全文明生产		违反安全文明生产规程　　扣 10～70 分	
定额时间：1 h		不允许超时检查，修复故障过程中才允许超时，但应以每超时 5 min 以内以扣 5 分计算	
备注		除定额时间外，各项内容的最高扣分不超过配分数	成绩
开始时间		结束时间	实际时间

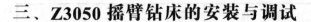

三、Z3050 摇臂钻床的安装与调试

1. 元件清单

Z3050 摇臂钻床的电器元件明细表见表 3.17。

表 3.17 Z3050 摇臂钻床电器元件明细表

代　号	名　称	型　号	规　格	数量	用　途
M1	主轴电动机	Y112M-4	4 kW、1 440 r/min	1	驱动主轴及进给
M2	摇臂升降电动机	Y90L-4	1.5 kW、1 400 r/min	1	驱动摇臂升降
M3	液压油泵电动机	Y802-4	0.75 kW、1 390 r/min	1	驱动液压系统
M4	冷却泵电动机	AOB-25	90 W、2 800 r/min	1	驱动冷却泵
KM1	交流接触器	CJ0-20B	线圈电压 110 V	1	控制主轴电动机
KM2-KM5	交流接触器	CJ0-10B	线圈电压 110 V	4	控制 M2、M3 正反转
FU1-FU3	熔断器	BZ-001A	2 A	3	控制、指示、照明电路的短路保护
KT1、KT2	时间继电器	JJSK2-4	线圈电压 110 V	2	
KT3	时间继电器	JJSK2-2	线圈电压 110 V	1	
KH1	热继电器	JR0-20/3D	6.8～11 A	1	M1 过载保护
KH2	热继电器	JR0-20/3D	1.5～2.4 A	1	M3 过载保护
QF1	低压断路器	DZ5-20/330FSH	10 A	1	总电源开关
QF2	低压断路器	DZ5-20/330H	0.3～0.45 A	1	M4 控制开关
QF3	低压断路器	DZ5-20/330H	6.5 A	1	M2、M3 电源开关
YA1、YA2	交流电磁铁	MFJ1-3	线圈电压 110 V	2	液压分配
TC	控制变压器	BK-150	380/110-24-6 V	1	控制、指示、照明电路供电
SB1	按钮	LAY3-11ZS/1	红色	1	总停止开关
SB2	按钮	LAY3-11		1	主轴电动机停止
SB3	按钮	LAY3-11D	绿色	1	主轴电动机启动
SB4	按钮	LAY3-11		1	摇臂上升
SB5	按钮	LAY3-11		1	摇臂下降
SB6	按钮	LAY3-11		1	松开控制
SB7	按钮	LAY3-11		1	夹紧控制
SQ1	组合开关	HZ4-22		1	摇臂升降限位

代　　号	名　　称	型　　号	规　　格	数量	用　　途
SQ2、SQ3	位置开关	LX5-11		2	摇臂松、紧限位
SQ4	门控开关	JWM6-11		1	门控
SA1	万能转换开关	LW6-2/8071		1	液压分配开关
HL1	信号灯	XD1	6 V，白色	1	电源指示
HL2	指示灯	XD1	6 V	1	主轴指示
EL	钻床工作灯	JC-25	40 W、24 V	1	钻床照明

2．安装步骤及工艺要求

（1）按照元件明细表 3.17 配齐电气设备和元件，并检验其型号、规格和质量是否合格。

（2）根据电动机容量、线路走向及要求和各元件的安装尺寸，正确选择导线的规格、导线通道类型和数量、接线端子型号及节数、控制板、管夹等。

（3）在控制板上安装电器元件，并在各电器元件附近做好与电路图上相同代号的标记。

（4）按照控制板内布线的工艺要求进行布线和套编码套管。

（5）选择合理的导线走向，做好导线通道的支持准备，并安装控制板外部的所有电器。

（6）进行控制箱外部布线，并在导线线头上套装与电路图相同线号的编码套管；

（7）检查电路的接线是否正确。

（8）检查位置开关 SQ1、SQ2、SQ3 的安装位置是否符合机械要求；

（9）检查热继电器的整定值是否符合要求。

（10）检测电动机及线路的绝缘电阻，清理安装现场。

（11）接通电源开关，进行空载试验，检查各电器元件、线路、电动机的工作情况是否正常。如不正常，应立即切断电源进行检查，在调整或修复后方能再次通电试车。

3．注意事项

（1）不要漏接接地线。

（2）在导线通道内进行导线接线时，必须集中思想，做到查出一根导线，立即套上编码套管，接上后再进复验。

（3）发生电源缺相时，不要忽视汇流环的检查。

（4）在安装、调试过程中，工具、仪表的使用应符合要求。

（5）通电操作时，必须严格遵守安全操作规程。

4. 评分标准（表 3.18）

表 3.18 评分标准

项目内容	配分	评分标准		扣分
安装前检查	5	电器元件错检或漏检，每处	扣 2 分	
器材选用	10	（1）导线选用不符合要求，每处	扣 4 分	
		（2）穿线管选用不符合要求，每处	扣 3 分	
		（3）编码管等附件选用不当，每项	扣 2 分	
元件安装	20	（1）控制箱内部元件安装不符合要求，每处	扣 3 分	
		（2）控制箱外部电器元件安装不牢固，每处	扣 3 分	
		（3）损坏电器元件，每只	扣 5 分	
		（4）电动机安装不符合要求，每台	扣 5 分	
		（5）导线通道敷设不符合要求，每处	扣 4 分	
布线	30	（1）不按电路接线	扣 20 分	
		（2）控制箱内外导线敷设不符合要求，每根	扣 3 分	
		（3）通道内导线敷设不符合要求，每根	扣 3 分	
		（4）漏接接地线	扣 10 分	
通电试车	35	（1）位置开关安装不合适	扣 5 分	
		（2）整定值未整定或整定错	扣 5 分	
		（3）熔体规格选错，每只	扣 3 分	
		（4）通电不成功	扣 30 分	
安全文明生产		违反安全文明生产规程	扣 10～35 分	
定额时间：15 h		每超时 5 min 以内以扣 5 分计算		
备注		除额定时间外，各项内容的最高扣分不得超过配分数	成 绩	
开始时间		结束时间	实际时间	

四、Z3050 摇臂钻床的检修

1. 常见电气故障的分析与检修

摇臂钻床电气控制的特殊环节是摇臂升降、立柱和主轴箱的夹紧与松开，工作过程是由电气、机械以及液压系统紧密配合实现的。因此，在维修中不仅要注意电气部分能否正常工作，而且还要注意它与机械和液压部分的协调关系。

（1）摇臂不能升降

首先，应检查位置开关 SQ2 是否动作，如果 SQ2 不动作，常见故障是 SQ2 的安装位置移动或已损坏。

其次，液压系统发生故障，使摇臂放松不够，也会压不上 SQ2，使摇臂不能升降。

最后，电动机 M3 电源相序接反时，按上升按钮 SB4（或 SB5），M3 反转，使摇臂夹紧，压不上 SQ2，摇臂也不能升降。

由此可见，SQ2 的位置非常重要，排除故障时，应配合机械、液压调整好后紧固。

（2）摇臂升降后，摇臂夹不紧

分析：由摇臂夹紧的动作过程可知，夹紧动作的结束是由位置开关 SQ3 来完成的，如果 SQ3 动作过早，会使 M3 尚未充分夹紧就停转。

故障原因：SQ3 安装位置不合适，或固定螺丝松动造成 SQ3 移位，使 SQ3 在摇臂夹紧动作未完成时就被压上，切断了 KM5 回路，M3 停转。

故障排除：判断是液压系统故障还是电气故障，对电气故障，应重新调整 SQ3 的动作距离，固定好螺钉即可。

（3）立柱、主轴箱不能夹紧或松开

故障原因：造成立柱、主轴箱不能夹紧或松开的可能原因是油路堵塞、接触器 KM4 或 KM5 不能吸合。

故障排除：应检查 SB6、SB7 接线是否良好，若接触器 KM4 或 KM5 能吸合，M3 能运转，可排除电气方面的故障，则应检修油路。

（4）摇臂上升或下降限位保护开关失灵

可能原因是位置开关 SQ1 损坏或 SQ1 不能动作，触头熔焊等，应更换或修理失灵的位置开关 SQ1。

2．检修步骤及工艺要求

（1）在教师的指导下，对钻床进行操作，了解钻床的各种工作状态及操作方法；

（2）在教师的指导下，弄清钻床电器元件安装位置及走线情况；结合机械、电气、液压等方面相关的知识，弄清钻床电气控制的特殊环节；

（3）在 Z3050 钻床上人为设置自然故障；

（4）教师示范检修；

（5）设置故障，由学生检修（教师巡回指导或分别指导）。

3．注意事项

（1）检修故障时应熟悉电气线路的基本环节及控制要求；

（2）检修所用工具、仪表应符合使用要求；

（3）排除故障时，必须修复故障点，但不得采用元件代换法；

（4）不能随意改变升降电动机原来的电源相序；

（5）检修时，严禁扩大故障范围或产生新的故障；

（6）带电检修时，必须有指导教师监护，以确保安全。

4．评分标准（表 3.19）

表 3.19　评分标准

项目内容	配　分	评分标准	扣　分
故障分析	30	标不出故障线段或标错在故障回路以外，每个故障点　　　　　扣 15 分 不能标出最小故障范围，每个　　　　　扣 5~10 分	
故障排除	70	（1）停电不验电，每次　　　　　扣 5 分 （2）仪表和工具使用不正确，每次　　　　　扣 5 分 （3）不能查出故障，每个　　　　　扣 30 分 （4）检修步骤不正确，每处　　　　　扣 5~10 分 （5）查出故障点但不能排除，每个　　　　　扣 25 分 （6）扩大故障范围或产生新故障： 　　不能排除，每处　　　　　扣 30 分 　　能排除，每处　　　　　扣 20 分 （7）损坏电器元件　　　　　扣 40 分	
安全文明生产		违反安全文明生产规程　　　　　扣 10~70 分	
定额时间：1 h		不允许超时检查，修复故障过程中才允许超时，但应以每超时 5 min 以内以扣 5 分计算	
备注		除定额时间外，各项内容的最高扣分不得超过配分数	成　绩	
开始时间		结束时间	实际时间	

1．若 Z37 摇臂钻床的摇臂上升后不能完全夹紧，则可能的故障原因是什么？

2．如何保证 Z37 摇臂钻床的摇臂上升或下降不超出允许的极限位置？

3．Z3050 钻床大修后，若摇臂升降电动机 M3 的三相电源相序接反会发生什么事故？

任务四　磨床电气控制线路

磨床是用砂轮的周边或端面对工件的表面进行机械加工的一种精密机床。磨床的

种类很多，根据用途不同可分为平面磨床、内圆磨床、外圆磨床、无心磨床以及一些像螺纹磨床、球面磨床、齿轮磨床、导轨磨床等专用机床。

本任务以 M7130 型平面磨床为例分析磨床电气控制线路的构成、原理及其安装、调试与检修。

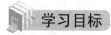

要求掌握 M7130 型平面磨床电气控制原理的分析方法及常用故障的检修。

M7130 平面磨床电气控制线路

平面磨床是用砂轮磨削加工各种零件的平面。M7130 型平面磨床是平面磨床中使用较为普遍的一种机床，该磨床操作方便，磨削精度和光洁度都比较高，适于磨削精密零件和各种工具，并可进行镜面磨削。

该磨床型号意义：

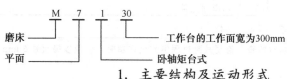

1. 主要结构及运动形式

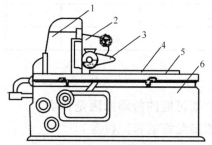

图 3.14　M7130 型平面磨床外形图

1-立柱；2-滑座；3-砂轮架；4-电磁吸盘；

5-工作台；6-床身

M7130 型平面磨床是卧轴矩形工作台式，其结构如图 3.14 所示，主要由床身、工作台、电磁吸盘、砂轮架（又称磨头）、滑座和立柱等部分组成。它的主运动是砂轮的快速旋转，辅助运动是工作台的纵向往复运动以及砂轮架的横向和垂直进给运动。工作台每完成一次纵向往复运动，砂轮架横向进给一次，从而能连续地加工整个平面。当整个平面磨完一遍后，砂轮架在垂直于工件表面的方向移动一次，称为吃刀运动。通过吃刀运动，可将工件尺寸磨到所需的尺寸。

2. 电力拖动的特点及控制要求

（1）砂轮的旋转运动。砂轮电动机 M1 装在砂轮箱内，带动砂轮旋转，对工件进行磨削加工。由于砂轮的旋转一般不需要调速，所以用一台三相异步电动机拖动即可。

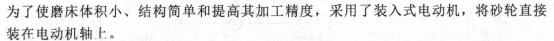
为了使磨床体积小、结构简单和提高其加工精度，采用了装入式电动机，将砂轮直接装在电动机轴上。

（2）工作台的往复运动。装在床身水平纵向导轨上的矩形工作台的往复运动，是由液压传动完成的，因液压传动换向平稳，易于实现无级调速。液压泵电动机 M3 拖动液压泵，工作台在液压作用下作纵向往复运动。当装在工作台前侧的换向挡铁碰撞床身上的液压换向开关时，工作台就自动改变了方向。

（3）砂轮架的横向进给。砂轮架的上部有燕尾型导轨，可沿着滑座上的水平导轨作横向（前后）移动。在磨削的过程中，工作台换向时，砂轮架就横向进给一次。在修正砂轮或调整砂轮的前后位置时，可连续横向移动。砂轮架的横向进给运动可由液压传动，也可用手轮来操作。

（4）砂轮架的升降运动。滑座可沿着立柱的导轨垂直上下移动，以调整砂轮架的上下位置，或使砂轮磨入工件，以控制磨削平面时工件的尺寸。这一垂直进给运动是通过操作手轮控制机械传动装置实现的。

（5）切削液的供给。冷却泵电动机 M2 拖动切削泵旋转，供给砂轮和工件切削液，同时切削液带走磨下的铁屑。要求砂轮电动机 M1 与冷却泵电动机 M2 是顺序控制。

（6）电磁吸盘的控制。根据加工工件的尺寸大小和结构形状，可以把工件用螺钉和压板直接固定在工作台上，也可以在工作台上装电磁吸盘，将工件吸附在电磁吸盘上。为此，要有充磁和退磁控制环节。为保证安全，电磁吸盘与电动机 M1、M2、M3 三台电动机之间有电气联锁装置。即电磁吸盘吸合后，电动机才能启动。电磁吸盘不工作或发生故障时，三台电动机均不能启动。

3．电气控制线路分析

M7130 型平面磨床的电路图如图 3.15 所示。该线路分为主电路、控制电路、电磁吸盘电路和照明电路四部分。

（1）主电路分析。QS1 为电源开关。主电路中有三台电动机，M1 为砂轮电动机，M2 为冷却泵电动机，M3 为液压泵电动机，它们共用一组熔断器 FU1 作为短路保护。砂轮电动机 M1 用接触器 KM1 控制，用热继电器 KH1 进行过载保护；由于冷却泵箱和床身是分装的，所以冷却泵电动机 M2 通过接插器 X1 和砂轮电动机 M1 的电源线相连，并和 M1 在主电路实现顺序控制。冷却泵电动机的容量较小，没有单独设置过载保护；液压泵电动机 M3 由接触器 KM2 控制，由热继电器 KH2 作过载保护。

（2）控制电路分析。控制电路采用交流 380 V 电压供电，由熔断器 FU2 作短路保护。在电动机的控制电路中，串接着转换开关 QS2 的常开触头（6 区）和欠电流继电器 KA 的常开触头（8 区），因此，三台电动机启动的必要条件是使 QS2 或 KA 的常开触头闭合。欠电流继电器 KA 的线圈串接在电磁吸盘 YH 的工作回路中，所以当电

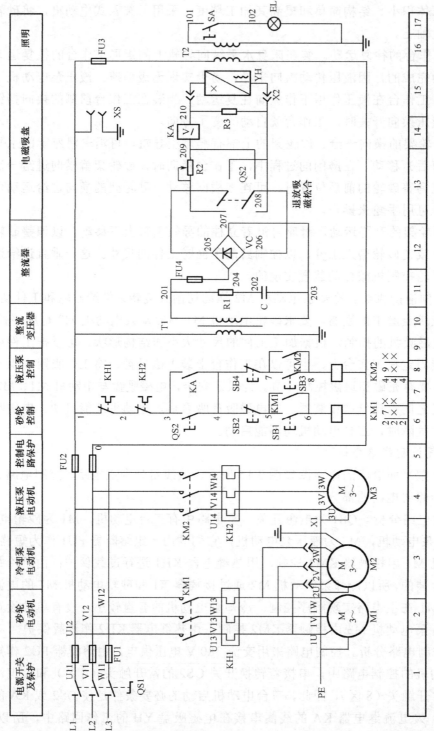

图3.15 M7130平面磨床电路图

磁吸盘得电工作时，欠电流继电器 KA 线圈得电吸合，接通砂轮电动机 M1 和液压泵电动机 M3 的控制电路，这样就保证了加工工件被 YH 吸住的情况下，砂轮和工作台才能进行磨削加工，保证了安全。砂轮电动机 M1 和液压泵电动机 M3 都采用了接触器自锁正转控制线路，SB1、SB3 分别是它们的启动按钮，SB2、SB4 分别是它们的停止按钮。

（3）电磁吸盘电路分析。电磁吸盘是用来固定加工工件的一种夹具。它与机械夹具比较具有夹紧迅速、操作快速简便、不损伤工件、一次能吸牢多个小工件以及磨削中发热工件可自由伸缩、不会变形等优点。不足之处是只能吸住铁磁材料的工件，不能吸牢非磁性材料（如铜、铝等）的工件。

电磁吸盘 YH 的结构如图 3.16 所示。它的外壳由钢制箱体和盖板组成。在箱体内部均匀排列的多个凸起的绕有线圈芯体，盖板则用非磁性材料（如铅锡合金）隔离成若干钢条。

当线圈通入直流电后，凸起的芯体和隔离的钢条均被磁化形成磁极。当工件放在电磁吸盘上时，也将被磁化而产生与磁盘相异的磁极并被牢牢吸住。

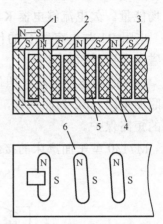

图 3.16　电磁吸盘结构示意图

1-工件；2-非磁性材料；3-工作台；
4-芯体；5-线圈；6-盖板

电磁吸盘电路包括整流电路、控制电路和保护电路三部分。

整流变压器 T1 将 220 V 的交流电压降为 145 V，然后经桥式整流器 VC 后输出 110 V 直流电压。

QS2 是电磁吸盘 YH 的转换控制开关（又叫退磁开关），有"吸合"、"放松"和"退磁"三个位置。当 QS2 扳至"吸合"位置时，触头（205—208）和（206—209）闭合，110 V 直流电压接入电磁吸盘 YH，工件被牢牢吸住。此时，欠电流继电器 KA 线圈得电吸合，KA 的常开触头闭合，接通砂轮和液压泵电动机的控制电路。待工件加工完毕，先把 QS2 扳到"放松"位置，切断电磁吸盘 YH 的直流电源。此时由于工件具有剩磁而不能取下，因此，必须进行退磁。QS2 扳到"退磁"位置，这时，触头（205—207）和（206—208）闭合，电磁吸盘 YH 通入较小的（因串入了退磁电阻 R2）反向电流进行退磁。退磁结束，将 QS2 扳回到"放松"位置，即可将工件取下。

如果有些工件不易退磁，则可将附件退磁器的插头插入插座 XS，使工件在交变磁场的作用下进行退磁。

若将工件夹在工作台上，而不需要电磁吸盘时，则应将电磁吸盘 YH 的 X2 插头从插座上拔下，同时将转换开关 QS2 扳到"退磁"位置，这时，接在控制电路中 QS2 的常开触头（3—4）闭合，接通电动机的控制电路。

电磁吸盘的保护电路由放电电阻 R3 和欠电流继电器 KA 组成。电阻 R3 是电磁吸盘的放电电阻。因为电磁吸盘的电感很大，当电磁吸盘从"吸合"状态转变为"放松"状态的瞬间，线圈两端将产生很大的自感电动势，易使线圈或其他电器由于过电压而损坏。电阻 R3 的作用是在电磁吸盘断电瞬间给线圈提供放电通路，吸收线圈释放的磁场能量。欠电流继电器 KA 用以防止电磁吸盘断电时工件脱出发生事故。

电阻 R1 与电容器 C 的作用是防止电磁吸盘回路交流侧的过电压。熔断器 FU4 为电磁吸盘提供短路保护。

（4）照明电路分析。照明变压器 T2 将 380 V 的交流电压降为 36 V 的安全电压供给照明电路。EL 为照明灯，一端接地，另一端由开关 SA 控制。熔断器 FU3 作照明电路的短路保护。

M7130 型平面磨床的接线图和电器位置图分别如图 3.17 和图 3.18 所示。

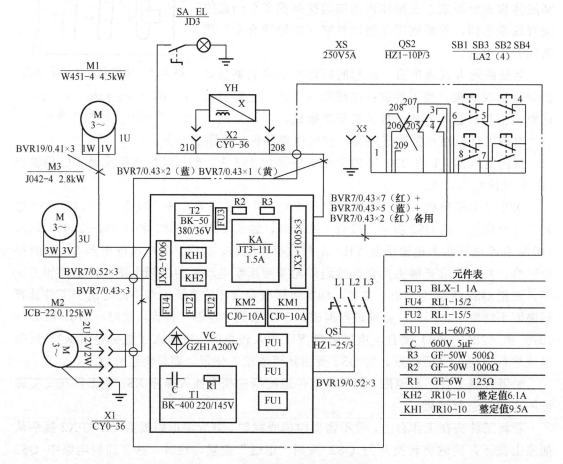

图 3.17　M7130 平面磨床接线图

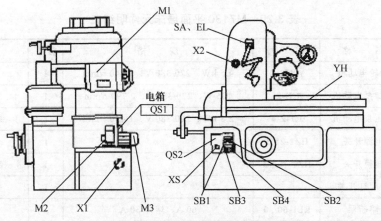

图 3.18　平面磨床电器位置图

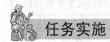

任务实施

一、M7130 平面磨床电气控制线路的安装

（一）准备工作

1. 安全文明

（1）穿戴好劳保用品；

（2）严格遵守相关设备的安全操作规程；

（3）做好教学场地设备恢复、整理及清洁工作；

（4）人走五关（关门、关窗、关机、关电、关灯）。

2. 工具与仪表

（1）工具：电工常用工具。

（2）仪表：MF47 型万用表、500V 兆欧表、钳形电流表。

（3）器材：控制板、走线槽、各种规格软线、编码套管等。

（二）实施过程

1. 元件清单（表 3.20）

2. 安装步骤及工艺要求

（1）熟悉 M7130 平面磨床的主要结构及运动形式，了解该磨床的各种工作状态及各操作手柄、按钮、接插器的作用。

表 3.20　M7130 平面磨床元件明细表

代　号	名　　称	型　号	规　　格	数量	用　途
M1	砂轮电动机	W451-4	4.5 kW、220/380 V、1 440 r/min	1	驱动砂轮
M2	冷却泵电动机	JCB-22	125 W、220/380 V、2 790 r/min	1	驱动冷却泵
M3	液压泵电动机	JO42-4	2.8 kW、220/380 V、1 450 r/min	1	驱动液压泵
QS1	电源开关	HZ1-25/3		1	引入电源
QS2	转换开关	HZ1-10P/3		1	控制电磁吸盘
SA	照明灯开关			1	控制照明灯
FU1	熔断器	RL1-60/30	60 A、熔体 30 A	3	电源保护
FU2	熔断器	RL1-15	15 A、熔体 5 A	2	控制电路短路保护
FU3	熔断器	BLX-1	1 A	1	照明电路短路保护
FU4	熔断器	RL1-15	15 A、熔体 2 A	1	保护电磁吸盘
KM1	接触器	CJ0-10	线圈电压 380 V	1	控制 M1
KM2	接触器	CJ0-10	线圈电压 380 V	1	控制 M3
KH1	热继电器	JR10-10	整定电流 9.5 A	1	M1 过载保护
KH2	热继电器	JR10-10	整定电流 6.1 A	1	M3 过载保护
T1	整流变压器	BK-400	400 VA、220/145 V	1	降压
T2	照明变压器	BK-50	50 VA、380/36 V	1	降压
VC	硅整流器	GZH	1 A、200 V	1	输出直流电压
YH	电磁吸盘		1.2 A、110 V	1	工件夹具
KA	欠电流继电器	JT3-11L	1.5 A	1	保护用
SB1	按钮	LA2	绿色	1	启动 M1
SB2	按钮	LA2	红色	1	停止 M1
SB3	按钮	LA2	绿色	1	启动 M3
SB4	按钮	LA2	红色	1	停止 M3
R1	电阻器	GF	6 W、125 Ω	1	放电保护电阻
R2	电阻器	GF	50 W、1 000 Ω	1	去磁电阻
R3	电阻器	GF	50 W、500 Ω	1	放电保护电阻
C	电容器		600 V、5 μF	1	保护用电容
EL	照明灯	JD3	24 V、40 W	1	工作照明
X1	接插器	CY0-36		1	M2 用

代　号	名　称	型　号	规　格	数量	用　途
X2	接插器	CY0-36		1	电磁吸盘用
XS	插座		250 V、5 A	1	退磁器用
附件	退磁器	TC1TH/H		1	工件退磁用

（2）结合如图 3.17 所示接线图和如图 3.18 所示电器位置图，观察熟悉磨床各电器元件的安装位置、走线布线情况。

（3）按电气元件明细表 3.20 配齐所用电气设备和电器元件，并逐一检验其规格是否符合要求和质量是否合格。

（4）根据电动机容量、线路走向及要求、各元件的安装尺寸，正确选配导线规格、导线通道类型和数量、接线端子板型号及节数、控制板尺寸、编码套管、管夹、束节及紧固体等。

（5）在控制板上画线，做好紧固元件的准备工作。安装电器元件，并在各电器元件附近标好醒目的与电路图一致的文字符号。

（6）按控制板内布线的工艺要求布线，并在各电器元件及接线端子板接点的线头上，套上与电路图相同线号的编码套管。

（7）选择合理的导线走向，做好导线通道的支持准备，安装控制板以外的所有电器元件。

（8）进行控制箱外部布线，在导线线头上套装与电路图相同线号的编码套管。对于可移动的导线通道应放适当的余量，使金属软管在运动时不承受拉力，并在所有导线通道内按规定放好备用导线。

（9）根据如图 3.15 所示电路图检查电路接线的正确性，各接点连接是否牢固可靠。

（10）检查电动机和所有电器元件不带电的金属外壳的保护接地接点是否牢靠。

（11）检查电动机的安装是否牢固，连接生产机械的传动装置是否符合安装要求。

（12）检查热继电器和欠电流继电器的整定值、熔断器的熔体是否符合要求。

（13）用兆欧表检测电动机及线路的绝缘电阻，做好通电试运转的准备。

（14）清理安装场地。

（15）通电试车时，接通电源开关 QS1，把退磁开关 QS2 扳至"退磁"位置，点动检查各电动机的运转情况。若正常，再把退磁开关扳至"吸合"位置，检查各电器元件、线路、电动机及传动装置的工作情况是否正常。若有异常，应立即切断电源进行检查，待调整或修复后方能再次通电试车。

3. 注意事项

（1）严禁用金属软管作为接地通道。

（2）进行控制箱外部布线时，导线必须穿在导线通道内或敷设在机床底座内的导线通道内。所有两接线端子（或接线桩）之间的导线必须连续，中间无接头。接线时，必须认真细心，做到查出一根导线，立即在两线头上套装编码套管，连接后再进行复验，以避免接错线。通道内导线每超过10根，应加1根备用线。

（3）整流二极管要装上散热器，二极管的极性连接要正确，否则，会引起整流变压器短路，烧毁二极管和变压器。

（4）在安装调试的过程中，工具、仪表使用要正确。

（5）通电试车时，必须有指导教师在现场监护，遵守安全操作规程和做到文明生产。

4. 评分标准

M7130平面磨床电气控制线路安装的评分标准见表3.21。

表 3.21　评分标准

项目内容	配　分	评　分　标　准		扣　分
装前检查	10	（1）电动机质量检查，每漏一处	扣 5 分	
		（2）电器元件错检或漏检，每处	扣 2 分	
器材选用	10	（1）导线选用不符合要求，每处	扣 4 分	
		（2）穿线管选用不符合要求，每处	扣 3 分	
		（3）编码套管等附件选用不符合要求，每项	扣 2 分	
元件安装	20	（1）控制箱内部电器元件安装不符合要求，每处	扣 3 分	
		（2）控制箱外部电器元件安装不牢固，每处	扣 3 分	
		（3）损坏电器元件，每只	扣 5 分	
		（4）电动机安装不符合要求，每台	扣 5 分	
		（5）导线通道敷设不符合要求，每处	扣 4 分	
布线	30	（1）不按电路图接线	扣 20 分	
		（2）控制箱内导线敷设不符合要求，每根	扣 3 分	
		（3）控制箱外部导线敷设不符合要求，每根	扣 5 分	
		（4）漏接接地线	扣 10 分	
通电试车	30	（1）熔体规格配错，每只	扣 3 分	
		（2）整定值未整定或整定错，每处	扣 5 分	
		（3）通电试车操作过程不熟练	扣 10 分	
		（4）通电试车不成功	扣 30 分	
安全文明生产		违反安全文明生产规程	扣 10～30 分	

续表

项 目 内 容	配　分	评 分 标 准		扣　分
定额时间：15 h	每超时 5 min 以内以扣 5 分计算			
备注	除定额时间外，各项内容的最高扣分不得超过配分数		成绩	
开始时间		结束时间	实际时间	

二、M7130 平面磨床电气控制线路的检修

（一）准备工作

1. 安全文明

（1）穿戴好劳保用品；

（2）严格遵守相关设备的安全操作规程；

（3）做好教学场地设备恢复、整理及清洁工作；

（4）人走五关（关门、关窗、关机、关电、关灯）。

2. 工具与仪表

（1）工具：电工常用工具。

（2）仪表：MF47 型万用表、500V 兆欧表、钳形电流表。

（3）器材：已经安装完成的 M7130 型平面磨床电气控制线路控制板。

（二）实施过程

1. 电气线路的故障检修与分析

（1）三台电动机都不能启动。造成电动机都不能启动的原因是欠电流继电器 KA 的常开触头和转换开关 QS2 的触头（3—4）接触不良、接线松脱或有油垢，使电动机的控制电路处于断电状态。检修故障时，应将转换开关 QS2 扳至"吸合"位置，检查欠电流继电器 KA 的常开触头（3—4）的接通情况，不通则修理或更换元件，就可排除故障。否则，将转换开关 QS2 扳到"退磁"位置，拔掉电磁吸盘插头，检查 QS2 的触头（3—4）的通断情况，不通则修理或更换转换开关。

若 KA 和 QS2 的触头（3—4）无故障，电动机仍不能启动，可检查热继电器 KH1、KH2 的常闭触头是否动作或接触不良。

（2）砂轮电动机的热继电器 KH1 经常脱扣。砂轮电动机为装入式电动机，它的前轴承是铜瓦，易磨损。磨损后易发生堵转现象，使电流增大，导致热继电器脱扣。若是这种情况，应修理或更换轴瓦。另外，砂轮进刀量太大，电动机超负荷运行，造成

电动机堵转，使电流急剧上升，热继电器脱扣。因此，工作中应选择合适的进刀量，防止电动机超载运行。除以上原因之外，更换后的热继电器规格选得太小或整定电流没有重新调整，使电动机还未达到额定负载时，热继电器就已脱扣。因此，应注意热继电器必须按其被保护电动机的额定电流进行选择和调整。

（3）冷却泵电动机烧坏。造成这种故障的原因有如下几种：一是切削液进入电动机内部，造成匝间或绕组间短路，使电流增大；二是反复修理冷却泵电动机后，使电动机端盖轴间隙增大，造成转子在定子内不同心，工作时电流增大，电动机长时间过载运行；三是冷却泵被杂物塞住引起电动机堵转，电流急剧上升。由于该磨床的砂轮电动机与冷却泵电动机共用一个热继电器 KH1，而且两者容量相差太大，当发生以上故障时，电流增大不足以使热继电器 KH1 脱扣，从而造成冷却泵电动机烧坏。若给冷却泵电动机加装热继电器，就可以避免发生这种故障。

（4）电磁吸盘无吸力。出现这种故障时，首先用万用表测三相电源电压是否正常。若电源电压正常，再检查熔断器 FU1、FU2、FU4 有无熔断现象。常见的故障是熔断器 FU4 熔断，造成电磁吸盘电路断开，使吸盘无吸力。FU4 熔断是由于整流器 VC 短路，使整流变压器 T1 二次侧绕组流过很大的短路电流造成的。如果检查整流器输出空载电压正常，而接上吸盘后，输出电压下降不大，欠电流继电器 KA 不动作，吸盘无吸力，这时，可依次检查电磁吸盘 YH 的线圈、接插器 X2、欠电流继电器 KA 的线圈有无断路或接触不良的现象。检修故障时，可使用万用表测量各点电压，查出故障元件，进行修理或更换，即可排除故障。

（5）电磁吸盘吸力不足。引起这种故障的原因是电磁吸盘损坏或整流器输出电压不正常。M7130 平面磨床电磁吸盘的电源电压由整流器 VC 供给。空载时，整流器直流输出电压应为 130～140 V，负载时不应低于 110 V。若整流器空载输出电压正常，带负载时电压远低于 110 V，则表明电磁吸盘线圈已短路，短路点多发生在线圈各绕组间的引线接头处。这是由于吸盘密封不好，切削液流入，引起绝缘损坏，造成线圈短路。若短路严重，过大的电流会使整流元件和整流变压器烧坏。出现这种故障时，必须更换电磁吸盘线圈，并且要处理好线圈绝缘，安装时要完全密封好。

若电磁吸盘电源电压不正常，多是因为整流元件短路或断路造成的。应检查整流器 VC 的交流侧电压及直流侧电压。若交流侧电压正常，直流输出电压不正常，则表明整流器发生元件短路或断路故障。如某一桥臂的整流二极管发生断路，将使整流输出电压降低到额定电压的一半；若两个相邻的二极管都断路，则输出电压为零。整流器元件损坏的原因可能是元件过热或过电压造成的。如由于整流二极管热容量很小，在整流器过载时，元件温度急剧上升，烧坏二极管；当放电电阻 R3 损坏或接线断路时，由于电磁吸盘线圈电感很大，在断开瞬间产生过电压将整流元件击穿。排除此类

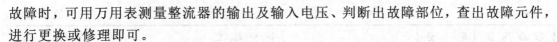

故障时，可用万用表测量整流器的输出及输入电压、判断出故障部位，查出故障元件，进行更换或修理即可。

（6）电磁吸盘退磁不好使工件取下困难。电磁吸盘退磁不好的故障原因，一是退磁电路断路，根本没有退磁，应检查转换开关 QS2 接触是否良好，退磁电阻 R2 是否损坏；二是退磁电压过高，应调整电阻 R2，使退磁电压调至 5～10 V；三是退磁时间太长或太短，对于不同材质的工件，所需的退磁时间不同，注意掌握好退磁时间。

2．检修步骤及工艺要求

（1）在有故障的 M7130 磨床上或人为设置故障的 M7130 磨床上，由教师示范检修，把检修步骤及要求贯穿其中，直至故障排除。

（2）由教师设置让学生知道的故障点，指导学生如何从故障现象着手进行分析，逐步引导到采用正确的检查步骤和检修方法排除故障。

（3）教师设置人为的故障，由学生检修。具体要求如下：

① 根据故障现象，先在电路图上用虚线正确标出最小范围的故障部位，然后采用正确的检修方法，在规定时间内查出并排除故障。

② 检修过程中，故障分析、排除故障的思路要正确，不得采用更换电器元件、借用触头或改动线路的方法修复故障。

③ 检修时，严禁扩大故障范围或产生新的故障，不得损坏电器元件或设备。

3．注意事项

（1）检修前，要认真阅读 M7130 平面磨床的电路图和接线图，弄清有关电器元件的位置、作用及走线情况。

（2）要认真仔细地观察教师的示范检修。

（3）停电要验电，带电检查时，必须有指导教师在现场监护，以确保用电安全。

（4）工具和仪表的使用要正确，检修时要认真核对导线的线号，以免出错。

4．评分标准

M7130 平面磨床电气控制线路检修的评分标准见表 3.22。

表 3.22 评分标准

项 目 内 容	配　分	评 分 标 准		扣　分
故障分析	30 分	（1）检修思路不正确	扣 5～10 分	
		（2）标错故障电路范围，每个	扣 15 分	
排除故障	70 分	（1）停电不验电	扣 5 分	
		（2）工具及仪表使用不当，每次	扣 5 分	
		（3）不能查出故障，每个	扣 35 分	

项 目 内 容	配　　分	评 分 标 准	扣　　分
排除故障	70 分	（4）查出故障点但不能排除，每个故障　　　　　　　　　　　　扣 25 分 （5）产生新的故障或扩大故障范围： 　　　不能排除，每个　　　　　　　　　　　　　　　　　扣 35 分 　　　已经排除，每个　　　　　　　　　　　　　　　　　扣 15 分 （6）损坏电器元件，每只　　　　　　　　　　　　　　扣 5～40 分	
安全文明生产		违反安全文明生产规程　　　　　　　　　　　　　　　扣 10～70 分	
定额时间：1 h		不允许超时检查，在修复故障过程中才允许超时，但应以每超 5 min 以扣 5 分计算	
备注		除定额时间外，各项内容的最高扣分不得超过配分数	成绩
开始时间		结束时间　　　　　　　　　　　　　实际时间	

附：电磁吸盘故障的修理

磨床电磁吸盘工作条件比较恶劣，由于线圈完全密封，所以散热条件不好，若密封不好，可能使冷却液渗入线圈，造成线圈绝缘损坏、线圈短路等故障。

若线圈损坏需更换时，可先按线圈尺寸（加上包扎绝缘厚度）制成斜口对开模具，按模具尺寸用 0.5～1.0 mm 厚的电工绝缘纸板制成线圈底架，然后进行绕线。层间用 0.06～0.075mm 厚的绝缘纸绝缘，绕完后用布带包扎。进行浸漆前先在 120℃±10℃ 温度中预热 5～6 h，预热后浸入绝缘漆中，浸渍 30 min，取出滴干。然后在 90～100℃ 烘箱中烘 24 h，再进行第二次包扎，再次浸漆 30 min，取出再烘干即可完成。绝缘漆应使用三聚氰胺醇酸树脂漆或氨基醇酸树脂漆。

线圈制好后进行装配时，槽底应平整，线圈放入后用绝缘纸垫好，两侧和上方应有 2～3 mm 间隙。将 5 号绝缘胶熔化后，缓慢地浇灌到和盘体外缘平齐，冷却后，清洁盘体表面。盘体和面板接触处应平整，无毛刺、铁屑或杂物，然后再涂上一层用二甲苯或汽油稀释的 5 号绝缘胶，覆上一层 0.2 mm 厚的紫铜皮或聚酯薄膜，再涂一次稀释的绝缘胶，然后立即盖上面板，匀称地旋紧螺钉，以使封闭严密，最后将线圈出线引至盘体外的接线盒内并接好，浇灌绝缘胶封固。

修理完毕，进行吸力测试。用电工纯铁或 10 号钢做成一定尺寸的试块，跨放在两极之间，用弹簧秤在垂直方向拉试，吸力应达 588～882 kPa。剩磁吸力应小于上磁吸力的 10%。线圈与盘体间绝缘电阻应大于 5 MΩ。同时还应进行工频耐压试验。

各种电磁吸盘的技术数据见表 3.23。

表 3.23　电磁吸盘的技术数据

台面尺寸 （mm）	电压 （V）	电流 （A）	吸力 （kPa）	导线规格	匝数	数量	线圈连接方式
200×560	110	1	686	QZφ0.59	1 600	1	
200×630	110	1.2	686	QZφ0.64	1 400	1	
300×680	110	1.4	686	QZφ0.57	1 700	2	并联
300×800	110	1.7	686	QZφ0.64	1 580	2	并联
320×1 000	110	2.2	686	QZφ0.74	1 270	2	并联
250×600	110	1.3	686	QZφ0.83	1 180	2×3	两只一组串联、三组并联
φ350	110	0.8	686	QZφ0.57	3 200	1	
φ510	110	1.2	686	QZφ0.74	1 000	3	串联
φ780	110	4.2	686	QZφ2.02	700	5	串联

想一想

1．M7130 平面磨床的电气控制电路中，欠电流继电器 KA 和电阻 R3 的作用是什么？

2．M7130 磨床的电磁吸盘吸力不足会造成什么后果？吸力不足的原因有哪些？

3．M7130 磨床的电磁吸盘退磁不好的原因有哪些？

任务五　X62W 万能铣床电气控制线路

任务描述

万能铣床可以用圆柱铣刀、圆片铣刀、角度铣刀、成型铣刀及端面铣刀等刀具对各种零件进行平面、斜面、螺旋面及成型表面的加工，还可以加装万能铣头、分度头和圆工作台等机床附件来扩大加工范围，是一种通用的多用途机床。

学习目标

1．了解 X62W 万能铣床的基本结构和主要运动形式。

2．熟悉 X62W 万能铣床电气控制线路的构成及工作原理。

3．掌握电气控制线路的分析方法及其安装、调试与维修。

知识平台

铣床的种类很多，按照结构形式和加工性能的不同，可分为立式铣床、卧式铣床、龙门铣床、仿形铣床和专用铣床等。

常用的万能铣床有两种，一种是 X62W 型卧式万能铣床，铣头水平方向放置；另一种是 X52K 型立式万能铣床，铣头垂直方向放置。这两种铣床在结构上大体相似，工作台的进给方式、主轴变速等都一样，电气控制线路经过系列化以后也基本一样，差别在于铣头的放置方向不同。

本任务以 X62W 型卧式万能铣床为例，分析铣床对电气传动的要求、电气控制线路的构成、工作原理及其安装、调试与维修。

该铣床型号意义：

```
              X  6  2  W
铣床 ————————┘  │  │  └──— 万能
卧式 ——————————┘  └──————————— 2号工作台（用0、1、2、3、4号表示工作台台面宽度）
```

一、X62W 万能铣床的主要结构及运动形式

X62W 万能铣床的外形结构如图 3.19 所示，它主要由床身、主轴、刀杆、悬梁、工作台、回转盘、横溜板、升降台、底座等几部分组成。箱形的床身固定在底座上，床身内装有主轴的传动机构和变速操纵机构。在床身的顶部有水平导轨，上面装着带有一个或两个刀杆支架的悬梁。刀杆支架用来支撑铣刀心轴的一端，心轴的另一端则固定在主轴上，由主轴带动铣刀铣削。刀杆支架在悬梁上以及悬梁在床身顶部的水平导轨上都可以作水平移动，以便安装不同的心轴。在床身的前面有垂直导轨，升降台可沿着它上下移动。在升降台上面的水平导轨上，装有可在平行主轴轴线方向移动（前后移动）的溜板。溜板上部有可转动的回转盘，工作台就在溜板上部回转盘上的导轨上作垂直于主轴轴线方向移动（左右移动）。工作台上有 T 形槽用来固定工件。这样，安装在工作台上的工件就可以在三个坐标上的六个方向调整位置或进给。

此外，由于回转盘相对于溜板可绕中心轴线左右转过一个角度（通常为±45°），因此，工作台在水平面上除了能在平行于或垂直于主轴轴线方向进给外，还能在倾斜方向进给，可以加工螺旋槽，故称万能铣床。

铣削是一种高效率的加工方式。铣床主轴带动铣刀的旋转运动是主运动；铣床工作台的前后（横向）、左右（纵向）和上下（垂直）6 个方向的运动是进给运动；铣床其他的运动，如工作台的旋转运动则属于辅助运动。

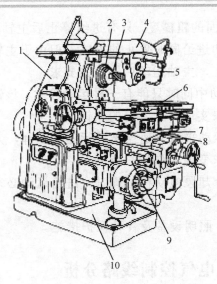

图 3.19　X62W 万能铣床外形图

1-床身；2-主轴；3-刀杆；4-悬梁；5-刀杆挂脚；6-工作台；

7-回转盘；8-横溜板；9-升降台；10-底座

二、X62W 万能铣床电力拖动的特点及控制要求

该铣床共用 3 台异步电动机拖动，它们分别是主轴电动机 M1、进给电动机 M2 和冷却泵电动机 M3。

（1）铣削加工有顺铣和逆铣两种加工方式，所以要求主轴电动机能正反转，但考虑到正反转操作并不频繁（批量顺铣或逆铣），因此在铣床床身下侧电器箱上设置一个组合开关，来改变电源相序实现主轴电动机的正反转。由于主轴传动系统中装有避免振动的惯性轮，使主轴停车困难，故主轴电动机采用电磁离合器制动以实现准确停车。

（2）铣床的工作台要求有前后、左右、上下 6 个方向的进给运动和快速移动，所以也要求进给电动机能正反转，并通过操纵手柄和机械离合器相配合来实现。进给的快速移动是通过电磁铁和机械挂挡来完成的。为了扩大其加工能力，在工作台上可加装圆形工作台，圆形工作台的回转运动是由进给电动机经传动机构驱动的。

（3）根据加工工艺的要求，该铣床应具有以下电气联锁措施：

① 为防止刀具和铣床的损坏，要求只有主轴旋转后才允许有进给运动和进给方向的快速移动。

355

② 为了减小加工件表面的粗糙度，只有进给停止后主轴才能停止或同时停止。该铣床在电气上采用了主轴和进给同时停止的方式，但由于主轴运动的惯性很大，实际上就保证了进给运动先停止，主轴运动后停止的要求。

③ 6 个方向的进给运动中同时只能有一种运动产生，该铣床采用了机械操纵手柄和位置开关相配合的方式来实现 6 个方向的联锁。

（4）主轴运动和进给运动采用变速盘来进行速度选择，为保证变速齿轮进入良好啮合状态，两种运动都要求变速后作瞬时点动。

（5）当主轴电动机或冷却泵电动机过载时，进给运动必须立即停止，以免损坏刀具和铣床。

（6）要求有冷却系统、照明设备及各种保护措施。

三、X62W 万能铣床电气控制线路分析

X62W 万能铣床的电路如图 3.20 所示。该线路是 1982 年以后改进的线路，适合于 X62W 和 X52K 两种万能铣床。线路的改进主要在主轴制动和进给快速移动控制上。未改进的铣床控制线路的主轴制动用反接制动，快速移动用电磁铁改变齿轮传动链。改进后的线路一律用电磁离合器控制。

该线路分为主电路、控制电路和照明电路三部分。

1. 主电路分析

主电路中共有 3 台电动机，M1 是主轴电动机，拖动主轴带动铣刀进行铣削加工，SA3 为 M1 的换向开关；M2 是进给电动机，通过操纵手柄和机械离合器的配合拖动工作台前后、左右、上下 6 个方向的进给运动和快速移动，其正反转由接触器 KM3、KM4 来实现；M3 是冷却泵电动机，供应切削液，且当 M1 启动后 M3 才能启动，用手动开关 QS2 控制；3 台电动机共用熔断器 FU1 作短路保护，3 台电动机分别用热继电器 KH1、KH2、KH3 作过载保护。

2. 控制电路分析

控制电路的电源由控制变压器 TC 输出 110V 电压供电。

（1）主轴电动机 M1 的控制

为了方便操作，主轴电动机 M1 采用两地控制方式，一组安装在工作台上，另一组安装在床身上。SB1 和 SB2 是两组启动按钮并接在一起，SB5 和 SB6 是两组停止按钮，串接在一起。KM1 是主轴电动机 M1 的启动接触器，YC1 是主轴制动用的电磁离合器，SQ1 是主轴变速时瞬时点动的位置开关。主轴电动机是经过弹性联轴器和变速机构的齿轮传动链来实现传动的，可使主轴具有 18 级不同的转速（30～1500r/min）。

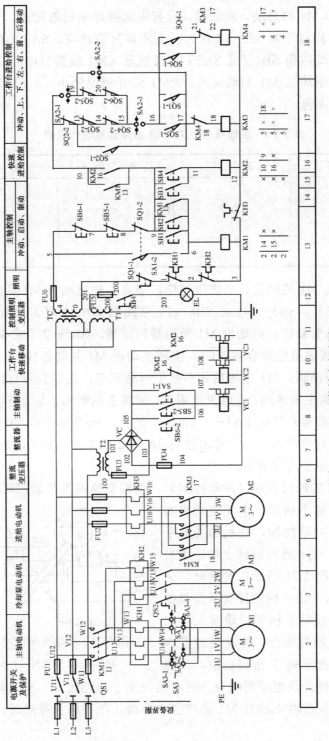

图3.20　X62W万能铣床电路图

① 主轴电动机 M1 的启动。启动前，应首先选择好主轴的转速，然后合上电源开关 QS1，再把主轴换向开关 SA3（2 区）扳到所需要的转向。SA3 的位置及动作说明见表 3.24。按下启动按钮 SB1（或 SB2），接触器 KM1 线圈得电，KM1 主触头和自锁触头闭合，主轴电动机 M1 启动运转，KM1 常开辅助触头（9—10）闭合，为工作台进给电路提供了电源。

表 3.24　主轴换向开关 SA3 的位置及动作说明

位　　置	正　　转	停　　止	反　　转
SA3—1	-	-	+
SA3—2	+	-	-
SA3—3	+	-	-
SA3—4	-	-	+

② 主轴电动机 M1 的制动。当铣削完毕，需要主轴电动机 M1 停止时，按下停止按钮 SB5（或 SB6），SB5—1（或 SB6—1）常闭触头（13 区）分断，接触器 KM1 线圈失电，KM1 触头复位，电动机 M1 断电惯性运转，SB5—2（或 SB6—2）常开触头（8 区）闭合，接通电磁离合器 YC1，主轴电动机 M1 制动停转。

③ 主轴换铣刀控制。M1 停转后并不处于制动状态，主轴仍可自由转动。在主轴更换铣刀时，为避免主轴转动，造成更换困难，应将主轴制动。方法是将转换开关 SA1 扳向换刀位置，这时常开触头 SA1—1（8 区）闭合，电磁离合器 YC1 线圈得电，主轴处于制动状态以方便换刀；同时常闭触头 SA1—2（13 区）断开，切断了控制电路，铣床无法运行，保证了人身安全。

④ 主轴变速时的瞬时点动（冲动控制）。主轴变速操纵箱装在床身左侧窗口上，主轴变速由一个变速手柄和一个变速盘来实现。主轴变速时的冲动控制，是利用变速手柄与冲动位置开关 SQ1 通过机械上的联动机构进行控制的，如图 3.21 所示。变速时，先把变速手柄 3 下压，使手柄的榫块从定位槽中脱出，然后向外拉动手柄使榫块落入第二道槽内，使齿轮组脱离啮合。转动变速盘 4 选定所需转速后，把手柄 3 推回原位，使榫块重新落进槽内，使齿轮组重新啮合（这时已改变了传动比）。变速时为了使齿轮容易啮合，扳动手柄复位时电动机 M1 会产生一冲动。在手柄 3 推进时，手柄上装的凸

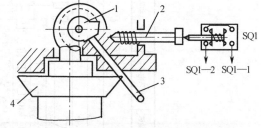

图 3.21　主轴变速的冲动控制示意图

1-凸轮；2-弹簧杆；3-变速手柄；4-变速盘

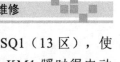

轮 1 将弹簧杆 2 推动一下又返回，这时弹簧杆 2 推动一下位置开关 SQ1（13 区），使 SQ1 的常闭触头 SQl—2 先分断，常开触头 SQl—1 后闭合，接触器 KM1 瞬时得电动作，电动机 M1 瞬时启动；紧接着凸轮 1 放开弹簧杆 2，位置开关 SQ1 触头复位，接触器 KM1 断电释放，电动机 M1 断电。此时电动机 M1 因未制动而惯性旋转，使齿轮系统抖动，在抖动时刻，将变速手柄 3 先快后慢地推进去，齿轮便顺利地啮合。当瞬时点动过程中齿轮系统没有实现良好啮合时，可以重复上述过程直到啮合为止。变速前应先停车。

（2）进给电动机 M2 的控制

工作台的进给运动在主轴启动后方可进行。工作台的进给可在 3 个坐标的 6 个方向运动，即工作台在回转盘上的左右运动；工作台与回转盘一起在溜板上和溜板一起前后运动；升降台在床身的垂直导轨上作上下运动。这些进给运动是通过两个操纵手柄和机械联动机构控制相应的位置开关使进给电动机 M2 正转或反转来实现的，并且 6 个方向的运动是联锁的，不能同时接通。

① 圆形工作台的控制。为了扩大铣床的加工范围，可在铣床工作台上安装附件圆形工作台，进行对圆弧或凸轮的铣削加工。转换开关 SA2 就是用来控制圆形工作台的。当需要圆工作台旋转时，将开关 SA2 扳到接通位置，这时触头 SA2—1 和 SA2—3（17 区）断开，触头 SA2—2（18 区）闭合，电流经 10—13—14—15—20—19—17—18 路径，使接触器 KM3 得电，电动机 M2 启动，通过一根专用轴带动圆形工作台作旋转运动。当不需要圆形工作台旋转时，转换开关 SA2 扳到断开位置，这时触头 SA2—1 和 SA2—3 闭合，触头 SA2—2 断开，以保证工作台在 6 个方向的进给运动，因为圆形工作台的旋转运动和 6 个方向的进给运动也是联锁的。

② 工作台的左右进给运动。工作台的左右进给运动由左右进给操作手柄控制。操作手柄与位置开关 SQ5 和 SQ6 联动，有左、中、右三个位置，其控制关系见表 3.25。当手柄扳向中间位置时，位置开关 SQ5 和 SQ6 均未被压合，进给控制电路处于断开状态；当手柄扳向左或右位置时，手柄压下位置开关 SQ5 或 SQ6，使常闭触头 SQ5—2 或 SQ6—2（17 区）分断，常开触头 SQ5—1（17 区）或 SQ6—1（18 区）闭合，接触器 KM3 或 KM4 得电动作，电动机 M2 正转或反转。由于在 SQ5 或 SQ6 被压合的同时，通过机械机构已将电动机 M2 的传动链与工作台下面的左右进给丝杠相搭合，所以电动机 M2 的正转或反转就拖动工作台向左或向右运动。当工作台向左或向右进给到极限位置时，由于工作台两端各装有一块限位挡铁，所以挡铁碰撞手柄连杆使手柄自动复位到中间位置，位置开关 SQ5 或 SQ6 复位，电动机的传动链与左右丝杠脱离，电动机 M2 停转，工作台停止了进给，实现了左右运动的终端保护。

表 3.25　工作台左右进给手柄位置及其控制关系

手 柄 位 置	位置开关动作	接触器动作	电动机 M2 转向	传动链搭合丝杠	工作台运动方向
左	SQ5	KM3	正转	左右进给丝杠	向左
中	—	—	停止	—	停止
右	SQ6	KM4	反转	左右进给丝杠	向右

③ 工作台的上下和前后进给。工作台的上下和前后进给运动是由一个手柄控制的。该手柄与位置开关 SQ3 和 SQ4 联动，有上、下、前、后、中 5 个位置，其控制关系见表 3.26。当手柄扳至中间位置时，位置开关 SQ3 和 SQ4 均未被压合，工作台无任何进给运动；当手柄扳至下或前位置时，手柄压下位置开关 SQ3 使常闭触头 SQ3—2（17 区）分断，常开触头 SQ3—1（17 区）闭合，接触器 KM3 得电动作，电动机 M2 正转，带动着工作台向下或向前运动；当手柄扳向上或后时，手柄压下位置开关 SQ4，使常闭触头 SQ4—2（17 区）分断，常开触头 SQ4—1（18 区）闭合，接触器 KM4 得电动作，电动机 M2 反转，带动着工作台向上或向后运动。这里，为什么进给电动机 M2 只有正反两个转向，而工作台却能够在四个方向进给呢？这是因为当手柄扳向不同的位置时，通过机械机构将电动机 M2 的传动链与不同的进给丝杠相搭合的缘故。当手柄扳向下或上时，手柄在压下位置开关 SQ3 或 SQ4 的同时，通过机械机构将电动机 M2 的传动链与升降台上下进给丝杠搭合，当 M2 得电正转或反转时，就带着升降台向下或向上运动；同理，当手柄扳向前或后时，手柄在压下位置开关 SQ3 或 SQ4 的同时，又通过机械机构将电动机 M2 的传动链与溜板下面的前后进给丝杠搭合，当 M2 得电正转或反转时，就又带着溜板向前或向后运动。和左右进给一样，当工作台在上、下、前、后四个方向的任一个方向进给到极限位置时，挡铁都会碰撞手柄连杆，使手柄自动复位到中间位置，位置开关 SQ3 或 SQ4 复位，上下丝杠或前后丝杠与电动机传动链脱离，电动机和工作台就停止了运动。

表 3.26　工作台上、下、中、前、后进给手柄位置及其控制关系

手 柄 位 置	位置开关动作	接触器动作	电动机 M2 转向	传动链搭合丝杠	工作台运动方向
上	SQ4	KM4	反转	上下进给丝杠	向上
下	SQ3	KM3	正转	上下进给丝杠	向下
中	—	—	停止	—	停止
前	SQ3	KM3	正转	前后进给丝杠	向前
后	SQ4	KM4	反转	前后进给丝杠	向后

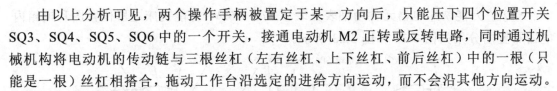

由以上分析可见，两个操作手柄被置定于某一方向后，只能压下四个位置开关 SQ3、SQ4、SQ5、SQ6 中的一个开关，接通电动机 M2 正转或反转电路，同时通过机械机构将电动机的传动链与三根丝杠（左右丝杠、上下丝杠、前后丝杠）中的一根（只能是一根）丝杠相搭合，拖动工作台沿选定的进给方向运动，而不会沿其他方向运动。

④ 左右进给手柄与上下前后进给手柄的联锁控制。在两个手柄中，只能进行其中一个进给方向上的操作，即当一个操作手柄被置定在某一进给方向后，另一个操作手柄必须置于中间位置，否则将无法实现任何进给运动，这是因为在控制电路中对两者实行了联锁保护。如当把左右进给手柄扳向左时，若又将另一个进给手柄扳到向下进给方向，则位置开关 SQ5 和 SQ3 均被压下，触头 SQ5—2 和 SQ3—2 均分断，断开了接触器 KM3 和 KM4 的通路，电动机 M2 只能停转，保证了操作安全。

⑤ 进给变速时的瞬时点动。和主轴变速时一样，进给变速时，为使齿轮进入良好的啮合状态，也要进行变速后的瞬时点动。进给变速时，必须先把进给操纵手柄放在中间位置，然后将进给变速盘（在升降台前面）向外拉出，使进给齿轮松开，转动变速盘选定进给速度后，再将变速盘向里推回原位，齿轮便重新啮合。在推进的过程中，挡块压下位置开关 SQ2（17 区），使触头 SQ2—2 分断，SQ2—1 闭合，接触器 KM3 经 10—19—20—15—14—13—17—18 路径得电动作，电动机 M2 启动；但随着变速盘复位，位置开关 SQ2 跟着复位，使 KM3 断电释放，M2 失电停转。这样使电动机 M2 瞬时点动一下，齿轮系统产生一次抖动，齿轮便顺利啮合了。

⑥ 工作台的快速移动控制。为了提高劳动生产率，减少生产辅助工时，在不进行铣削加工时，可使工作台快速移动。6 个进给方向的快速移动是通过两个进给操作手柄和快速移动按钮配合实现的。

安装好工件后，扳动进给操作手柄选定进给方向，按下快速移动按钮 SB3 或 SB4（两地控制），接触器 KM2 得电，KM2 常闭触头（9 区）分断，电磁离合器 YC2 失电，将齿轮传动链与进给丝杠分离；KM2 两对常开触头闭合，一对使电磁离合器 YC3 得电，将电动机 M2 与进给丝杠直接搭合；另一对使接触器 KM3 或 KM4 得电动作，电动机 M2 得电正转或反转，带动工作台沿选定的方向快速移动。由于工作台的快速移动采用的是点动控制，故松开 SB3 或 SB4，快速移动停止。

（3）冷却泵及照明电路的控制

主轴电动机 M1 和冷却泵电动机 M3 采用的是顺序控制，即只有在主轴电动机 M1 启动后冷却泵电动机 M3 才能启动。冷却泵电动机 M3 由组合开关 QS2 控制。

铣床照明由变压器 T1 供给 24 V 的安全电压，由开关 SA4 控制。熔断器 FU5 作照明电路的短路保护。

X62W 万能铣床电器元件明细表见表 3.27。X62W 万能铣床电器位置图和电箱内电器布置图分别如图 3.22 和图 3.23 所示。

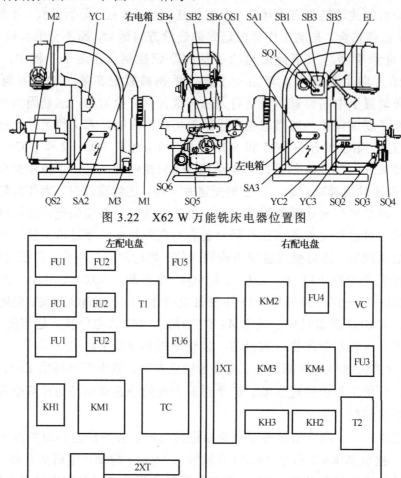

图 3.22　X62 W 万能铣床电器位置图

图 3.23　X62W 万能铣床电箱内电器布置图

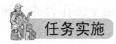任务实施

X62W 万能铣床电气控制线路的检修

一、准备工作

1．安全文明

在项目实施过程中要求同学们穿戴好劳保用品，确认实习操作场地的安全。

2. 工具与仪表

（1）工具：测电笔、电工刀、尖嘴钳、斜口钳、剥线钳、螺钉旋具、活络扳手等。

（2）仪表：MF30 型万用表、5050 型兆欧表、T301-A 钳形电流表。

二、实施过程

1. 元件清单（表 3.27）

表 3.27 X62W 万能铣床电器元件明细表

代　号	名　称	型　号	规　格	数　量	用　途
M1	主轴电动机	Y132M-4-B3	7.5kW、380V、1 450r/min	1	驱动主轴
M2	进给电动机	Y90L-4	1.5kW、380V、1 400r/min	1	驱动进给
M3	冷却泵电动机	JCB-22	125W、380V、2790r/min	1	驱动冷却泵
QS1	开关	HZ10-60/3J	60A、380V	1	电源总开关
QS2	开关	HZ10-10/3J	10A、380V	1	冷却泵开关
SA1	开关	LS2-3A		1	换刀开关
SA2	开关	HZ10-10/3J	10A、380V	1	圆工作台开关
SA3	开关	HZ3-133	10A、500V	1	M1 换向开关
FU1	熔断器	RL1-60	60A、熔体 50A	3	电源短路保护
FU2	熔断器	RL1-15	15A、熔体 10A	3	进给短路保护
FU3、FU6	熔断器	RL1-15	15A、熔体 4A	2	整流、控制电路短路保护
FU4、FU5	熔断器	RL1-15	15A、熔体 2A	2	直流、照明电路短路保护
KH1	热继电器	JR0-40	整定电流 16A	1	M1 过载保护
KH2	热继电器	JR10-10	整定电流 0.43A	1	M3 过载保护
KH3	热继电器	JR10-10	整定电流 3.4A	1	M2 过载保护
T2	变压器	BK-100	380/36V	1	整流电源
TC	变压器	BK-150	380/110V	1	控制电路电源
T1	照明变压器	BK-50	50VA、380/24V	1	照明电源

代　号	名　称	型　号	规　格	数　量	用　途
VC	整流器	2CZ×4	5A、50V	1	整流用
KM1	接触器	CJ0-20	20A、线圈电压110V	1	主轴启动
KM2	接触器	CJ0-10	10A、线圈电压110V	1	快速进给
KM3	接触器	CJ0-10	10A、线圈电压110V	1	M2 正转
KM4	接触器	CJ0-10	10A、线圈电压110V	1	M2 反转
SB1、SB2	按钮	LA2	绿色	2	启动 M1
SB3、SB4	按钮	LA2	黑色	2	快速进给点动
SB5、SB6	按钮	LA2	红色	2	停止、制动
YC1	电磁离合器	BIDL-Ⅲ		1	主轴制动
YC2	电磁离合器	BIDL-Ⅱ		1	正常进给
YC3	电磁离合器	BIDL-Ⅱ		1	快速进给
SQ1	位置开关	LX3-11K	开启式	1	主轴冲动开关
SQ2	位置开关	LX3-11K	开启式	1	进给冲动开关
SQ3	位置开关	LX3-131	单轮自动复位	1	M2 正、反转及联锁
SQ4	位置开关	LX3-131	单轮自动复位	1	
SQ5	位置开关	LX3-11K	开启式	1	
SQ6	位置开关	LX3-11K	开启式	1	

2. 电气线路常见故障分析与检修

（1）主轴电动机 M1 不能启动。这种故障分析和前面有关的机床故障分析类似，首先检查各开关是否处于正常工作位置；然后检查三相电源、熔断器、热继电器的常闭触头、两地启停按钮以及接触器 KM1 的情况，看有无电器损坏、接线脱落、接触不良、线圈断路等现象。另外，还应检查主轴变速冲动开关 SQ1，因为由于开关位置移动甚至撞坏，或常闭触头 SQ1—2 接触不良而引起线路的故障也不少见。

（2）工作台各个方向都不能进给。铣床工作台的进给运动是通过进给电动机 M2 的正反转配合机械传动来实现的。若各个方向都不能进给，多是因为进给电动机 M2 不能启动所引起的。检修故障时，首先检查圆工作台的控制开关 SA2 是否在"断开"位置。若没问题，接着检查控制主轴电动机的接触器 KM1 是否已吸合动作。因为只有接触器 KM1 吸合后，控制进给电动机 M2 的接触器 KM3、KM4 才能得电。如果接触器 KM1 不能得电，则表明控制回路电源有故障，可检测控制变压器 TC 一次侧、二次侧线圈和电源电压是否正常，熔断器是否熔断。待电压正常，接触器 KM1 吸合，主轴旋转后，若各个方向仍无进给运动，可扳动进给手柄至各个运动方向，观察其相关的接触器是否吸合，若吸合，则表明故障发生在主回路和进给电动机上，常见的故障有接触器主触头接触不良、主触头脱落、机械卡死、电动机接线脱落和电动机绕组断路等。除此以外，由于经常扳动操作手柄，开关受到冲击，使位置开关 SQ3、SQ4、SQ5、SQ6 的位置发生变动或被撞坏，使线路处于断开状态。变速冲动开关 SQ2—2 在复位时不能闭合接通，或接触不良，也会使工作台没有进给。

（3）工作台能向左、右进给，不能向前、后、上、下进给。铣床控制工作台各个方向的开关是互相联锁的，使之只有一个方向的运动。因此这种故障的原因可能是控制左右进给的位置开关 SQ5 或 SQ6 由于经常被压合，使螺钉松动、开关移位、触头接触不良、开关机构卡住等，使线路断开或开关不能复位闭合，电路 19—20 或 15—20 断开。这样当操作工作台向前、后、上、下运动时，位置开关 SQ3—2 或 SQ4—2 也被压开，切断了进给接触器 KM3、KM4 的通路，造成工作台只能左、右运动，而不能前、后、上、下运动。

检修故障时，用万用表欧姆挡测量 SQ5—2 或 SQ6—2 的接触导通情况，查找故障部位，修理或更换元件，就可排除故障。注意在测量 SQ5—2 或 SQ6—2 的接通情况时，应操纵前后上下进给手柄，使 SQ3—2 或 SQ4—2 断开，否则通过 11—10—13—14—15—20—19 的导通，会误认为 SQ5—2 或 SQ6—2 接触良好。

（4）工作台能向前、后、上、下进给，不能向左、右进给。出现这种故障的原因及排除方法可参照上例说明进行分析，不过故障元件可能是位置开关的常闭触头 SQ3—2 或 SQ4—2。

（5）工作台不能快速移动，主轴制动失灵。这种故障往往是电磁离合器工作不正常所致。首先，应检查接线有无松脱，整流变压器 T2、熔断器 FU3、FU6 的工作是否正常，整流器中的 4 个整流二极管是否损坏。若有二极管损坏，将导致输出直流电压偏低，吸力不够。其次，电磁离合器线圈是用环氧树脂粘合在电磁离合器的套筒内，散热条件差，易发热而烧毁。另外，由于离合器的动摩擦片和静摩擦片经常摩擦，因此它们是易损件，检修时也不可忽视这些问题。

（6）变速时不能冲动控制。这种故障多数是由于冲动位置开关 SQ1 或 SQ2 经常受到频繁冲击，使开关位置改变（压不上开关），甚至开关底座被撞坏或接触不良，使线路断开，从而造成主轴电动机 M1 或进给电动机 M2 不能瞬时点动。出现这种故障时，修理或更换开关，并调整好开关的动作距离，即可恢复冲动控制。

3．检修步骤及工艺要求

（1）熟悉铣床的主要结构和运动形式，对铣床进行实际操作，了解铣床的各种工作状态及操作手柄的作用。

（2）熟悉铣床电器元件的安装位置、走线情况以及操作手柄处于不同位置时，位置开关的工作状态及运动部件的工作情况。

（3）在有故障的铣床上或人为设置故障的铣床上，由教师示范检修，边分析边检查，直至故障排除。

（4）由教师设置让学生知道的故障点，指导学生如何从故障现象着手进行分析，如何采用正确的检查步骤和检修方法进行检修。

（5）教师设置人为的故障点，由学生按照检查步骤和检修方法进行检修。其具体要求如下：

① 根据故障现象，先在电路图上用虚线正确标出故障电路的最小范围，然后采用正确的检查排除故障方法，在规定时间内查出并排除故障。

② 排除故障的过程中，不得采用更换电器元件、借用触头或改动线路的方法修复故障点。

③ 检修时严禁扩大故障范围或产生新的故障，不得损坏电器元件或设备。

4．注意事项

（1）检修前要认真阅读电路图，熟练掌握各个控制环节的原理及作用，并认真仔细地观察教师的示范检修。

（2）由于该类铣床的电气控制与机械结构的配合十分密切，因此，在出现故障时，应首先判明是机械故障还是电气故障。

（3）修复故障使铣床恢复正常时，要注意消除产生故障的根本原因，以避免频繁发生相同的故障。

（4）停电要验电。带电检修时，必须有指导教师在现场监护，以确保用电安全。同时要做好训练记录。

（5）工具和仪表使用要正确。

5．评分标准

X62W 万能铣床电气控制线路检修的评分标准见表 3.28。

表 3.28 评分标准

项 目 内 容	配　分	评 分 标 准		扣　分
故障分析	30	（1）检修思路不正确	扣 5~10 分	
		（2）标错故障电路范围，每个	扣 15 分	
故障排除	70	（1）停电不验电	扣 5 分	
		（2）工具及仪表使用不当，每次	扣 5 分	
		（3）排除故障的顺序不对	扣 5~10 分	
		（4）不能查出故障，每个	扣 35 分	
		（5）查出故障点但不能排除，每个故障	扣 25 分	
		（6）产生新的故障或扩大故障范围：		
		不能排除，每个	扣 35 分	
		已经排除，每个	扣 15 分	
		（7）损坏电动机	扣 70 分	
		（8）损坏电器元件，或排除方法不正确，每只（次）	扣 5~20 分	
安全文明生产	违反安全文明生产规程		扣 10~70 分	
定额时间： 60min	不允许超时检查，在修复故障过程中才允许超时，但应以每超 5min 扣 5 分计算			
备注	除定额时间外，各项内容的最高扣分不得超过配分数		成绩	
开始时间		结束时间	实际时间	

1．X62W 万能铣床的工作台可以在哪些方向上进给？

2．X62W 万能铣床电气控制线路中三个电磁离合器的作用分别是什么？电磁离合器为什么要采用直流电源供电？

3．X62W 万能铣床电气控制线路中为什么要设置变速冲动？

4．如果 X62W 万能铣床的工作台能左右进给，但不能前、后、上、下进给，试分析故障原因。

任务六　T610卧式镗床电气控制线路

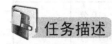

任务描述

　　随着一些机器设备精密度的提高，普通机床加工出来的零部件已不能满足精密机器设备的要求。镗床是一种精密加工机床，用途广泛，而且能达到高精度的要求。通过对本任务的学习，掌握镗床电气控制线路的构成、工作原理，并能对控制线路进行维护与维修。

学习目标

　　1．熟悉T610卧式镗床电气控制线路的构成和工作原理。
　　2．掌握T610卧式镗床电气控制线路的分析方法及其维修。

知识平台

　　镗床是一种精密加工机床，主要用于加工精确的孔和孔间距离要求较为精确的零件。按不同用途，镗床可分为卧式镗床、立式镗床、坐标镗床和专用镗床。生产中应用较广泛的是卧式镗床，它的镗刀主轴水平放置，是一种多用途的金属切削机床，不但能完成钻孔、镗孔等孔加工，而且能切削端面、内圆、外圆及铣平面等。下面以T610卧式镗床为例进行分析。

　　T610镗床的型号意义如下：

```
          T    6   10
镗床 ───┘    │   └── 镗轴直径100mm
卧式 ────────┘
```

一、T610卧式镗床的主要结构及运动形式

　　T610卧式镗床主要由床身、前立柱、主轴箱、镗头架、镗轴、平旋盘、工作台和后立柱等部分组成。其结构如图3.24所示。

　　T610镗床的前立柱固定在床身上，在前立柱上装有可上下移动的锁头架；切削刀具固定在镗轴或平旋盘上；工作过程中，镗轴可一面旋转，一面带动刀具作轴向进给；后立柱在床身的另一端，可沿床身导轨做水平移动。工作台安置在床身一导轨上，由下滑座、上滑座及可转动的工作台组成，工作台可在平行于（纵向）或垂直于（横向）镗轴轴线的方向移动，并可绕工作台中心回转。

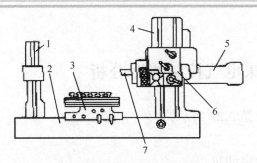

图 3.24　T610 镗床示意图

1-后立柱；2-床身；3-工作台；4-前立柱；5-主轴箱；6-镗头架；7-镗轴

T610 镗床的主要运动形式有：

主运动——镗轴或平旋盘的旋转运动。

进给运动——主轴和平旋盘的轴向进给，镗头架的垂直进给以及工作台的横向和纵向进给。

辅助运动——工作台的旋转运动、后立柱的水平移动和尾架的垂直移动。

二、T610 卧式镗床电力拖动的特点及控制要求

为满足各种工件的加工工艺要求，T610 卧式镗床的调速范围大，控制要求高，因而电气控制线路较复杂。

（1）T610 镗床的主轴旋转、平旋盘旋转、工作台转动及尾架的升降用电动机拖动。主轴和平旋盘刀架进给、镗头架进给、工作台的纵向和横向进给都用液压拖动，各进给部件的夹紧也采用液压装置。液压系统采用电磁阀控制。所以镗床的控制电路可分为两大部分：一部分用继电器、接触器控制电动机的启动、停止和制动；另一部分用继电器和电磁铁控制进给机构的液压装置。

（2）主轴电动机需要正反转并采用Ｙ-△降压启动。主轴和平旋盘用机械方法调速。主轴有三挡转速，用电动机 M6 拖动钢球无级变速器作无级调速。当调速达到变速器的上下速度极限时，电动机 M6 能自动停车。

平旋盘只有两挡速度，如果误操作到第三挡，电动机不能启动。

（3）主轴电动机必须在液压泵和润滑泵电动机启动后才能启动运行。

（4）主轴要求能快速准确制动，故采用电磁离合器制动。

（5）工作台旋转电动机能正反转，停车时采用能耗制动。

（6）尾架的升降用单独电动机拖动，要求能正反转。

（7）各进给部件都具有四种进给方式，即快速进给点动、工作进给、工作进给点

动及微调点动。

三、T610 卧式镗床电气控制线路分析

T610 镗床的电路如图 3.25 所示。

1. 主电路分析

T610 镗床共有 7 台电动机。

M1 是主轴电动机，带动主轴和平旋盘旋转，用接触器 KM1、KM2 控制其正反转，而由 KM3、KM4 实现 Y-△ 降压启动控制。

M2 是液压泵电动机，M3 是润滑泵电动机，都只能单向旋转，分别由接触器 KM5、KM6 控制其启动、停止。

M4 是工作台旋转电动机，由 KM7、KM8 控制其正反转，停车时采用能耗制动；M5 是尾架升降电动机，由 KM9、KM10 控制其正反转；M6 是主轴调速电动机，由 KM11、KM12 控制其正反转；M7 是冷却泵电动机，只要求单向运转，由 KM13 控制。

M1、M2、M3、M4 分别由热继电器 KH1、KH2、KH3 和 KH4 实现过载保护，而 M5、M6、M7 属短时工作，不设过载保护。

M1 的短路保护由低压断路器 QF 完成，M2 和 M3 由熔断器 FU1 实现短路保护，M4、M5、M6、M7 由 FU2 实现短路保护。

2. 控制电路分析

在主轴电动机启动前，应做好下列准备工作：

合上电源开关 QF，按下启动按钮 SB1（28 区），接触器 KM5、KM6 得电动作并自锁，液压泵电动机 M2 和润滑泵电动机 M3 启动运转。同时 KM5 的自锁触头接通控制电路电源。当压力油的压力达到正常值时，压力继电器 KP2 和 KP3 动作，KP2 的常开触头（57 区）闭合，中间继电器 KA7 得电动作，KA7 的常开触头（34 区）闭合，为主轴点动控制做好准备；KP3 和 KA7 的常开触头（81 区）闭合，中间继电器 KA17 和 KA18 动作，KA17 的常开触头（63 区）与 KA18 的常开触头（73 区）同时闭合，为进给控制做好准备。

将平旋盘通断手柄放在断开位置，位置开关 SQ3 复位，其常开触头（62 区）断开，常闭触头（34 区）闭合。主轴选速手柄放在需要的一挡速度上，位置开关 SQ5（116 区）、SQ6（117 区）、SQ7（122 区）中的一只动作。

（1）主轴电动机 M1 的控制

主轴电动机能正反转，并有点动和连续运转两种控制方式。停车时由电磁离合器 YC（120 区）对主轴进行制动。

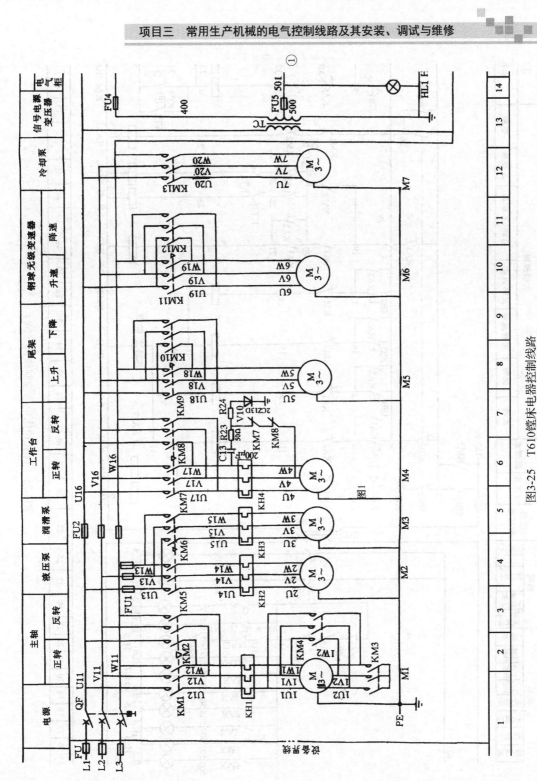

图3-25　T610镗床电器控制线路

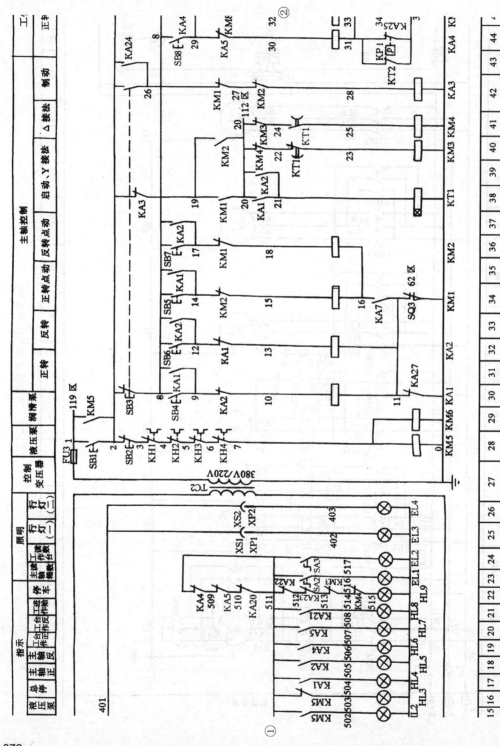

图3-25　T610镗床电器控制线路（续）

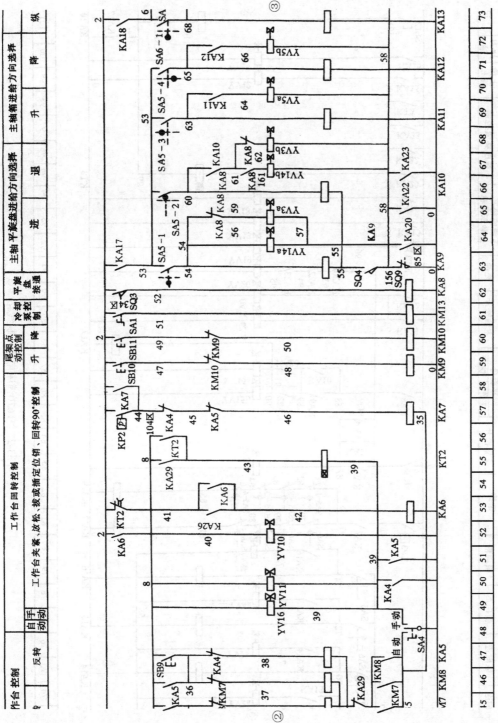

图3-25　T610镗床电器控制线路（续）

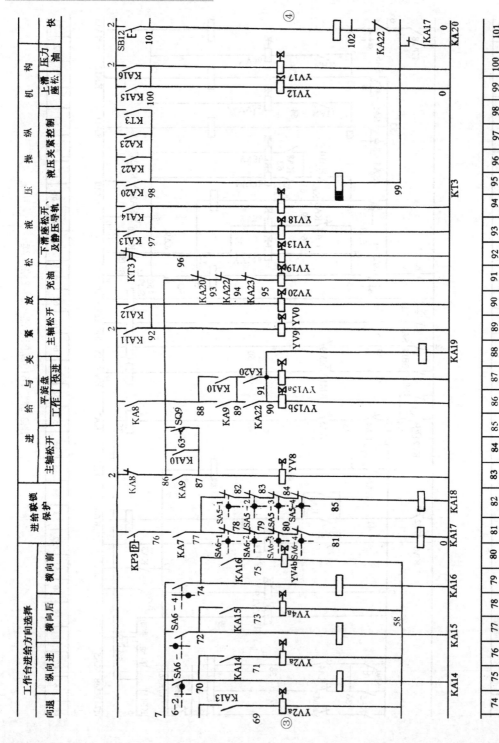

图3-25 T610镗床电器控制线路（续）

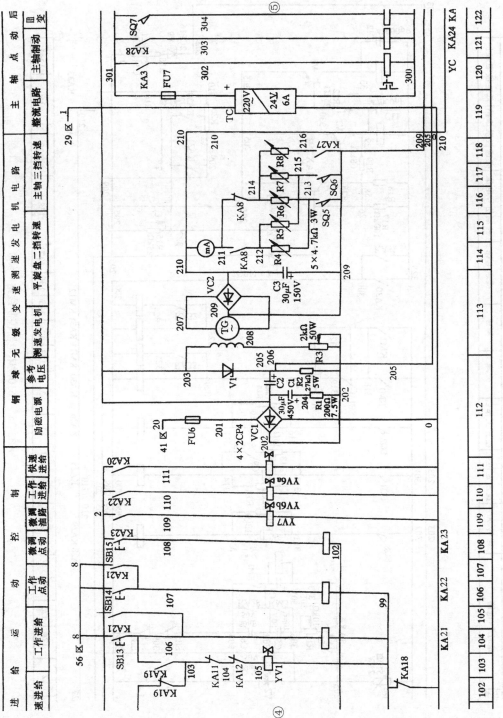

图3-25　T610镗床电器控制线路（续）

电力拖动控制线路

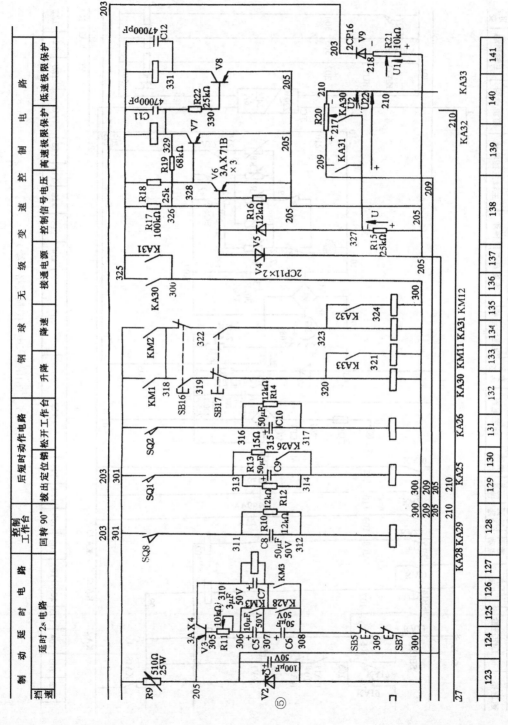

图3-25 T610镗床电器控制线路（续）

376

① 主轴启动控制。主轴电动机 M1 采用丫-△降压启动，启动时间由时间继电器 KT1 控制。

按下主轴正转启动按钮 SB4（30 区），中间继电器 KA1（30 区）吸合并自锁，其常开触头（35 区）闭合，KM1 得电动作，KM1 的主触头（2 区）闭合接通电动机的三相电源；KM1 的常开辅助触头（38 区）闭合，接触器 KM3 和时间继电器 KT1 的线圈（40 区、38 区）通电，KM3 的主触头（2 区）闭合，电动机 M1 的定子绕组接成丫形降压启动。经过一段时间的延时，KT1 延时断开的常闭触头（40 区）断开，KM3 释放，KT1 延时闭合的常开触头（41 区）闭合，KM4 动作，电动机 M1 接成△正常工作。

主轴反转由按钮 SB6(32 区)控制，动作过程与正转相似。

② 主轴的停车制动控制。按下停止按钮 SB3（30 区），SB3 的常闭触头先断开，中间继电器 KA1、时间继电器 KT1、接触器 KM1 与 KM4 相继断电释放，电动机 M1 断电做惯性运转。随后 SB3 的常开触头（42 区）闭合，继电器 KA3 吸合，其常开触头（120 区）闭合，电磁离合器通电对主轴进行制动。松开 SB3，KA3、YC 失电，制动结束。

③ 主轴的点动控制。主轴在调整或对刀时，需要点动控制，由于点动控制一般在空载下进行，工作时间短且可能连续启动多次，因此在点动时电动机定子绕组始终接成丫形，这样既可减小启动电流，缓和机械冲击，满足转矩要求，又能减少一些电器的动作次数。

需要主轴正转点动时，按下正转点动按钮 SB5（34 区），接触器 KM1、KM3 得电动作，M1 定子绕组接成丫形启动。由于 KA1 没有动作，松开 SB5 时，KM1、KM3 断电释放，M1 失电停转。此时 KA3 不动作，电磁离合器 YC 不能对主轴制动。为了在松开 SB5 时也能对主轴实现制动，在控制电路中专门设置了主轴点动制动控制环节。它由直流继电器 KA24（121 区）、KA28（127 区）和晶体管延时电路等组成。下面以正转点动控制为例分析其工作原理。

按下 SB5，M1 作丫形启动。同时 SB5 的常闭触头（124 区）断开晶体管延时电路电源，而 KM3 的常开辅助触头（125 与 126 区）闭合，使电容 C5、C6 （124 区）放电而消除残余电压。松开 SB5，M1 断电作惯性运转，同时 SB5 的常闭触头（124 区）接通晶体管延时电路电源，KM3 的常开触头断开，此时电容 C5、C6 上有一个较大的充电电流，该电流即是晶体管 V3 的基极电流，所以 V3 立即导通，继电器 KA28 得电动作，其常开触头（121 区）闭合使直流继电器 KA24（121 区）得电动作，KA24 的常开触头（43 区）闭合接通 KA3 线圈（42 区）电路，KA3 动作，使电磁离合器 YC 得电动作，对主轴制动。

制动时间决定于电容 C5 的充电时间常数。因为 KA28 动作后，它的一个常开触头（125 区）将电容 C6 短接，使 V3 的基极电流不受 C6 的影响。刚开始充电时，充电电流最大，随着 C5 两端电压的上升，充电电流逐渐减小，即 V3 的基极电流逐渐减小，集电极电流也随之减小。当集电极电流减小到小于 KA28 的释放电流时，KA28、KA24、KA3 相继断电释放，电磁离合器 YC 失电，制动结束。

电容 C6 的作用是在电路不工作时，利用电容的隔直作用，将 V3 与电源隔离。若不用 C6，则电源就直接接到 V3 上，即使基极电流为零，也会有少量电流通过集电极。接上 C6 后，利用 C6 的充电作用，最后可使集电极电流为零，从而延长 V3 的使用寿命。

晶体管延时电路停止工作后，在 C5 和 C6 上都有电压存在，若不加以消除，电路就不能第二次正常工作。所以在点动时，利用 KM3 的常开辅助触头将电容 C5、C6 短接放电。

主轴反转点动的控制过程与正转点动相似。

④ 平旋盘的控制。使用平旋盘时，应将平旋盘通断手柄置于接通位置，位置开关 SQ3 被压合，其常闭触头（34 区）断开，这时继电器 KA1 与 KA2、接触器 KM1 与 KM2 的线圈电路就只靠直流继电器 KA27（22 区）的常闭触头（30 区）接通。如果在使用平旋盘时，误将选速手柄放到第三挡速度，位置开关 SQ7 受压动作，其常开触头（122 区）闭合，继电器 KA27 动作，其常闭触头（30 区）断开，电动机 M1 将不能启动。

⑤ 主轴变速控制。主轴和平旋盘的调速是通过电动机 M6 拖动钢球无级变速器实现的。M6 正转，变速器转速上升，M6 反转，变速器转速下降。变速器与一台交流测速发电机机械连接，这样测速发电机的输出电压与变速器的转速成正比。测速发电机输出电压经整流、滤波取样后与参考电压相比较，这两个电压的差值控制着晶体管开关电路，从而控制继电器 KA32（139 区）和 KA33（140 区）的吸合或释放。KA33 控制 M6 的正向启动与停止，KA32 控制 M6 的反向启动与停止。

变速器有一个变速范围，最高转速为 3000 r/min，最低转速为 500 r/min。当变速器的转速为 3000 r/min 时，测速发电机的输出电压为 50 V，此时 KA33 应立即释放，M6 断电停转，变速器的转速不再上升。当变速器的转速为 500 r/min 时，测速发电机输出电压为 8.3 V，KA32 应立即释放，M6 停止反转，变速器转速不再下降。

当需要主轴升速时，按下按钮 SB16（132 区），继电器 KA30 得电动作，其常开触头（136 区）闭合，接通开关电路的电源，另一常开触头（139 区）接通测速发电机输出电压中的部分电压 U_2 与参考电压 U_1 的比较回路。参考电压与测速发电机的电压反极性串联。当参考电压 U_1 高于测速发电机输出电压中的部分电压 U_2 时，电流从端点 205 流向 327，电阻 R15（138 区）上的电压降等于 U_1 与 U_2 的差值，其极性是 205 端为正、327 端为负。端点 205 与晶体管 V6 的发射极连接，端点 327 通过二极管 V5 与 V6 的基极连接，由于二极管具有单向导电性，所以 V5 因承受反向电压而截止，此时控制电压 U 对晶体管开关电路不起控制作用。晶体管开关电路在由稳压管 V2（123 区）两端取出的给定电压作用下，晶体管 V6 饱和导通，因此 V7 的发射结电压接近零，

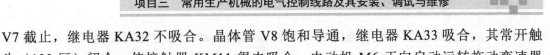

V7 截止，继电器 KA32 不吸合。晶体管 V8 饱和导通，继电器 KA33 吸合，其常开触头（133 区）闭合，使接触器 KM11 得电吸合，电动机 M6 正向启动运转拖动变速器升速。当转速升到需要值时，松开 SB16，KA30 失电，其常开触头切断晶体管开关电路电源，KA33、KM11 随之失电，M6 失电停转，变速器升速结束。

如果一直按住 SB16 不放，变速器的转速持续上升，测速发电机的电压也随之升高。当变速器的转速超过 3000 r/min 时，从测速发电机输出电压中取出的取样电压 U_2 略高于参考电压 U_1，于是流过电阻 R15 的电流改变方向，即从 327 端流向 205 端，在 R15 上电压 U 的极性 327 端为正，205 端为负。该控制电压使二极管 V4 和 V5 立即导通。V6 的发射结承受反向偏压，使 V6 由原饱和状态立即变为截止状态，V7 的偏置电压上升，V7 立即进入饱和导通，继电器 KA32 得电动作。此时，虽然 KA32 的常开触头（135 区）闭合，但由于没有松开按钮 SB16，也没有按下按钮 SB17，接触器 KM12 不会动作。V7 导通后使 V8 因零偏而截止，继电器 KA33 立即释放，接触器 KM11 也随之释放，电动机 M6 停转，变速器停止升速，从而实现了变速器在高速极限时，拖动变速器变速的异步电动机 M6 自动停车。

需要主轴降速时，按下按钮 SB17（132 区），继电器 KA31 吸合，它的一对常开触头（137 区）接通晶体管开关电路的电源，另一对常开触头（138 区）将测速发电机的全部输出电压 U_{22} 与参考电压 U_1 进行比较，这时取样电压 U_{22} 高于参考电压 U_1，在电阻 R15 上的电压 U 的极性是 327 端为正，205 端为负，该控制电压使晶体管 V6 发射结反偏而截止。从而使 V7 饱和导通，V8 截止，继电器 KA32 动作，KA33 释放，接触器 KM12 吸合，电动机 M6 反向启动，运转拖动变速器减速。当变速器减速到所需转速时，松开按钮 SB17，M6 停转，变速器减速结束。

在变速器减速时，如果一直按住按钮 SB17 不放，当变速器转速低于 500r/min 时，测速发电机的输出电压 U_{22} 略低于参考电压 U_1，使晶体管 V6 饱和导通。V7 截止，V8 饱和导通。继电器 KA32 释放，接触器 KM12 随即释放。电动机 M6 停转，从而实现了在变速器低速极限位置时，异步电动机 M6 能自动停车。这时虽然 V8 饱和导通，KA33 得电动作，但由于未放开按钮 SB17，也未按下按钮 SB16，接触器 KM11 不会动作。

为保证在变速器转速达到极限位置时 M6 能自动停车，应使参考电压 U_1 的数值略大于 8.33 V，这可通过调整电位器 R21（140 区）的 210 点的位置来实现。调节电位器 R20（139 区），使接点 217 与接点 210 之间的电压在变速器转速为 3000 r/min 时略大于参考电压 U_1，这个电压应当足以使 V6 截止，从而使 V7 导通，V8 截止，继电器 KA33 和接触器 KM11 断电释放，M6 停转。

（2）进给控制

T610 卧式镗床的进给运动由电气和液压配合控制，主轴、平旋盘刀架、上滑座、下滑座和主轴箱的进给和夹紧装置都采用液压机构驱动,用电磁阀控制其动作。进给运动的操作集中在两个十字开关 SA5、SA6 和 4 只按钮上。

各进给部件都有 4 种进给方式:快速进给点动、工作进给、工作进给点动和微调点动。4 种进给方式分别由 SB12(101 区)、SB13(104 区)、SB14(106 区)和 SB15(108 区)4 只按钮操作。

十字主令开关 SA5 选择主轴或平旋盘及主轴箱的进给方向,同时又能松开这些部件的液压夹紧装置。十字主令开关 SA6 用来选择工作台的进给方向和松开液压夹紧装置。十字主令开关 SA5、SA6 的作用见表 3.29。各位置开关的作用见表 3.30。

表 3.29 十字主令开关位置作用说明

开　关	SA5		SA6	
手 柄 位 置	动 作 触 头	作　　用	动 作 触 头	作　　用
左	SA5—1	主轴(或平旋盘)进	SA6—1	工作台纵向退
右	SA5—2	主轴(或平旋盘)退	SA6—2	工作台纵向进
上	SA5—3	主轴箱升	SA6—3	工作台横向退
下	SA5—4	主轴箱降	SA6—4	工作台横向进

表 3.30 各位置开关作用

名　　称	作　　用	名　　称	作　　用
SQ1	定位销拔出	SQ6	主轴变速
SQ2	工作台松开	SQ7	主轴变速
SQ3	平旋盘接通	SQ8	工作台回转 90°
SQ4	机动进给	SQ9	机动进给
SQ5	主轴变速		

下面以主轴进给为例,分析进给控制的工作原理。

当需要主轴进给时,将平旋盘通断手柄置于"断开"位置,位置开关 SQ3 不受压,其常开触头 SQ3(62 区)断开,KA8 释放。当液压泵和润滑泵电动机已启动且油压达到正常数值时,压力继电器 KP2 和 KP3 的常开触头闭合。KP2 的常开触头(57 区)使中间继电器 KA7 吸合,KA7 的常开触头(81 区)闭合,联锁继电器 KA17、KA18 得电动作。

将十字主令开关 SA5 扳到左边位置,SA5—1 常开触头(63 区)闭合,常闭触头(82 区)断开,继电器 KA18 释放,而 KA17 仍保持吸合。

当镗床使用机动进给时,位置开关 SQ4 被压而 SQ9 不受压,SQ4 的常开触头(63 区)和 SQ9 的常闭触头(63 区)均闭合,KA9 得电动作,其常开触头(64 区)闭合,为电磁阀 YV3a 的通电做好准备。YV3a 的作用是选择主轴的进给方向。KA9 的另一常开触头（83 区）闭合，电磁阀 YV8 得电动作，使主轴夹紧机构松开。

当需要主轴快速进给时，可按下按钮 SB12（101 区），中间继电器 KA20 和电磁阀 YV1 得电动作。YV1 将低压油泄放阀关闭，使液压系统能推动进给机构快速移动。KA20 的常开触头（64 区）闭合，电磁阀 YV3a 动作；KA20 的另一对常开触头（111 区）则使电磁阀 YV6a 得电动作。电磁阀 YV3a 和 YV6a 使高压油按选择好的方向进入主轴油缸，主轴即快速前进。放开按钮 SB12，继电器 KA20 释放，电磁阀 YV1、YV3a、YV6a 相继断电，快速进给停止。

需要工作进给时，按下按钮 SB13（104 区），中间继电器 KA21 吸合并自锁，KA21 的常开触头（107 区）闭合，使中间继电器 KA22 吸合，它的两个常开触头（110 区）和 65 区）分别使电磁阀 YV3a 和 YV6b 动作，使高压油进入主轴油缸，通过调速阀回到油池，主轴以工作进给的速度前进。松开按钮 SB13，主轴继续前进，直到按下停止按钮 SB3（30 区）或将主令开关 SA5 扳到中间位置。

当需要工作进给点动控制时，按下按钮 SB14（106 区），继电器 KA22、电磁阀 YV3a、YV6b 相继动作，主轴以工作进给速度前进。由于此时 KA21 未动作，松开 SB14 时，KA22、YV3a、YV6b 均失电，主轴立即停止进给。

当需要对主轴进给量进行微调点动控制时，可按微调按钮 SB15（108 区），继电器 KA23 吸合，电磁阀 YV3a 和 YV7 得电动作，压力油进入油缸并经微调阀油路回到油池，主轴就以极微小的移动量进给。松开按钮 SB15，主轴即停止进给。

当需进行平旋盘进给控制时，只要将平旋盘接通和断开手柄置于"接通"位置，然后再按上述方法操作，即可实现平旋盘的 4 种进给方式。

主轴的后退和主轴箱的升降进给控制，与主轴的进给控制相似，只是十字主令开关 SA5 所处的位置不同。

为了使进给机构在启动和停止时不产生冲动动作，在油泵启动后，电磁阀 YV19 和 YV20 都得电动作，使各液压缸的前后端都充满压力油。按下任何一只进给按钮，继电器 KA20、KA22、KA23 中的一个会吸合，时间继电器 KT3 吸合并自锁，KT3 延时闭合的常闭触头（92 区）瞬时断开，电磁阀 YV19 失电。同时，电磁阀 YV20 也立即失电。进给停止时，由于十字主令开关恢复到零位或放开点动按钮，继电器 KA20、KA22 或 KA23 立即释放，使 YA20 得电，但 YV19 仍处于失电状态。当主令开关 SA5 恢复零位时，继电器 KA17 和 KA18 都吸合，KA17 的常闭触头（101 区）和 KA18 的常闭触头（102 区）均断开，时间继电器 KT3 线圈断电，经过延时，KT3 的延时闭合的常闭触头（92 区）闭合，YV19 又得电动作，给进给油缸两端充压力油。从进给停止到电磁阀 YV19 得电动作的一段时间内，各进给机构的夹紧松开电磁阀失电，进给机构被夹紧。例如在主轴进给停止时，主令开关 SA5 恢复零位，SA5—1 断开，KA19 断电释放，电磁阀 YV8 失电，主轴被夹紧。主轴夹紧后，KT3 的延时闭合的常闭触头（92 区）闭合，电磁阀 YV19 得电动作，进给油缸两端又充满压力油。

继电器 KA17 和 KA18 起联锁保护作用。如果两只十字主令开关 SA5 和 SA6 都不在零位，则 KA17 和 KA18 都处于断电释放状态，各进给机构都不能开动。

（3）工作台回转控制

T610 卧式镗床的工作台可以手动回转，也可以机动回转。机动回转时，工作台可以回转 90° 自动定位。回转角度小于 90° 时，可用手动停止。

工作台回转用电动机 M4 拖动，工作台的夹紧放松则用电磁液压控制，工作台回转 90° 的定位也用电磁液压控制。

工作台回转 90° 自动定位过程是由电气和液压装置配合，组成顺序自动控制，这个工作顺序应当是先松开工作台，拔出定位销，然后使传动机构的蜗轮与蜗杆啮合。再启动电动机 M4，工作台开始回转。工作台回转到 90° 时，电动机应立即停车，然后蜗杆与蜗轮脱开，定位销插入销座，再将工作台夹紧。

① 工作台自动（机动）回转的控制。将主令开关 SA4（48 区）扳到"自动"位置，SA4 的触头（35—0）闭合。按下工作台正转按钮 SB8（44 区），继电器 KA4 吸合并自锁，KA4 的常开触头（50 区）闭合，电磁阀 YV11 和 YV16 同时得电动作。YV11 使工作台的夹紧机构松开，YV16 则使工作台压力导轨充压力油。同时 KA4 的常闭触头（57 区）断开，继电器 KA7 释放，常闭触头（81 区）断开，继电器 KA17、KA18 同时释放，使其他进给机构不能开动。

当工作台夹紧机构松开后，压合位置开关 SQ2 的常开触头（131 区）闭合，直流继电器 KA26 吸合，并在短时间内立即释放。这是电容 C10 和电阻 R14 作用的结果。刚接通直流电源时，电容 C10 两端的电压为 0，有较大的充电电流通过继电器 KA26 的线圈，这个电流大于 KA26 的吸合电流，KA26 立即吸合。在充电过程中，电容器两端的电压逐渐上升，充电电流逐渐减小，当充电电流小于继电器的释放电流时，KA26 释放。这个过渡过程的时间主要取决于 C10 的电容量和继电器线圈的电阻，而最后的稳定电流由线圈的电阻和 R14 的阻值决定。由于电阻 R14 的阻值较大，这个稳定电流远不能使 KA26 维持吸合状态。当 SQ2 的常开触头（131 区）断开后，C10 通过 R14 放电，最后使电容两端电压为零，为下一次通电做好准备。

继电器 KA26 短时吸合，其常开触头（53 区）闭合，使继电器 KA6 吸合并自锁。KA6 的常开触头（52 区）闭合，电磁阀 YV10 得电动作，将定位销拔出并使蜗杆与蜗轮啮合。

拔出定位销时，压合位置开关 SQ1 的常开触头（129 区）闭合，直流继电器 KA25 和 KA26 一样短时吸合一下，KA25 的常开触头（45 区）闭合，使接触器 KM7 吸合并自锁，电动机 M4 正向启动运转，工作台即正向（顺时针）回转。

工作台回转到 90° 时，压合位置开关 SQ8 的常开触头（128 区）闭合，使直流继电器 KA29 短时吸动一下，KA29 的常闭触头（45 区）断开，接触器 KM7 断电释放，电动机 M4 失电停转。同时 KA29 的常开触头（55 区）闭合，时间继电器 KT2 吸合并自锁，其瞬时常闭触头（43 区）断开，为 KA4 断电做准备，而延时断开的常闭触头（53 区）在延时 2s 后断开，继电器 KA6 断电释放，其常开触头（52 区）断开，电磁阀 YV10 失电，蜗杆与蜗轮脱开，定位销插入销座。定位销插入销座后，压力继电器 KP1 动作，其常闭触头（44 区）断开，继电器 KA4 断电释放，时间继电器 KT2、电磁阀 YV11 和 YV16 失电，工作台夹紧，准备进行加工。同时 KA7 得电动作，KA17 和 KA18 吸合，进给机构可以正常工作。

② 工作台回转电动机的制动控制。电动机 M4 停车时，采用了最简便的电容式能耗制动。从线路中可看出，电动机 M4 的定子有一个端点通过电容 C13、电阻 R23、R24 和硅二极管 V10（7 区）接到 0 号线端。当 KM6 或 KM7 吸合，电动机正常工作时，由于二极管的单向导电性，电流只能单向流动，220V 的交流电源经 V10 整流后向电容 C13 充电，在 C13 两端建立直流电压，为能耗制动做好准备。

当电动机 M4 停车时，接触器 KM7 和 KM8 的常闭辅助触头（7 区）闭合，电容 C13 串接电阻 R23 后跨接在 M4 的两相定子绕组上，立即向定子绕组放电，在定子绕组中产生直流电流，从而产生制动力矩，对电动机进行制动。经制动 2s 后，电动机转速已很低，工作台回转速度也很低，这时蜗杆与蜗轮脱开，定位销插入销座时不会产生很大冲击力。

③ 工作台手动回转控制。需工作台手动回转时，应将主令开关 SA4（48 区）扳到手动位置，电磁阀 YV11 和 YV16 立即得电动作，工作台松开，压力导轨充油。工作台松开后，压合位置开关 SQ2，继电器 KA26、KA6、电磁阀 YV10 先后得电动作，拔出定位销后，就可以用手轮操纵工作台微量回转。

从手动松开工作台到夹紧工作台的过程中，继电器 KA7 处于断电释放状态，其他进给机构不能工作。控制电路的工作情况与自动时相同。

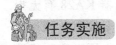

任务实施

T610 卧式镗床的电气控制线路的检修

一、准备工作

1. 安全文明

在项目实施过程中要求同学们穿戴好劳保用品，确认实习操作场地的安全。

2. 工具与仪表

（1）工具：测电笔、电工刀、尖嘴钳、斜口钳、剥线钳、螺钉旋具、活络扳手等。

（2）仪表：MF30 型万用表、5050 型兆欧表、T301-A 钳形电流表、转速表。

二、实施过程

1. 常见电气故障分析与检修

T610 卧式镗床的电气控制线路较复杂，各个控制动作又多是由电气控制系统和液压系统配合完成，且参加动作的电器元件较多，所以电气故障的检修难度较大。但是，它的控制线路也是由多个基本控制环节组成，只要掌握好电气控制线路的各个控制环节的动作原理，认真观察分析，也不难找出故障点并加以排除。对电路中单纯交流接触器、继电器控制部分的故障分析及检修方法，与前面讨论的类似，这里不再重复。下面仅对涉及液压和电子控制方面的故障及调整修理方法列举几例进行讨论。

（1）主轴点动后不能制动

机床出现故障后，不要盲目动手检查，应先进行调查研究，然后通电观察各电器元件的动作情况，根据电路图对故障现象仔细分析，确定故障发生的大体范围，再有目的地进行检查。对主轴点动后不能制动的故障，可先通电观察主轴正反转和正反转点动的工作情况。若正反转控制时制动正常，则说明主电路、制动电磁离合器及继电器 KA3 回路均正常。此时应仔细观察，按动点动按钮时直流继电器 KA28、KA24 是否动作，若都能动作且保持 2s 左右，则故障可能是 KA24 的常开触头（43 区）不能吸合或接点线头脱落。若动作后立即释放，持续时间远小于 2s，则故障发生在晶体管延时电路中，其原因是接触器 KM3 的常开触头接触不良，造成点动时电容 C5、C6 不能充分放电，或直流电源电压过低等。如果 KA28 不能吸合，应先检查整流电源及稳压管 V2 两端电压是否正常，然后再检查按钮 SB5、SB7 的常闭触头接触是否良好、晶体管 V3 是否损坏、基极电路中有无断路现象、C7 有无短路、继电器 KA28 有无损坏等。对于晶体管延时电路的故障，一般可通过测量直流电压或电流来找出故障点及故障元件。例如在正常情况下，未按 SB7 和 SB5 时，C5 和 C6 两端的电压之和与稳压管 V2 两端的电压相接近，约为 20 V。按下 SB7 或 SB5 时，此电压应为零。再放开按钮时，此电压则从零逐渐上升到接近 20 V，而 KA28 两端的电压则从 20 V 左右逐步下降到零。否则，说明有故障存在，须找出故障点并加以排除。

（2）工作台回转控制不能实现回转 90° 自动定位

工作台的回转 90° 自动定位的控制是由电气与液压配合，自动控制。对这部分线路出现的故障进行检修，必须熟悉这个工作程序的过程，弄清这一工作程序中的每个动作是由什么电器来控制和实现的。这些内容前面已讨论过。下面将这一工作程序中各电器元件的动作先后顺序再简述如下：扳动 SA4（48 区），按下 SB9（47 区）→KA5 吸合→YV11、YV16 吸合而 KA7 释放→KA17、KA18 释放，同时工作台松开→（放松后）SQ2 受压→KA26 短时吸合→KM8 吸合→M4 启动运转→工作台反向回转 90°→SQ8 受压→KA29 短时吸合→KM8 释放，KT2 吸合→M4 断电停转，延时 2s 后→KA6 释放→YV10 通电→蜗轮蜗杆脱开，定位销插入→KP1 动作→KA5 释放→YV11、YV16、KT2 均释放，KA7 吸合→YV11 断电使工作台夹紧，准备进行加工，而 KA7 吸合→KA17、KA18 吸合，可进行进给控制。根据动作程序及各电器的动作先后，对照故障现象，不难找出故障原因并修复。

2．检修步骤及工艺要求

（1）T610 镗床线路复杂，实际检修前，可先在电路图上进行故障分析练习。教师列举某些典型故障，由学生在电路图上根据故障现象分析故障原因或根据故障点分析故障现象。

（2）对镗床进行操作，充分了解镗床的各种工作状态、各运动部件的运动形式及各操作手柄的作用。

（3）熟悉镗床各电器元件的安装位置、走线情况及操作手柄处于不同位置时，各位置开关的工作状态。

（4）在有故障的镗床上或人为设置自然故障点的镗床上，由教师示范检修。把检修步骤及要求贯穿其中，直至故障排除。

（5）由教师设置让学生知道的故障点，指导学生如何从故障现象着手进行分析，逐步引导学生采用正确的检查步骤和维修方法排除故障。

（6）教师设置人为的故障点，由学生检修，其具体要求如下：

① 用通电试验法观察故障现象，然后采用正确的检修方法在定额时间内查出并排除故障。

② 检修过程中故障分析的思路要正确，排除故障时不得采用更换电器元件、借用触头或改动线路的方法。

③ 检修时，严禁扩大故障范围或产生新的故障，不得损坏电器元件。

3．注意事项

（1）检修前要认真阅读 T610 镗床的电路图，弄清有关电器元件的位置、作用及其相互连接导线的走向。

（2）T610 镗床的多种运动都是由电气和液压配合完成的。检修时要注意区别它们各自的作用。

（3）停电要验电，带电检查时必须有指导教师在现场监护，以确保用电安全。

（4）工具和仪表的使用要正确，检修时要认真核对导线的线号，以免出现误判。

4．评分标准

T610 镗床电气控制线路检修的评分标准见表 3.31。

表 3.31 评分标准

项 目 内 容	配 分	评 分 标 准		扣 分
故障分析	30	（1）检修思路不正确	扣 5～10 分	
		（2）不能标出最小故障范围，每个	扣 15 分	
故障排除	70	（1）不能查出故障，每个	扣 35 分	
		（2）检修步骤不正确，每处	扣 5～10 分	
		（3）查出故障点但不能排除，每个	扣 25 分	
		（4）扩大故障范围或产生新故障：		
		不能排除，每处	扣 35 分	
		已经排除，每处	扣 20 分	
		（5）仪表和工具使用不正确，每次	扣 5 分	
		（6）停电不验电，每次	扣 5 分	
安全文明生产		违反安全文明生产规程	扣 5～50 分	
定额时间：60min		不允许超时检查，在修复故障过程中才允许超时，但应以每超 5min 扣 5 分计算		
备注		除定额时间外，各项内容的最高配分不超过配分数	成绩	
开始时间		结束时间	实际时间	

想一想

1．T610 镗床的各进给部件具有哪几种进给方式？

2．T610 镗床的主轴在点动控制时，主轴电动机为什么始终接成Y形？

3．参考图 3.25 所示的 T610 镗床电路图，简述 T610 镗床中主轴电动机点动时的停车控制过程。

4．T610 镗床是如何实现主轴变速控制的？

5．参考图 3.25 所示的 T610 镗床电路图，分析 T610 镗床主轴升速的控制过程。

6．T610 镗床中，继电器 KA17 和 KA18 的作用是什么？

7．简述 T610 镗床工作台回转 90°自动定位过程的工作程序。

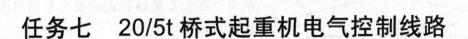

任务七　20/5t 桥式起重机电气控制线路

任务描述

起重机广泛用于建筑工地、车站货场、生产车间等场所用来吊起或放下重物，并使重物在短距离内水平移动的起重设备。通过对 20/5t 起重机电气控制线路的学习，掌握起重机控制线路的构成、工作原理，并能对控制线路进行维修。

学习目标

1．熟悉 20/5t 桥式起重机电气控制线路的构成和工作原理。

2．掌握 20/5t 桥式起重机电气控制线路的分析方法及其维修。

知识平台

起重机是一种用来吊起或放下重物并使重物在短距离内水平移动的起重设备。起重设备按结构分，有桥式、塔式、门式、旋转式和缆索式等。

不同结构的起重设备分别应用在不同的场所，如建筑工地使用的塔式起重机；码头、港口使用的旋转式起重机；生产车间使用的桥式起重机；车站货场使用的门式起重机。常见的桥式起重机有 5t、10t 单钩及 15/3 t、20/5 t 双钩等几种。桥式起重机一般通称行车或天车。由于桥式起重机应用较广泛，本任务以 20/5 t（重量级）桥式起重机（电动双梁吊车）为例，分析起重设备的电气控制线路。

一、20/5t 桥式起重机的主要结构及运动形式

桥式起重机的结构示意图如图 3.26 所示。

桥式起重机桥架机构主要由大车和小车组成，主钩（20t）和副钩（5t）组成提升机构。

大车的轨道敷设在沿车间两侧的立柱上，大车可在轨道上沿车间纵向移动；大车上有小车轨道，供小车横向移动；主钩和副钩都装在小车上，主钩用来提升重物，副钩除可提升轻物外，在其额定负载范围内也可协同主钩完成工件吊运，但不允许主、副钩同时提升两个物件。每个吊钩在单独工作时均只能起吊重量不超过额定重量的重物；当主、副钩同时工作时，物件重量不允许超过主钩起重量。这样，起重

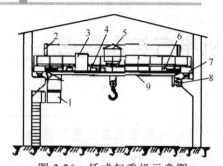

图 3.26 桥式起重机示意图

1-驾驶室；2-辅助滑触架；3-交流磁力控制屏；
4-电阻箱；5-起重小车；6-大车拖动电动机；
7-端梁；8-主滑线；9-主梁

机可以在大车能够行走的整个车间范围内进行起重运输。

二、20/5t 桥式起重机的供电特点

桥式起重机的电源电压为 380V，由公共的交流电源供给，由于起重机在工作时是经常移动的，并且，大车与小车之间、大车与厂房之间都存在着相对运动，因此，要采用可移动的电源设备供电。一种是采用软电缆供电，软电缆可随大、小车的移动而伸展和叠卷，多用于小型起重机（一般 10t 以下）；另一种常用的方法是采用滑触线和集电刷供电。三根主滑触线是沿着平行于大车轨道的方向敷设在车间厂房的一侧。三相交流电源经由三根主滑触线与滑动的集电刷，引进起重机驾驶室内的保护控制柜上，再从保护控制柜引出两相电源至凸轮控制器，另一相称为电源的公用相，它直接从保护控制柜接到各电动机的定子接线端。

另外，为了便于供电及各电气设备之间的连接，在桥架的另一侧装设了 21 根辅助滑触线，如图 3.27 所示。它们的作用分别是：用于主钩部分 10 根，3 根（13、14 区）连接主钩电动机 M5 的定子绕组（5U、5V、5W）接线端；3 根（13、14 区）连接转子绕组与转子附加电阻 5R；主钩电磁抱闸制动器 YB5、YB6 接交流磁力控制屏 2 根（15、16 区）；主钩上升位置开关 SQ5 接交流磁力控制屏与主令控制器 2 根（21 区）。用于副钩部分 6 根，其中 3 根（3 区）连接副钩电动机 M1 的转子绕组与转子附加电阻 1R；2 根（3 区）连接定子绕组（1U、1W）接线端与凸轮控制器 AC1；另 1 根（8 区）将副钩上升位置开关 SQ6 接在交流保护柜上。用于小车部分 5 根，其中 3 根（4 区）连接小车电动机 M2 的转子绕组与转子附加电阻 2R；2 根（4 区）连接 M2 定子绕组（2U、2W）接线端与凸轮控制器 AC2。

滑触线通常采用角钢、圆钢、V 形钢或工字钢等刚性导体制成。

三、20/5t 桥式起重机对电力拖动的要求

（1）由于桥式起重机工作环境比较恶劣，不但在多灰尘、高温、高湿度下工作，而且经常在重载下进行频繁启动、制动、反转、变速等操作，要承受较大过载和机械冲击。因此，要求电动机具有较高的机械强度和较大的过载能力，同时还要求电动机

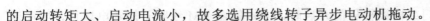

的启动转矩大、启动电流小，故多选用绕线转子异步电动机拖动。

（2）由于起重机的负载为恒转矩负载，所以采用恒转矩调速。当改变转子外接电阻时，电动机便可获得不同转速。但转子中加电阻后，其机械特性变软，一般重载时，转速可降低到额定转速的 50%～60%。

（3）要有合理的升降速度，空载、轻载要求速度快，以减少辅助工时；重载时要求速度慢。

（4）提升开始或重物下降到预定位置附近时，都需要低速，所以在 30%额定速度内应分成几挡，以便灵活操作。

（5）提升的第一级作为预备级，是为了消除传动间隙和张紧钢丝绳，以避免过大的机械冲击。所以启动转矩不能过大，一般限制在额定转矩的一半以下。

（6）起重机的负载力矩为位能性反抗力矩，因而电动机可运转在电动状态、再生发电状态和倒拉反接制动状态。为了保证人身与设备的安全，停车必须采用安全可靠的制动方式。

（7）应具有必要的零位、短路、过载和终端保护。

四、20/5t 桥式起重机电气设备及控制、保护装置

桥式起重机的大车桥架跨度一般较大，两侧装置两个主动轮，分别由两台同规格电动机 M3 和 M4 拖动，沿大车轨道纵向两个方向同速运动。

小车移动机构由一台电动机 M2 拖动，沿固定在大车桥架上的小车轨道横向两个方向运动。

主钩升降由一台电动机 M5 拖动。

副钩升降由一台电动机 M1 拖动。

电源总开关为 QS1；凸轮控制器 AC1、AC2、AC3 分别控制副钩电动机 M1、小车电动机 M2、大车电动机 M3、M4；主令控制器 AC4 配合交流磁力控制屏（PQR）完成对主钩电动机 M5 的控制。

整个起重机的保护环节由交流保护控制柜（GQR）和交流磁力控制屏（PQR）来实现。各控制电路均用熔断器 FU1、FU2 作为短路保护；总电源及各台电动机分别采用过电流继电器 KA0、KA1、KA2、KA3、KA4、KA5 实现过载和过流保护；为了保障维修人员的安全，在驾驶室舱门盖上装有安全开关 SQ7；在横梁两侧栏杆门上分别装有安全开关 SQ8、SQ9；为了在发生紧急情况时操作人员能立即切断电源，防止事故扩大，在保护柜上还装有一只单刀单掷的紧急开关 QS4。上述各开关在电路中均使用常开触头，与副钩、小车、大车的过电流继电器及总过流继电器的常闭触头相串联，

这样，当驾驶室舱门或横梁栏杆门开启时，主接触器 KM 线圈不能获电运行，或在运行中也会断电释放，使起重机的全部电动机都不能启动运转，保证了人身安全。

电源总开关 QS1、熔断器 FU1 与 FU2、主接触器 KM、紧急开关 QS4 以及过电流继电器 KA0～KA5 都安装在保护柜上。保护柜、凸轮控制器及主令控制器均安装在驾驶室内，以便于司机操作。

起重机各移动部分均采用位置开关作为行程限位保护。它们分别是：位置开关 SQ1、SQ2 是小车横向限位保护；位置开关 SQ3、SQ4 是大车纵向限位保护；位置开关 SQ5、SQ6 分别作为主钩和副钩提升的限位保护。当移动部件的行程超过极限位置时，利用移动部件上的挡铁压开位置开关，使电动机断电并制动，保证了设备的安全运行。

起重机上的移动电动机和提升电动机均采用电磁抱闸制动器制动，它们分别是：副钩制动用 YB1；小车制动用 YB2；大车制动用 YB3 和 YB4；主钩制动用 YB5 和 YB6。其中 YB1～YB4 为两相电磁铁，YB5 和 YB6 为三相电磁铁。当电动机通电时，电磁抱闸制动器的线圈获电，使闸瓦与闸轮分开，电动机可以自由旋转；当电动机断电时，电磁抱闸制动器失电，闸瓦抱住闸轮使电动机被制动停转。

起重机轨道及金属桥架应当进行可靠的接地保护。

五、20/5t 桥式起重机电气控制线路分析

20/5t 交流桥式起重机的电路如图 3.27 所示。

1. 主接触器 KM 的控制

准备阶段：在起重机投入运行前，应将所有凸轮控制器手柄置于 "0" 位，零位联锁触头 AC1—7、AC2—7、AC3—7（均在 9 区）处于闭合状态。合上紧急开关 QS4（10 区），关好舱门和横梁栏杆门，使位置开关 SQ7、SQ8、SQ9 的常开触头（10 区）也处于闭合状态。

启动运行阶段：合上电源开关 QS1，按下保护控制柜上的启动按钮 SB（9 区），主接触器 KM 线圈（11 区）吸合，KM 主触头（2 区）闭合，使两相电源（U12、V12）引入各凸轮控制器，另一相电源（W13）直接引入各电动机定子接线端。此时由于各凸轮控制器手柄均在零位，故电动机不会运转。同时，主接触器 KM 两副常开辅助触头（7 区与 9 区）闭合自锁。当松开启动按钮 SB 后，主接触器 KM 线圈经 1—2—3—4—5—6—7—14—18—17—16—15—19—20—21—22—23—24 至 FU1 形成通路获电。

2. 凸轮控制器的控制

起重机的大车、小车和副钩电动机容量都较小，一般采用凸轮控制器控制。

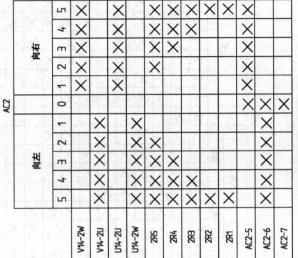

（b）小车凸轮控制器触头分合表

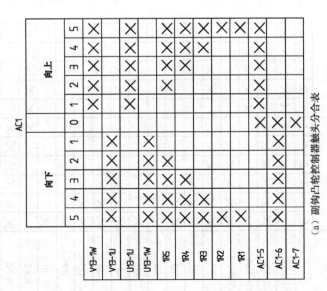

（a）副钩凸轮控制器触头分合表

图3.27　20/5t交流桥式起重机电路图

AC3	向后						向前				
	5	4	3	2	1	0	1	2	3	4	5
V12-3W,4U							×	×	×	×	×
V12-3U,4W	×	×	×	×	×						
U12-3U,4W							×	×	×	×	×
U12-3W,4U	×	×	×	×	×						
3R5	×	×	×	×				×	×	×	×
3R4	×	×	×						×	×	×
3R3	×	×								×	×
3R2	×										×
3R1	×										×
4R5	×	×	×	×				×	×	×	×
4R4	×	×	×						×	×	×
4R3	×	×								×	×
4R2	×										×
4R1	×										×
AC3-5						×	×	×	×	×	×
AC3-6	×	×	×	×	×	×					
AC3-7						×					

（c）大车凸轮控制器触头分合表

AC4		下降							上升					
		强力			制动									
		5	4	3	2	1	J	0	1	2	3	4	5	6
	S1							×						
	S2	×	×	×										
	S3				×	×	×		×	×	×	×	×	×
KM3	S4	×	×	×	×	×			×	×	×	×	×	×
KM1	S5	×	×	×										
KM2	S6				×	×	×		×	×	×	×	×	×
KM4	S7	×	×	×		×	×		×	×	×	×	×	×
KM5	S8	×	×	×			×			×	×	×	×	×
KM6	S9	×	×								×	×	×	×
KM7	S10	×										×	×	×
KM8	S11	×											×	×
KM9	S12	×	0	0										×

（d）主令控制器触头分合表

X-表示触头闭合　　0-表示触头转向0位时闭合

图3.27　20/5t交流桥式起重机电路图（续）

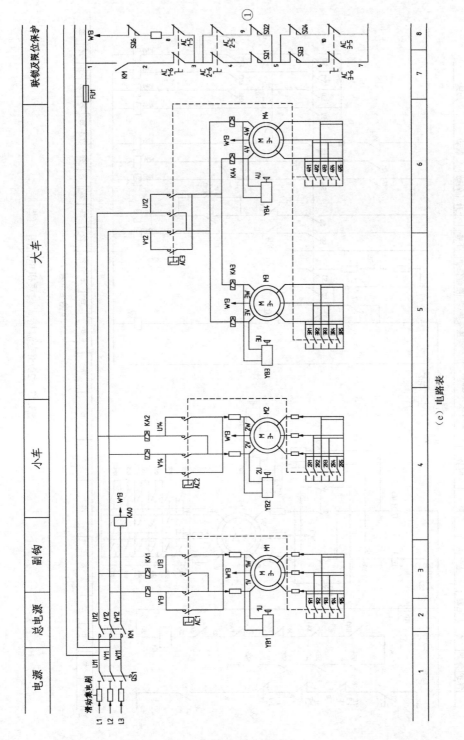

（e）20/5t交流桥式起重机电路图

图3.27　20/5t交流桥式起重机电路图（续）

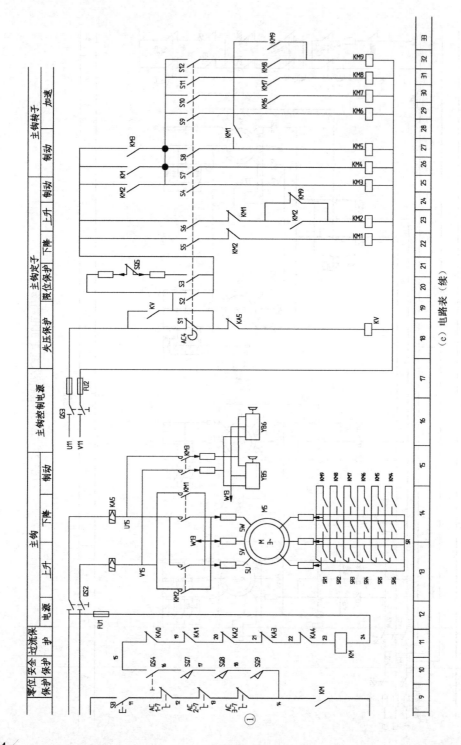

（e）电路表

图3.27 20/5t交流桥式起重机电路图（续）

由于大车被两台电动机 M3 和 M4 同时拖动，所以大车凸轮控制器 AC3 比 AC1 和 AC2 多用了 5 对常开触头，以供切除电动机 M4 的转子电阻 4R1～4R5 用。大车、小车和副钩的控制过程基本相同。下面以副钩为例，说明控制过程。

副钩凸轮控制器 AC1 共有 11 个位置，中间位置是零位，左右两边各有 5 个位置，用来控制电动机 M1 在不同转速下的正反转，即用来控制副钩的升降。AC 共用了 12 副触头，其中 4 对常开主触头控制 M1 定子绕组的电源，并换接电源相序以实现 M1 的正反转；5 对常开辅助触头控制 M1 转子电阻 1R 的切换；3 对常闭辅助触头作为联锁触头，其中 AC1—5 和 AC1—6 为 M1 正反转联锁触头，AC1—7 为零位联锁触头。

在主接触器 KM 线圈获电吸合，总电源接通的情况下，转动凸轮控制器 AC1 的手轮至向上的"1"位置时，AC1 的主触头 V13—1W 和 U13—1U 闭合，触头 AC1—5（8区）闭合，AC1—6（7区）和 AC1—7（9区）断开，电动机 M1 接通三相电源正转（此时电磁抱闸 YB1 获电，闸瓦与闸轮已分开），由于 5 对常开辅助触头（2区）均断开，故 M1 转子回路中串接全部附加电阻 1R 启动，M1 以最低转速带动副钩上升。转动 AC1 手轮，依次到向上的"2"～"5"位时，5 对常开辅助触头依次闭合，短接电阻 1R5～1R1，电动机 M1 的转速逐渐升高，直到预定转速。

当凸轮控制器 AC1 的手轮转至向下挡位时，这时，由于触头 V13—1U 和 U13—1W 闭合，接入电动机 M1 的电源相序改变，M1 反转，带动副钩下降。

若断电或将手轮转至"0"位时，电动机 M1 断电，同时电磁抱闸制动器 YB1 也断电，M1 被迅速制动停转。副钩带有重负载时，考虑到负载的重力作用，在下降负载时，应先把手轮逐级扳到"下降"的最后一挡，然后根据速度要求逐级退回升速，以免引起快速下降而造成事故。

3. 主令控制器的控制

主钩电动机是桥式起重机容量最大的一台电动机，一般采用主令控制器配合磁力控制屏进行控制，即用主令控制器控制接触器，再由接触器控制电动机。为提高主钩电动机运行的稳定性，在切除转子附加电阻时，采取三相平衡切除，使三相转子电流平衡。

主钩运行有升降两个方向，主钩上升与凸轮控制器的工作过程基本相似，区别仅在于它是通过接触器来控制的。

主钩下降时与凸轮控制器控制的动作过程有较明显的差异。主钩下降有 6 挡位置。"J"、"1"、"2"挡为制动下降位置，防止在吊有重载下降时速度过快，电动机处于倒拉反接制动运行状态；"3"、"4"、"5"挡为强力下降位置，主要用于轻负载时快速强力下降。主令控制器在下降位置时，6 个挡次的工作情况如下：

合上电源开关 QS1（1区）、QS2（12区）、QS3（16区），接通主电路和控制电路电源，主令控制器 AC4 手柄置于零位，触头 S1（18 区）处于闭合状态，电压继电器 KV 线圈（18 区）获电吸合，其常开触头（19 区）闭合自锁，为主钩电动机 M5 启动控制做好准备。

（1）手柄扳到制动下降位置"J"挡

由主令控制器 AC4 的触头分合表（如图 3-27d 所示）可知，此时常闭触头 S1（18 区）断开，常开触头 S3（21 区）、S6（23 区）、S7（26 区）、S8（27 区）闭合。触头 S3 闭合，位置开关 SQ5（21 区）串入电路起上升限位保护；触头 S6 闭合，提升接触器 KM2 线圈（23 区）获电，KM2 联锁触头（22 区）分断对 KM1 联锁，KM2 主触头（13 区）和自锁触头（23 区）闭合，电动机 M5 定子绕组通入三相正序电压，KM2 常开辅助触头（25 区）闭合，为切除各级转子电阻 5R 的接触器 KM4～KM9 和制动接触器 KM3 接通电源做准备；触头 S7、S8 闭合，接触器 KM4（26 区）和 KM5（27 区）线圈获电吸合，KM4 和 KM5 常开触头（13 区、14 区）闭合，转子切除两级附加电阻 5R6 和 5R5。这时，尽管电动机 M5 已接通电源，但由于主令控制器的常开触头 S4（25 区）未闭合，接触器 KM3（25 区）线圈不能获电，故电磁抱闸制动器 YB5、YB6 线圈也不能获电，制动器未释放，电动机 M5 仍处于抱闸制动状态，因而电动机虽然加正序电压产生正向电磁转矩，电动机 M5 也不能启动旋转。这一挡是下降准备挡，将齿轮等传动部件啮合好，以防下放重物时突然快速运动而使传动机构受到剧烈的冲击。手柄置于"J"挡时，时间不宜过长，以免烧坏电气设备。

（2）手柄扳到制动下降位置"1"挡

此时主令控制器 AC4 的触头 S3、S4、S6、S7 闭合。触头 S3 和 S6 仍闭合，保证串入提升限位开关 SQ5 和正向接触器 KM2 通电吸合；触头 S4 和 S7 闭合，使制动接触器 KM3 和接触器 KM4 获电吸合，电磁抱闸制动器 YB5 和 YB6 的抱闸松开，转子切除一级附加电阻 5R6。这时电动机 M5 能自由旋转，可运转于正向电动状态（提升重物）或倒拉反接制动状态（低速下放重物）。当重物产生的负载倒拉力矩大于电动机产生的正向电磁转矩时，电动机 M5 运转在负载倒拉反接制动状态，低速下放重物；反之，则重物不但不能下降反而被提升，这时必须把 AC4 的手柄迅速扳到下一挡。

接触器 KM3 通电吸合时，与 KM2 和 KM1 常开触头（25 区、26 区）并联的 KM3 的自锁触头（27 区）闭合自锁，以保证主令控制器 AC4 进行制动下降"2"挡和强力下降"3"挡切换时，KM3 线圈仍通电吸合，YB5 和 YB6 处于非制动状态，防止换挡时出现高速制动而产生强烈的机械冲击。

（3）手柄扳到制动下降位置"2"挡

此时主令控制器触头 S3、S4、S6 仍闭合，触头 S7 分断，接触器 KM4 线圈断电释放，附加电阻全部接入转子回路，使电动机产生的电磁转矩减小，重负载下降速度比"1"挡时加快。这样，操作者可根据重负载情况及下降速度要求，适当选择"1"挡或"2"挡下降。

（4）手柄扳到强力下降位置"3"挡

主令控制器 AC4 的触头 S2、S4、S5、S7、S8 闭合。触头 S2 闭合，为下面通电做准备。因为"3"挡为强力下降，这时提升位置开关 SQ5（21 区）失去保护作用。控制电路的电源通路改由触头 S2 控制；触头 S5 和 S4 闭合，反向接触器 KM1 和制动接触器 KM3 获电吸合，电动机 M5 定子绕组接入三相负序电压，电磁抱闸 YB5 和 YB6 的抱闸松开，电动机 M5 产生反向电磁转矩；触头 S7 和 S8 闭合，接触器 KM4 和 KM5 获电吸合，转子中切除两级电阻 5R6 和 5R5。这时，电动机 M5 运转在反转电动状态（强力下降重物），且下降速度与负载重量有关。若负载较轻（空钩或轻载），则电动机 M5 处于反转电动状态；若负载较重，下放重物的速度很高，使电动机转速超过同步转速，则电动机 M5 将进入再生发电制动状态。负载越重，下降速度越大，应注意操作安全。

（5）手柄扳到强力下降位置"4"挡

主令控制器 AC4 的触头除"3"挡闭合外，又增加了触头 S9 闭合，接触器 KM6（29 区）线圈获电吸合，转子附加电阻 5R4 被切除，电动机 M5 进一步加速运动，轻负载下降速度变快。另外 KM6 常开辅助触头（30 区）闭合，为接触器 KM7 线圈获电做准备。

（6）手柄扳到强力下降位置"5"挡

主令控制器 AC4 的触头除"4"挡闭合外，又增加了触头 S10、S11、S12 闭合、接触器 KM7～KM9 线圈依次获电吸合（因在每个接触器的支路中，串接了前一个接触器的常开触头），转子附加电阻 5R3、5R2、5R1 依次逐级切除，以避免过大的冲击电流，同时电动机 M5 旋转速度逐渐增加，待转子电阻全部切除后，电动机以最高转速运行，负载下降速度最快。此挡若负载很重，使实际下降速度超过电动机的同步转速时，电动机进入再生发电制动状态，电磁转矩变成制动力矩，保证了负载的下降速度不致太快，且在同一负载下，"5"挡下降速度要比"4"和"3"挡速度低。

由以上分析可见，主令控制器 AC4 手柄置于制动下降位置"J"、"1"、"2"挡时，电动机 M5 加正序电压。其中"J"挡为准备挡。当负载较重时，"1"挡和"2"挡电动机都运转在负载倒拉反接制动状态，可获得重载低速下降，且"2"挡比"1"挡速度高。若负载较轻时，电动机会运转于正向电动状态，重物不但不能下降，反而会被提升。

当 AC4 手柄置于强力下降位置"3"、"4"、"5"挡时，电动机 M5 加负序电压。若负载较轻或空钩时，电动机工作在电动状态，强迫下放重物，"5"挡速度最高，

"3"挡速度最低；若负载较重，则可以得到超过同步转速的下降速度，电动机工作在再生发电制动状态，且"3"挡速度最高，"5"挡速度最低。由于"3"和"4"挡的速度较高，很不安全，因而只能选用"5"挡速度。

桥式起重机在实际运行中，操作人员要根据具体情况选择不同的挡位。例如主令控制器手柄在强力下降位置"5"挡时，仅适用于起重负载较小的场合。如果需要较低的下降速度或起重负载较大的情况下，就需要把主令控制器手柄扳回到制动下降位置"1"挡或"2"挡，进行反接制动下降。这时，必然要通过"4"挡和"3"挡。为了避免在转换过程中可能发生过高的下降速度，在接触器 KM9 电路中常用辅助常开触头 KM9（33 区）自锁。同时，为了不影响提升调速，故在该支路中再串联一个常开辅助触头 KM1（28 区）。这样可以保证主令控制器手柄由强力下降位置向制动下降位置转换时，接触器 KM9 线圈始终有电，只有手柄扳至制动下降位置后，接触器 KM9 线圈才断电。在主令控制器 AC4 触头分合表（图 3-27）中可以看到，强力下降位置"4"挡、"3"挡上有"0"的符号，便表示手柄由"5"挡向"0"位回转时，触头 S12 接通。如果没有以上联锁装置，在手柄由强力下降位置向制动下降位置转换时，若操作人员不小心，误把手柄停在了"3"挡或"4"挡，那么正在高速下降的负载速度不但得不到控制，反而使下降速度增加，很可能造成恶性事故。

另外，串接在接触器 KM2 支路中的 KM2 常开触头（23 区）与 KM9 常闭触头（24 区）并联，主要作用是当接触器 KM1 线圈断电释放后，只有在 KM9 线圈断电释放情况下，接触器 KM2 线圈才允许获电并自锁，这就保证了只有在转子电路中串接一定附加电阻的前提下，才能进行反接制动，以防止反接制动时造成直接启动而产生过大的冲击电流。

电压继电器 KV 实现主令控制器 AC4 的零位保护。

20/5t 桥式起重机电器元件明细表见表 3.32。

表 3.32 20/5t 交流桥式起重机电器元件明细表

代　号	名　　称	型　号	数　量	备　注
M5	主钩电动机	YZR-315M-10、75kW	1	
M1	副钩电动机	YZR-200L-8、15kW	1	
M2	小车电动机	YZR-132MB-6、3.7kW	1	

代　号	名　　称	型　号	数　量	备　注
M3、M4	大车电动机	YZR-160MB-6、 7.5kW	2	
AC1	副钩凸轮控制器	KTJ1-50/1	1	控制副钩电动机
AC2	小车凸轮控制器	KTJ1-50/1	1	控制小车电动机
AC3	大车凸轮控制器	KTJ1-50/5	1	控制大车电动机
AC4	主钩主令控制器	LK1-12/90	1	控制主钩电动机
YB1	副钩电磁制动器	MZD1-300	1	制动副钩
YB2	小车电磁制动器	MZD1-100	1	制动小车
YB3、YB4	大车电磁制动器	MZD1-200	2	制动大车
YB5、YB6	主钩电磁制动器	MZS1-45H	2	制动主钩
1R	副钩电阻器	2K1-41-8/2	1	副钩电动机启动调速
2R	小车电阻器	2K1-12-6/1	1	小车电动机启动调速
3R、4R	大车电阻器	4K1-22-6/1	2	大车电动机启动调速
5R	主钩电阻器	4P5-63-10/9	1	主钩电动机启动调速
QS1	总电源开关	HD-9-400/3	1	接通总电源
QS2	主钩电源开关	HD11-200/2	1	接通主钩电源
QS3	主钩控制电源开关	DZ5-50	1	接通主钩电动机控制电源
QS4	紧急开关	A-3161	1	发生紧急情况断开
SB	启动按钮	LA19-11	1	启动主接触器
KM	主接触器	CJ2-300/3	1	接通大车、小车、副钩电源
KA0	总过电流继电器	JL4-150/1	1	总过流保护
KA1～KA3	过电流继电器	JL4-15	3	过流保护
KA4	过电流继电器	JL4-40	1	过流保护
KA5	主钩过电流继电器	JL4-150	1	过流保护
FU1	控制保护电源熔断器	RL1-15	1	短路保护
KM1、KM2	主钩升降接触器	CJ2-250	2	控制主钩电动机旋转
KM3	主钩制动接触器	CJ2-75/2	1	控制主钩制动电磁铁

续表

代 号	名 称	型 号	数 量	备 注
KM6～KM9	主钩加速级接触器	CJ2-75/3	4	控制主钩附加电阻
KV	欠电压继电器	JT4-10P	1	欠压保护
SQ5	主钩上升位置开关	LK4-31	1	限位保护
SQ6	副钩上升位置开关	LK4-31	1	限位保护
SQ1～SQ4	大、小车位置开关	LK4-11	4	限位保护
SQ7	舱门安全开关	LX2-11H	1	舱门安全保护
SQ8、SQ9	横梁安全开关	LX2-111	2	横梁栏杆门安全保护
KM4、KM5	主预备级接触器	CJ2-75/3	2	

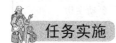

任务实施

20/5t 交流桥式起重机电气控制线路的检修

一、准备工作

1. 安全文明

在项目实施过程中要求同学们穿戴好劳保用品，确认实习操作场地的安全。

2. 工具与仪表

（1）工具：测电笔、电工刀、尖嘴钳、斜口钳、剥线钳、螺钉旋具、活络扳手等。

（2）仪表：MF30 型万用表、5050 型兆欧表、T301-A 钳形电流表。

二、实施过程

1. 电气线路常见故障分析

桥式起重机的结构复杂，工作环境比较恶劣，某些主要电气设备和元件密封条件较差，同时工作频繁，故障率较高。为保证人身与设备的安全，必须坚持经常性的维护保养和检修。今将常见故障现象及原因分述如下：

（1）合上电源总开关 QS1 并按下启动按钮 SB 后，主接触器 KM 不吸合。产生这种故障的原因可能是：线路无电压；熔断器 FU1 熔断；紧急开关 QS4 或安全开关 SQ7、

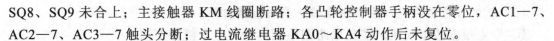

SQ8、SQ9 未合上；主接触器 KM 线圈断路；各凸轮控制器手柄没在零位，AC1—7、AC2—7、AC3—7 触头分断；过电流继电器 KA0～KA4 动作后未复位。

（2）主接触器 KM 吸合后，过电流继电器 KA0～KA4 立即动作。故障原因是：凸轮控制器 AC1～AC3 电路接地；电动机 M1～M4 绕组接地；电磁抱闸 YB1～YB4 线圈接地。

（3）当电源接通转动凸轮控制器手轮后，电动机不启动。故障原因是：凸轮控制器主触头接触不良；滑触线与集电环接触不良；电动机定子绕组或转子绕组断路；电磁抱闸线圈断路或制动器未放松。

（4）转动凸轮控制器后，电动机启动运转，但不能输出额定功率且转速明显减慢。故障原因是：线路压降太大，供电质量差；制动器未全部松开；转子电路中的附加电阻未完全切除；机构卡住。

（5）制动电磁铁线圈过热。故障原因是：电磁铁线圈的电压与线路电压不符；电磁铁工作时，动、静铁芯间的间隙过大；制动器的工作条件与线圈特性不符；电磁铁的牵引力过载。

（6）制动电磁铁噪声大。故障原因是：交流电磁铁短路环开路；动、静铁芯端面有油污；铁芯松动；铁芯极面不平及变形；电磁铁过载。

（7）凸轮控制器在工作过程中卡住或转不到位。故障原因是：凸轮控制器动触头卡在静触头下面；定位机构松动。

（8）主钩既不能上升又不能下降。故障原因是:如欠电压继电器 KV 不吸合，可能是 KV 线圈断路，过电流继电器 KA5 未复位，主令控制器 AC4 零位联锁触头未闭合，熔断器 FU2 熔断；如欠电压继电器吸合，则可能是自锁触头未接通，主令控制器的触头 S2、S3、S4、S5 或 S6 接触不良，电磁抱闸制动器线圈开路未松闸。

（9）凸轮控制器在转动过程中火花过大。故障原因是：动、静触头接触不良；控制容量过大。

根据以上桥式起重机的故障现象和产生故障的原因，采取相应的修复措施即可。

2. 检修步骤及工艺要求

（1）在操作师傅指导下，熟悉 20/5t 交流桥式起重机的结构和各种操作控制以及注意事项。

（2）在教师指导下，参照 20/5t 交流桥式起重机电路图，搞清电器元件的安装位置及布线情况，弄清各电器元件的作用。

（3）在 20/5t 交流桥式起重机上人为设置故障点，由教师示范检修。

（4）由教师设置让学生事先知道的故障点，指导学生如何从故障现象着手进行分析，逐步引导学生采用正确的检修步骤和检修方法。

（5）教师设置故障点，由学生检修。具体要求如下：

① 学生根据故障现象，能在电路图中正确标出最小故障范围。

② 在排除故障时，必须修复故障点，不得采用元件代换法、借用触头及改动线路等方法。

③ 检修时，严禁扩大故障范围或产生新的故障。

④ 排除故障的思路应清楚，检查方法应得当。

3．注意事项

（1）由于在空中作业，检修时必须确保安全，防止发生坠落事故。

（2）在进行检修时，必须思想集中，要备好需用的全部工具。使用时手要捏紧，防止由于工具坠落造成伤人事故。在起重机移动时不准走动，停车时走动也应手扶栏杆，防止发生意外。

（3）参观、检修必须在起重机停止工作而且在切断电源时进行，不准带电操作。

（4）更换损坏元件或修复后，不得降低原电气装置的固有性能。

4．评分标准

20/5t交流桥式起重机电气控制线路检修的评分标准见表3.33。

表 3.33　评分标准

项目内容	配分	评分标准		扣分
故障分析	30	（1）检修思路不正确	扣15分	
		（2）标不出故障点范围或标在故障点以外，每处	扣15分	
故障检修	70	（1）不能排除故障点，每个	扣35分	
		（2）扩大故障范围或产生新故障后不能自行修复，每个	扣20～40分	
		（3）损坏电器元件，每处	扣10～30分	
		（4）排除故障时，思路不清楚，每个	扣10～20分	
		（5）查出故障点，修复措施不妥，每次	扣10～20分	
安全文明生产		违反安全文明生产规程	扣10～70分	
定额时间：90min		超时检查，酌情扣分		
备注		检修时应配监护人员1～2人	成绩	
开始时间		结束时间	实际时间	

1．桥式起重机为什么多选用绕线转子异步电动机拖动？

2．桥式起重机在启动前各控制手柄为什么都要置于零位？

3．参考图 3.27 所示 20/5t 桥式起重机的电路图，分析主令控制器手柄置于下降位置"J"挡时，桥式起重机的工作过程。

4．参考图 3.27 所示 20/5t 桥式起重机的电路图，简述在主钩控制电路中，接触器 KM9 的自锁触头与 KM1 的辅助常开触头串接使用的原因。

5．参考图 3.27 所示 20/5t 桥式起重机的电路图，简述接触器 KM2 支路中 KM2 常开触头与 KM9 的辅助常闭触头并联的作用。

6．在图 3.27 所示 20/5t 桥式起重机的电路图中，若合上电源开关 QS1 并按下启动按钮 SB 后，主接触器 KM 不吸合，则可能的故障原因是什么？

项目 四 电动机的自动调速系统

▶▶▶▶

任务一 认识电动机调速系统

 **任务描述**

在不同的场合下要求生产机械采用不同的速度进行工作，以保证生产机械的合理运行，并提高产品质量。改变生产机械的工作速度就是调速。调速系统有多种类型，本任务需分析指定自动闭环调速系统。

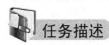 **学习目标**

1. 知道电动机调速的作用及调速种类。
2. 能区分开环及闭环调速，知道开闭环调速的特点及应用场合。
3. 熟悉电动机调速系统的质量指标。

知识平台

现代工业生产中，在不同的场合下要求生产机械采用不同的速度进行工作，以保证生产机械的合理运行，并提高产品质量。改变生产机械的工作速度就是调速，如金属切削机械在进行精加工时，为提高工件的表面光洁度而需要提高切削速度；龙门刨床在刨台返回时不进行切削的空行程，返回速度应尽量加快，以提高工作效率；对鼓风机和泵类负载，用调节转速来调节流量（或风量）的方法，比通过阀门（或风门）调节的方法要节能。可见，调速在各行各业生产机械的运行中，具有重要的意义。

调速的方法主要有两种：一是采用机械方法进行调速；二是采用电气方法进行调速。机械调速是人为地改变机械传动装置的传动比来达到调速的目的，而电气调速则是通过改变电动机的机械特性来达到调速的目的。相比而言，采用电气方法对生产机械进行调速具有许多优点，如可以简化机械的结构、提高生产机械的工作效率、操作简便等，尤其是电气调速易于实现对生产机械的自动控制。因此，在现代生产机械中，广泛采用电气方法进行调速，组成自动调速系统。

调速系统有直流调速系统和交流调速系统两大类。鉴于直流电动机具有良好的启动、制动性能，宜于在大范围内平滑调速，所以直流调速系统曾得到广泛的应用，而近年来随着变频技术的发展，直流调速系统由于存在结构复杂、故障率高等缺点，应用场合有所减小。

一、开环与闭环调速系统

调速系统有各种各样的形式，从信号传递的路径来看，可归纳为两种，即开环调速系统和闭环调速系统。

1. 开环调速系统

晶闸管–电动机开环调速系统的电路如图 4.1 所示。由图 4.1 中可以看出，若要改变电动机的转速 n，只要改变电位器 R_g 的滑动触头，使放大器的给定电压 U_g 相应变化，从而改变晶闸管触发电路的控制角和整流器的输出电压 U_a，使直流电动机有不同的转速 n。

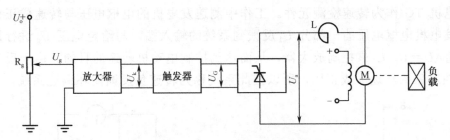

图 4.1　晶闸管–电动机开环调速系统

这种调速系统有如下特点：

（1）电动机的转速 n（被控制量，简称被控量）受从电位器 R_g 上取得电压 U_g（控制量）的控制。

（2）转速 n 对控制量 U_g 的控制作用没有影响，即没有反馈作用。

我们把这种控制量决定被控量，而被控量对控制量不能反施任何影响的调速系统称为开环调速系统。

为了清楚地表明系统中各环节间的关系，常用方框图来表示系统。其中，方框表示环节，箭头表示信号的传递方向，进入方框的箭头表示输入信号（又称输入量），离开方框的箭头表示输出信号（又称输出量）。把各个方框按信号的流向依次连接起来，就是整个系统的方框图。晶闸管–电动机开环调速系统的方框图如图4.2所示。

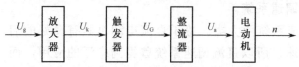

从图4.2中可以看出，作用信号是单方向传递的，没有反馈环节，这是开环调速系统的显著特征。

图4.2 晶闸管–电动机开环调速系统方框图

开环调速系统给定一个输入电压U_g，就对应一个转速，改变U_g，就能调节转速n，但由于输入不受输出的影响，所以不能根据实际的输出量来随时修正输入量。输出量易受干扰而变化，控制精度不高。

2. 闭环调速系统

在机械加工中，对于那些要求恒速运转的生产机械，无论负载如何变化，生产机械的运转速度都应不变或变化很小，采用开环调速系统无法做到这点。开环调速系统控制精度不高的重要原因是不能根据实际的输出量来随时修正输入量，因而输出量易受干扰因素的影响而变化。如果有一种手段，能根据输出量的变化来随时修正输入量，就可大大提高系统精度。根据输出信号的变化来影响输入信号，这就构成了反馈，具有反馈的调速系统称为闭环调速系统（又称反馈调速系统），它能将输出信号的部分或全部反馈到输入端，使输出量对控制过程能产生直接影响。

闭环调速系统电路如图4.3所示。系统的给定输入电压U_g仍由电位器来调节，用测速发电机TG作为转速检测元件。工作中测速发电机的电枢电压与转速成正比，并将测速发电机电枢电压的一部分U_f反馈到系统的输入端，与给定电压U_g进行比较，以其差值$\Delta U = U_g - U_f$来控制放大器，从而达到控制电动机转速的目的。由于反馈信号U_f与被控对象的转速n成正比，所以把此系统称为转速负反馈闭环调速系统。

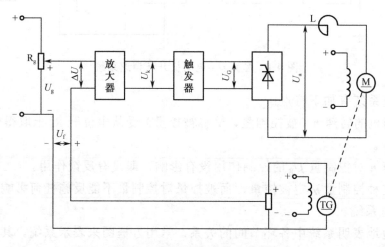

图4.3 闭环调速系统电路图

该系统的调速过程如下：

假设电动机在正常情况下稳定运行，转速为 n。当系统受到外界干扰时，例如电动机负载转矩发生变化，系统就能自动进行调速，调速过程如下所述。为分析问题方便，用"↑"表示升高或增大，用"↓"表示降低或减小。下面以负载增大为例加以说明，如图 4.4 所示。

由此可见，闭环调速系统能将转速的变化限制在很小范围内。需要强调指出的是，这种闭环调速系统只能

图 4.4 闭环调速系统调速过程

减少转速偏差，但不能使负载增加后的转速 n 达到原来的转速 n_1。

假设 n 已回升到 n_1，则 U_f、ΔU、U_a 也必定恢复到原来的值。在负载转矩增加和电枢电流 I_a 增加的前提下，电动机转速不可能保持在 n_1 上，而必然重新下降，电动机的转速肯定偏离其预定值（$n<n_1$），偏差信号 ΔU 也始终存在并有所变化。系统对电动机转速的自动调节正是基于这个偏差基础之上，所以又称它为有静差调速系统。

闭环调速系统的方框图如图 4.5 所示。图中，"$\otimes$"是比较环节，将输入信号与反馈信号在该处相叠加；"−"表示负反馈，此时 $\Delta U=U_g-U_f$。

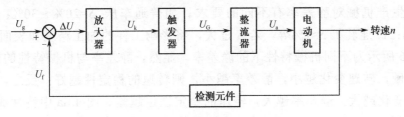

图 4.5 闭环调速系统方框图

由图 4.4 可以看出，作用信号按闭环传递，系统的输出被用于系统的控制。这是闭环调速系统的显著标志。

闭环调速系统的输出具有较强的抗干扰能力，控制精度高。因为闭环调速系统能随时根据输出量变化的状况来修正输入量，所以可以将输出量的变化限制在很小的范围内。

闭环调速系统必须具有反馈网络，因而结构复杂，成本较高，主要用于控制性能要求较高的场合。常见的自动控制系统几乎全是闭环调速系统。但闭环调速系统可能会出现工作不稳定现象，因此存在着稳定性问题。

二、调速系统的质量指标

自动调速系统的质量指标是指系统设计和实际运行中要求满足的指标，是衡量系

统性能好坏的标准。质量指标包括静态指标、动态指标和经济指标。经济指标主要有设备投资费、电能损失费与维护费三项。下面主要介绍静态指标和动态指标。

1. 静态指标

静态指标反映系统稳定运行时的性能，包括调速范围、静差率等。

（1）调速范围。调速系统的调速范围用 D 来表示，它是指电动机工作在额定负载时，电动机所能达到的最高转速 n_{max} 与最低转速 n_{min} 之比，即

$$D = \frac{n_{max}}{n_{min}}$$

不同的生产机械有不同的调速范围，如车床的调速范围 $D=20\sim120$，龙门刨床主拖动系统的调速范围 $D=20\sim40$，轧钢机的 $D=3\sim15$，造纸机的 $D=10\sim20$ 等。

（2）静差率。调速系统的静差率用 S 表示，它反映了电动机在负载转矩变化时转速变化的程度，也就是电动机由理想空载变为满载时所产生的转速降落 Δn_N 与理想空载转速 n_0 之比的百分数，即

$$S = \frac{\Delta n_N}{n_0} \times 100\% = \frac{n_0 - n_N}{n_0} \times 100\%$$

不同的生产机械对静差率有不同的要求。如普通车床 $S=20\%\sim30\%$；龙门刨床 $S=5\%\sim10\%$；冷连轧机 $S\approx2\%$ 等。若 S 过大，将影响工件的加工精度和表面光洁度。

如图 4.6 所示为不同机械特性下的静差率。显然，静差率与机械特性的硬度有关。机械特性越硬，转速变化越小，静差率越小，则转速的稳定性越好；反之，机械特性越软，转速变化越大，静差率越大，转速的稳定性也越差。图 4.6a 中特性曲线①与特性曲线②的硬度不一样，较硬的特性曲线①的转速降为 Δn_{N1}，较软的特性曲线②的转速降为 Δn_{N2}，显然 $\Delta n_{N2} > \Delta n_{N1}$。因 n_0 相同，故较软的特性曲线②的静差率大。

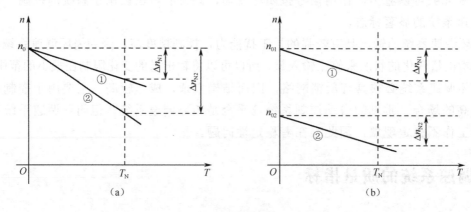

图 4.6 不同机械特性下的静差率

静差率和机械特性的硬度是两个不同的概念，机械特性硬度相同的情况下，静差率不一定相同，如图 4.6b 所示，特性曲线①与特性曲线②互相平行，硬度一样，两者在额定转矩下的转速降相等，即 $\Delta n_{N1}= \Delta n_{N2}$。但由于它们的理想空载转速不一样（$n_{01}>n_{02}$），所以它们的静差率也不同（$S_1<S_2$）。由此可见，同样硬度的特性，理想空载转速越低，静差率就越大，转速的稳定性也就越差，因此，对一个系统的静差率要求，就是对最低速时的静差率要求。

一般来说，静差率要求越高，允许的调速范围就越小。而当系统提出了一定的静差率要求时，其调速范围是不大的。

调速系统的调速范围和静差率只是系统的静态指标，或叫做稳态指标，它们是确定调速方案的重要参数。

2．动态指标

动态指标是指调速系统在过渡过程时的指标，即系统还没有稳定下来时的指标。

（1）稳定性

闭环系统的特点之一是系统可能出现不稳定现象，即闭环系统存在稳定性问题。所谓稳定性就是指调速系统中，在外界扰动消失后系统能由初始偏差状态返回原来平衡状态的性能。自动调速系统在外界扰动的作用下，转速将会产生一定的偏差，若外界扰动消失后，经过一定时间，转速 n 的偏差能够减小到某一规定值，这个系统就是稳定系统，而不能满足上面要求的系统就是不稳定系统。不稳定系统不仅无法正常工作，而且会损坏设备，因而不稳定系统是不能被应用的。

闭环调速系统为什么会出现振荡现象而造成系统的不稳定呢？

以图 4.3 为例说明，设系统中放大器的动态放大倍数较大。若在稳定运行过程中，由于负载转矩突然增大，电动机的转速将下降，通过测速发电机 TG，使反馈电压 U_f 下降，偏差电压 ΔU（$\Delta U=U_g-U_f$）将增大。由于放大器的动态放大倍数较大，使电枢电压 U_a 增加，电动机的转速上升到超过原来的转速值，于是反馈电压 U_f 也增加到超过原来的反馈电压，使偏差电压 ΔU 急剧减小，由于放大倍数大，使电枢电压又下降，电动机转速再次下降，降得比原来的转速还低。这时，U_f 又下降，ΔU 再次上升，促使 U_a 及电动机转速再次上升，这样可能出现周而复始的振荡，系统处于不稳定状态。出现这种现象的主要原因是系统的动态放大倍数太大。

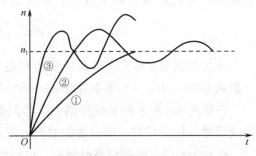

系统是否稳定可用如图 4.7 所示系统对阶跃信号的响应特性来表示。

图 4.7　系统稳定性分析

图中 t 是时间，n 是转速。系统原来的状态是静止的，即电动机未启动。在 $t=0$ 时刻，系统输入端送入 U_g，和 U_g 相对应的转速是 n_1，电动机最后应该在 n_1 运转。但从 $n=0$ 到达 $n=n_1$ 是需要时间的。系统在这一段时间内的过程就是过渡过程。过渡过程 $n=n_1$ 可出现三种可能：

① 曲线①的情况，电动机转速由零开始，慢慢上升，最后到达 n_1。这种情况过渡很稳定，没有振荡。但从 $n=0$ 到达 $n=n_1$ 所用时间较长，说明系统反应不灵敏。

② 曲线②的情况，虽然有振荡，但振荡的幅值越来越小，最后达到稳定值 n_1。若对其幅值及振荡次数作出限制，是可以使用的。其优点是速度上升快。

③ 曲线③的情况，速度上升最快，但其振荡幅度越来越大，最后以 n_1 为轴，作等幅振荡，这种系统是不稳定的，在自动调速系统中应避免使用。

（2）动态指标

在自动调速系统中，曲线②的情况是最好的，因其过渡过程所用时间较短，虽有振荡，但最后总是趋向稳定的。

下面以如图 4.8 所示某一稳定系统对阶跃信号的响应曲线为例，对超调量、调整时间和振荡次数三个动态指标给予说明。

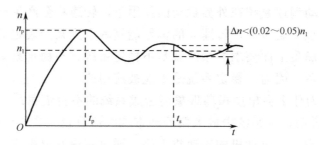

图 4.8　超调量、调整时间、振荡次数

图 4.8 中 n_p 是最高转速值，n_1 是最后稳定值。（n_p-n_1）是最大偏差。因为振荡是衰减的，因此超调量越来越小。最大超调量以 $\delta\%$ 表示，则

$$\delta\% = \frac{n_p - n_1}{n_1} \times 100\%$$

最大超调量 $\delta\%$ 反映了系统的相对稳定性。$\delta\%$ 越小，说明系统的相对稳定性越好。一般机械加工中，$\delta\%$ 限制在 10%～15% 左右。

在如图 4.8 所示的衰减振荡中，当振荡幅值 Δn 小于稳定值 n_1 的 2%～5% 时，认为该系统已进入稳定状态，所需要的时间 t_s 就是调整时间。t_s 越小，说明系统的快速性越好。

在 $0 < t < t_s$ 内，即在调整时间内，曲线经过稳态值 n_1 的次数的一半，定义为振荡次数。因为振荡一次要穿过稳态值两次，若所得结果不是整数，要取相近的整数。如图 4.8 中的

振荡次数为 2 次。龙门刨床、轧钢机允许有一次振荡，造纸机则不允许有振荡。

需要说明的是，不同的生产机械，对上述指标（超调量、调整时间、振荡次数）的要求不尽相同，而各指标之间又往往相互制约，因此需要统筹考虑。

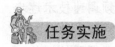 **任务实施**

分析系统自动调速过程

1. 安全文明

在项目实施过程中要求同学们穿戴好劳保用品，确认实习操作场地的安全。

2. 实施过程

分析图 4.3 当负载下降时的自动调速过程，写出其调速过程。

3. 评分标准（表 4.1）

表 4.1 评分标准

项　　目	配　　分	评 分 标 准	扣　　分
写出系统各部分作用	50	写错或漏写，每部分　　　　　　　　扣 5 分	
写出调速过程	50	写错写漏，每处　　　　　　　　　扣 10 分	
安全文明生产		违反安全文明生产规程　　　　　扣 5～40 分	

 **想一想**

1. 为什么要对生产机械进行调速？
2. 什么是机械调速？什么是电气调速？电气调速有什么优点？
3. 什么是开环调速系统？该系统有什么特点？
4. 什么是闭环调速系统？该系统有什么特点？
5. 调速系统的质量指标主要有哪些？
6. 什么是静差率？静差率与机械特性的硬度有什么关系？
7. 闭环调速系统为什么会出现振荡现象而造成系统的不稳定？

任务二　变频调速基础

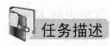 **任务描述**

直流电动机调速系统具有良好的启动、制动性能及在大范围内平滑调速的优点。

因此过去很长一段时间内，在需要进行调速控制的拖动系统中一直占主导地位。但直流电动机采用机械换向器换向，它的单机容量、最高电压、最大转速等方面受到限制，而且维修复杂。20 世纪 70 年代以来，随着交流电动机调速控制理论、电力电子技术、以微处理器为核心的全数字化控制等关键技术的发展，交流电动机变频调速技术逐步成熟。目前，变频调速技术的应用几乎已经扩展到了工业生产的所有领域，并且在空调、洗衣机、电冰箱等家电产品中也得到了广泛的应用。本任务通用变频器的拆装，了解通用变频器的内部结构。

学习目标

1．知道变频器的基本结构。
2．知道变频器的工作原理及主要功能。
3．熟悉变频系统常用电力半导体。

知识平台

由三相异步电动机的转速公式可知，三相异步电动机一般有变频调速、变转差率调速和变极调速三种调速方法。在这个任务中我们将会完成变频调速的相关内容。

变频调速是通过改变交流异步电动机的供电频率进行调速的。由于变频调速具有性能良好、调速范围大、稳定性好、运行效率高等特点，特别是采用通用变频器对笼型异步电动机进行调速控制，使用方便，可靠性高，经济效益显著。所以交流电动机变频调速技术的应用已经扩展到了工业生产的所有领域，并且在空调、电冰箱、洗衣机等家电产品中也得到了广泛应用。

一、变频器及其分类

1．变频器

变频器是一种利用电力半导体器件的通断作用，将工频交流电变换成频率、电压连续可调的交流电的电能控制装置，如图 4.9 所示。

图 4.9　变频器的作用示例

2．变频器的分类

变频器的种类很多，分类方法也有多种，常见的分类方式见表 4.2。

表 4.2　变频器分类

分 类 方 式	种　　类
按其供电电压分	低压变频器（110 V、220 V、380 V） 中压变频器（500 V、660 V、1140 V） 高压变频器（3 kV、6 kV、10 kV 等）
按供电电源的相数分	单相输入变频器 三相输入变频器
按直流电源的性质分	电流型变频器 电压型变频器
按变换环节分	交—直—交变频器 交—交变频器
按输出电压调制方式分	PAM（脉幅调制）控制变频器 PWM（脉宽调制）控制变频器
按控制方式分	U/f 控制变频器 转差频率控制变频器 矢量控制变频器
按输出功率大小分	小功率变频器 中功率变频器 大功率变频器
按用途分	通用变频器 高性能专用变频器 高频变频器
按主开关器件分	IGBT 变频器 GTO 变频器 GTR 变频器
按机壳外形分	塑壳变频器 铁壳变频器 柜式变频器

二、通用变频器的基本结构

　　目前，通用变频器的变换环节大多采用交—直—交变频变压方式。交—直—交变频器是先把工频交流电通过整流器变成直流电，然后再把直流电逆变成频率、电压连续可调的交流电。通用变频器主要由主电路和控制电路组成。而主电路又包括整流电路、直流中间电路和逆变电路三部分，其基本构成框图如图 4.10 所示。

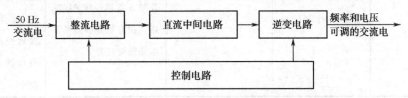

图 4.10　交—直—交变频器的基本构成框图

1. 变频器的主电路

图 4.11 所示为通用变频器的主电路，各部分的作用见表 4.3。

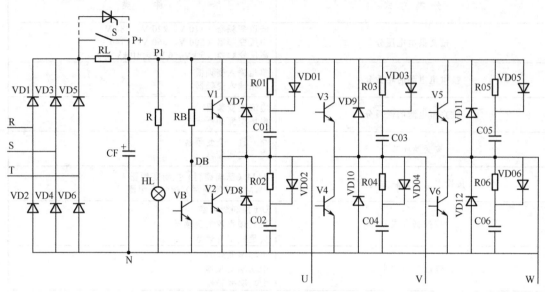

图 4.11　交－直－交变频器的主电路

表 4.3　交—直—交变频器主电路元件的作用

整流电路部分：将频率固定的、相交流电变换成交流电			
元件	三相整流桥 VD1～VD6	滤波电容器 CF	限流电阻 RL 与开关 S	电源指示灯 HL
作用	将交流电变换成脉动直流电，若电源线电压为 U_L，则整流后的平均电压 $U_D=1.35U_L$	滤波。保持直流电压平稳	接通电源时，将电容器 CF 的充电冲击电流限制在允许的范围内，以保护整流桥。而当 CF 充电到一定程度时，令开关 S 接通，将 RL 短路。在有些变频器里 S 由晶闸管代替	HL 除了表示电源是否接通外，另一个功能是变频器切断电源后，指示电容器 CF 上的电荷是否已经释放完毕。在维修变频器时，必须等 HL 完全熄灭后才能接触变频器的内部带电部分，以保证安全

续表

逆变电路部分：将交流电逆变成频率、幅值都可调的交流电			
元　件	三 相 逆 变 桥 V1～V6	续 流 二 极 管 VD7～VD12	缓冲电路 R01～R06、 VD01～VD06、C01～ C06	制动电阻 RB 和制 动三极管 VB
作　用	通过逆变管 V1～V6 按一定规律轮流导通和截止。将直流电逆变成频率、幅值都可调的三相交流电	在换相过程中为电流提供通路	限制过高的电流和电压，保护逆变管免遭损坏	当电动机减速、变频器输出频率下降过快时，消耗因电动机处于再生发电制动状态而回馈到直流电路中的能量，以避免变频器本身的过电压保护电路动作而切断变频器的正常输出

2. 变频器的控制电路

变频器的控制电路为主电路提供控制信号，其主要任务是完成对逆变器开关元件的开关控制和提供多种保护功能。控制方式有模拟控制和数字控制两种。

通用变频器控制电路的控制框图如图 4.12 所示，主要由主控板、键盘与显示板、电源板与驱动板、外接控制电路等构成。

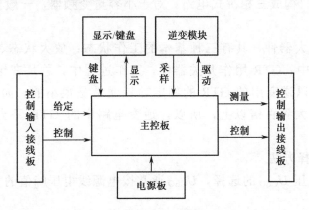

图 4.12　通用变频器的控制框图

三、变频器中常用电力半导体器件

目前，通用变频器逆变电路使用的电力半导体器件主要有电力晶体管 GTR、电力场效应晶体管 MOSFET、绝缘栅双极晶体管 IGBT、门极可关断晶闸管 GTO 和智能电力模块器件 IPM 等。

1. 电力晶体管 GTR

GTR 是一种高击穿电压、大容量的晶体管。它具有自关断能力，并具有开关时间短、饱和压降低和安全工作区宽等优点。

（1）GTR 的基本结构

GTR 模块的图形符号及内部电路如图 4.13 所示。

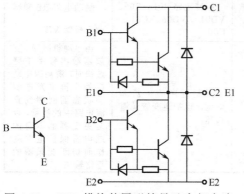

图 4.13　GTR 模块的图形符号及内部电路

目前，通用变频器中普遍使用的是模块型电力晶体管，这种电力晶体管的三个极与散热片隔离，也就是散热片上不带电。一个模块的内部结构有一单元结构、二单元结构、四单元结构和六单元结构四种。

所谓一单元结构就是在一个模块内有一个电力晶体管和一个续流二极管反向并联，如 1DI200A-120。二单元结构（又称半桥结构）由两个一单元串联做在一个模块内，构成一个桥臂。四单元结构（又称全桥结构）由两个二单元并联组成，可以构成单相桥式电路。而六单元结构（又称三相桥结构）由三个二单元并联，构成三相桥式电路。对于小容量变频器，一般使用六单元模块，如 6DI10M-120。

GTR 是一种放大器件，具有三种基本的工作状态：放大状态、饱和状态和截止状态。在逆变电路中，GTR 用作开关器件，工作过程中，总是在饱和状态和截止状态间进行交替。所以逆变用的 GTR 的额定功耗通常是很小的。如果 GTR 处于放大状态，其功耗将增大到百倍以上，所以，逆变电路中的 GTR 不允许在放大状态下停留。

（2）GTR 的选择方法

① 开路阻断电压 U_{CEO} 的选择。U_{CEO} 通常按电源线电压峰值的 2 倍来选择，即

$$U_{CEO} \geqslant 2\sqrt{2}U_L$$

② 集电极最大持续电流 I_{CM} 的选择。I_{CM} 通常按输出交流线电流峰值的 2.25 倍来选择，即

$$I_{CM} \geqslant 2.25\sqrt{2}I_N$$

2. 绝缘栅双极晶体管 IGBT

IGBT 是 MOSFET 和 GTR 相结合的产物，其主体部分与 GTR 相同，也有集电极和发射极，但驱动部分却和 MOSFET 相同，是绝缘栅结构，其图形符号和基本电路如

图 4.14 所示。它是兼有 MOSFET 高输入阻抗、高速特性和 GTR 大电流密度特性的混合器件。较高的工作频率、宽而稳定的开关安全工作区及简单的驱动电路，使 IGBT 在 600 V 以上的通用变频器中取代了 GTR。由于 IGBT 组成的变频器噪声低，其容量已经覆盖了 GTR 的功率范围，而且成本已逐渐降低到接近 GTR 的水平。

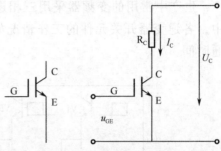

图 4.14　IGBT 的图形符号及基本电路

3. 智能电力模块器件 IPM

智能电力模块器件是将大功率开关器件和其驱动电路、保护电路集成在一个模块内。目前 IPM 一般采用 IGBT 作为大功率开关器件。IPM 的主要特点如下：

（1）内含设定了最佳的 IGBT 驱动条件的驱动电路。

（2）内含完善的保护功能及相应的报警输出信号，如过流保护、过压保护、过热保护等。

（3）内含制动电路。

（4）散热效果良好。

四、变频器的工作原理

逆变的基本工作原理。将直流电变换为交流电的过程称为逆变，完成逆变功能的装置叫逆变器，它是变频器的重要组成部分，电压型逆变器的动作原理可用图 4.15 所示机械开关的动作来说明。

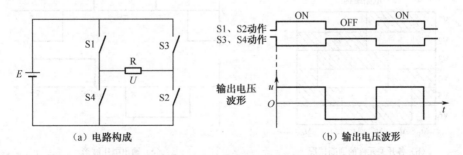

(a) 电路构成　　　　　　　　　(b) 输出电压波形

图 4.15　电压型逆变器的原理

当开关 S1、S2 与 S3、S4 轮流闭合和断开时，在负载上即可得到波形如图 4.16b 所示的交流电压，完成直流到交流的逆变过程用具有相同功能的逆变器开关元件取代机械开关，即得到单相逆变电路，电路结构和输出电压波形如图 4.16 所示。改变逆变器开关元件的导通与截止时间，就可改变输出电压的频率，即完成变频。

生产中常用的变频器采用三相逆变电路，电路结构如图 4.17a 所示。在每个周期中，各逆变器开关元件的工作情况如图 4.17b 所示，图中阴影部分表示各逆变管的导通时间。

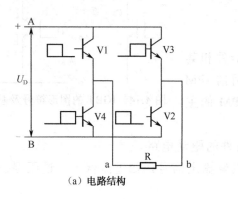

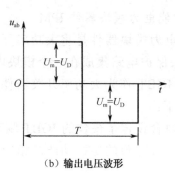

（a）电路结构 　　　　　　　　　（b）输出电压波形

图 4.16　单相逆变电路

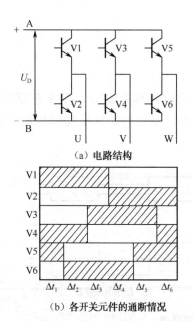

（a）电路结构

（b）各开关元件的通断情况

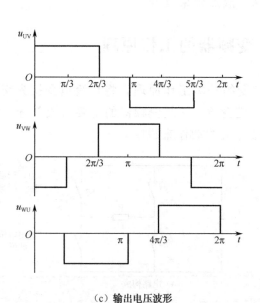

（c）输出电压波形

图 4.17　三相逆变电路

下面以 U、V 之间的电压为例，分析逆变电路的输出线电压。

（1）在Δt_1、Δt_2 时间内，V1、V4 同时导通，U 为"+"、V 为"−"，且 $U_m=U_D$。

（2）在Δt_3 时间内，V2、V4 均截止，$u_{UV}=0$。

（3）在Δt_4、Δt_5 时间内，V2、V3 同时导通，U 为"+"，V 为"−"，u_{UV} 为"−"，且 $U_m=U_D$。

（4）在Δt_6 时间内，V1、V3 均截止，$u_{UV}=0$

根据以上分析，可画出 U 与 V 之间的电压波形。同理可画出 V 与 W 之间、W 与 U 之间的电压波形，如图 4.17c 所示。从图中看出，三相电压的幅值相等，相位互差 120°。

可见，只要按照一定的规律来控制 6 个逆变器开关元件的导通和截止，就可把直流电逆变成三相交流电。而逆变后的交流电的频率，则可以在上述导通规律不变的前提下通过改变控制信号的频率来进行调节。

上面讨论的仅是逆变的基本原理，据此得到的交流电压不能直接用于控制电动机的运行，实际应用的变频器要复杂得多。

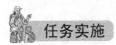
任务实施

认识变频器

一、准备工作

1. 安全文明

在项目实施过程中要求同学们穿戴好劳保用品，确认实习操作场地的安全。

2. 工具与仪表

尖嘴钳、螺钉旋具等常用电工工具及三菱 KH−A540 变频器。

二、实施过程

（1）将变频器水平放置。全部旋松接线端子盖板下方的紧固螺钉（螺钉无法取下），将接线端子盖板向上掀，即可取下。

（2）取下接线端子盖板后，可看到变频器控制电路的接线端子和主电路的接线端子。如果是新变频器，还应将其外侧的两个可敲落塑料块用一字旋具撬掉以方便接线。

（3）用两把一字旋具分别插入变频器前部位于前盖板上的两个塑料卡子中，轻轻向里插入使卡子离开前盖板，向上轻撬即可使前盖板与底座脱开。将前盖板向前推动可令另外两个卡子脱开。将前盖板小心地向右反转过来，便可看到变频器的内部电路。变频器内部有排线相连，注意不要用力过猛以免排线断裂。

（4）这时可观察到变频器内部电路概况，将变频器主要部件和电路区域用胶布编号，把其名称与主要作用填入表4.4中。

表4.4　变频器主要部件识别

序　号	1	2	3	4	5
名　称					
主要作用					

（5）装配时按拆卸的逆顺序进行。

拆装注意事项如下：

①　不能在变频器带电的情况下进行拆装，拆装前必须确认变频器上的电源指示灯已完全熄灭。

②　拆装时应注意用力要适度，防止损坏元件。

③　注意不要随意触摸变频器内部的电子元件，防止静电将它们击穿而造成故障。需要触摸时，应先将手与接地良好的金属接触，以泄放掉人体可能携带的静电。

④　整个拆装过程均应轻拿轻放，拆装时要小心谨慎。

三、评分标准

评分标准如表4.5所示。

表4.5　评分标准

项　目	配　分	评分标准	扣　分
写出变频器主要部件名称	50	写错或漏写，每部分　　　　　扣5分	
写出变频器主要部件作用	50	写错写漏，每处　　　　　　　扣10分	
安全文明生产		违反安生文明生产规程　　　　扣5～40分	

想一想

1．什么是变频器?按控制方式划分变频器可分为哪几类?

2．目前，变频器中常用的电力半导体器件有哪些?它们各有何特点?

3．简述变频器的工作原理。

任务三　三菱 KH-A540 变频器的操作

任务描述

根据对变频器进行接线和参数的设置，能够实现三菱 KH-A540 变频器基础控制。包括变频器的清零、点动运行、PU 运行、外部运行、多段速运行等。

学习目标

1．熟知三菱 KH-A540 变频器的主要参数及其作用。

2．能独立完成三菱 KH-A540 变频器的接线。

3．能进行三菱 KH-A540 变频器的 PU 及外部操作。

知识平台

一、变频器的接线

变频器的各回路接线端子如图 4.18 所示，其中◎表示主回路接线端子，○表示控制回路输入接线端子，●表示控制回路输出接线端子。

1．主回路接线及注意事项

主电路电源和电动机的连接如图 4.19 所示。电源必须接 R、S、T，绝对不能接 U、V、W，否则会损坏变频器。在接线时不必考虑电源的相序。使用单相电源时必须接 R、S 端。电机接到 U、V、W 端子上。当加入正转开关（信号）时，电动机旋转方向从轴向看时为逆时针方向（箭头方向）。

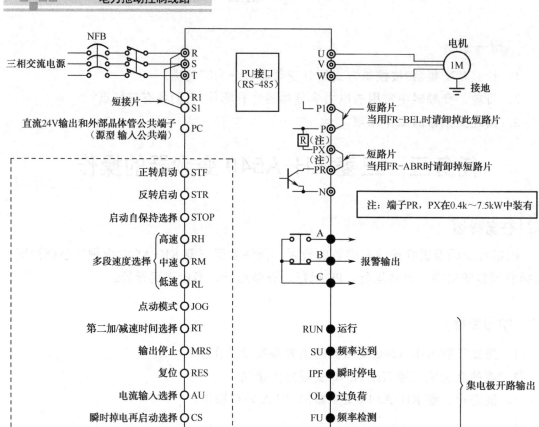

图 4.18　三菱 KH-A540 变频器端子接线图

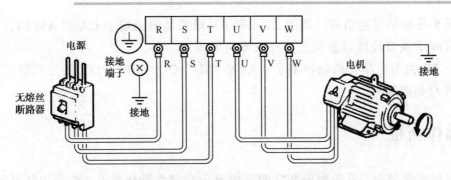

图 4.19 变频器电源与电动机接线

2. 控制回路接线及注意事项

控制回路输入信号接线端子简介。输入信号出厂设定为漏型逻辑，在这种逻辑中，信号端子接通时，电流从相应输入端子流出。端子 SD 是触点输入信号的公共端，其结构如图 4.20 所示。

（1）正转启动信号（STF）：STF 信号处于 ON 正转，处于 OFF 停止。程序运行模式时为程序运行开始（ON 开始，OFF 停止）。

（2）反转启动信号（STR）：STR 信号处于 ON 逆转，处于 OFF 停止。当 STF 和 STR 信号同时处于 ON 时，相当于给出停止指令。

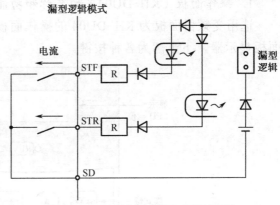

图 4.20 控制回路输入信号接线

（3）启动自保持选择信号（STOP）：使 STOP 信号处于 ON，可以选择启动信号自保持。

3. 控制回路端子的排列

控制回路端子的排列如图 4.21 所示。

A	B	C	PC	AM	10E	10	2	5	4	1
	RL	RM	RH	RT	AU	STOP	MRS	RES	SD	FM
SE	RUN	SU	IPF	OL	FU	SD	STF	STR	JOG	CS

图 4.21 控制回路端子的排列

端子 SD 为接点输入端子（STF、STR、STOP、RH、RM、RL、JOG、RT、MRS、RES、AU、CS）的公共端。内部控制回路为光耦隔离。

端子 5 是频率设定信号（端子 2、1 和 4）模拟量输出端子 CA 和 AM 的公共端，应采用屏蔽线或双绞线以避免受到外来噪声的影响。

端子 SE 为集电极开路输出端子（RUN、SU、OL、IPF、FU）的公共端子。内部控制回路为光耦隔离。

二、操作面板

使用变频器之前，首先要熟悉它的面板显示和键盘操作单元（或称控制单元），并且按照使用现场的要求合理设置参数。变频器的操作单元有两种，一种是操作面板（型号为 KH-DU04），另一种是参数单元（型号为 KH-PU04），后者具有数字单元按键，使用更加方便。

1. 操作面板（KH-DU04）的名称和功能

选用变频器面板为 KH-DU04 的操作面板，操作面板如图 4.22 所示，其上半部为面板显示器，下半部为各种按键。

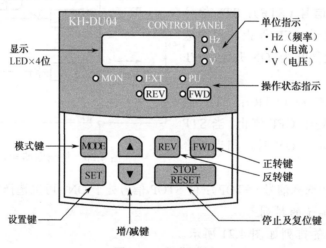

图 4.22　操作面板

按键中最重要的是 MODE 键（"模式"键或"状态"键），它可以改变显示模式（状态）。模式共有 5 种：监视、频率设定、参数设定、运行及帮助模式。连续按动"MODE"键，显示器将循环顺序显示几种模式。

在每种模式下有不同的功能。如在"监视模式"下，按"SET"键，可以选择实现电动机的频率（Hz 灯亮）、电压（V 灯亮）或电流（A 灯亮）等各种信息；在"操作（运行）模式"下，按增/减键，可选择"外部操作"（利用外部信号控制变频器的运转）或"PU 操作"（利用变频器操作单元的键盘直接控制变频器的运转）或"PU

点动操作"等操作模式；在频率设定模式下可改变频率；在参数设定模式下，可根据实际需要改变变频器的参数的大小等。

2. 操作面板的使用

用 KH-DU04 操作面板可以进行改变监视模式、设定运行频率、设定参数、显示错误、报警记录清除、参数复制等操作，下面以改变监视模式和参数清除为例进行说明。

（1）按下 MODE 键改变监视显示，图 4.23 所示。

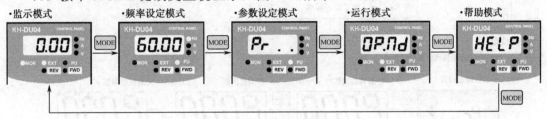

图 4.23　改变监视显示

（2）监视模式。

监视器显示运转中的指令，EXT 指示灯亮表示外部操作；PU 指示灯亮表示 PU 操作；EXT 和 PU 指示灯亮表示 PU 和外部操作组合方式；按 SET 键可监视在运行中的参数，操作如图 4.24 所示。

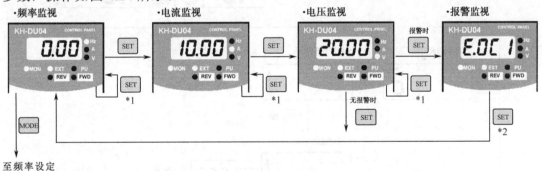

图 4.24　监视模式的操作

（3）频率设定模式。

在 PU 操作模式下设定运行频率，如图 4.25 所示。

（4）参数设定模式。

在操作变频器时根据控制要求向变频器输入一些参数，如上限、下限频率，加减速时间等。另外要实现某种功能，如采用组合操作方式等。一个参数值设定用增减键增减。按下 SET 键 1.5s 输入设定值并更新。参数设定时需把 Pr.79 操作模式设为"1"和"0"、"3"。参数设定时除 Pr.79 参数外，"PU"指示灯一定要亮，才能设定。参数 Pr.79=1 的设定方法如图 4.26 所示。

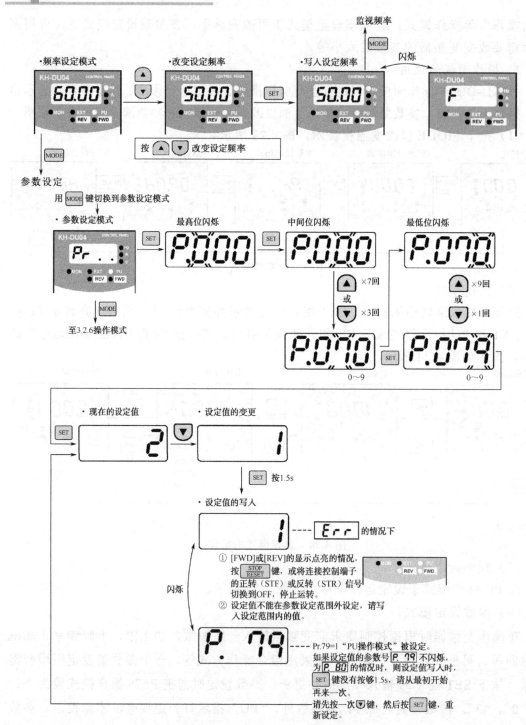

图 4.26　参数 Pr.79=1 的设定方法

（5）运行方式模式。

操作模式转换的条件是 Pr.79=0，如果外部操作"EXT"灯亮，即外部输入信号 STF 和 STR 为 ON 时，也无法转换操作模式，操作如图 4.27 所示。

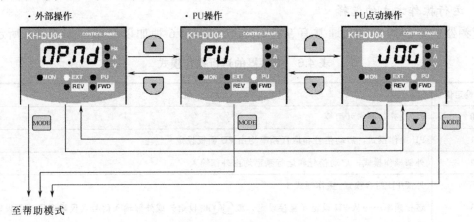

图 4.27　运行方式模式改变的方法

（6）帮助模式。

帮助模式可进行报警记录的清除及数据的清除，操作如图 4.28 所示。

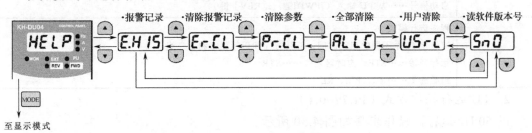

图 4.28　帮助模式的操作

（7）全部消除操作。

将参数值和校准值全部初始化到出厂设定值，如图 4.29 所示。注意：Pr.75 不能被初始化！

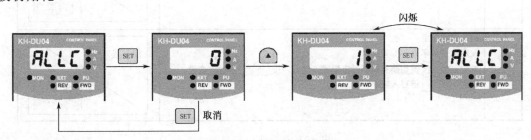

图 4.29　全部消除操作

三、运行操作方式

1. 运行操作方式的选择

变频器的运行操作模式通常有 9 种，选取常用的 6 种加以介绍，如表 4.6 所示。

表 4.6　变频器的运行操作模式

Pr.79 设定值	功　能
0	PU 或外部操作可切换
1	PU 操作模式，启动信号和运行频率均由 PU 面板设定
2	外部操作模式，启动信号和运行频率均由外部输入
3	外部/PU 组合模式 操作模式 1 运行频率……从 PU 设定（直接设定，或 ▲/▼ 键设定）或外部输入信号（仅限多段速度设定） 启动信号……外部输入信号（端子 STF，STR）
4	外部/PU 组合 操作模式 2 运行频率……外部输入（端子 2，4，1，点动，多段速度选择） 启动信号……从 PU 输入（[FWD]键，［REV］键）
5	程序运行模式 可设定 10 个不同的启动时间，旋转方向和运行频率各三组 运行开始……STE，定时器复位……STR 组数选择……RH、RM、RL

2. PU 运行操作方式（Pr.79=0.1）

以 50 Hz 运行，操作步骤如图 4.30 所示。

步骤	说明	图示
1	**上电→确认运行状态** 将电源处于 ON，确认操作模式中显示于"PU"。 （没有显示时，用 MODE 键设定到操作模式，用 ▲/▼ 键切换到外部操作。）	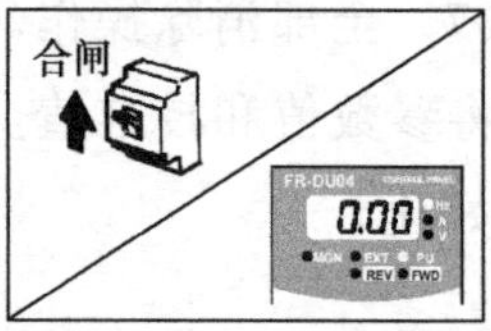
2	**运行频率设定** 设定运行频率为 50Hz。 首先，按 MODE 键切换到频率设定模式。然后，按 ▲/▼ 键改变设定值，按 SET 键写入频率。	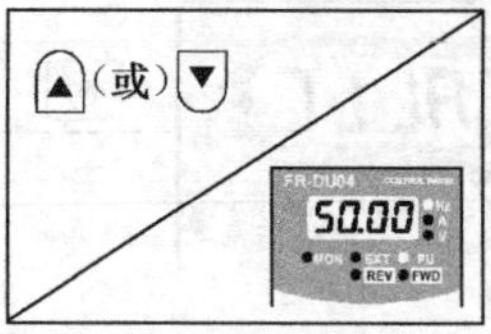

图 4.30　PU 运行操作

3	开始 按 FWD 或 REV 键。 电动机启动，自动地变为监示模式，显示输出频率。	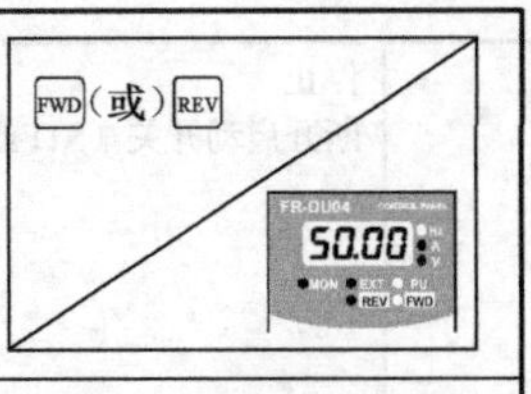
4	停止 按 STOP RESET 键。 电动机减速后停止。	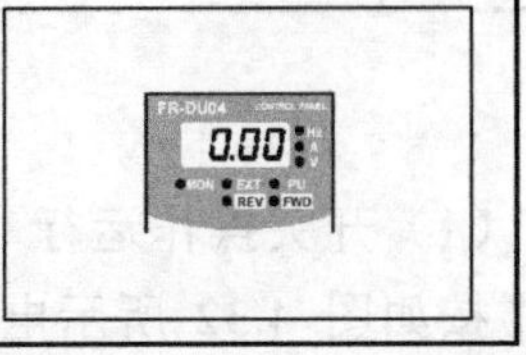

图 4.30　PU 运行操作（续）

3. 外部运行操作方式（Pr.79=2）

本操作是外部信号操作，即利用外部开关、电位器将外部操作信号送到变频器，控制变频器的操作，现以 50Hz 运行（将操作模式 Pr.79 设为 2），按图 4.31 所述步骤操作，并分别以开关、按钮以运行方式加以说明。

步骤	说明	图示
1	上电→确认运行状态 将电源处于ON，确认操作模式中显示"EXT"。 （没有显示时，用 MODE 键设定到操作模式，用 ▲/▼ 键切换到外部操作。）	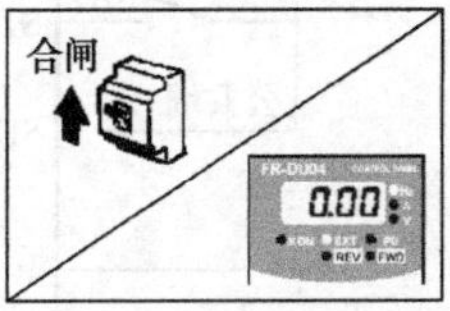
2	开始 将启动开关（STF或STR）处于ON。 表示运转状态的FWD和REV闪烁。 注：如果正转和反转开关都处于ON电机不启动。 　　如果在运行期间，两开关同时处于ON，电动机减速至停止状态。	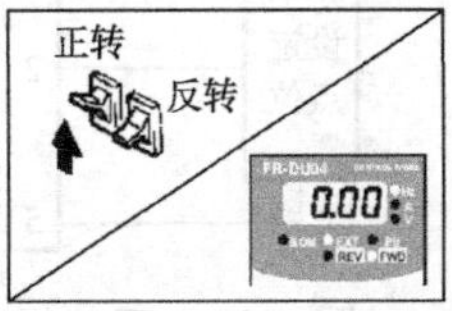
3	加速→恒速 顺时针缓慢旋转电位器（频率设定电位器）到满刻度。 显示的频率数值逐渐增大，显示为50.00 Hz。	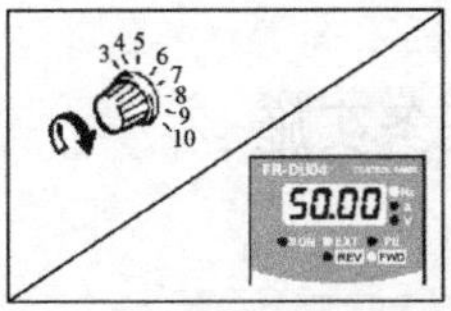
4	减速 逆时针缓慢旋转电位器（频率设定电位器）到底。 频率显示逐渐减小到0.00 Hz。电动机停止运行。	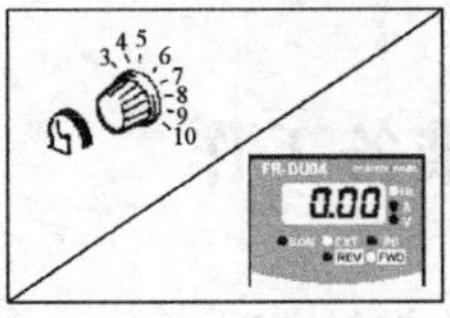

图 4.31　外部运行操作方式

5	停止 断开启动开关（STF或STR）。	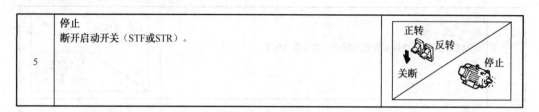

图 4.31　外部运行操作方式（续）

（1）开关操作运行

按如图 4.32 所示电路接好线，并设定参数。当按下 SA1 时，电动机正转，断开 SA1，电动机停止工作。当按下 SA2 时，电动机反转，断开 SA2，电动机停止工作。

（2）按钮自保操作运行

按图 4.33 所示接好电路，按图 4.31 所示设定参数。当接通 SB1 时，电动机开始工作，同时使 STOP 信号接通（即使 SB 按钮保持接通），当断开 SB1 时，电动机仍然保持正转。SB 断开，电动机停止工作，反之亦然。

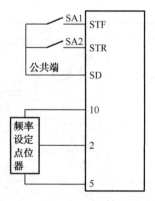
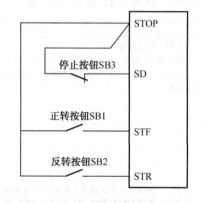

图 4.32　开关操作运行图　　　　图 4.33　按钮自保持操作运行

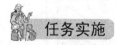

变频器操作练习

一、准备工作

1. 安全文明

在项目实施过程中要求同学们穿戴好劳保用品，确认实习操作场地的安全。

2. 工具与仪表

（1）工具：尖嘴钳、螺钉旋具等。

（2）仪表：相关仪表、变频器。

二、实施过程

控制要求：利用按钮进行变频器外部接线，如图 4.34 所示，使变频器能够运行以下七种速度：Pr.4=50 Hz；Pr.5=30 Hz；Pr.6=10 Hz；Pr.24=20 Hz；Pr.25=40 Hz；Pr.26=25 Hz；Pr.27=8 Hz。

（注意：要使电动机能按一定速度运行，必须要具备有启动信号和频率信号两个条件。如要使电动机按"速度 1"正转运行，则需接通"STF"给出正转启动信号，除此之外还须接通"RH"给出"速度 1"的运行频率信号。）

三、实习步骤

（1）选择变频器运行模式（Pr.79=2、3、4）。

（2）设置以上七种运行频率。

（3）按图 4.34 进行变频器外部接线。

（4）通电试验。

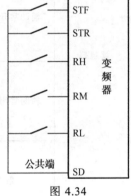

图 4.34

四、评分标准

评分标准如表 4.7 所示。

表 4.7　评分标准

项　目	配　分	评分标准	扣　分
变频器的接线	50	接错或漏接，每部分　　　　扣 5 分	
七段速	50	漏错速，每处　　　　扣 10 分	
安全文明生产		违反安生文明生产规程　　　　扣 5～40 分	

想一想

1. 请写出三菱 KH-A540 变频器全部清零的操作步骤。

2. 变频器控制电动机运行的两个条件是什么？

附录 A 常用电器、电机的图形和文字符号（摘自 GB/T 4728－1996～2000 和 GB/T 7159－1987）

接触器	线圈	KM	电流继电器	常闭触头	KA
	辅助常开触点	KM		通电延时线圈	KT
	辅助常闭触点	KM	时间继电器	断电延时线圈	KT
	主触头	KM		瞬时常开触头	KT
电流继电器	过电流线圈	$I>$ KA		瞬时常闭触头	KT
	欠电流线圈	$I<$ KA		延时闭合瞬时断开的常开触头	KT
	常开触头	KA		延时断开瞬时闭合的常闭触头	KT

续表

时间继电器	瞬时断开延时闭合的常闭触头 KT	熔断器	熔断器 FU
	瞬时闭合延时断开的常开触头 KT		过电压线圈 U> KV
中间继电器	线圈 KA	电压继电器	欠电压线圈 U< KV
	常开触点 KA		常开触头 KV
	常闭触点 KA		常开触头 KV
行程开关	常开触头 KA	热继电器	热元件 KH（FR）
	常闭触头 KA		常闭触头 KH（FR）
	复合触头 KA	非电量控制的继电器	速度继电器常开触头 n KS

非电量控制的继电器	压力继电器常开触头	KP	开关	低压断路器	QF
电抗器	电抗器	L	灯	信号灯（指示灯）	HL
开关	单极控制开关	或 SA		照明灯	EL
	手动开关一般符号	SA	电动机	三相笼型异步电动机	M
	控制器或操作开关	SA		三相绕线转子异步电动机	M
	三极控制开关	QS		他励直流电动机	M
	三极隔离开关	QS		并励直流电动机	M
	三极负荷开关	QS	互感器	电流互感器	TA
	组合旋钮开关	QS		电压互感器	TV

附录 B 工业机械电气设备通用技术条件

工业机械电气设备通用技术条件（以下简称"标准"）是维修电工在从事工业机械电气线路的安装与检修等工作中不可缺少的指导性文件及准则。现将标准 GB/T 5226.1－2008《工业机械电气设备 第一部分：通用技术条件》摘录如下：

引言

本标准对工业机械电气设备提出技术要求和建议，以便促进提高：人员和财产的安全性；控制响应的一致性；维护的便利性。

不宜牺牲上述基本要素来获取高性能。

1. 范围

（1）本标准适用于工业机械（包括协同工作的一组机械）的电气和电子设备及系统，而不适用于手提工作式机械和高级系统（如系统间通信）的电气和电子设备及系统。

（2）本标准所论及的设备是从机械电气设备的电源引入处开始的。本标准适用的电气设备部件，其额定电压不超过交流 1 000 V 或直流 1 500 V，额定频率不超过 200 Hz。对于较高电压或频率，需满足特殊要求。

（3）本标准是基础标准，不限制或阻碍技术进步。

2. 基本要求

（1）电气设备的选择

电气设备和器件应适应于它们预期的用途，并且应符合有关 IEC（国际电工委员会）标准的规定。

（2）电源

在下列规定的常规电源条件下，电气设备应设计成在满载或无载时能正常运行，除非用户另有说明。

1）交流。电源电压：稳态电压值为 0.9～1.1 倍额定电压；频率为 0.99～1.01 倍额定频率（连续的），0.98～1.02 倍额定频率（短期工作）。

2）直流电源。由电池供电，电压：0.85～1.15 倍额定电压；由换能装置供电，电压：0.9～1.1 倍额定电压。

（3）实际环境和运行条件

电气设备应适合在下述规定的实际环境和运行条件中使用。

1）环境空气温度。密封的电气设备应能正常工作在环境空气温度 5～40℃ 范围内，且 24 h 平均温度应不超过 35℃。外露的电气设备应能正常工作在环境空气温度 5～55℃ 范围内，且 24 h 平均温度应不超过 50℃。

2）湿度。电气设备应能正常工作在相对湿度 30%～95% 范围内（无冷凝水）。

3）海拔高度。电气设备应能在海拔高度 1 000 m 以下正常工作。

4）污染。电气设备应适当保护，以防固体物和液体的侵入。

3．引入电源线端接法和切断开关

（1）引入电源线端接法

1）建议把机械电气设备连接到单一电源上。如果需要用其他电源供电给电气设备的某些部分（如电子电路、电磁离合器），这些电源宜尽可能取自组成为机械电气设备一部分的器件（如变压器、换能器等）。

2）除非机械电气设备采用插销直接连接电源处，否则建议电源线直接连到电源切断开关的电源端子上。如果这样做不到，则应为电源线设置独立的接线座。

3）只有在用户同意下才可使用中线。使用中线时应在机械的技术文件（如安装图和电路图）上表示清楚，并应对中线提供标有 N 的单用绝缘端子。

4）在电气设备内部，中线和保护接地电路之间不应相连，也不应把 PEN 兼用端子在机械电柜内部使用。

5）所有引入电源端子都应按规定作出清晰的标记。

（2）外部保护导线端子

1）连接外部保护导线的端子应设置在有关相线端子的邻近处。

2）这种端子的尺寸应适合与附表 B.1 规定的外部铜保护导线的截面积相连接。如果外部导线不是铜的，则端子尺寸应适当选择。

附表 B.1　外部保护铜导线的最小截面积　　　　　　　　　　mm^2

设备供电相线的截面积 S	外部保护导线的最小截面积 S_P
$S \leqslant 16$	S
$16 < S \leqslant 35$	16
$S > 35$	35

3）外部保护导线的端子应使用字母标志 PE 来指明。PE 代号应仅限用于机械的保护接地电路与引入电源系统的外部保护导线相连处的端子。为了避免混淆，用于把机

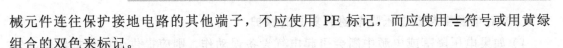

械元件连往保护接地电路的其他端子，不应使用 PE 标记，而应使用⏚符号或用黄绿组合的双色来标记。

（3）电源切断（隔离）开关

1）每个引入电源应提供一个手动操作的电源切断开关。当需要时（如电气设备在工作期间）该开关将切断机械电气设备电源。

2）当配备两个或两个以上的电源切断开关时，为了防止出现危险情况、损坏机械或加工件，应采取联锁保护措施。

3）电源切断开关应是下列形式之一：开关隔离器件、切断开关或断路器。

4）电源切断开关的手柄应容易接近，一般应安装在维修站台以上 0.6～1.9 m 间。

4. 电气设备的保护

（1）概述

电气设备需在以下几方面采取保护措施：由于短路而引起的过电流；过载；异常温度；失压或欠电压；机械或机械部件超速。

（2）过电流保护

机械电路中的电流如会超过元件的额定值或导线的载流能力，则应按下面的叙述配置过电流保护。

1）需配置过电流保护器件：电源线（除非用户另有要求，否则电气设备供方不负责向电气设备电源线提供过电流保护器件）；动力电路；控制电路；插座及其有关导线；局部照明电路；变压器。

2）过电流保护器件的设置：过电流保护器件应安装在受保护导线的电源引接处。

3）过电流保护器件：分断能力应不小于保护器件安装处的预期短路电流。

4）过电流保护器件额定值和整定值：熔断器的额定电流或其他过电流保护器件的整定电流应选择得尽可能小，但要满足预期的过电流通过，例如电动机启动或变压器合闸期间。

（3）电动机的过载保护

1）连续工作的 0.5 kW 以上的电动机应配备电动机过载保护。建议所有的电动机，特别是冷却泵电动机都采用这种过载保护。电动机的过载保护能用过载保护器、温度传感器或电流限定器等器件来实现。

2）除用电流限定或内装热保护（例如热敏电阻嵌入电动机绕组中）外，每条通电导线都应接入过载检测，但中线除外。

3）若过载是用切断电路的办法作为保护，则开关器件应断开所有通电导线，但中线除外。

4）应防止过载保护器件复原后任何电动机自行重新启动，以免引起危险情况，损坏机械或加工件。

（4）对电源中断或电压降落随后复原的保护

1）如果电压降落或电源中断会引起电气设备误动作，则应提供欠压保护器件，在预定的电压值下它应确保适当的保护（例如断开机械电源）。

2）若机械运行允许电压中断或电压降落一短暂时刻，则可配置带延时的欠压保护器件。欠压保护器件的工作，不应妨碍机械的任何停车控制的操作。

3）应防止欠压保护器件复原后机械的自行重新启动，以免引起危险情况，损坏机械或加工件。

4）如果仅是机械的一部分或以协作方式同时工作的一组机械的一部分受电压降落或电源中断的影响，则应提供一种办法，使得能利用系统的其余部分对受影响部分进行监控，以确保满足本条的要求。

（5）电动机的超速保护

如果超速能引起危险情况，则应按故障情况下减低危险的措施办法提供超速保护。超速保护应激发适当的控制响应，并应防止自行重新启动。

5．保护接地电路

（1）保护接地电路由下列部分组成：PE端子；电气设备和机械的导体结构件部分；机械设备上的保护导线。

（2）保护导线应按规定做出标记。保护导线应采用铜导线。在使用非铜质导体的场合，其单位长度电阻不应超过允许的铜导体单位长度电阻，并且它的截面积不应小于 16 mm^2。

（3）保护接地电路的连续性。电气设备和机械的所有裸露导体件都应连接到保护接地电路上。无论什么原因（如维修）拆移部件时，不应使余留部件的保护接地电路连续性中断。

（4）禁止开关器件进入保护接地电路。

（5）当保护接地电路的连续性可用接插件断开时，保护接地电路只应在通电导线全部断开之后再断开，且保护接地电路连续性的重新建立应在所有通电导线重新接通之前。

（6）所有保护导线应按要求进行端子连接。不允许把保护导线接到附加配件或连接在用具零件上。

6．控制电路和控制功能

（1）控制电路

1）控制电路电源应由变压器供电。这些变压器应有独立的绕组。如果使用几个变压器，建议这些变压器的绕组按使二次侧电压同相位的方式连接。如果直流控制电路连接到保护接地电路，它们应由交流控制电路变压器的独立绕组或由另外的控制电路变压器供电。对于不大于 3 kW 用单一电动机启动器和不超过两只控制器件（如互锁装置、急停按钮）的机械，不强制使用变压器。

2）控制电压值应与控制电路的正确运行协调一致。当用变压器供电时，控制电路的额定电压不应超过 250 V。

3）控制电路应按要求提供过电流保护。也可以提供过载保护。

4）控制器件的连接，一边连接（或预计连接）到保护接地电路的控制电路中，各电磁操作件工作线圈的一端（最好是同标记端）或任何其他各电器件的一端，应直接连接到该控制电路的接地边。所有操纵线圈或电器件的控制器件的开关功能件（如触头），应连接在线圈或电器件的另一端子与控制电路的另一边（即未接到保护接地电路的一边）之间。允许下列情况例外：保护器件（如过载继电器）的触头可以连接在保护电路连接边和线圈之间，只要这些触头与继电器触头工作在其上的控制器件线圈之间的导线是处于同一电柜内，其连接线很短，出现接地故障的可能性不大。

（2）控制功能

1）启动功能应通过给有关电路通电来实现。

2）停止功能。有下列三种类别：0 类：用即刻切除机械执行机构动力的办法停车；1 类：给机械执行机构施加动力去完成停车并在停车后切除动力的可控停止；2 类：利用储留动能施加于机械执行机构的可控停止。每台机械都应配备 0 类停止。如因安全需要和机械的功能要求，则应提供 1 类和（或）2 类停止。停止功能应使有关操作电路断电，并应否定有关的启动功能。停止功能的复位不应引发任何危险情况。

3）紧急停止。除停止的要求之外，还有下列要求：紧急停止功能应否定所有其他功能和所有工作方式中的操作；接往能够引起危险情况的机械执行机构的动力应尽可能快地切除，且不引起其他危险（如采用无外部动力的机械停车装置，对于 1 类停止功能采用反接制动）；复位不应引起重新启动。

（3）联锁保护

1）联锁安全防护装置的复位不应引发机械的运转和工作，以免发生危险情况。

2）如果超程会发生危险情况，则应配备极限器件，用来切断有关机械执行机构的动力电路。

3）应通过适当的器件（如压力传感器）去检验辅助功能的正常工作。如果辅助功能（如润滑、冷却、排屑）的电动机或任一器件不工作有可能发生危险情况或者损坏机械或加工件，则应提供适当的联锁。

4）机械控制元件的接触器、继电器和其他控制器件同时动作会带来危险时（例如启动相反运动），应进行联锁以防止不正确的工作。控制电动机换向的接触器应联锁，使得在正常使用中切换时不会发生短路。如果为了安全或持续运行，机械上某功能需要相互联系，则应用适当的联锁以确保正常的协调，对于在协调方式中同时工作并具有多个控制器的一组机械，必要时应对控制器的协调操作作出规定。

5）如果电动机采用反接制动，则应采取有效措施以防止制动结束时电动机反转，这种反转可能会造成危险情况或损坏机械和加工件。为此，不应允许采用只按时间作用原则的控制器件。

7. 操作板和安装在机械上的控制器件

对外装或局部露出外壳安装的器件的要求：

（1）为了适用，安装在机械上的控制器件应满足下列条件：维修时易于接近；安装得使由于操纵设备或其他可移设备引起损坏的可能性减至最小。

手动控制器件的操作件应这样选择和安装：操作件一般不低于维修站台以上 0.6 m，并处于操作者在正常工作位置上易够得着的范围内；使操作者进行操作时不会处于危险位置；意外操作的可能性减至最小。

（2）位置传感器（如位置开关、接近开关）的安装应确保即使超程它们也不会受到损坏。电路中提供保护措施而使用的机械动作式位置传感器，应设计成为强制断开操作。

（3）指示灯和显示器用来发出下列形式的信息：

指示：引起操作者注意或指示操作者应该完成某种任务。红、黄、绿和蓝色通常用于这种方式。

确认：用于确认一种指令、一种状态或情况，或者用于确认一种变化或转换阶段的结束。蓝色和白色通常用于这种方式，某些情况下也可以用绿色。

除非供方和用户间另有协议，否则指示灯玻璃的颜色代码应根据工业机械的状态符合附表 B.2 的要求。

附表 B.2　指示灯的颜色及其相对于工业机械状态的含义

颜　　色	含　　义	说　　明	操作者的动作	应 用 示 例
红	紧急	危险情况	立即动作去处理危险情况（如操作急停）	压力/温度超过安全极限电压降落 击穿 行程超越停止位置
黄	异常	异常情况 紧急临界情况	监视和（或）干预（如重建需要的功能）	压力/温度超过正常限值保护器件脱扣
绿	正常	正常情况	任选	压力/温度在正常范围内
蓝	强制性	指示操作者需要动作	强制性动作	指示输入预选值
白	无确定性质	其他情况,可用于红、黄、绿、蓝色的应用有疑问时	监视	一般信息

（4）急停器件应设置在各个操作控制站以及其他可能要求有急停功能的操作工位。急停器件主要包括：按钮操作开关、拉线操作开关、不带机械防护装置的脚踏开关。它们应是自锁式的，并应安装在易接近处。急停器件的操作件未经手动复位前应不可能恢复电路，如果设置几个急停器件，则在所有操作件复位前电路不应恢复。手动操作急停器件的触头应确保强制断开操作。急停器件的操作件应着红色。如果操作件后面有衬托色则它应着黄色。按钮操作开关的操作件应为掌揿式或蘑菇头式的。

8. 导线和电缆

（1）一般要求。导线和电缆的选择应适合于工作条件（如电压、电流、电击的防护、电缆的分组）和可能存在的外界影响（如环境温度、存在水或腐蚀物质和机械应力）。只要可能就应选用有阻燃性能的绝缘导线和电缆。

（2）导线。一般情况下，导线应为铜质的。任何其他材质的导线都应具有承载相同电流的标称截面积，导线最高温度不应超过附表 B.3 规定的值。如果用铝导线，截面积应至少为 16 mm²。

附表 B.3　正常和短路条件下导线允许的最高温度　　　　　　　　℃

绝 缘 种 类	正常条件下导线最高温度	短路条件下导线短时极限温度 [1]
聚氯乙烯（PVC）	70	160
橡胶	60	200
交联聚乙烯（XLPE）	90	250
硅橡胶（SiR）	160	350

注：1）短路时间不超过 5s 的假定绝热性能。

虽然 1 类导线主要用于固定的、不移动的部件之间，但它们也可用于出现极小弯曲的场合，条件是截面积小于 0.5 mm²。易遭受频繁运动（如机械工作每小时运动一次）的所有导线，均应采用 5 或 6 类绞合软线，见附表 B.4。

附表 B.4　导线的分类

类　　别	说　　明	用途/用法
1	铜或铝圆截面硬线，一般至少 16 mm²	只用于无振动的固定安装
2	铜或铝最少股的绞芯线，一般大于 25 mm²	只用于无振动的固定安装
5	多股细铜绞合线	用于有振动机械的安装；连接移动部件
6	多股极细铜软线	用于频繁移动

注：资料来源于 IEC 228：1978《绝缘电缆导线》和 IEC 228 A：1982，第一次增补《圆导线的尺寸范围指南》。

（3）绝缘。绝缘的类别包括（但不限于）：聚氯乙烯（PVC）；天然或合成橡胶；硅橡胶（SiR）；无机物；交联聚乙烯（XLPE）；乙烯丙烯混合物（EPR）。绝缘的介电强度应满足耐压试验的要求。对工作于电压高于交流 50 V 或直流 120 V 的电缆，要经受至少交流 2 000 V 的持续 5 min 的耐压试验。对于独立的 PELV（保安特低电压）电路，介电强度应承受交流 500 V 的持续 5 min 的耐压试验。绝缘的机械强度和厚度应使得工作时或敷设时，尤其是电缆装入通道时绝缘不受损伤。

（4）正常工作时的载流容量。导线截面积应使得在最大稳态电流或其等效值情况下，导线温度不超过附表 B.3 中的规定值。

（5）电压降不应超过额定电压的 5%。

（6）最小截面积。为确保适当的机械强度，导线截面积应不小于附表 B.5 示出值。然而，如果用别的措施来获得适当的机械强度且不削弱正常功能，必要时可以使用比附表 B.5 示出值小的导线。电柜内部具有最大电流为 2A 的电路的配线不必遵守附表 B.5 的要求。

附表 B.5　铜导线的最小截面积

位　　置	用　　途	电　缆　种　类				
		单芯纹线	单芯硬线	双芯屏蔽线	双芯无屏蔽线	三芯或三芯以上屏蔽线或无屏蔽线
		铜导线的最小截面积				
外壳外部	正常配线	1	1.5	0.75	0.75	0.75
	频繁运动机械部件的连接	1	—	1	1	1
	小电流（<2A）电路中的连线	1	1.5	0.3	0.5	0.3
	数据通信配线	—	—	—	—	0.08
外壳内部	正常配线	0.75	0.75	0.75	0.75	0.75
	小电流（<2A）电路中的连线	0.2	0.2	0.2	0.2	0.2
	数据通信配线	—	—	—	—	0.08

9．配线技术

（1）连接和布线

1）一般要求

① 所有连接，尤其是保护接地电路的连接应牢固，没有意外松脱的危险。

②　连接方法应与被连接导线的截面积及导线的性质相适应。对铝或铝合金导线，要特别考虑电蚀问题。

③　只有专门设计的端子，才允许一个端子连接两根或多根导线。但一个端子只应连接一根保护接地电路导线。

④　只有提供的端子适用于焊接工艺要求才允许焊接连线。

⑤　接线座的端子应清楚做出与电路图上相一致的标记。

⑥　软导线管和电缆的敷设应使液体能排离该装置。

⑦　当器件或端子不具备端接多股芯线的条件时，应提供拢合绞芯束的办法。不允许用焊锡来达到此目的。

⑧　屏蔽导线的端接应防止绞合线磨损并应容易拆卸。

⑨　识别标牌应清晰、耐久，适合于实际环境。

⑩　接线座的安装和接线应使内部和外部配线不跨越端子。

2）导线和电缆的敷设

①　导线和电缆的敷设应使两端子之间无接头或拼接点。

②　为满足连接和拆卸电缆和电缆束的需要，应提供足够的附加长度。

③　如果导线端部会受到不适当的张力，则多芯电缆端部应夹牢。

④　只要可能就应将保护导线靠近有关的负载导线安装，以便减小回路阻抗。

3）不同电路的导线

①　不同电路的导线可以并排放置，可以穿在同一通道中（如导线管或电缆管道装置），也可以处于同一多芯电缆中，只要这种安排不削弱各自电路的原有功能。如果这些电路的工作电压不同，应把它们用适当的隔板彼此隔开，或者把同一管道内的导线都用最高电压导线的绝缘。

②　不经过电源切断开关断开的电路应与其他配线分开，或者用颜色来区分（或两种办法同时采用），以便在电源切断开关处在"通"或"断"位置时均能够辨认出它们是带电的。

（2）导线的标识

1）一般要求。导线应按照技术文件的要求在每个端部做出标记。

2）保护导线的标识。应依靠形状、位置、标记或颜色使保护导线容易识别。当只采用色标时，应在导线全长上采用黄/绿双色组合。保护导线的色标是绝对专用的。

3）中线的标识。如果电路中包含有用颜色识别的中线，其颜色应为浅蓝色。可能混淆的场合，不应使用浅蓝色来标记其他导线。在没有中线的情况下，浅蓝色可另做它用，但不能用作保护导线。

4）其他导线的标识。其他导线应使用颜色（单一颜色或单色、多色条纹）、数字、字母、颜色和数字或字母的组合来标记。采用数字时，它们应为阿拉伯数字；字母应为拉丁字母（大写或小写）。绝缘单芯导线应使用下列颜色代码：

黑色——交流和直流动力电路；

红色——交流控制电路；

蓝色——直流控制电路；

橙色——由外部电源供电的联锁控制电路。

（3）电柜内配线

1）必要时配电盘的配线应固定，以保持它们处于应有的位置。只有在用阻燃绝缘材料制造时才允许使用非金属线槽或通道。

2）建议安装在电柜内的电气设备，要设计和制作成允许从电柜正面修改配线。如果有困难，或控制器件是背后接线，则应提供检修门或能旋出的配电盘。

3）安装在门上或其他活动部件上的器件，应按可控部件频繁运动用的软导线连接。这些导线应固定在固定部件上和与电气连接无关的活动部件上。

4）不敷入通道的导线和电缆应牢固固定住。

5）引出电柜外部的控制配线，应采用接线座或连接插销插座组合。

6）动力电缆和测量电路的电缆可以直接接到想要连接的器件的端子上。

（4）电柜外配线

1）一般要求：引领电缆进入电柜的导入装置或通道、连同专用的管接头、密封垫等一起，应确保不降低防护等级。

2）外部通道：

① 连接电气设备电柜外部的导线应封闭在适当的通道中（如导线管或电缆管道装置），只有具有适当保护套的电缆，无论是否用开式电缆托架或电缆支撑设施，都可使用不封闭的通道安装。

② 和通道或多芯电缆一起使用的接头附件应适合于实际环境。可能与导线绝缘接触的锐棱、焊碴、毛刺、粗糙表面或螺纹，应从通道和接头上清除。关于导线槽满率的考虑应基于通道的直线性和长度以及导线的柔性。建议通道的尺寸和布置要使导线和电缆容易装入。

③ 如果至悬挂按钮站的连接必须使用柔性连接，则应采用软导线管或软多芯电缆。悬挂站的重量不应借助软导线管或多芯电缆来支撑，除非是为此目的专门设计的导线管或电缆。

④ 软导线管或软多芯电缆应使用于包括少量或不经常运动的连接。也应允许他们使用于一般静止电动机、位置开关和其他外部安装器件的连接。

3）机械的移动部件的连线：

① 频繁移动的部件应按 8.（2）条要求的适合于弯曲使用的导线连接。软电缆和软导管的安装应避免过度弯曲和绷紧，尤其是在接头附件部位。

② 移动电缆的支撑应使得在连接点上没有机械应力，也没有急弯。弯曲回环应有足够的长度，以便使电缆的弯曲半径至少为电缆外径的 10 倍。

③ 如果移动电缆靠近运动部件，则应采取措施使它们之间至少应保持 25mm 距离，如果做不到，则应在二者之间安设隔板。

④ 电缆护套应能耐受由于移动而产生的可预料到的正常磨损，并能经受大气污染物质的影响（如油、水、冷却液、粉尘）。

⑤ 如果软导线管靠近运动部件，则在所有运动情况下其结构和支撑装置均应能防止对软导线管或电缆的损伤。

⑥ 软金属导线管不应用于快速和频繁的移动，除非是为此目的专门设计的。

⑦ 备有标志电缆的预接引出线的器件（位置开关、接近开关）可不提供导线管的端接装置。

⑧ 连接交流电路和直流电路的导线应允许安装在同一通道中而不考虑其电压情况，只要通道中的导线全部按其中的最高电压来选用绝缘。

4）备用导线：应考虑提供维护和修理用的备用导线。提供备用导线时，应把它们连接在备用端子上，或用和防护接触带电体同样的方法予以隔离。

10. 警告标志和项目代号

（1）铭牌、标记和识别牌。电气设备应标出供方名称、商标或其他识别符号，必要时还应标出认证标记。铭牌、标记和识别牌应经久耐用，经得住复杂的实际环境影响。

（2）警告标志。不能清楚表明其中装有电气器件的外壳，都应标出形状符合图示符号的黑边、黄底、黑色闪电符号⚡。

（3）控制设备的标记。控制设备（如控制装置组合）应清晰耐久地标出标记，使得在设备被安装后使人们清晰可见。铭牌应固定在外壳上，尽可能给出下列信息：供方的名称或商标；必要时的认证标记；使用顺序号；额定电压、相数和频率（如果是交流）、满载电流（使用几种电源时应分别写出）；最大电动机或负载的额定电流；随设备提供的机械过电流保护器件的短路切断能力；电气图编号或电气图索引号。

（4）项目代号。所有控制器件和元件应清晰标出与技术文件相一致的项目代号。

11. 技术文件

（1）概述

1）为了安装、操作和维护工业机械电气设备所需的资料，应以简图、图、表图、表格和说明书的形式提供。这些资料应使用供方和用户在订货前共同商定的语言和信息载体或媒介（如纸带、软片、磁盘）。

2）提供的资料可随提供的电气设备的复杂程度而异。对于很简单的设备，有关资料可以包容在一个文件中，只要这个文件能显示电气设备的所有器件并使之能够连接到供电网上。

3）主要的供方应确保随每台机械提供规定的技术文件。

（2）随电气设备提供的资料

1）设备、装置、安装以及电源连接方式的清楚全面的描述；

2）电源的技术要求；

3）实际环境（如照明、振动、噪声级、大气污染）的资料，适用的场合；

4）系统图或框图，适用的场合；

5）电路图；

6）下述有关资料（在适当的场合）：程序编制；操作顺序；检查周期；功能试验的周期和方法；调整维护和维修指南，尤其是对保护器件及其电路；元器件和尤其是备用件的清单；

7）安全防护装置、相互影响的功能、具有危险运动的防护装置，尤其是相互影响的装置的联锁的详细说明（包括互连接线图）；

8）主要安全防护装置的功能暂时终止时（如手工编程、程序更改）的安全防护措施及方法的详细说明。

反侵权盗版声明

电子工业出版社依法对本作品享有专有出版权。任何未经权利人书面许可，复制、销售或通过信息网络传播本作品的行为，歪曲、篡改、剽窃本作品的行为，均违反《中华人民共和国著作权法》，其行为人应承担相应的民事责任和行政责任，构成犯罪的，将被依法追究刑事责任。

为了维护市场秩序，保护权利人的合法权益，我社将依法查处和打击侵权盗版的单位和个人。欢迎社会各界人士积极举报侵权盗版行为，本社将奖励举报有功人员，并保证举报人的信息不被泄露。

举报电话：（010）88254396；（010）88258888

传　　真：（010）88254397

E-mail：　dbqq@phei.com.cn

通信地址：北京市海淀区万寿路 173 信箱

　　　　　电子工业出版社总编办公室

邮　　编：100036